Karl Heinz Martini

Das Waffensachkundebuch

Karl Heinz Martini

DAS WAFFENSACHKUNDE BUCH

Sachkundebuch

für Büchse und Flinte, Pistole und Revolver,
Vorderlader, Schreckschuss-, Reizstoff- und Signalwaffen
und die zugehörige Munition

mit zahlreichen Tabellen, Hinweisen und Bemerkungen sowie
Erläuterungen wichtiger physikalisch-technischer Begriffe.

Ein Leitfaden

zur Vorbereitung auf die Sachkundeprüfung nach § 7 WaffG
für Waffenbesitzkartenbewerber,
Munitionserwerbscheinbewerber,
Waffenscheinbewerber und
Bewerber um eine Schießerlaubnis,

zur Vorbereitung auf die Fachkundeprüfung nach § 22 WaffG
für Waffenhersteller
und Waffenhändler
sowie

zur Vorbereitung auf die Prüfung im Fach Jagdwaffenkunde
in der Jägerprüfung,
der Berufsjägerprüfung
u.ä.

dwj Verlags-GmbH

Karl Heinz Martini: Das Waffensachkundebuch
16., überarbeitete Auflage 2009

ISBN 978-3-936632-02-6

Inhalt

1. Vorwort und Einleitung

Seit dem 1. Januar 1973, dem Tag des Inkrafttretens des Waffengesetzes vom 19. September 1972, muß jeder Bundesbürger, der eine waffenrechtliche Erlaubnis beantragt, ausreichende waffen- bzw. munitionstechnische und waffenrechtliche Kenntnisse über diejenigen Schusswaffen- und Munitionsarten nachweisen, auf die sich die Erlaubnis beziehen soll. Daran hat auch das neue Waffengesetz vom 11. Oktober 2002 nichts geändert.
Für Waffenhersteller und Waffenhändler heißt dieser Nachweis Fachkunde, Jagdscheinbewerber müssen die erforderlichen Kenntnisse in der Jägerprüfung zeigen, für alle übrigen, auch die Sportschützen, heißt der Nachweis Sachkunde. Der Nachweis der Fachkunde und die bestandene Jägerprüfung schließen den Sachkundenachweis für die betreffenden Waffen- und Munitionsarten ein:

Fachkunde ⟶ **Sachkunde** ⟵ **Jägerprüfung**

Die Ersterteilung eines Jagdscheins wird stets, der Nachweis von Fachkunde oder Sachkunde in der Regel von dem Bestehen einer entsprechenden Prüfung abhängig gemacht.

Aus meiner Tätigkeit in Prüfungsausschüssen nach dem Waffenrecht und dem Jagdrecht und als Sachverständiger, meinen Lehrgängen für Jäger, Schützen und andere Waffenträger und meinen Erfahrungen als aktiver Jagd- und Sportschütze entstand dieses Buch. Es ist gedacht als Unterlage und Leitfaden

für Ausbilder und Auszubildende,
für Prüfer und Prüflinge nach dem Waffen- und Jagdrecht,
für Übungsleiter, Schießleiter und Schützen und
für alle Bewerber um eine entsprechende Erlaubnis

nach dem Waffen - oder Jagdrecht. Darüber hinaus bietet das vorliegende Buch

für jeden Waffenträger, Waffenfreund und Waffensammler

eine Zusammenstellung der wichtigsten rechtlichen Bestimmungen sowie der gebräuchlichen Begriffe und Abkürzungen im Zusammenhang mit dem Umgang mit Waffen oder Munition, dem Erwerb, Besitz, Überlassen, Führen, Schießen,

im Beruf, auf der Jagd und beim Sport.

Zur Auflockerung der manchmal etwas trockenen Materie ist der Hauptteil des Buches überwiegend im Frage-Antwort-Stil oder Stichwort-Text-Stil gehalten. Dies erleichtert dem Leser die Orientierung und macht ihn gleichzeitig mit möglichen Fragestellungen in der Prüfung vertraut.

Die notwendigen physikalisch-technischen Definitionen, Erläuterungen und Hinweise sind nicht in einem eigenen Kapitel zusammengefasst, sondern an der Stelle im Text abgedruckt, an der sie zum ersten Mal auftauchen. Damit sie der Leser jederzeit findet, folgt am Schluss des Buches ein ausführliches Stichwortverzeichnis.

Für den Prüfer und Ausbilder und für denjenigen, der umfassende Kenntnisse erwerben und nachweisen will, kann jede Seite wichtig sein. Wer als Prüfling nach dem Waffenrecht jedoch möglichst schnell eine Übersicht über die von ihm speziell erwarteten Kenntnisse anstrebt und wer sich auf bestimmte Waffen- und Munitionsarten beschränken kann, braucht nur diejenigen Kapitel und Kapitelteile lernen, die ihn betreffen.
Kapitel 8 (Waffenrecht, Beschussgesetz, Notwehr und Notstand, Festnahmerecht) ist stets zu behandeln; ggf. können einzelne Abschnitte kurz gefasst werden, z.B. die Vorschriften über den Waffenhandel für Nicht-Händler.

Lehrplan:

Kap. 3 Die rechtlichen Grundlagen der Sachkundeprüfung
oder
Kap. 4 Die rechtlichen Grundlagen der Fachkundeprüfung
oder
Kap. 5 Die rechtlichen Grundlagen der Jägerprüfung/Jagdwaffenkunde
und
Kap. 6 Waffen und Munition in Frage und Antwort,
ggf. beschränkt auf bestimmte Schusswaffen- und Munitionsarten
Kap. 7 Handhabung von Schusswaffen und Umgang mit Munition
ggf. beschränkt auf bestimmte Schusswaffen- und Munitionsarten
Ladehemmung und Versager
Kap. 8 Waffenrecht, Beschussgesetz, Notwehr und Notstand
Waffenrecht in Frage und Antwort
Notwehr
Notstand
Festnahmerecht
Kap. 10 Anlagen

2. Abkürzungen

BJagdG	Bundesjagdgesetz in der Fassung vom 29. September 1976 (Bundesgesetzblatt Teil I - BGBl I - S. 2849), zuletzt geändert durch Artikel 15 WaffRNeuRegG vom 11. Oktober 2002
BayJG	Bayerisches Jagdgesetz i.d.F. vom 9. August 1993 (Bayerisches Gesetz- und Verordnungsblatt - GVBl - S. 547)
JFPO	Bayer. Verordnung über die Jäger- und Falknerprüfung vom 22. Januar 2007
WaffG	Waffengesetz vom 11. Oktober 2002 (WaffRNeuRegG v.11.10.02) (BGBl Teil I S. 3970 (4592), (2003, 1957)), zuletzt geändert durch Artikel 1 des Gesetzes vom 26. März 2008 (BGBl. I S. 426)
AWaffV	Allgemeine Waffengesetz-Verordnung vom 27. Oktober 2003 (BGBl I S. 2123), zuletzt geändert am 26. März 2008 (s.o., Art. 2)
BeschG	Beschussgesetz vom 11. Oktober 2002 (BGBl Teil I S. 4003), zuletzt geändert durch Art. 3 des Gesetzes v. 26. März 2008 (s.o.)
BeschussV	Allgemeine Verordnung zum Beschussgesetz vom 13. Juli 2006 (BGBl. I S. 1474), zuletzt geändert am 26. März 2008 (s.o., Art. 4)
WaffKostV	Kostenverordnung zum Waffengesetz i.d.F. der Bekanntmachung vom 14. März 1997 (BGBl. I S. 480)
WaffVwV	Allgemeine Verwaltungsvorschrift zum Waffengesetz, i.d.F. der Bekanntmachung vom 29. Nov. 1979 (BAnzeiger Nr. 229)
WaffVwV-neu, WaffVwV-Bund:	Allgemeine Verwaltungsvorschrift der Bundesregierung vom 27.01.06, Stand 10/2006, Bundesrat Drs. 81/06; nicht in Kraft, wird von Behörden zur Auslegung ggf. herangezogen
BGB	Bürgerliches Gesetzbuch
StGB	Strafgesetzbuch
ACP	Automatic Colt Pistol
bar	Bar, Einheit für den Druck (alt: at = Atmosphäre; 1 bar ist etwa 1at)
BAM	Bundesanstalt für Materialprüfung
BKA	Bundeskriminalamt
DA	Double Action (Spannabzug; im Gegensatz zu SA: Single Action)
DJV	Deutscher Jagdschutz-Verband e.V., Bonn
DSB	Deutscher Schützenbund e.V., Wiesbaden
E_0, E_Z	Energie (des Geschosses) an der (Lauf-)mündung, im Ziel
J	Joule (sprich: dschu:l), Einheit für die Energie (alt:kpm; 1kpm≈10 J)
KK	Kleinkaliber (.22" = 5,6 mm, im Gegensatz zu GK: Großkaliber)
LEP	Luftenergiepatrone. Waffenbesitzer: Antrag auf WBK bis 1.10.2008
lfB, l.r.	lang für Büchse (Hülsenlänge), l.r. = long rifle, englisch für lfB
m/s, ms^{-1}	Meter durch Sekunde, Einheit für die Geschwindigkeit
N	Newton (sprich: nju:t^{ö}n), Einheit für die Kraft (alte Einheit:1kp≈10N)
PTB	Physikalisch-Technische Bundesanstalt (in Braunschweig)
QB	Querschnittsbelastung = Masse/Querschnitt eines Geschosses
SA	Single Action (Hahn des Revolvers muss von Hand gespannt werden)
SRS	Schreckschuss-, Reizstoff- und Signal(waffen) nach Anl. 1 Abschn. 1/1
v_0, v_Z	Geschwindigkeit (des Geschosses) an der (Lauf-)mündung, im Ziel
WC	Wadcutter (spezielle, zylindrische Geschossart; ganz in der Hülse)

3. Die rechtlichen Grundlagen der Sachkundeprüfung

3.1 Aus dem Waffengesetz (WaffG)

§ 4 Voraussetzungen für eine Erlaubnis

(1) Eine Erlaubnis setzt voraus, dass der Antragsteller

1. das 18. Lebensjahr vollendet hat (§ 2 Abs. 1),
2. die erforderliche Zuverlässigkeit (§ 5) und persönliche Eignung (§ 6) besitzt,
3. die erforderliche Sachkunde nachgewiesen hat (§ 7),
4. ein Bedürfnis nachgewiesen hat (§ 8) und
5. bei der Beantragung eines Waffenscheins oder einer Schießerlaubnis eine Versicherung gegen Haftpflicht in Höhe von 1 Million Euro - pauschal für Personen- und Sachschäden - nachweist.

(2) Die Erlaubnis zum Erwerb, Besitz, Führen oder Schießen kann versagt werden, wenn der Antragsteller seinen gewöhnlichen Aufenthalt nicht seit mindestens fünf Jahren im Geltungsbereich dieses Gesetzes hat.

(3) Die zuständige Behörde hat die Inhaber von waffenrechtlichen Erlaubnissen in regelmäßigen Abständen, mindestens jedoch nach Ablauf von drei Jahren, erneut auf ihre Zuverlässigkeit und ihre persönliche Eignung zu prüfen sowie in den Fällen des Absatzes 1 Nr. 5 sich das Vorliegen einer Versicherung gegen Haftpflicht nachweisen zu lassen.

(4) Die zuständige Behörde hat drei Jahre nach Erteilung der ersten waffenrechtlichen Erlaubnis das Fortbestehen des Bedürfnisses zu prüfen. Dies kann im Rahmen der Prüfung nach Absatz 3 erfolgen.

§ 7 Sachkunde

(1) Den Nachweis der Sachkunde hat erbracht, wer eine Prüfung vor der dafür bestimmten Stelle bestanden hat oder seine Sachkunde durch eine Tätigkeit oder Ausbildung nachweist.

(2) Der Bundesminister des Innern wird ermächtigt, durch Rechtsverordnung mit Zustimmung des Bundesrates Vorschriften über die Anforderungen an die waffentechnischen und waffenrechtlichen Kenntnisse, über die Prüfung und das Prüfungsverfahren einschließlich der Errichtung von Prüfungsausschüssen sowie über den anderweitigen Nachweis der Sachkunde zu erlassen.

Anmerkung: Unterstreichungen vom Verfasser

3.2 Aus der Allgemeinen Waffengesetz-Verordnung (AWaffV)

Abschnitt 1: Nachweis der Sachkunde

§ 1 Umfang der Sachkunde

(1) Die in der Prüfung nach § 7 Abs. 1 des Waffengesetzes nachzuweisende Sachkunde umfasst ausreichende Kenntnisse

1. über die beim Umgang mit Waffen und Munition zu beachtenden Rechtsvorschriften des Waffenrechts, des Beschussrechts sowie der Notwehr und des Notstands,
2. auf waffentechnischem Gebiet über Schusswaffen (Langwaffen, Kurzwaffen und Munition) hinsichtlich Funktionsweise, sowie Innen- und Außenballistik, Reichweite und Wirkungsweise des Geschosses, bei verbotenen Gegenständen, die keine Schusswaffen sind, über die Funktions- und Wirkungsweise sowie die Reichweite,
3. über die sichere Handhabung von Waffen oder Munition einschließlich ausreichender Fertigkeiten im Schießen mit Schusswaffen.

(2) Die nach Absatz 1 nachzuweisenden Kenntnisse über Waffen und Munition brauchen nur für die beantragte Waffen- und Munitionsart und nur für den mit dem Bedürfnis geltend gemachten und den damit im Zusammenhang stehenden Zweck nachgewiesen werden.

(3) Wird eine Erlaubnis nach § 26 des Waffengesetzes beantragt, so umfasst die nachzuweisende Sachkunde außer waffentechnischen Kenntnissen auch Werkstoff-, Fertigungs- und Ballistikkenntnisse.

§ 2 Prüfung

(1) Die zuständige Behörde bildet für die Abnahme der Prüfung Prüfungsausschüsse.

(2) Ein Prüfungsausschuss besteht aus dem Vorsitzenden und zwei Beisitzern. Die Mitglieder müssen sachkundig sein. Nicht mehr als ein Mitglied des Ausschusses darf in der Waffenherstellung oder im Waffenhandel tätig sein.

(3) Die Prüfung besteht aus einem theoretischen und einem praktischen Teil, der den Nachweis der ausreichenden Fertigkeiten nach § 1 Abs. 1 Nr. 3 einschließt. Über das Ergebnis und den wesentlichen Inhalt der Prüfung ist eine Niederschrift anzufertigen, die vom Vorsitzenden des Prüfungsausschusses zu unterzeichnen ist.

(4) Über das Prüfungsergebnis ist dem Bewerber ein Zeugnis zu erteilen, das Art und Umfang der erworbenen Sachkunde erkennen lassen muss und vom Vorsitzenden des Prüfungsausschusses zu unterzeichnen ist.

(5) Eine Prüfung kann bei Nichtbestehen auch mehrmals wiederholt werden. Der Prüfungsausschuss kann bestimmen, dass die Prüfung erst nach Ablauf einer bestimmten Frist wiederholt werden darf.

§ 3 Anderweitiger Nachweis der Sachkunde

(1) Die Sachkunde gilt insbesondere als nachgewiesen, wenn der Antragsteller

1. a) die Jägerprüfung oder eine ihr gleichgestellte Prüfung bestanden hat oder durch eine Bescheinigung eines Ausbildungsleiters für das Schießwesen nachweist, dass er die erforderlichen Kenntnisse durch Teilnahme an einem Lehrgang für die Ablegung der Jägerprüfung erworben hat,
   b) die Gesellenprüfung für das Büchsenmacherhandwerk bestanden hat oder

2. a) seine Fachkunde nach § 22 Abs. 1 Satz 1 des Waffengesetzes nachgewiesen hat,
   b) mindestens drei Jahre als Vollzeitkraft im Handel mit Schusswaffen und Munition tätig gewesen ist oder
   c) die nach § 7 des Waffengesetzes nachzuweisenden Kenntnisse auf Grund einer anderweitigen, insbesondere behördlichen oder staatlich anerkannten Ausbildung oder als Sportschütze eines anerkannten Schießsportverbandes erworben und durch eine Bescheinigung der Behörde, des Ausbildungsträgers oder Schießsportverbandes nachgewiesen hat,

sofern die Tätigkeit nach Nr. 2 Buchstabe b oder Ausbildung nach Nr. 2 Buchstabe c ihrer Art nach geeignet war, die für den Umgang mit der beantragten Waffe oder Munition erforderliche Sachkunde zu vermitteln. Ausbildungen im Sinne der Nummer 2 Buchstabe c können auch durchgeführt werden im Rahmen von

1. Ausbildungen, die mit einer zum Führen eines Luft- oder Wasserfahrzeuges berechtigenden staatlichen Prüfung abschließen,
2. staatlich anerkannten Berufsausbildungen der Luft- und Seefahrt.

Der Nachweis der waffenrechtlichen Sachkunde wird durch eine von der Prüfungskommission erteilte Bescheinigung oder einen Eintrag im Prüfungszeugnis oder der Fahrerlaubnis geführt.

(2) Die staatliche Anerkennung von Lehrgängen zur Vermittlung der Sachkunde im Umgang mit Waffen und Munition erfolgt durch die zuständige Behörde; sie gilt für den gesamten Geltungsbereich des Waffengesetzes. Eine Anerkennung des waffenrechtlichen Teils einer zum Führen eines Luft- oder Wasserfahrzeuges berechtigenden staatlichen Prüfung soll erfolgen, wenn die theoretische Ausbildung auf der Grundlage anerkannter Grundsätze, insbesondere eines zwischen Bund, Ländern und Verbänden abgestimmten Fragenkatalogs, stattfindet und die praktische Unterweisung im Umgang mit Seenotsignalmitteln durch sachkundige Personen erfolgt.

(3) Lehrgänge dürfen nur anerkannt werden, wenn in einem theoretischen Teil die in § 1 Abs. 1 Nr. 1 und 2 bezeichneten Kenntnisse und in einem praktischen Teil ausreichende Fertigkeiten in der Handhabung von Waffen und im Schießen mit Schusswaffen im Sinne des § 1 Abs. 1 Nr. 3 vermittelt werden; § 1 Abs. 2 bleibt unberührt. Außerdem dürfen Lehrgänge nur anerkannt werden, wenn

1. der Antragsteller die erforderliche Zuverlässigkeit und persönliche Eignung für die Durchführung des Lehrgangs besitzt,
2. die fachliche Leitung des Lehrgangs und die von dem Lehrgangsträger beauftragten Lehrkräfte die ordnungsgemäße Durchführung der Ausbildung gewährleisten,
3. die Dauer des Lehrgangs eine ordnungsgemäße Vermittlung der erforderlichen Kenntnisse und Fertigkeiten gewährleistet und
4. der Antragsteller mit den erforderlichen Lehrmitteln ausgestattet ist und über einen geeigneten Unterrichtsraum verfügt.

(4) Der Lehrgang ist mit einer theoretischen und einer praktischen Prüfung abzuschließen. Sie ist vor einem Prüfungsausschuss abzulegen, der von dem Lehrgangsträger gebildet wird. Im Übrigen gilt § 2 entsprechend mit der Maßgabe, dass der Lehrgangsträger verpflichtet ist,
1. die Durchführung der Prüfung und die Namen der Prüfungsteilnehmer der für den Ort der Lehrgangsveranstaltung zuständigen Behörde zwei Wochen vor dem Tag der Prüfung anzuzeigen und
2. einem Vertreter der Behörde die Teilnahme an der Prüfung zu gestatten. Im Falle seiner Teilnahme hat der Vertreter der Behörde die Stellung eines weiteren Beisitzers im Prüfungsausschuss; bei Stimmengleichheit gibt die Stimme des Vorsitzenden den Ausschlag.

(5) Schießsportliche Vereine, die einem nach § 15 Abs. 3 des Waffengesetzes anerkannten Schießsportverband angehören, können Sachkundeprüfungen für ihre Mitglieder abnehmen. Absatz 2, 2. Halbsatz und die Absätze 3 und 4 finden hierfür entsprechende Anwendung. Zur Durchführung der Prüfung bilden die schießsportlichen Vereine eigene Prüfungsausschüsse.[1]

Hinweis: Nachweis der Sachkunde durch Ausländer bei Mitnahme von Waffen oder Munition nach § 32 Abs. 1 Satz 1 und § 32a Abs. 1 Satz 1 WaffG: Beleg des Herkunftsstaates (§ 30 Abs. 2 AWaffV).

3.3 Aus der Allgemeinen Verwaltungsvorschrift 1979 zum Waffengesetz

31. Sachkunde

31.1 ... Bei Waffen- und Munitionssammlern sind auf die beabsichtigte Sammlung bezogene Anforderungen zu stellen, die in der Regel nur durch eine Prüfung vor einem Prüfungsausschuss oder durch eine anerkannte Ausbildung nachgewiesen werden können. Die Sachkunde als Sportschütze, als Jäger und die Waffenausbildung bei militärischen Verbänden reichen nicht aus.
31.2 ... Ein anderweitiger Nachweis der Sachkunde nach [§ 3 Abs. 1 AWaffV] kann auch beim Erwerb von Signalwaffen durch Reeder, Schiffseigner, Flughafenunternehmer oder Landeplatzhalter erbracht werden.
31.3 [Nach § 3 Abs. 1 AWaffV] kann von einem Nachweis der waffentechnischen Kenntnisse abgesehen werden, wenn der Antragsteller eine Ausbildung an Handfeuerwaffen, z.B. im Wehr- oder Polizeidienst erhalten hat.

[1] Muster einer Bescheinigung für Sportschützen als Nachweis der Sachkunde: Siehe Kap. 10.

3.4 Aus der Allgemeinen Verwaltungsvorschrift zum Waffengesetz (WaffVwV) - neu[1]

Zu § 7: Sachkunde

7.1 Der Umfang der zu fordernden Sachkunde und das Prüfungsverfahren sind in den §§ 1 und 2 AWaffV, anderweitige Nachweise der Sachkunde sind in § 3 AWaffV geregelt. Nach altem Recht vor einem staatlichen Prüfungsausschuss erfolgreich abgelegte Sachkundeprüfungen und anerkannte anderweitige Sachkundenachweise gelten im bisherigen Umfang weiter.

7.2 Als anderweitige Nachweise der Sachkunde gelten die Jägerprüfung und die in § 3 Abs. 1 Nr. 1 Buchstabe a AWaffV der Jägerprüfung gleichgestellten Prüfungen, z.B. Diplomprüfungen im Rahmen des Studiums der Forstwirtschaft oder die Prüfung im Fach Jagd und Fischerei an Fachhochschulen für Forstwirtschaft.

Anderweitige Ausbildungen nach § 3 Abs. 1 Nr. 2 Buchstabe c AWaffV sind alle behördlich oder staatlich anerkannten Ausbildungen, die mit einer Prüfung abschließen und die ihrer Art nach geeignet sind, die für den Umgang mit der beantragten Waffe oder Munition erforderliche Sachkunde zu vermitteln (z.B. im Polizeidienst).

7.3 Die Sachkundevermittlung und –prüfung (u.a. für nichtorganisierte Sportschützen, Bewachungsgewerbe, gefährdete Personen) kann sich - je nach Antrag - auf verschiedene Kombinationen der Schusswaffen- und Munitionsarten (Kurzwaffe, Langwaffe, Signalwaffe) oder auf eine umfassende Sachkunde beziehen. Der Regelfall dürfte die Kombination Kurz- und Langwaffen sein, es sei denn, dass sich das Bedürfnis nur auf eine Waffenart bezieht.

Da die im Rahmen der Sachkundeprüfung nachzuweisenden Kenntnisse nur über die beantragten Waffen- und Munitionsarten und nur für den mit dem Bedürfnis geltend gemachten und den damit im Zusammenhang stehenden Zweck nachgewiesen werden müssen, reicht es aus, wenn nur Kenntnisse über die Schusswaffen- und Munitionsarten verlangt werden, die der Prüfling angibt. Die Schusswaffen- und Munitionsarten (z.B. Kurzwaffen, Langwaffen, Signalwaffen mit einem Patronenlager mit mehr als 12 mm Durchmesser) sind vor der Prüfung vom Prüfungsausschuss festzulegen. Aus der Sachkundebescheinigung müssen Art und Umfang der nachgewiesenen Sachkunde hervorgehen (§ 2 Abs. 4 AWaffV). Hierzu sind insbesondere Aussagen zu folgenden Punkten erforderlich: Bedürfniszweck des Prüflings; Umfang der Sachkundeprüfung (geprüfte Waffenarten), Aussage zu Schießfertigkeiten.

[1] Allgemeine Verwaltungsvorschrift der Bundesregierung vom 27.01.06, Bundesrat Drucksache 81/06. Diese WaffVwV ist noch nicht in Kraft, wird aber von den Verwaltungsbehörden bereits herangezogen.

Die Prüfungsausschüsse nach § 2 AWaffV legen der Prüfung den vom Bundesverwaltungsamt herausgegebenen Fragenkatalog und die Prüfungsgrundsätze zugrunde.

7.4 Die Prüfung der Schießfertigkeit umfasst den Nachweis der sicheren Handhabung von Waffe und Munition im Zusammenhang mit der Schussabgabe; der Nachweis eines bestimmten Trefferniveaus ist ebenfalls abhängig von dem mit dem Bedürfnis geltend gemachten Zweck. So müssen Sportschützen ein bestimmtes Trefferniveau nicht erreichen, wohl aber Personen, die die Waffe führen wollen. Dementsprechend sind an die Schießfertigkeit von Personen im Bewachungsgewerbe oder Berechtigten nach § 19 WaffG hohe Anforderungen zu stellen. Bei Waffensammlern, die keine Munitionserwerbsberechtigung besitzen (s. auch Nummer 10.10), kann ggf. auf den Nachweis von Schießfertigkeiten verzichtet werden.

7.5 Für Sachkundelehrgänge, die gem. § 3 Abs. 2 AWaffV staatlich anerkannt werden, gelten die vorgenannten Grundsätze entsprechend.

7.5.1 Die Anerkennung eines Sachkundelehrgangs setzt nach § 3 Abs. 3 AWaffV voraus, dass die nach § 1 Abs. 1 Nr. 1 bis 3 AWaffV erforderlichen Kenntnisse in einem theoretischen und einem praktischen Teil vermittelt werden.

Da die Dauer des Lehrgangs eine ordnungsgemäße Vermittlung gewährleisten muss, sind als Mindestdauer (ohne Prüfung) grundsätzlich 16 Vollstunden bzw. 22 Unterrichtseinheiten (zu je 45 Minuten) vorauszusetzen. Eine Unterschreitung kann nur in Ausnahmefällen in Betracht kommen, z.B. wenn eine Fertigkeit im Schießen nicht nachgewiesen werden muss. Demgegenüber ist im Hinblick auf die besonderen Anforderungen an Erlaubnisinhaber im Bewachungsgewerbe eine Lehrgangsdauer von 24 Vollzeitstunden (dies entspricht 32 Unterrichtseinheiten) Voraussetzung. In der zusätzlichen Unterrichtszeit sind über die Grundqualifikation hinaus vertiefte Rechtskenntnisse (insbes. zu Notwehr, Notstand) sowie besondere Fertigkeiten im Schießen (insbes. mit Kurzwaffen) zu vermitteln. Der Lehrgang mit abschließender Prüfung ist unabhängig von der nach § 34a Gewerbeordnung i.V.m. der Bewachungsverordnung vorgesehenen Unterrichtung und Prüfung zu absolvieren.

Um zu prüfen, ob die Lehrgangsleitung sowie die Lehrkräfte geeignet sind, ist der Lehrgangsplan mit Benennung der fachlichen Leitung und der Lehrkräfte für das jeweilige Fachgebiet vorzulegen. Sowohl die Lehrkräfte als auch die Lehrgangsleitung müssen grundsätzlich sachkundig sein, d.h. eine eigene umfassende Sachkundeprüfung oder nach § 3 Abs. 1 AWaffV gleichgestellte Ausbildung oder Prüfung abgelegt haben. Allerdings sind die erforderlichen Qualifikationen der einzelnen Lehrkräfte auch unter Berücksichtigung des jeweils nach dem laut Lehrplan zu unterrichtenden Fach zu beurteilen. So kann z.B. für die Unterrichtung im Waffenrecht einschließlich Notwehr/Notstand auch eine juristische Qualifikation, hingegen für die praktische Handhabung der Waffen ein Schießausbilder oder Schießsportleiter als geeignet angesehen werden.

Unter „erforderliche Lehrmittel" sind sowohl Fachliteratur als auch Anschauungsmaterial (Waffen, Munition) zu verstehen.

Ein Unterrichtsraum muss konkret benannt werden. Ebenso muss ein Schießstand (Nachweis der Anmietung) für die praktische Ausbildung und Prüfung vorhanden sein.

7.5.2 Auch die nach § 3 Abs. 4 AWaffV zu bildenden Prüfungsausschüsse legen den vom Bundesverwaltungsamt herausgegebenen Fragenkatalog und die Prüfungsgrundsätze zu Grunde. ... Die Prüfung gliedert sich in einen theoretischen und einen praktischen Teil. Die theoretische Prüfung enthält einen mündlichen Teil. Bei einer Prüfung im Multiple-Choice-Verfahren ist besonderes Augenmerk auf den Schwierigkeitsgrad und das Vorhandensein verschiedener Fragebögen zu richten; insbesondere darf die Zusammenstellung der Fragen nicht so erfolgen, dass die richtige Antwort durch einfache Plausibilitätsüberlegungen auch ohne entsprechende Sachkunde herausgefunden werden kann.

7.5.3 Die staatliche Anerkennung gilt nach § 3 Abs. 2, 2. Halbsatz AWaffV bundesweit. Daher bedarf es auch in den Fällen, in denen der Lehrgangsträger an verschiedenen Orten Sachkundelehrgänge durchführt, keiner gesonderten Anerkennung. Hinsichtlich der Prüfung einzelner Voraussetzungen (Eignung des Unterrichtsraums) ist es aber in der Regel geboten, die Behörde(n) zu beteiligen, die für den Ort der Lehrgangsveranstaltung zuständig ist.

7.5.4 Die Sachkundebescheinigung gem. § 3 Abs. 4 Satz 3 i.V.m. § 2 Abs. 4 AWaffV muss über die in Nummer 7.1 aufgeführten Inhalte hinaus auch eine Aussage über die erfolgte Anerkennung des Lehrgangs (Anerkennungsbehörde, Datum und Aktenzeichen der Anerkennung) enthalten.

7.6 Sachkundelehrgänge von schießsportlichen Vereinen, die einem anerkannten Schießsportverband angehören, erfolgen unter Anwendung des vom Bundesverwaltungsamt genehmigten Fragenkatalogs des jeweiligen Verbandes. Sie bedürfen im Falle des § 3 Abs. 5 AWaffV daher keiner staatlichen Anerkennung. Zwar sieht § 3 Abs. 5 AWaffV vor, dass die Vereine die Sachkundeprüfung nur für ihre Mitglieder abnehmen können; dem steht nicht entgegen, dass mehrere Vereine eines anerkannten Verbandes einen gemeinsamen Prüfungsausschuss bilden können. Gem. § 3 Abs. 5 Satz 2 i.V.m. Abs. 4 Satz 2 und § 2 Abs. 4 AWaffV ist dem Bewerber über das Prüfungsergebnis ein Zeugnis zu erteilen, das Art und Umfang der erworbenen Sachkunde erkennen lassen muss und vom Vorsitzenden des Prüfungsausschusses zu unterzeichnen ist (Sachkundenachweis des anerkannten Verbands).

Die als Sportschütze erworbene Sachkunde ist nicht geeignet, die Sachkunde für das Bewachungsgewerbe oder für gefährdete Personen zu vermitteln.

Wettbewerbe des DSB

Regelnr.	Wettbewerb	Kaliber	Distanz m	Scheibe
1.10	Luftgewehr	4.5 mm	10	0.4.3.01
1.11	Luftgewehr- Auflage	4.5 mm	10	0.4.3.01
1.20	Luftgew. 3stellg	4,5 mm	10	0.4.3.01
1.30	Zimmerstutzen	≤ 4,65 mm	15	0.4.3.02
1.31	Zimmerstutzen - Auflage	≤ 4,65 mm	15	0.4.3.02
1.35	KK 100 m	5,6 mm (.22 lfb)	100	0.4.3.04
1.36	KK 100 m - Auflage	5,6 mm (.22 lfb)	100	0.4.3.04
1.37	GK 50 m	8,38 mm	50	0.4.3.03
1.38	GK 100 m	8,38 mm	100	0.4.3.04
1.40	KK-Sportgewehr	5.6 mm (.22 lfb)	50	0.4.3.03
1.41	KK-Sportgewehr - Auflage	5.6 mm (.22 lfb)	50	0.4.3.03
1.45	KK-Sportgewehr Mehrlader	5,6 mm (.22 lfb)	50	0.4.3.03
1.50	GK-Standardgewehr	≤ 8 mm	300	0.4.3.05
1.51	GK-Standardgewehr	≤ 8 mm	50	0.4.3.03
1.52	GK-Standardgewehr	≤ 8 mm	100	0.4.3.04
1.53	GK-Standardgewehr Mehrlader	≤ 8 mm	300	0.4.3.05
1.54	GK-Standardgewehr Mehrlader	≤ 8 mm	50	0.4.3.03
1.55	GK-Standardgewehr Mehrlader	≤ 8 mm	100	0.4.3.04
1.56	Unterhebelrepetierer	≤ 11,63 mm (≤ .45)	50	0.4.3.04
1.57	Unterhebelrepetierer	≤ 11,63 mm (≤ .45)	100	0.4.3.04
1.58	Ordonnanzgewehr	≤ 8 mm	100	0.4.3.04
1.59	GK-Sportgewehr	≤ 8 mm	300	0.4.3.05
1.60	KK-Freigewehr 120	5,6 mm (.22 lfb)	50	0.4.3.03
1.70	GK-Freigewehr	≤ 8 mm	300	0.4.3.05
1.71	GK-Freigewehr	≤ 8 mm	50	0.4.3.03
1.72	GK-Freigewehr	≤ 8 mm	100	0.4.3.04
1.80	KK-Liegendkampf	5,6 mm (.22 lfb)	50	0.4.3.03
1.85	KK-Liegendkampf Mehrlader	5,6 mm (.22 lfb)	50	0.4.3.03
1.90	GK-Liegendkampf	≤ 8 mm	300	0.4.3.05
1.91	GK-Liegendkampf	≤ 8 mm	50	0.4.3.03
1.92	GK-Liegendkampf	≤ 8 mm	100	0.4.3.04
1.95	GK-Liegendkampf Mehrlader	≤ 8 mm	300	0.4.3.05
1.96	GK-Liegendkampf Mehrlader	≤ 8 mm	50	0.4.3.03
1.97	GK-Liegendkampf Mehrlader	≤ 8 mm	100	0.4.3.04
2.10	Luftpistole	4,5 mm	10	0.4.3.20
2.16	Mehrschüssige Luftpistole	4,5 mm	10	0.4.3.21
2.20	Freie Pistole	5,6 mm (.22 lfb)	50	0.4.3.04
2.30	Olympische Schnellfeuerpistole	5,6 mm (.22 kurz)	25	0.4.3.22
2.31	Schnellfeuerpistole Nachwuchsw.	5,6 mm (.22 kurz)	25	0.4.3.22
2.40	KK Sportpistole	5,6 mm (.22 lfb)	25	0.4.3.04 / 0.4.3.22
2.41	KK Sportpistole Nachwuchswettb	5,6 mm (.22 lfb)	25	0.4.3.04 / 0.4.3.22
2.45	Zentralfeuerpistole	7,62 m – 9,65 mm	25	0.4.3.04 / 0.4.3.22
2.50	Gebrauchspistole/Gebrauchsrevolver 2.53, 2.55, 2.58, 2.59		25	0.4.3.04 / 0.4.3.22
2.51	Gebrauchspistole .30	7,62 m – 7,63 mm	25	0.4.3.04 / 0.4.3.22
2.52	Gebrauchspistole .32	7,65 mm	25	0.4.3.04 / 0.4.3.22
2.53	Gebrauchspistole 9 mm	9 mm Para	25	0.4.3.04 / 0.4.3.22
2.54	Gebrauchspistole .38	.38	25	0.4.3.04 / 0.4.3.22
2.55	Gebrauchsrevolver .357 Magn.	.357 Magn.	25	0.4.3.04 / 0.4.3.22
2.56	Gebrauchspistole 10 mm	10 mm	25	0.4.3.04 / 0.4.3.22
2.57	Gebrauchsrevolver .41	.41	25	0.4.3.04 / 0.4.3.22
2.58	Gebrauchsrevolver .44 Magn.	.44 Magn.	25	0.4.3.04 / 0.4.3.22
2.59	Gebrauchspistole .45	.45	25	0.4.3.04 / 0.4.3.22
2.60	Standardpistole	5,6 mm (.22 lfb)	25	0.4.3.04
3.10	Flinte Trap	Kaliber ≤12/70		0.4.3.30
3.15	Flinte Doppeltrap	Schrote ≤ 2,5 mm		0.4.3.30
3.20	Flinte Skeet	Schrotgewicht ≤ 24g		0.4.3.30
4.10	Laufende Scheibe 10 m	4,5 mm	10	0.4.3.40 / 0.4.3.40.2
4.11	Laufende Scheibe 10 m	4,5 mm	10	0.4.3.43
4.15	Laufende Scheibe 10 m MIX	4,5 mm	10	0.4.3.40 / 0.4.3.40.2
4.20	Laufende Scheibe 50 m	5,6 mm (.22 lfb)	50	0.4.3.41
4.25	Laufende Scheibe 50 m MIX	5,6 mm (.22 lfb)	50	0.4.3.41
5.10	Armbrust 10 m	4,5 mm - 0.05 mm Tol.	10	0.4.3.01
5.20	Armbrust international 30 m	6,0 mm - 0.05 Tol.	30	0.4.3.50
5.31	Armbrust national - Scheibe	6,0 mm	30	0.4.3.51
5.32	Armbrust national - Stern	24,3 mm/26.8 mm	Vogelbaum	Stern - Plattl
5.32	Armbrust national - Kombiniert	6,0 mm/ 24,3 mm/26.8 mm	30/Vogelbaum	0.4.3.51 Scheibe/Stern
5.34	Armbrust national - Adler	24,3 mm/26.8 mm	30/Vogelbaum	Adler
5.41	Feldarmbrust IAU 600 - 18 m		18	0.4.3.52
5.42	Feldarmbrust IAU 600 - 25 m		25	0.4.3.60
5.43	Feldarmbrust IAU 900		65-50-35	0.4.3.61 / 0.4.3.52
6.10	Bogen FITA im Freien Recurve		90-30	0.4.3.62 - 0.4.3.63
6.15	Bogen FITA im Freien Compound		90-30	0.4.3.62 - 0.4.3.63
6.20	Bogen FITA Halle Recurve		18/25	0.4.3.60 / 0.4.3.61
6.25	Bogen FITA Halle Compound		18/25	0.4.3.60 / 0.4.3.61
6.26	Blankbogen Halle		18	0.4.3.60 / 0.4.3.61
6.30	Feldbogen Recurve		60-10	0.4.3.64 - 0.4.3.67
6.40	Feldbogen Blank		50-5	0.4.3.64 - 0.4.3.67
6.50	Feldbogen Compound		60-10	0.4.3.64 - 0.4.3.67
7.10	Perkussionsgewehr	frei	50	0.4.3.04
7.15	Perkussionsfreigewehr	frei	100	0.4.3.04
7.20	Perkussionsdienstgewehr	≥ 13,5 mm, Originalform	100	0.4.3.04
7.30	Steinschloßgewehr	frei - Rundkugel	50	0.4.3.04
7.35	Muskete	≥ 13,5 mm	50	0.4.3.06
7.40	Perkussionsrevolver	frei	25	0.4.3.04
7.50	Perkussionspistole	frei - Rundkugel	25	0.4.3.04
7.60	Steinschloßpistole	frei - Rundkugel	25	0.4.3.04
7.71	Perkussionsflinte	frei - Schrote 2,5 mm, ≤ 35g		0.4.3.30
7.72	Steinschloßflinte	Ladung ≤ 6,2g		0.4.3.30

3.5 Aus der Kostenverordnung zum Waffengesetz (WaffKostV)

Anlage: Gebührenverzeichnis (Auszug)

Abschnitt I : Rahmengebühren

		DM von	DM bis
1.	Erlaubnis zur Herstellung, Bearbeitung oder Instandsetzung von Schusswaffen oder Munition (§ 7 Abs. 1 Nr. 1 WaffG)	200	5000
2.	Erlaubnis zum Handel mit Schusswaffen oder Munition (§ 7 Abs. 1 Nr. 2 WaffG)	200	5000
5.	Erlaubnis zum nicht gewerbsmäßigen Herstellen, Bearbeiten oder Instandsetzen von Schusswaffen (§ 41 Abs. 1 WaffG)	150	1000
6.	Erlaubnis zum Betrieb oder zur wesentlichen Änderung einer Schießstätte einschl. der Abnahmeprüfung (§ 44 (1) WaffG)	200	1000
7.	Erlaubnis zum Schießen außerhalb von Schießstätten (§ 45 Abs. 1 WaffG)	50	300
11.	Abnahme der Prüfung nach § 9 WaffG	200	500
12.	Abnahme der Prüfung nach § 31 WaffG	100	400

Abschnitt II : Feste Gebühren

		DM
1.	Ausstellung einer Waffenbesitzkarte (§ 28 Abs. 1 WaffG)	110
2.	Ausstellung einer Waffenbesitzkarte für Sportschützen (§ 28 Abs. 2 Satz 1 WaffG)	110
3.	Ausstellung einer Waffenbesitzkarte für Waffensachverständige (§ 28 Abs. 2 Satz 2 WaffG)	170
4.	Ausstellung einer Waffenbesitzkarte für Waffensammler (§ 28 Abs. 2 Satz 2 WaffG)	400
6.	Ausstellung einer Waffenbesitzkarte ohne Bedürfnisprüfung (§ 32 Abs. 2 WaffG)	80
7.	Ausstellung einer Waffenbesitzkarte in den Fällen des § 28 Abs. 5 Satz 1 WaffG	50
8.	Ausstellung einer gemeinsamen Waffenbesitzkarte (§ 28 Abs. 6 WaffG) Zuschlag:	50
11.	Eintragung des Überlassens in die Waffenbesitzkarte	25
12.	Eintragung der Berechtigung zum Munitionserwerb ... in der Waffenbesitzkarte (§ 29 Abs. 4 WaffG)	50
13.	Ausstellung eines Munitionserwerbscheines (§ 29 Abs. 1 WaffG)	60
14.	Ausstellung eines Waffenscheines (§ 35 Abs. 1 WaffG)	200

Anm.: Die gültige WaffKostV enthält noch DM-Beträge (1 DM = 0,511292 €)

4. Die rechtlichen Grundlagen der Fachkundeprüfung

4.1 Aus dem Waffengesetz (WaffG)

§ 21
Gewerbsmäßige Waffenherstellung, Waffenhandel

(1) Die Erlaubnis zur gewerbsmäßig oder selbstständig im Rahmen einer wirtschaftlichen Unternehmung betriebenen Herstellung, Bearbeitung oder Instandsetzung von Schusswaffen oder Munition wird durch eine Waffenherstellungserlaubnis, die Erlaubnis zum entsprechend betriebenen Handel mit Schusswaffen oder Munition durch eine Waffenhandelserlaubnis erteilt. Sie kann auf bestimmte Schusswaffen- und Munitionsarten beschränkt werden.

(2) Die Waffenherstellungserlaubnis nach Abs. 1 Satz 1 schließt für Schusswaffen oder Munition, auf die sich die Erlaubnis erstreckt, die Erlaubnis zum vorläufigen oder endgültigen Überlassen an Inhaber einer Waffenherstellungs- oder Waffenhandelserlaubnis sowie zum Erwerb für Zwecke der Waffenherstellung ein. Bei in die Handwerksrolle eingetragenen Büchsenmachern schließt die Waffenherstellungserlaubnis die Erlaubnis zum Waffenhandel ein.

(3) Die Erlaubnis ist zu versagen, wenn

1. der Antragsteller die erforderliche Zuverlässigkeit (§ 5) oder persönliche Eignung (§ 6) nicht besitzt,
2. der Antragsteller die für die erlaubnispflichtige Tätigkeit bei handwerksmäßiger Betriebsweise erforderlichen Voraussetzungen nach der Handwerksordnung nicht erfüllt, soweit eine Erlaubnis zu einer entsprechenden Waffenherstellung beantragt wird,
3. der Antragsteller nicht die erforderliche Fachkunde nachweist, soweit eine Erlaubnis zum Waffenhandel beantragt wird; dies gilt nicht, wenn der Antragsteller weder den Betrieb, eine Zweigniederlassung noch eine unselbstständige Zweigstelle selbst leitet.

(4) Die Erlaubnis kann versagt werden, wenn der Antragsteller

1. nicht Deutscher im Sinne des Artikels 116 des Grundgesetzes ist oder
2. weder seinen gewöhnlichen Aufenthalt noch eine gewerbliche Niederlassung im Geltungsbereich dieses Gesetzes hat.

(5) Die Erlaubnis erlischt, wenn der Erlaubnisinhaber die Tätigkeit nicht innerhalb eines Jahres nach Erteilung der Erlaubnis begonnen oder ein Jahr lang nicht ausgeübt hat. Die Fristen können aus besonderen Gründen verlängert werden.

(6) Der Inhaber einer Erlaubnis nach Absatz 1 hat die Aufnahme und Einstellung des Betriebs sowie die Eröffnung und Schließung einer Zweigniederlassung oder einer unselbstständigen Zweigstelle innerhalb von zwei Wochen der zuständigen Behörde anzuzeigen. In der Anzeige über die Aufnahme oder die Eröffnung hat er die mit der Leitung des Betriebs oder einer Zweigniederlassung beauftragten Personen anzugeben.

(7) Die zuständige Behörde unterrichtet das Bundeskriminalamt, die Landeskriminalämter und das Bundesamt für Wirtschaft und Ausfuhrkontrolle über das Erlöschen einer Erlaubnis nach Absatz 5 Satz 1 und über die Rücknahme oder den Widerruf einer Erlaubnis nach Absatz 1.

§ 21a
Stellvertretungserlaubnis

Wer ein erlaubnisbedürftiges Waffengewerbe durch einen Stellvertreter betreiben will, bedarf einer Stellvertretererlaubnis; sie wird dem Erlaubnisinhaber für einen bestimmten Stellvertreter erteilt und kann befristet werden. Dies gilt auch für die Beauftragung einer Person mit der Leitung einer Zweigniederlassung oder einer unselbstständigen Zweigstelle. Die Vorschriften des § 21 gelten entsprechend.

§ 22
Fachkunde

(1) Die Fachkunde ist durch eine Prüfung vor der zuständigen Behörde nachzuweisen. Die Fachkunde braucht nicht nachzuweisen, wer die Voraussetzungen für die Eintragung eines Büchsenmacherbetriebes in die Handwerksrolle erfüllt.

(2) Das Bundesministerium des Innern wird ermächtigt, durch Rechtsverordnung mit Zustimmung des Bundesrates Vorschriften über

1. die notwendigen Anforderungen an die waffentechnischen und waffenrechtlichen Kenntnisse, auch beschränkt auf bestimmte Waffen- und Munitionsarten (Fachkunde),
2. die Prüfung und das Prüfungsverfahren einschließlich der Errichtung von Prüfungsausschüssen,
3. die Anforderungen an Art, Umfang und Nachweis der beruflichen Tätigkeit nach Absatz 1 Satz 2 Nr. 2[1]

zu erlassen.

---

[1] Abs. 1 Satz 2 Nr. 2 wurde mit Gesetz zur Änderung des Waffengesetzes vom 26.03.2008 gestrichen.

Anmerkung: Unterstreichungen vom Verfasser

4.2 Aus der Allgemeinen Waffengesetz-Verordnung (AWaffV)

Abschnitt 6: Unterabschnitt 1: Fachkunde

§ 15 Umfang der Fachkunde

(1) Die in der Prüfung nach § 22 Abs. 1 Satz 1 des Waffengesetzes nachzuweisende Fachkunde umfasst ausreichende Kenntnisse

1. der Vorschriften über den Handel mit Schusswaffen und Munition, den Erwerb und das Führen von Schusswaffen sowie der Grundzüge der sonstigen waffenrechtlichen und der beschussrechtlichen Vorschriften,
2. über Art, Konstruktion und Handhabung der gebräuchlichen Schusswaffen, wenn die Erlaubnis für den Handel mit Schusswaffen beantragt ist, und
3. über die Behandlung der gebräuchlichen Munition und ihre Verwendung in der dazugehörigen Schusswaffe, wenn die Erlaubnis für den Handel mit Munition beantragt ist.

(2) Der Antragsteller hat in der Prüfung nach Absatz 1 Kenntnisse nachzuweisen über

1. Schusswaffen und Munition aller Art, wenn eine umfassende Waffenhandelserlaubnis beantragt ist,
2. die in der Anlage aufgeführten Waffen- oder Munitionsarten, für die [die] Erlaubnis zum Handel beantragt ist.

§ 16 Prüfung

(1) Die zuständige Behörde bildet für die Abnahme der Prüfung staatliche Prüfungsausschüsse. Die Geschäftsführung kann auf die örtliche Industrie- und Handelskammer übertragen werden. Es können gemeinsame Prüfungsausschüsse für die Bezirke mehrerer Behörden gebildet werden.

(2) Der Prüfungsausschuss besteht aus dem Vorsitzenden und zwei Beisitzern. Die Mitglieder des Prüfungsausschusses müssen in dem Prüfungsgebiet sachkundig sein. Der Vorsitzende darf nicht im Waffenhandel tätig sein. Als Beisitzer sollen ein selbstständiger Waffenhändler und ein Angestellter im Waffenhandel oder, wenn ein solcher nicht zur Verfügung steht, ein Angestellter in der Waffenherstellung bestellt werden.

(3) Die Prüfung ist mündlich abzulegen.

(4) Für die Erteilung eines Zeugnisses, die Anfertigung einer Niederschrift und die Wiederholung der Prüfung gilt § 2 Abs. 3 Satz 2 und Abs. 4 und 5 entsprechend.

Anlage (zu § 15 Abs. 2 Nr. 2 [AWaffV])

Waffen- und Munitionsarten

1. Schusswaffen und ihnen gleichstehende Geräte

1.1 Büchsen und Flinten einschließlich Flobertwaffen und Zimmerstutzen
1.2 Pistolen und Revolver zum Verschießen von Patronenmunition; Schalldämpfer
1.3 Schreckschuss-, Reizstoff- und Signalwaffen gemäß Anlage 1 Abschnitt 1 Unterabschnitt 1 Nr. 2.7 bis 2.9 [jetzt: 2.6 bis 2.8] des Waffengesetzes
1.4 Signalwaffen mit einem Patronen- oder Kartuschenlager von mehr als 12,5 mm Durchmesser
1.5 Druckluft-, Federdruck- und Druckgaswaffen
1.6 Schusswaffen, die vor dem 1. Januar 1871 hergestellt worden sind
1.7 Schusswaffen und ihnen gleichstehende Geräte, die nicht unter 1.1 bis 1.5 fallen.

2. Munition

2.1 Munition zum Verschießen aus Büchsen und Flinten (1.1)
2.2 Munition zum Verschießen aus Pistolen und Revolvern (1.2)
2.3 Munition zum Verschießen aus Schreckschuss-, Reizstoff- und Signalwaffen (1.3)
2.4 Munition zum Verschießen aus Signalwaffen mit einem Kartuschenlager von mehr als 12,5 mm Durchmesser (1.4)
2.5 Munition zum Verschießen aus Schusswaffen, die vor dem 1. Januar 1871 hergestellt worden sind, und aus sonstigen ihnen gleichstehenden Geräten (1.6 und 1.7)

Hinweise des Verfassers:

Definitionen waffen- und munitionstechnischer Begriffe und die Einstufung von Gegenständen finden sich in Anlage 1 Abschnitt 1 Unterabschnitt 1 zum WaffG. Auf sie wird an den entsprechenden Stellen dieses Buches zurückgegriffen.

Die Einteilung der Schusswaffen oder Munition in die Kategorien A bis D nach der Waffenrichtlinie [der Europäischen Gemeinschaft] findet sich in Kap. 8.1.5 dieses Buches.

Zu § 16 Abs. 1 AWaffV:
Bei folgenden Kammern sind Prüfungsausschüsse gebildet:
Berlin, Bremen, Chemnitz, Düsseldorf, Frankfurt, Hamburg, Hannover, Kassel, Kiel, Mainz, München, Münster, Nürnberg, Oldenburg, Potsdam, Saarbrücken, Schwerin, Stuttgart, Suhl

§ 27 AWaffV:
Besondere Bestimmungen zur Fachkunde für Staatsangehörige eines Mitgliedstaates [der EU]

4.3 Aus der Allgemeinen Verwaltungsvorschrift zum Waffengesetz (WaffVwV) – neu (s. 3.4, Fußnote)

Zu § 21: Gewerbsmäßige Waffenherstellung, Waffenhandel (Auszüge)

21.1 Für die Begriffe „Gewerbsmäßigkeit“ und „wirtschaftliche Unternehmung“ gelten die allgemeinen gewerberechtlichen Grundsätze. ...

21.2 Herstellen ist das Anfertigen wesentlicher Teile von Schusswaffen, von Schalldämpfern für Schusswaffen und das Zusammensetzen fertiger Teile zu einer Schusswaffe, es sei denn, dass die Schusswaffe nur zur Pflege, zur Nachschau oder zum Austausch von Wechsel- oder Austauschläufen sowie Wechselsystemen auseinander genommen wird. Das Zusammenfügen von Bausätzen erlaubnisfreier Schusswaffen nach Anlage 2 Abschnitt Unterabschnitt 2 Nr. 1.7 bis 1.9 ist kein Herstellen.

Eine Schusswaffe wird bearbeitet, wenn ihre Funktionsweise geändert wird (z.B. Umarbeitung einer Schreckschusswaffe in eine Waffe für Patronenmunition, einer Repetierwaffe in eine halbautomatische Waffe, einer Schusswaffe für Einzelfeuer in eine für Dauerfeuer), wenn wesentliche Teile der Waffe ausgetauscht, geändert oder in ihrer Haltbarkeit beeinträchtigt werden (z.B. Verkürzung des Laufs, Änderung des Patronenlagers) oder wenn das Aussehen der Waffe wesentlich geändert wird (z.B. Abänderung einer Langwaffe in eine Kurzwaffe durch Verkürzung des Schaftes, Montieren von Kühlrippen, Anbringung eines Zielfernrohrs durch mechanische Veränderung an der Waffe). Auch das Umarbeiten erlaubnispflichtiger Schusswaffen in Zier- oder Sammlerwaffen bzw. Schnittmodelle ist ein Bearbeiten. Keine Bearbeitung ist es, einen Einsteck- oder Austauschlauf einzusetzen. ...

Eine Schusswaffe wird instand gesetzt, wenn ihre Funktionsfähigkeit durch wesentliche Änderung oder Bearbeitung wieder hergestellt wird oder wenn Mängel, welche die Schusswaffe funktionsunfähig machen, beseitigt werden.

Die Verschönerung oder Verzierung der Waffe oder die Anbringung oder Veränderung von Teilen, die für die Funktionsfähigkeit, die Funktionsweise oder die Haltbarkeit der Waffe nicht wesentlich sind, sind kein „Herstellen“ im Sinne des Waffengesetzes und unterliegen daher nicht der Erlaubnispflicht. ...

21.7 Die Herstellungserlaubnis deckt auch den Vertrieb der vom Erlaubnisinhaber hergestellten Schusswaffen und Munition und die Ausfuhr dieser Gegenstände ab. Die Herstellungserlaubnis berechtigt ferner zum Waffenerwerb ...

21.8 Zusätzlich und ergänzend zur Prüfung der waffenrechtlichen Zuverlässigkeit (§ 5) ist auch die gewerberechtliche Zuverlässigkeit zu prüfen. ...

21.8.3 Der Antragsteller muss über die für die Ausübung des Gewerbes erforderlichen Betriebs- oder Geschäftsräume verfügen.

Zu § 22: Fachkunde (Auszüge, ohne 22.4: Angehörige anderer EU-Mitgliedstaaten)

22.1 Für die Fachkundeprüfung sind §§ 15, 16 und 27 AWaffV zu beachten.

22.2 § 22 Abs. 1 [Satz 2] bezieht sich in der Regel auf unselbstständige Büchsenmacher, denen die Leitung des Betriebes oder einer Zweigniederlassung oder einer unselbstständigen Zweigstelle in einem Waffenhandelsgeschäft übertragen werden soll. Hinsichtlich der selbstständigen Büchsenmacher wird auf § 21 Abs. 2 verwiesen. Die Voraussetzungen für die Eintragung als Büchsenmacher in die Handwerksrolle erfüllt nach § 7 Abs. 1, 3 oder 7 der Handwerksordnung (HwO), wer die Meisterprüfung im Büchsenmacherhandwerk bestanden hat oder wer eine Ausübungsberechtigung nach § 7b HwO oder eine Ausnahmebewilligung nach den §§ 8 oder 9 HwO für das Büchsenmacherhandwerk besitzt.

5. Die rechtlichen Grundlagen für das Fach Jagdwaffenkunde in der Jägerprüfung

5.1 Aus dem Bundesjagdgesetz (BJagdG)

§ 15 Allgemeines

(5) Die erste Erteilung eines Jagdscheines ist davon abhängig, daß der Bewerber im Geltungsbereich dieses Gesetzes eine Jägerprüfung bestanden hat, die aus einem schriftlichen und einem mündlich-praktischen Teil und einer Schießprüfung bestehen soll; er muß in der Jägerprüfung ausreichende Kenntnisse der Tierarten, der Wildbiologie, der Wildhege, des Jagdbetriebes, der Wildschadensverhütung, des Land- und Waldbaues, des Waffenrechts, der Waffentechnik, der Führung von Jagdwaffen (einschließlich Faustfeuerwaffen), der Führung von Jagdhunden, in der Behandlung des erlegten Wildes unter besonderer Berücksichtigung der hygienisch erforderlichen Maßnahmen, in der Beurteilung der gesundheitlich unbedenklichen Beschaffenheit des Wildbrets, insbesondere auch hinsichtlich seiner Verwendung als Lebensmittel, und im Jagd-, Tierschutz- sowie Naturschutz- und Landschaftspflegerecht nachweisen; mangelhafte Leistungen in der Schießprüfung sind durch Leistungen in anderen Prüfungsteilen nicht ausgleichbar. Die Länder können die Zulassung zur Jägerprüfung insbesondere vom Nachweis einer theoretischen und praktischen Ausbildung abhängig machen. ...

5.2 Aus dem Bayerischen Jagdgesetz (BayJG)

Art. 28 Jägerprüfung, Falknerprüfung, Jagdschein

(1) Das Staatsministerium für Ernährung, Landwirtschaft und Forsten wird ermächtigt, durch Rechtsverordnung eine Prüfungsordnung für die Jäger- und Falknerprüfung zu erlassen. In der Prüfungsordnung sind insbesondere die Zulassungsvoraussetzungen, die Grundsätze des Prüfungsverfahrens, die Prüfungsorgane, die Prüfungsanforderungen und die Prüfungsfächer festzulegen. Ferner können Bestimmungen über die Ausbildung der Prüfungsbewerber und über der Jägerprüfung gleichgestellte Prüfungen getroffen werden. .....

Anmerkung: Unterstreichungen vom Verfasser

5.3 Aus der bayerischen Jäger- und Falknerprüfungsordnung (JFPO)

§ 10 Sachgebiete

Die Prüfung umfasst im schriftlichen und mündlichen Teil folgende Sachgebiete:

1. Jagdwaffen, Jagd- und Fanggeräte:
   - Lang- und Kurzwaffen, Munition, Ballistik, Optik
   - Handhabung, Pflege und Aufbewahrung von Lang- und Kurzwaffen, Umgang mit Munition
   - Jagd- und Fanggeräte
   - jagdbezogene Vorschriften des Waffenrechts und der Unfallverhütung sowie über Notwehr und Notstand

......

§ 11 Form, Zeit, Ort und Ergebnis der Prüfung

(1) Die Jägerprüfung besteht aus dem

1. schriftlichen Teil (§12),
2. mündlichen Teil (§ 13) und
3. praktischen Teil (§ 14).

Die Prüfungsteile sind in dieser Reihenfolge abzulegen und zu bestehen.

......

§ 12 Schriftlicher Teil der Prüfung

(1) Der schriftliche Teil der Prüfung wird im Antwort-Wahl-Verfahren (Multiple-Choice-Verfahren) anhand eines Fragebogens mit separatem Antwortblatt durchgeführt. Die Bewerber haben insgesamt 100 Fragen (16 Fragen je Sachgebiet nach § 10 Nrn. 1 bis 5 und 20 Fragen aus dem Sachgebiet nach § 10 Nr. 6) durch Ankreuzen auf dem Antwortblatt zu beantworten. Die Fragen werden von der Prüfungsbehörde aus dem von der obersten Jagdbehörde veröffentlichten Fragenkatalog mit Musterlösung ausgewählt. Die Arbeitszeit beträgt 100 Minuten.

(2) Bewerber, die mehr als ein Viertel der Fragen nicht, nicht richtig oder nicht vollständig beantwortet haben, haben den schriftlichen Teil der Prüfung nicht bestanden.

§ 13 Mündlicher Teil der Prüfung

(1) Im mündlichen Teil der Prüfung dürfen nicht mehr als drei Bewerber gemeinsam geprüft werden. Die Prüfungsdauer beträgt je Sachgebiet und Bewerber mindestens zehn Minuten und soll fünfzehn Minuten nicht überschreiten.

(2) Die Leistungen der Bewerber sind in jedem einzelnen Sachgebiet wie folgt zu bewerten:

ausreichend = eine Leistung, die mindestens durchschnittlichen Anforderungen entspricht oder besser ist,
mangelhaft = eine an erheblichen Mängeln leidende, im Ganzen nicht mehr brauchbare Leistung,
ungenügend = eine völlig unbrauchbare Leistung.

(3) Bewerber, deren Leistungen in einem oder mehr Sachgebieten mit „ungenügend“ oder in zwei oder mehr Sachgebieten mit „mangelhaft“ bewertet wurden, haben den mündlichen Teil der Prüfung nicht bestanden. In Zweifelsfällen soll der Vorsitzende des Prüfungsausschusses den Bewerbern erneut Gelegenheit geben, ihre Kenntnisse in den jeweiligen Sachgebieten vor dem Prüfungsausschuss unter Beweis zu stellen.

§ 14 Praktischer Teil der Prüfung[1]

(1) Der praktische Teil der Prüfung besteht aus den Disziplinen Handhabung der Waffen sowie Büchsenschießen.
(2) Die Bewerber haben ausreichende Leistungen in der Handhabung der gebräuchlichen Jagdwaffen (Lang- und Kurzwaffen) nachzuweisen. Die Leistungen sind getrennt von den Anforderungen im Büchsenschießen zu prüfen und zu bewerten.
(3) Beim Büchsenschießen sind vier Schüsse, davon zwei Schüsse sitzend aufgelegt und zwei Schüsse nach Wahl des Bewerbers stehend angestrichen oder stehend freihändig, auf die Rehbockscheibe (DJV-Scheibe Nr. 1) aus einer Entfernung von 100 m abzugeben. Den Bewerbern ist ein Probeschuss gestattet. Waffen und Munition werden den Bewerbern zur Verfügung gestellt.
(4) Die Anforderungen im Büchsenschießen sind nicht erfüllt, wenn weniger als drei Treffer erzielt werden; als Treffer gelten der getroffene achte bis zehnte Ring; ein berührter Ring gilt als getroffen; in Zweifelsfällen entscheidet der Vorsitzende des Prüfungsausschusses.
(5) Wurden die Anforderungen im Büchsenschießen nicht erfüllt, kann diese Disziplin im Verlauf der Gesamtdauer des praktischen Teils der Prüfung einmal wiederholt werden. Den Zeitpunkt bestimmt die Prüfungsaufsicht.
(6) Bewerber, die ausreichende Leistungen in der Handhabung von Waffen gemäß Abs. 1 nicht nachgewiesen oder die Anforderungen im Büchsenschießen gemäß Abs. 4 auch nach der Wiederholung nach Abs. 5 nicht erfüllt oder gegen Sicherheitsbestimmungen verstoßen haben, haben den praktischen Teil der Prüfung nicht bestanden.

§ 15 Wiederholung von Prüfungsteilen

Innerhalb von zwei Jahren nach Bestehen des schriftlichen Teils können der mündliche und der praktische Teil der Prüfung jeweils zweimal wiederholt werden. Die Wiederholungsmöglichkeit besteht im Rahmen der landeseinheitlich festgesetzten Prüfungstermine. Die Prüfungsteile nach § 11 Abs. 1 Satz 1 müssen jeweils im gesamten Umfang wiederholt werden. § 11 Abs. 1 Satz 2 gilt entsprechend. Für die Anmeldung gilt § 6 ... entsprechend. ......

[1] In der Ausbildung zu erbringen: Leistungen im Flintenschießen, flüchtigen Überläufer, mit Kurzwaffen

6. Waffen und Munition in Frage und Antwort

6.1 Allgemeines

6.1.1 Waffen

Den folgenden Definitionen und Erläuterungen liegen die Begriffsbestimmungen des Waffenrechts zugrunde; auch waffen- und munitionstechnische, jagdliche und schießsportliche Begriffsbildungen wurden berücksichtigt.

Frage: Welche **Arten von Waffen** unterscheidet das Waffenrecht?	**Antwort:** Das Waffenrecht unterscheidet 1. **Schusswaffen oder ihnen gleichgestellte Gegenstände** und 2. **tragbare Gegenstände,** **a) die ihrem Wesen nach dazu bestimmt sind, die Angriffs- oder Abwehrfähigkeit von Menschen zu beseitigen oder herabzusetzen, insbesondere Hieb- und Stoßwaffen;** **b) die, ohne dazu bestimmt zu sein, dazu geeignet und im Waffengesetz genannt sind.**
Frage: Was versteht man unter **Hieb- und Stoßwaffen?**	**Antwort: Hieb- und Stoßwaffen** sind Gegenstände, die ihrem Wesen nach dazu bestimmt sind, unter unmittelbarer Ausnutzung der Muskelkraft durch Hieb, Stoß, Stich, Schlag oder Wurf Verletzungen beizubringen. (Blanke oder kalte Waffen, z.B. Bajonett, Degen, Dolch, Säbel, Schwert, Speer, auch Schlagstock (2.a).)
Tragbare Gegenstände i.S. 2.b:	Spring-,Fall-,Faust-,Butterflymesser; Elektroimpuls
Frage: Was versteht man unter **Schusswaffen**? Man beachte: Zweckbestimmung & Konstruktionsmerkmal	**Antwort: Schusswaffen** sind Gegenstände, die zum Angriff oder zur Verteidigung, zur Signalgebung, zur Jagd, zur Distanzinjektion, zur Markierung, zum Sport oder zum Spiel bestimmt sind und bei denen Geschosse durch einen Lauf getrieben werden.

Hinweis: Luftgewehr und Luftpistole sind Schusswaffen, aber keine **Feuer**waffen.

Frage: Was versteht man unter **Handfeuerwaffen**?	**Antwort:** Hand**feuer**waffen sind Schusswaffen, bei denen zum Antrieb der Geschosse heiße Gase verwendet werden. (Heiße Gase entstehen durch die Verbrennung

des Treibladungsmittels, -pulvers; Feuerwaffen gleichen insofern Verbrennungsmotoren.) **Hand**feuerwaffen sind überdies Feuerwaffen, die - im Unterschied zu Geschützen - von einer Person getragen und eingesetzt werden können.

Frage: Welche **Arten von Handfeuerwaffen** unterscheiden wir?

Antwort: Wir unterscheiden nach der Länge
1. Langwaffen,
2. Kurzwaffen.

Frage: Was versteht man unter **Langwaffen**?

Antwort: Langwaffen sind Schusswaffen, deren Lauf und Verschluss insgesamt länger als 30 cm sind und deren Gesamtlänge 60 cm überschreitet ("Gewehr").

Frage: Was versteht man unter **Kurzwaffen**?

Antwort: Kurzwaffen (früher: Faustfeuerwaffen) sind alle anderen Schusswaffen.

Frage: Welche **Arten von Langwaffen** unterscheiden wir?

Antwort: Wir unterscheiden
1. Büchsen, das sind Gewehre mit einem oder mehreren gezogenen Läufen für den "Kugel"-schuss,
   z.B. Jagdbüchsen, Kleinkaliberbüchsen,
2. Flinten, das sind Gewehre mit einem oder mehreren glatten Läufen für den Schrotschuss, selten auch mit gezogenen Läufen, speziell für Flintenlaufgeschosse (s. dort),
   z.B. Jagdflinten, Skeet- und Trapflinten,
3. Kombinationswaffen (kombinierte Waffen), bei denen gezogene und glatte Läufe zu einer Einheit zusammengefasst sind zur wahlweisen Abgabe eines "Kugel"- oder Schrotschusses,
   z.B. Bockbüchsflinte und Drilling.

Flobertgewehre haben i.a. nur glatte Läufe, auch für den Kugelschuss, ebenso Schreckschuss-, Reizstoff- und Signalwaffen sowie Narkosegewehre.

Frage: Welche **Arten von Kurzwaffen** unterscheiden wir?

Antwort: Wir unterscheiden

1. Pistolen
   a) einläufige Einzellader(pistolen)
   b) mehrläufige Einzellader(pistolen)
   c) Mehrladepistolen
      - Repetierpistolen (kaum gebräuchlich)
      - als Halbautomat: Selbstladepistole
      - als Vollautomat: Maschinenpistole
2. Revolver
   a) Bündelrevolver (nicht mehr gebräuchlich)
   b) Trommelrevolver (Trommel - Magazin)
      - in der Ausführung Single-Action-Abzug
      - in der Ausführung Double-Action-Abzug

Hinweis:

Zu den Begriffen Einzellader, Mehrlader, Repetierer, Selbstlader, Halb- und Vollautomat: Siehe unten und nebenstehendes Schema.

Frage: Was versteht man unter **Einzelladerwaffen**?

Antwort: Einzelladerwaffen (Einzellader) sind Schusswaffen ohne Magazin mit einem oder mehreren Läufen, die vor jedem Schuss durch Einbringen der Patrone in das Patronenlager oder eine Lademulde von Hand geladen werden müssen,
z.B. Doppelbüchse, -flinte, Einzelladerpistole.

Frage: Was versteht man unter **Mehrladewaffen**?

Antwort: Mehrladewaffen (Mehrlader) sind Schusswaffen, die eine Einrichtung zur Aufnahme von mehreren Patronen besitzen (Magazin).
Mehrladewaffen (Mehrlader) werden unterteilt in
a) Repetierwaffen (Repetierer) und
b) Automatische Waffen (Automaten).

Frage: Was versteht man unter **Repetierwaffen**?

Antwort: Repetierwaffen (Repetierer) sind Schusswaffen, bei denen nach Abgabe eines Schusses über einen von Hand zu betätigenden Mechanismus Munition aus einem Magazin in das Patronenlager nachgeladen wird,
z.B. Repetierbüchsen, Repetierflinten (Pump-Action-Flinten, Pumpguns).

Frage: Was versteht man unter **automatischen Schusswaffen**?

Antwort: Automatische Schusswaffen (Automaten) sind Schusswaffen, die nach Abgabe eines Schusses selbsttätig erneut schussbereit werden und bei denen aus demselben Lauf durch einmalige Betätigung des Abzuges mehrere Schüsse abgegeben werden können (Vollautomaten, z.B. Maschinengewehre) oder durch einmalige Betätigung des Abzuges jeweils nur ein Schuss abgegeben werden kann (Halbautomaten, z.B. Selbstladebüchse, -flinte).

Selbstladewaffen?

Der Begriff Selbstladewaffen (Selbstlader) im engeren Sinne bezieht sich auf Halbautomaten, z.B. Selbstladebüchse, -flinte, -pistole.

Schema:

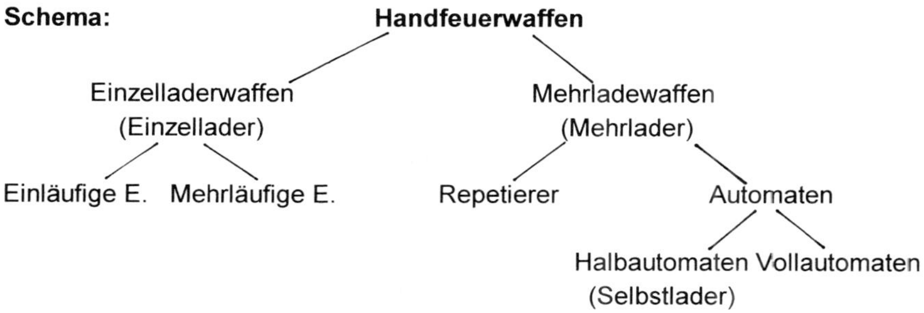

Man beachte:

Vollautomatische Schusswaffen sind verboten.

Frage: Was versteht man unter **wesentlichen Teilen** einer Schusswaffe nach dem Waffenrecht?

Antwort: Wesentliche Teile sind
1. der Lauf,
2. der Verschluss,
3. das Patronen- oder Kartuschenlager sowie
4. bei Kurzwaffen, die Handfeuerwaffen sind, auch das Griffstück oder sonstige Waffenteile, soweit sie für die Aufnahme des Auslösemechanismus bestimmt sind.

Wesentl. T. u. Schalldämpfer

stehen den Schusswaffen, für die sie bestimmt sind, waffenrechtlich gleich.

Frage: Wann gelten **Schusswaffen als dauerhaft unbrauchbar?**	**Antwort:** Wenn mit allgemein gebräuchlichen Werkzeugen die Schussfähigkeit der Waffe oder der wesentlichen Teile nicht wiederhergestellt werden kann (Anl.1 Abschn.1/1 Nr. 1.4 WaffG).
Im Sinne des Waffenrechts	sind (Anl. 1 Abschn. 1 Unterabschn. 1 Nr.3 WaffG)
Austauschläufe	Läufe (i.a. gleichen Kalibers) für ein bestimmtes Waffenmodell oder -system, die ohne Nacharbeit ausgetauscht werden können.
Wechselläufe	Läufe, die für eine bestimmte Waffe zum Austausch des vorhandenen Laufes vorgefertigt sind und die noch eingepasst werden müssen.
Wechselsysteme	Wechselläufe einschließlich des für sie bestimmten Verschlusses.
Einsteckläufe	Läufe ohne eigenen Verschluss, die in die Läufe von Waffen größeren Kalibers eingesteckt werden können.
Einstecksysteme	Einsteckläufe einschließlich des für sie bestimmten Verschlusses.
Wechseltrommeln	Trommeln für ein bestimmtes Revolvermodell, die ohne Nacharbeit gewechselt werden können.
Einsätze (Adapter)	Teile, die den Innenmaßen des Patronenlagers der Schusswaffe angepasst und zum Verschießen von Munition kleinerer Abmessungen bestimmt sind.
Böller	Geräte, die ausschließlich zur Erzeugung des Schussknalls bestimmt sind (§ 2 Abs. 3 BeschG).
Gleichgestellte Gegenstände (Anl. 1 Abschn.1/1 Nr. 1.2 WaffG)	tragbare Gegenstände, 1. die zum Abschießen von Munition für den Schusswaffenzweck bestimmt sind, 2. bei denen feste Körper durch Muskelkraft angetrieben werden (mit Sperrvorrichtung). Wesentliche Teile und Schalldämpfer (s.o.).

Frage: Was versteht man unter **Kaliber**?

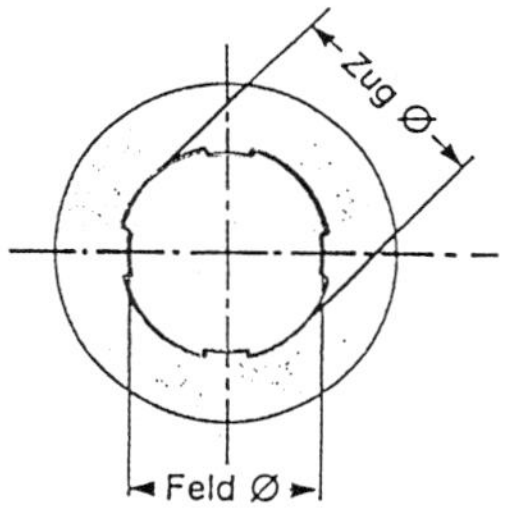

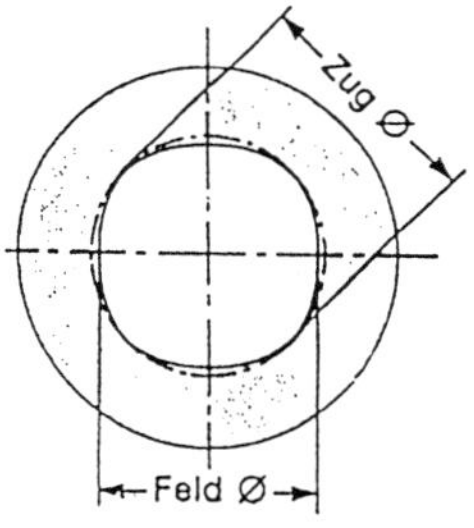

Antwort: Mit **Kaliber** (franz. calibre, von arab. kalib "Form, Modell", aus griech. kalopódion "Schusterleisten,Schuhleisten") bezeichnet man den **Laufinnendurchmesser** einer Schusswaffe bzw. den **Geschossdurchmesser**.

"Glatte" Läufe (z.B. von Flinten) haben einen exakt kreisförmigen Laufquerschnitt und damit einen genau definierten Innendurchmesser.
Bei **"gezogenen" Läufen** muss man zwischen
Feldkaliber = Felddurchmesser (Feld ∅) und
Zugkaliber = Zugdurchmesser (Zug ∅)
unterscheiden. Letzterer ist stets größer.
Die Abb. veranschaulichen diesen Sachverhalt:
Oben: Gezogener Lauf mit Feld-Zug-Profil.
Unten: Gezogener Lauf mit Polygonprofil.

Bei Einzelgeschossen für Schusswaffen gilt:
Geschosskaliber = Geschossdurchmesser.

Beispiel: Pistolenkaliber

Für das Pistolenkaliber "7,65 mm Browning" gilt
Feldkaliber der Waffe: Mindestens 7,63 mm,
Zugkaliber der Waffe: Mindestens 7,83 mm,
Geschosskaliber: Höchstens 7,85 mm.
Man erkennt, dass die Kaliberbezeichnung, hier "7,65 mm", nur ein gerundeter Wert ist.
Der Zusatz "Browning" (nach dem Konstrukteur John M. Browning, 1899) sagt etwas aus über Länge und Form des Patronenlagers der Waffe und Länge und Form der Hülse der Patrone.

Beispiel: Büchsenkaliber

Für das Büchsenkaliber 7,62x51 (.308Win) gilt:
Feldkaliber der Waffe: Mindestens 7,62 mm,
Zugkaliber der Waffe: Mindestens 7,82 mm,
Geschosskaliber: Höchstens 7,85 mm.
Die Zahl "51" bezeichnet die Hülsenlänge der Patrone in mm. Hieraus erkennt man, dass das

Kaliber im weitesten Sinne

nicht nur der Wert für die o.g. Durchmesser ist, sondern auch die Länge der Hülse bezeichnet.

Die Kaliberbezeichnung	erfolgt für Büchsen, Pistolen und Revolver entweder im metrischen System (mm, cm) oder im Zollsystem (1 Zoll = 1" = 25,4 mm) -hier meist in hundertstel oder tausendstel Zoll-, manchmal auch in beiden Systemen.

Beispiele:

Luftgewehr und -pistole	4,5 mm	= .177	(d.i. 0,177")
Kleinkaliber	5,6 mm	= .22	(d.i. 0,22")
Büchsenkaliber	7,62x51 mm	= .308 Win.	(d.i. 0,308")
Pistolenkaliber	7,65 mm	= .32 ACP	(d.i. 0,32")
Revolverkaliber	werden fast ausschließlich in Zoll angegeben.		

Frage: Wie ist die **Kaliberbezeichnung bei Flinten?**

Antwort: Bei Flinten bezeichnet das Kaliber die **Zahl der Bleikugeln vom Laufdurchmesser**, die zusammen ein englisches Pfund (453,6 g) wiegen.

Beispiele:

Kaliber 12 heißt: 12 Bleikugeln vom Innendurchmesser des Laufes ergeben 453,6 g. Der Innendurchmesser des Laufes ist hier 18,2 mm.

Kaliber 16 heißt: 16 Bleikugeln vom Innendurchmesser des Laufes ergeben 453,6 g. Der Innendurchmesser des Laufes ist hier 16,8 mm.

Das vollständige Kaliber bei Flinten umfasst auch noch die Angabe der Hülsenlänge im abgeschossenen Zustand in Millimetern oder Zoll, z.B.: 12/70 oder 16/65.

Frage: Muss das Kaliber auf der Waffe angegeben sein?

Antwort: Ja, auf der **Schusswaffe** muss stets das **vollständige Kaliber** angegeben sein.

Frage: Muss das Kaliber auf der Munition (Patrone) angegeben sein?

Antwort: Auf der **Munitionsschachtel** muss stets das vollständige Kaliber angegeben sein. Bei jeder einzelnen **Zentralfeuerpatrone** muss das Kaliber und das Herstellerzeichen auf dem Hülsenboden eingepresst sein; bei den **Randfeuerpatronen** genügt das Herstellerzeichen.

Man beachte:

Aus einer Schusswaffe darf nur die zugehörige Munition verschossen werden: Die Schusswaffe muss eine entsprechende Bezeichnung tragen.

6.1.2 Munition

Munition (franz. aus lat. "Kriegsmaterial") ist die Sammelbezeichnung für das gesamte Schießmaterial für Feuerwaffen, bestehend aus Geschossen und deren Treibladungen, Zünd- und Leuchtsätzen (Patronen s.u.).

Arten von Munition für Schusswaffen nach der Definition des Waffenrechts:
(Anlage 1 Abschnitt 1 Unterabschnitt 3 zum WaffG)

1. Patronenmunition (Hülsen mit Treibladungen, die ein Geschoss enthalten, und Geschosse mit Eigenantrieb),
2. Kartuschenmunition (Hülsen mit Treibladungen, die kein Geschoss enthalten),
3. Hülsenlose Munition (Treibladung und Zündsatz mit oder ohne Geschoss),
4. Pyrotechnische Munition (Munition, in der explosionsgefährliche Stoffe oder Stoffgemische - pyrotechnische Sätze, Schwarzpulver - enthalten sind, die einen Licht-, Schal-, Rauch- oder ähnlichen Effekt erzeugen und keine zweckbestimmte Durchschlagskraft im Ziel entfalten; hierzu gehört
   1. pyrotechnische Patronenmunition, 2. unpatronierte pyrotechnische Munition, 3. mit der Antriebsvorrichtung fest verbundene pyrotechnische Munition.

Treibladungen sind	die Hauptenergieträger, die als vorgefertigte Ladung oder in loser Form in Waffen oder Gegenstände eingegeben werden und - zum Antrieb von Geschossen oder Wirkstoffen oder - zur Erzeugung von Schall- oder Lichtimpulsen bestimmt sind.
Geschosse sind	als Waffen oder für Schusswaffen bestimmte 1. feste Körper, (z.B. Blei, Blei mit Messing- oder Stahlmantel), 2. gasförmige, flüssige oder feste Stoffe in Umhüllungen. In Druckluft, Federdruck- und kalten Treibgaswaffen werden nur Geschosse verwendet.
Man beachte: Laborierungen	Aus einer Schusswaffe darf nur die zugehörige Munition verschossen werden, verschiedene Laborierungen (Pulverladung, Geschosse) schon.

Bei **Vorderladerwaffen** werden Treibladung, Geschoss(e) und Zündsatz i.a. getrennt verladen. Fasst man aber alle drei Komponenten durch eine Hülle (Hülse) zusammen, so erhält man eine Patrone.

Das Wort Patrone (franz. aus lat. "Musterform", eigtl. "Vaterform") bezeichnete ursprünglich nur die Hülle (Hülse) für die Treibladung; heute steht es für die Hülse samt Geschoss, Treibladung und Zündsatz.

Frage: Woraus besteht eine **Patrone?**

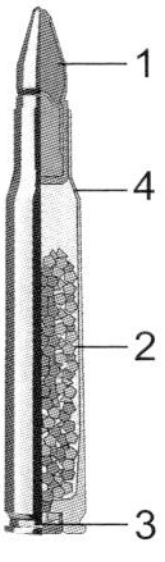

Antwort: Eine Patrone (Patronenmunition) besteht aus

1. dem Geschoss (den Geschossen),
2. der Treibladung (dem Pulver),
3. dem Zündsatz (Zündhütchen, Zündung) und
4. der Hülse.

Ein Einzelgeschoss wird durch Einziehen des Hülsenmundes fest in der Hülse gehalten und schließt damit den Pulverraum ab.

Auszugswiderstand (Ausziehwiderstand) des Geschosses

Der Widerstand, der zum Ausziehen des Geschosses aus der Hülse zu überwinden ist, heißt Auszugswiderstand (Ausziehwiderstand) des Geschosses. Er beträgt je nach Patronensorte 300 bis 600 N (entsprechend 30 bis 60kg) und hat für eine bestimmte Patronenfertigung (Laborierung) einen festen Wert, der für die optimale Entwicklung des Gasdrucks (Innenballistik) von großer Bedeutung ist.

Delaborieren

Das mechanische Ausziehen des Geschosses aus der Hülse und Entfernen der Treibladung nennt man Delaborieren.

Man beachte: Delaborieren von Patronen ist nur mit einer Erlaubnis nach dem Sprengstoffgesetz gestattet.

Frage: Welche **Arten von Patronen** unterscheiden wir?

Antwort: Wir unterscheiden
- Scharfe Patronen (mit Ladung und Geschoss),
- Signalpatronen (mit Treib- und Leuchtsatz)
- Reizstoff-, Gaspatronen (mit Reizstoffen),
- Alarmpatronen (Knall- und Platzpatronen) (mit Ladung, ohne festes Geschoss),
- Plastik-Trainingspatronen (mit Zündladung),
- Exerzierpatronen (ohne Ladung u. Zündsatz).

Frage: Aus welchem **Material besteht die Hülse** einer Patrone?

Antwort: Hülsenmaterialien sind
1. Metalle (z.B. Schwermetalle wie Messing und Leichtmetalle wie Aluminium),
2. Papier, Pappe,
3. Kunststoffe (Plastik).

Frage: Welche **Form** hat die Hülse einer Patrone?

Gürtel - Auszieherrille - Rand

Antwort: Moderne Büchsenpatronen haben eine flaschenförmige Hülse (meist aus Messing), Schrotpatronen, Kleinkaliber- und Flobertpatronen eine zylinderförmige Hülse, Kurzwaffenpatronen meist ebenso (Abbildungen unten).
Der Patronenboden weist einen Rand, eine Rille (ohne Rand) oder einen Gürtel (zur Verstärkung) auf (siehe Abbildungen links).

Frage: Hält die Patronenhülse dem **Gasdruck** Stand?

Antwort: An die Festigkeit des Hülsenmaterials werden große Anforderungen gestellt; dennoch hält die Hülse allein dem hohen Gasdruck nicht Stand. Dies ist vielmehr die Aufgabe des Patronenlagers der Schusswaffe, das zur Form der Hülse passen muss.

Lidern,
anlidern,
zurücklidern

Bei der Schussentwicklung muss sich die Patronenhülse unter dem Einfluss des Drucks der Pulvergase elastisch ausdehnen ohne aufzureißen, an das Patronenlager anlegen (anlidern) und dieses nach hinten zuverlässig abdichten, damit keine Pulvergase nach hinten durchschlagen können. Nach dem Schuss muss die Hülse wieder zurücklidern, damit sie dem Patronenlager wieder entnommen werden kann.

Frage: Warum braucht man einen **Zündsatz**?

Antwort: Treibladungspulver ist - in Grenzen - nicht schlagempfindlich, würde sich also durch das Auftreffen des Schlagbolzens, Hahns u.ä. nicht entzünden. Deshalb braucht man ein Mittel, das einen (Zünd-)funken für das Pulver erzeugt. Bei Vorderladerwaffen mit Lunten- bzw. Funkenzündung ist dies eine glimmende Lunte bzw. der aus einem Feuerstein ("Flint") geschlagene Funke. Bei moderneren Waffen ist es eine schlagempfindliche chemische Verbindung: der Zündsatz.

Frage: Woraus besteht der **Zündsatz**?

Antwort: Seit Beginn des 19. Jahrhunderts (Forsyth, 1807; Egg, 1818) wurden anorganische Substanzen verwendet (z.B. Knallquecksilber, Kaliumchlorat etc.). Nachteil: Bei der Verbrennung (Detonation) bilden sich anorganische Säuren, die das Metall der Waffe angreifen.
Mit Einführung der rauchlosen Nitrocellulosepulver (s.u.) musste zu deren Entzündung der Gehalt an Knallquecksilber und Kaliumchlorat in den Zündsätzen noch erhöht werden, da das neue Treibladungspulver einen stärkeren Zündimpuls benötigte als das Schwarzpulver.

SINOXID

SINTOX

Moderne, organische Zündsätze erfüllen diese Ansprüche und sind, wie z.B. SINOXID (1926), frei von Knallquecksilber und Kaliumchlorat, die das Rosten von Waffenläufen begünstigen.
Die Neuentwicklung SINTOX (1982) ist zudem ein blei- und bariumfreier Zündsatz und vermindert dadurch die Belastung der Umwelt.

Nach der Anordnung des Zündsatzes im Patronenboden unterscheidet man zwischen **Randfeuerzündung** und **Zentralfeuerzündung**. Die zugehörige Munition heißt Randfeuerpatronenmunition bzw. Zentralfeuerpatronenmunition. Die erstgenannte Zündungsart ist die ältere. Bereits Nicolas Flobert (Paris) verwandte 1845 in der ersten Metallpatrone einen in den Rand eingebrachten Zündsatz.

Frage: Was versteht man unter einer Patrone mit **Randfeuerzündung**?

Antwort: Bei einer Patrone mit Randfeuerzündung ist die Zündmasse (der Zündsatz) in den verbreiterten Rand des Hülsenbodens eingebracht und wird durch den Schlag des Schlagbolzens auf den Rand der Patrone gezündet.
Als Gegenlager ("Amboss") für den Schlag des Schlagbolzens dient der Rand des Patronenlagers der Schusswaffe.

Frage: Wie ist der Aufbau einer **Patrone mit Randfeuerzündung**?

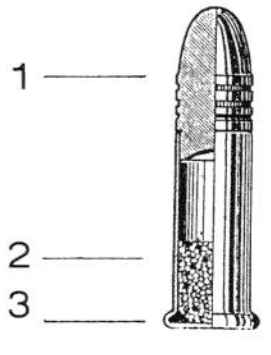

Antwort: In die Hülse, die einen deutlichen Rand zeigt, sind eingelagert bzw. eingepresst:
1. das Geschoss (die Geschosse),
2. das Treibladungsmittel (Pulver),
3. der Zündsatz.

Diese Art der Anbringung des Zündsatzes ist für dünnwandige Hülsen energieschwacher Patronen geeignet,
z.B. Kleinkaliber- und Flobertpatronen.

Frage: Was versteht man unter einer Patrone mit **Zentralfeuerzündung**?

Antwort: Bei einer Patrone mit Zentralfeuerzündung befindet sich der Zündsatz in einem sogenannten "Zündhütchen" in der Mitte (Zentrum) des Patronenbodens und wird durch den Aufschlag des Schlagbolzens, der den Zündsatz gegen einen "Amboss" presst, zur Entzündung gebracht (erstmals um 1860).

Frage: Wie ist der Aufbau einer **Patrone mit Zentralfeuerzündung**?

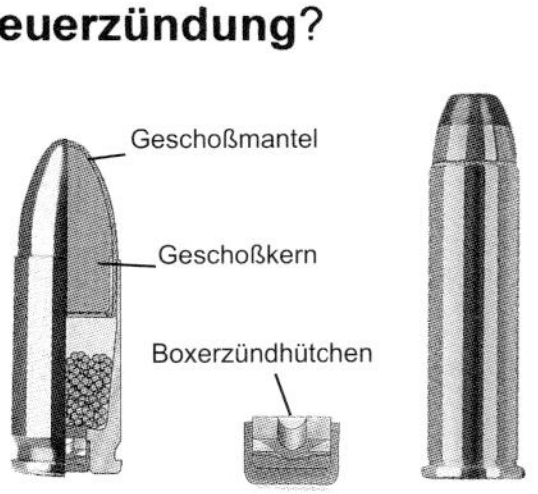

Antwort: In die Hülse sind eingelagert bzw. eingepresst:
1. Das Geschoss (die Geschosse),
2. das Treibladungsmittel (Pulver),
3. das Zündhütchen mit dem Zündsatz.

Diese Art der Anbringung des Zündsatzes wird heute für Büchsen-, Pistolen- und Revolverpatronen gewählt (Abb.).
Schrotpatronen: Siehe nächste Seite.

Frage: Was versteht man unter dem **Amboss?**

Antwort: Unter Amboss versteht man das für die Zündung des Zündsatzes erforderliche Gegenlager für den Schlagbolzen der Waffe.

a) b)

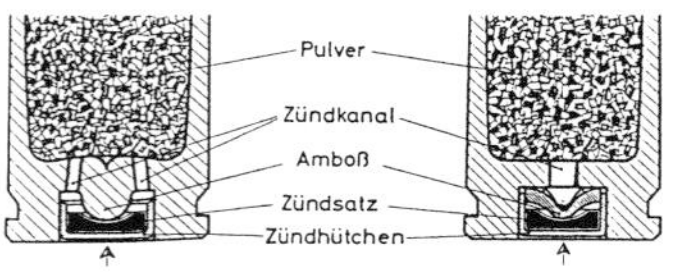

Einschlagstelle des Schlagbolzens

Der "Amboss", gegen den der Zündsatz des Zündhütchens bei der Zentralfeuerzündung gepresst wird, befindet sich entweder

a) im Hülsenboden der Patrone:
"Berdanzündung" mit ambosslosem Zündhütchen
(zwei bis drei dezentrale Zündkanäle)

oder

b) im Zündhütchen selbst:
"Boxerzündung" mit Ambosszündhütchen
(ein einzelner, zentraler Zündkanal).

Wiederlader bevorzugen Hülsen mit Boxerzündung wegen des zentralen Zündkanals, der ein einfaches Entfernen des abgebrannten Zündhütchens ermöglicht.

Frage: Wie ist der Aufbau einer **Schrotpatrone mit Zentral(feuer)zündung**?

Antwort: Bestandteile einer Schrotpatrone mit Zentralfeuerzündung:

1. Die Hülse (aus Pappe, Plastik oder Metall),
2. der Verschluss (Bördel-, Sternverschluss),
3. die Schrote (aus Hartblei oder Weicheisen),
4. das Zwischenmittel (aus Filz, Pappe, Plastik),
5. das Treibladungsmittel (Pulver),
6. die Bodenkappe (aus Metall),
7. der Bodenpfropfen,
8. die Zündung.

Die "Zündung" einer Schrotpatrone mit Zentralfeuerzündung besteht aus dem Zündhütchen mit Amboss, das von einem Zündungsmantel umfasst wird.

Hinweis:

Für Kleinkaliber- und Flobertwaffen gibt es auch Schrotpatronen mit Randfeuerzündung. (Geringes Schrotgewicht, kleine Korndurchmesser.)

Mehr als ein halbes Jahrtausend lang, vom 14. bis ins 19. Jahrhundert, war das **Schwarzpulver** in seinen verschiedenen Varianten das einzige Treibladungsmittel für Feuerwaffen. Es wird heute noch in Vorderladerwaffen, in pyrotechnischer Munition, in Alarm- und Signalpatronen verwendet.
Schwarzpulver besteht aus einem feinkörnigen Gemisch ("Pulver") von Kalisalpeter, Schwefel und Holzkohle; von letzterer kommt auch die Farbe und daher der Name (wohl kaum nach dem mutmaßlichen abendländischen Erfinder, dem Magister und Mönch Berthold Schwarz).
Bei der Verbrennung (Explosion) von Schwarzpulver in Feuerwaffen entstehen zu den heißen Gasen, die die Geschosse aus dem Lauf treiben, eine starke Rauchentwicklung und anorganische Verbindungen, die Metalle angreifen. Ein weiterer Nachteil des Schwarzpulvers besteht darin, Feuchtigkeit anzuziehen.

Erst mit der Erfindung der modernen **Nitrocellulosepulver** (NC-Pulver) wurden diese Nachteile beseitigt (Schönbein, 1864; Nobel, 1887). Durch NC-Pulver entstehen im Lauf kaum Rückstände, die Rauchentwicklung ist minimal ("rauchloses", besser: rauchschwaches Pulver) und die Feuchtigkeitsempfindlichkeit gering. Zudem hat NC-Pulver gegenüber Schwarzpulver einen deutlich höheren Energieinhalt: 1g Nitrocellulosepulver entwickelt bei Normaldruck eine Gasmenge von annähernd 1000 cm^3. Dies bedeutet das Drei- bis Vierfache an Verbrennungsgasen gegenüber Schwarzpulver und damit einen größeren Druck auf die Geschosse, allerdings auch auf die Patronenlager, Läufe und Verschlüsse der Feuerwaffen, was mit ein Grund für die Einführung der Prüfpflicht für Handfeuerwaffen (Beschuss) in den europäischen Industriestaaten gegen Ende des 19. Jahrhunderts war (Deutschland, 1891).

Ein weiterer Vorteil des Nitrocellulosepulvers ist die Möglichkeit, es zu bearbeiten und damit für seinen Verwendungszweck zu optimieren, insbesondere den für jede Waffenart und Laborierung günstigsten Verlauf des Abbrandes zu erreichen: NC-Pulverkörperchen werden kubisch, zylindrisch oder röhrenförmig gestaltet (Blättchen-, Nudel- oder Röhrchenpulver) und ihre Oberfläche kann noch zusätzlich behandelt werden. Man erhält auf diese Weise
NC-Pulver, die langsam abbrennen (**progressive** Pulver), für Büchsenpatronen,
NC-Pulver, die schneller abbrennen, für Pistolen- und Revolverpatronen, und
NC-Pulver, die sehr schnell abbrennen (**offensive Pulver**) für Schrotpatronen.
Die Grenzen zwischen den drei Sorten sind jedoch nicht scharf: Manche progressiven NC-Pulver sind auch für Pistolen- und Revolverpatronen geeignet, manche Pistolenpatronenpulver auch für Schrotpatronen. In der umgekehrten Richtung aber ist äußerste Zurückhaltung geboten! Offensive Pulver dürfen niemals in Büchsenpatronen verladen werden: Gefahr einer Laufsprengung!

Frage: Was versteht man unter einem **offensiven**, was unter einem **progressiven Pulver**?

Antwort: Unter einem offensiven Pulver versteht man ein Pulver, das relativ schnell anbrennt und damit den Gasdruck in der Waffe schnell auf seinen Höchstwert ansteigen läßt; unter einem progressiven Pulver versteht man ein Pulver, das relativ langsam anbrennt und damit den Gasdruck in der Waffe langsamer seinen Höchstwert erreichen lässt (Abb. S. 43).

Frage: Wann werden **offensive Pulver** geladen?

Antwort: Offensive Pulver werden geladen, wenn der Einpresswiderstand des Geschosses/der Geschosse in den Lauf gering ist, also
z.B. in Schrotpatronen, Patronen für glatte Läufe.

Frage: Wann werden **progressive Pulver** geladen?

Antwort: Progressive Pulver werden geladen, wenn der Einpresswiderstand des Geschosses in den Lauf groß ist und relativ lange Läufe zur Verfügung stehen, also
z.B. in Büchsenpatronen.

Man beachte:

Büchsenpatronen dürfen niemals mit offensivem Pulver (z.B. aus Schrotpatronen) geladen werden! Gefahr der Laufsprengung!

Frage: Gibt es Pulversorten zwischen den Extremen und wann werden sie verladen?

Antwort: Zwischen den extrem offensiven und den extrem progressiven Pulvern gibt es in abgestufter Weise Pulversorten, die für Munition mit Bleigeschossen und Patronen für kurzläufige Waffen verwendet werden, also
z.B. Blei-KK-Patronen, Pistolen- und Revolverpatronen.

Die **gesamte Energie**, die **bei der Verbrennung des Pulvers** entsteht, wird
- zu etwa einem Drittel in Bewegungsenergie des Geschosses umgesetzt und
- zu einem weiteren Drittel in Wärme übergeführt, während
- das letzte Drittel im wahrsten Sinne des Wortes verpufft (Energiebilanz).

Auch in den einzelnen NC-Pulver-Kategorien gibt es Abstufungen. So kommen extrem progressive Büchsenpulver, aber auch offensivere zur Anwendung.

Abb.: Gasdruckverlauf

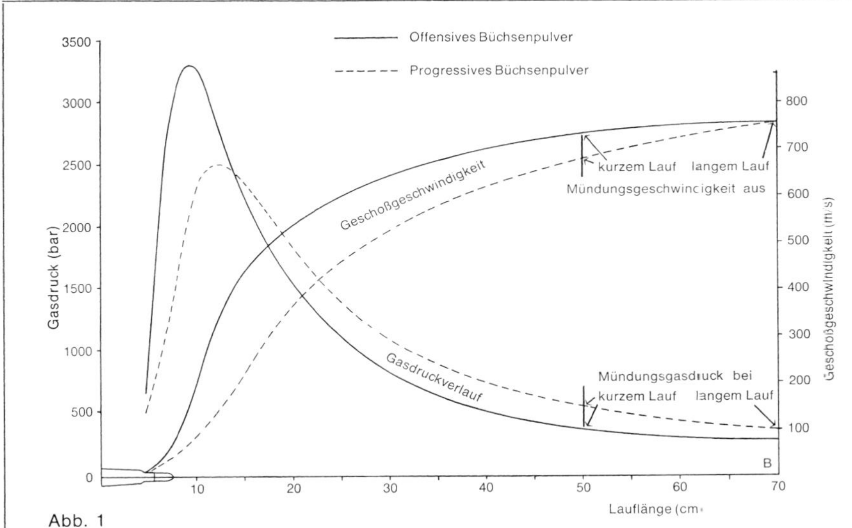

Abb. 1

Aus: Dynamit Nobel, Der Büchsenschuss

Die Fläche unter den Gasdruckkurven
- gestrichelte Kurve für den Gasdruckverlauf beim progressiven Büchsenpulver,
- durchgezogene Kurve für den Gasdruckverlauf beim offensiveren Pulver,

ist ein Maß für die bei der Verbrennung des Pulvers freigesetzte Energie.
Da die Flächen unter den Gasdruckkurven bis zum Laufende (70 cm) annähernd gleich groß sind, überrascht es demnach nicht, wenn auch die Geschossgeschwindigkeiten am Laufende gleich groß sind.

Frage: Wie groß sind die **Gasdrucke**, die bei der Verbrennung von NC-Pulvern in Handfeuerwaffen entstehen?

Antwort: Die Höchstwerte der bei der Verbrennung von NC-Pulvern entstehenden Gasdrucke sind gesetzlich festgelegt. Sie betragen z.B. bei

Schrotpatronen	740 bar	(Kal. 12 und 16)
Kurzwaffenpatronen	3000 bar	(Kal. .357 Mag.)
Büchsenpatronen	4300 bar	(Kal..300 WinMag)

Frage: Was versteht man unter **Druck**?

Antwort: Die physikalische Definition für den Druck lautet:

Definition:

Druck **p** ist der Quotient aus dem Betrag einer senkrecht auf eine Fläche wirkenden Kraft **F** und der Größe **A** dieser Fläche:

$$\mathbf{p} = \frac{\mathbf{F}}{\mathbf{A}}$$

Einheiten:

Einheit der Kraft: 1 Newton, abgekürzt 1 N,

(nach dem engl. Physiker Isaac Newton),

Einheit der Fläche: 1 Quadratmeter, abg. 1 m^2,

Einheit des Druckes somit: 1 **N** pro m^2 oder

Einheit des Druckes: 1 Pascal, abgek. 1 Pa, (nach dem franz. Physiker Blaise Pascal).

1 Pascal (Pa) ist eine sehr kleine Einheit. Man verwendet stattdessen häufig das Hunderttausendfache dieser Einheit: 1 bar (von griech. báros "Gewicht").

Weitere Einheit des Druckes: 1 bar

1 bar = 100 000 Pa = 1000 hPa = 1000 mbar.

(Letztere werden in der Meteorologie verwendet.)

1 bar = 1000 mbar ist ungefähr auch die Größe des Luftdrucks am Erdboden, also des Drucks der Atmosphäre, aus der die frühere Einheit 1 Atmosphäre (at) abgeleitet wurde.

Umrechnung:

Es gilt ungefähr: **1 bar = 1 at**

und genau: 1 bar = 1,02 at.

Die Einheit **1 bar** wird im täglichen Leben häufig verwendet, etwa beim Luftdruck in Autoreifen oder dem Wasserdruck in Rohrleitungen und eben auch für die Angabe des Gasdrucks in Schusswaffen.

Aus dem Gasdruck kann man auf die Kraft schließen, die auf den Geschossboden wirkt: Aus 3000 bar und dem Kaliber .357 Mag. (9,12 mm) ergibt sich mit der Formel F = pA eine Kraft von 19600 N, entsprechend fast 2 Tonnen!

6.1.3 Ballistik

Unter **Ballistik** (zu griech. bállein "werfen, schleudern") verstehen wir die Lehre vom Schuss, i.e.S. die Lehre von der Bewegung der Geschosse. Die Ballistik umfasst dabei alle Vorgänge, die beim Schuss ablaufen bzw. in Erscheinung treten. (Sie behandelt nicht die rein praktische Schießtechnik des Schützen).

Wir unterscheiden:

1. Innenballistik,
2. Mündungsballistik,
3. Außenballistik und
4. Zielballistik.
1 und 2 werden gelegentlich zusammengefasst.

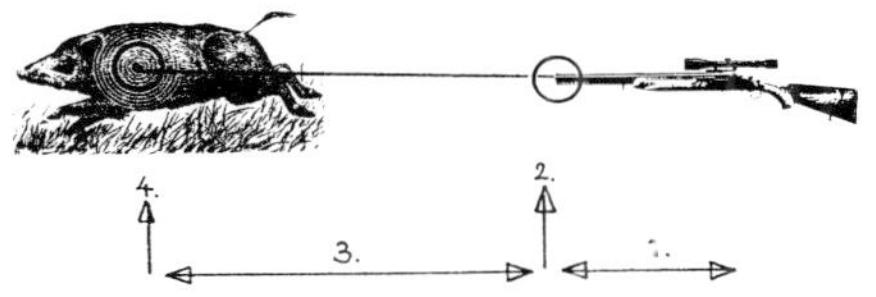

Frage: Was versteht man unter **Innenballistik**?

Antwort: Unter Innenballistik (innere Ballistik) versteht man die Vorgänge im Lauf der Schusswaffe vom Beginn der Zündung bzw. der Auslösung der Treibladung bis zum Austritt der Geschosse aus der Laufmündung

Frage: Was versteht man unter **Mündungsballistik**?

Antwort: Unter Mündungsballistik versteht man die Vorgänge und Erscheinungen beim Austritt der Geschosse aus der Laufmündung.

Frage: Was versteht man unter **Außenballistik**?

Antwort: Unter Außenballistik versteht man die Vorgänge während des Geschossfluges von der Laufmündung bis zum Ziel, insbesondere die Einwirkung von Schwerkraft und Luftwiderstand auf die Flugbahn der Geschosse.

Frage: Was versteht man unter **Zielballistik**?

Antwort: Unter Zielballistik (Endballistik) versteht man die Vorgänge beim Auftreffen des Geschosses bzw. der Geschosse auf das Ziel und beim Durchlaufen des Zielkörpers.

1. Zur Innenballistik

Die Innenballistik umfasst den Zeitraum vom Aufschlag des Schlagbolzens auf den Zündsatz, der das Treibladungspulver in Brand setzt, bis zum Austritt der Geschosse aus dem Lauf, die sog. Schussentwicklungsdauer oder -zeit:

Schussentwicklungsdauer

Bei offensivem Pulver etwa 0,002 s = 2 ms,
bei progressivem Pulver ca. 0,003 s = 3 ms
in Langwaffen.

Verbrennungstemperatur

Gasdruckverlauf

Nach der Zündung verbrennt das Nitrocellulosepulver (NC-Pulver) und erzeugt im Lauf der Schusswaffe Temperaturen bis 3000 °C und einen hohen Druck (1g NC-Pulver liefert 1 Liter Gas!). Man vgl. die Abb. auf S. 43.

Höchstgasdruck

Übergangskonus, -kegel

Rotationsloser Geschossweg

Durch den allseitig wirkenden Druck der Verbrennungsgase (in Büchsen bis 4700 bar, in Flinten bis 1050 bar ansteigend) werden die Geschosse aus dem Hülsenmund der Patrone getrieben und durcheilen den Übergangskonus zwischen dem Ende des Patronenlagers und dem Beginn des (in gezogenen Läufen) gezogenen Laufteils in rotationslosem Flug.

Einsatztiefe des Geschosses

Freiflug des Geschosses

Da jedes Geschoss jedoch mehrere Millimeter tief mit seinem Führungsteil in den Hülsenmund der Patrone eingesetzt ist, ergibt sich nur dann ein echter Freiflug des Geschosses, wenn der rotationslose Geschossweg größer ist als die Einsatztiefe des Geschosses.

Es gilt (man vgl. die Abb.):

Freiflug des Geschosses = rotationsloser Geschossweg minus Einsatztiefe

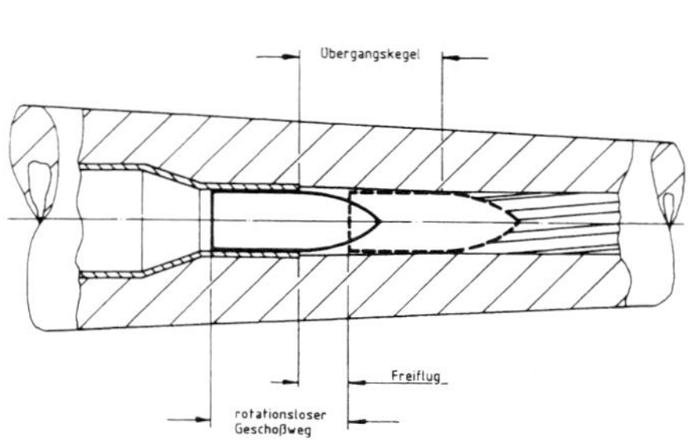

Daraus folgt:
Für ein kurzes Geschoss mit geringer Einsatztiefe: ggf. Freiflug.
Für ein langes Geschoss mit großer Einsatztiefe: ggf. "negativer" Freiflug, d.h. das Geschoss bohrt sich in Züge und Felder, bevor der Geschossboden den Hülsenmund verlassen hat.

2. Zur Mündungsballistik

Wenn die Geschosse den Lauf verlassen, beträgt der Gasdruck immer noch
etwa 500 bar beim Büchsenschuss und
etwa 50 bar beim Schrotschuss.

Mündungsgasdruck

Diese hohe Verdichtung hinter den Geschossen bewirkt die Entstehung von Druckwellen, die als Mündungsknall wahrgenommen werden.

Mündungsknall

Die explosionsartige Verbindung noch nicht vollständig verbrannter Pulvergase, vor allem Kohlenoxid und Wasserstoff, mit dem Sauerstoff der Luft führt - zumal bei kurzen Läufen - zu Mündungsfeuer und verstärkt den Mündungsknall.

Mündungsfeuer

Liegt die Geschwindigkeit der Geschosse über der Schallgeschwindigkeit (340 m/s bei 15 °C), so tritt zusätzlich auch noch der Geschossknall auf, ein Überschallknall wie bei Überschallflugzeugen.

Geschossknall

Der Schütze selbst kann Mündungsknall und Geschossknall nicht voneinander unterscheiden. Ein Beobachter in einiger Entfernung vom Schützen und seitlich der Geschossflugbahn jedoch vernimmt zunächst den Geschossknall und danach den Mündungsknall.

Seitlicher Beobachter

Eine weitere Erscheinung, deren Höhepunkt erreicht ist, wenn die Geschosse den Lauf verlassen, ist die Rückwärtsbewegung der Waffe beim Schuss, der sog. Rückstoß.

Rückstoß

Der Rückstoß wird umso stärker empfunden, je schwerer das Geschoss (die Geschosse) und je größer seine (ihre) Geschwindigkeit ist und je leichter die Schusswaffe ist.

Schließlich erteilen die nach vorn mit hoher Geschwindigkeit ausströmenden Verbrennungsgase der Schusswaffe einen zusätzlichen Impuls nach hinten - sog. Raketeneffekt - und verstärken damit den Rückstoß.

Raketeneffekt

Sog. Mündungsbremsen ("Kompensatoren") an der Laufmündung lenken Teile der ausströmenden Gase um und vermindern den Rückstoß.

Mündungsbremsen

Durch den Druck der hochgespannten Treibladungsgase erhalten die Geschosse im Lauf der Schusswaffe ständig zunehmende Geschwindigkeit; sie erreicht ihren Höchstwert an der Laufmündung (Mündungsgeschwindigkeit) und nimmt nach Verlassen des Laufes aufgrund des Luftwiderstandes wieder ab.

Frage: Was versteht man unter **Geschwindigkeit**?

Antwort: Die Geschwindigkeit eines Körpers ist ein Maß für seine Schnelligkeit. Demnach ist die Geschwindigkeit umso größer, je größer die Wegstrecke ist, die der Körper zurücklegt, und je kleiner die Zeit ist, die er dafür braucht.

Definition:

Unter der Geschwindigkeit v eines Körpers versteht man den Quotienten aus der von diesem zurückgelegten Wegstrecke s und der dazu benötigten Zeit t:

Formel:

$$\text{Geschwindigkeit} = \frac{\text{Weg}}{\text{Zeit}}, \qquad \text{kurz:} \quad \mathbf{v = s/t}$$

Einheiten:

Einheit des Weges: 1 Meter, abgekürzt: 1 m,
Einheit der Zeit: 1 Sekunde, abgekürzt: 1 s,
Einheit der Geschwindigkeit:
1 Meter durch Sekunde, abgekürzt: 1 m/s.

Andere Einheit:

Im täglichen Leben begegnet uns vor allem die Einheit 1 Kilometer durch Stunde, abgek. 1 km/h.
Umrechnung: **1 m/s = 3,6 km/h.**

Die Einheit 1 m/s wird auch bei der Angabe der Geschwindigkeit von Geschossen aus Schusswaffen verwendet, z.B. bei der Mündungsgeschwindigkeit v_0, d.i. die Geschossgeschwindigkeit unmittelbar nach Verlassen der Laufmündung.

Frage: Welche **Mündungsgeschwindigkeit** erreichen Geschosse aus Schusswaffen?

Antwort: Mündungsgeschwindigkeiten v_0 aus
Luftdruckwaffen mit F-Zeichen: bis 170 m/s,
Kleinkaliberwaffen mit .22 lfB: bis 340 m/s,
Kurzwaffen: von Unterschall bis etwa 500 m/s,
Flinten: von Unterschall (Subsonic) bis 430 m/s,
Büchsen: bis über 1000 m/s.

Zum Vergleich:

Schallgeschwindigkeit in Luft: 333 m/s bei 3 °C.

Ein einfacher Zusammenhang besteht zwischen der Geschwindigkeit v eines Geschosses, seiner Masse m und seiner Bewegungsenergie E.

Frage: Was versteht man unter **Bewegungsenergie** (Kinetische Energie)?

Antwort: Energie ist das Vermögen, Arbeit zu verrichten; insbesondere versteht man unter der Bewegungsenergie des Geschosses das Arbeitsvermögen des Geschosses, das ihm aufgrund seiner Bewegung innewohnt.
Die Bewegungsenergie eines Geschosses wird im Ziel ganz oder teilweise umgesetzt.

Herleitung des Zusammenhangs (unter der Annahme, dass sich die Geschossgeschwindigkeit vom Ruhezustand linear auf die Geschwindigkeit v steigert):

$$E = W = F \cdot s = m \cdot a \cdot s = m \cdot v/t \cdot s = m \cdot v \cdot s/t = m \cdot v \cdot v/2 = 1/2 \cdot m \cdot v^2, \text{ d.h.}$$

Bewegungsenergie = 1/2 mal Masse mal Geschwindigkeit im Quadrat.

Formel: $\mathbf{E = 1/2\ m\ v^2}$

Dieser Zusammenhang gilt an jedem Punkt der Geschossflugbahn, so insbesondere an der Mündung: und im Ziel:

$$E_0 = 1/2\ m\ v_0^2 \qquad E_Z = 1/2\ m\ v_Z^2.$$

Einheiten:

Einheit der Masse: 1 Kilogramm, abgek.: 1 kg,
Einheit der Geschwindigkeit (siehe dort): 1 m/s,
Einheit der Energie: 1 Joule, abgekürzt: 1 J.
(Aussprache nach DIN 1301: dschu:l)

Andere Einheiten:

1 Wattsekunde (Ws) = 1 Joule (J),
1 Kilowattstunde(kWh) = 3,6 Millionen Wattsek.

In älteren Veröffentlichungen findet man noch:
1 Kilopondmeter, abgek.: 1 kpm (falsch: 1 kgm)
Umrechnung: Es gilt ungefähr: 1 kpm = 10 J
und genau: 1 kpm = 9,81 J.

Frage: Welche **Mündungsenergien** erreichen Geschosse aus Schusswaffen? (Berechnung nach Formel!)

Antwort: Mündungsenergien E_0 bei
Luftdruckwaffen ($m=0{,}5g, v_0=170 m/s$): $E_0 = 7{,}2$ J
KK-Waffen ($m = 2{,}6g$, $v_0 = 340$ m /s): $E_0 = 150$ J
Pistole 7,65 mm ($m=4{,}7g, v_0=305 m/s$): $E_0 = 218$ J
Flintenlaufgeschoss (31,5g;430m/s): $E_0 = 2912$ J

3. Zur Außenballistik

Ohne äußere Einflüsse, z.B. im schwerelosen, luftleeren Raum, würden Geschosse nach dem Austritt aus der Laufmündung geradlinig und mit unverminderter Geschwindigkeit weiterfliegen. Erdanziehungskraft und Luftwiderstand(skraft) sind auf der Erde aber nicht auszuschalten.

Frage: Welche Kräfte wirken auf der Erde auf Geschosse während ihres Fluges?

Antwort: Während des Fluges wirken auf ein Geschoss insbesondere
1. die Erdanziehungskraft und
2. der Luftwiderstand,
ggf. starker Regen, Seitenwind, Hindernisse.

Frage: Was bewirkt die **Erdanziehungskraft**?

Antwort: Die Erdanziehungskraft bewirkt eine **Krümmung der Flugbahn des Geschosses**. So wird die Flugbahn ein exakter Parabelbogen, wenn man eine ebene Erdoberfläche annimmt, bzw. ein Teil einer Ellipse, wenn man die Krümmung der Erdoberfläche berücksichtigen will.

Frage: Was bewirkt der **Luftwiderstand**?

Antwort: Der Luftwiderstand bewirkt eine **Verminderung der Geschwindigkeit** und damit eine **Verminderung der Reichweite** des Geschosses (Abb. s. u.).

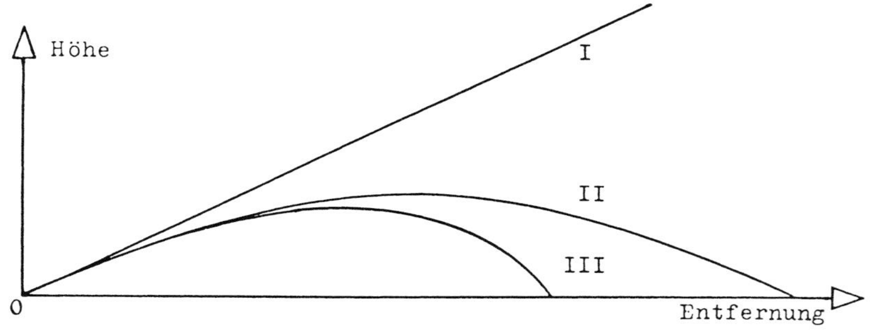

I = Gerade — Verlängerung der Seelenachse (Laufmittengerade): Flugbahn ohne Erdanziehung und Luftwiderstand

II = Parabelbogen — Flugbahn mit Erdanziehung, ohne Luftwiderstand

III = Ballistische Kurve — Flugbahn mit Erdanziehung und mit Luftwiderstand

Frage: Was versteht man unter der **Reichweite** eines Geschosses?

Antwort: Unter der Reichweite versteht man die Entfernung zwischen der Laufmündung der Waffe und dem Auftreffpunkt des Geschosses bei gegebenem Abgangswinkel.
Meist versteht man unter der Reichweite die **maximale Reichweite (Höchstschussweite, Gesamtschussweite)** eines Geschosses bei günstigstem Abgangswinkel.

Frage: Was versteht man unter der **Steighöhe** eines Geschosses?

Antwort: Unter der Steighöhe versteht man die Entfernung zwischen der Laufmündung und dem **Scheitelpunkt** der Geschossflugbahn bei senkrecht nach oben abgegebenem Schuss.

Ohne den Luftwiderstand würde jedes Geschoss aufgrund der Erdanziehung die Höchstschussweite (maximale Reichweite) bei dem Abgangswinkel von 45° erreichen. Die Theorie zeigt, dass sie nur von der Mündungsgeschwindigkeit v_0 des Geschosses abhängt und den Wert hat:

Höchstschussweite: $x_{max} = v_0^2/g$, wobei $g = 9{,}81\ m/s^2$ (Erdbeschleunigung)
Für die Steighöhe ergibt sich in diesem Fall, unabhängig von der Geschossart:

Steighöhe: $h_{max} = v_0^2/2g$, also genau die Hälfte von x_{max}.

Beispiel: Für ein Geschoss mit $v_0 = 800$ m/s ergibt sich daraus:

$$x_{max} = 800 \cdot 800 : 9{,}81\ m = 65{,}2\ km \text{ und}$$
$$h_{max} = 800 \cdot 800 : 19{,}62\ m = 32{,}6\ km.$$

Das sind unsinnige Werte, die zeigen, dass der Luftwiderstand (insbesondere bei hohen Geschwindigkeiten) nicht vernachlässigt werden kann und darf.

Hinweis: Aufgrund des **Luftwiderstandes** wird nicht nur die maximale Reichweite (Höchstschussweite) eines Geschosses verkürzt, auch der günstigste Abgangswinkel ist geringer als 45°, und zwar umso kleiner, je aerodynamisch ungünstiger die Geschossform ist. So erhalten wir die maximale Reichweite
für Schrote und KK-Geschosse bei einem Abgangswinkel von 25° bis 30°,
für Kurzwaffengeschosse bei einem Abgangswinkel von etwa 25° bis 35° und
für Büchsengeschosse bei einem Abgangswinkel von etwa 30° bis 35°.
Die tatsächlichen Reichweiten finden Sie bei den einzelnen Patronensorten.
Die Steighöhe beträgt hierbei etwa 60% der maximalen Reichweite.

Frage: Wovon hängt der **Luftwiderstand** ab?

Antwort: Der **Luftwiderstand**, der auf das Geschoss wirkt, hängt ab

1. von der **Dichte der Luft** (wird mit zunehmender Höhe geringer),
2. vom **Querschnitt** und damit vom Kaliber des Geschosses (wächst mit dem Querschnitt),
3. von der **Geschwindigkeit** des Geschosses (wächst auch mit dieser) und
4. von der **Form des Geschosses** : Luftwiderstandsbeiwert c_w. Der Luftwiderstand wird umso geringer, je **aerodynamisch** günstiger die Geschossform ist (ideal: Tropfenform, nicht Kugel). Siehe auch: Ballistischer Koeffizient BC bei Jagdbüchsenpatronen.

Ein Geschoss überwindet den Luftwiderstand umso besser, d.h. die Flugbahn wird umso gestreckter, je größer seine Masse m bei gleichbleibendem Querschnitt A ist: Querschnittsbelastung m/A.

Querschnittsbelastung

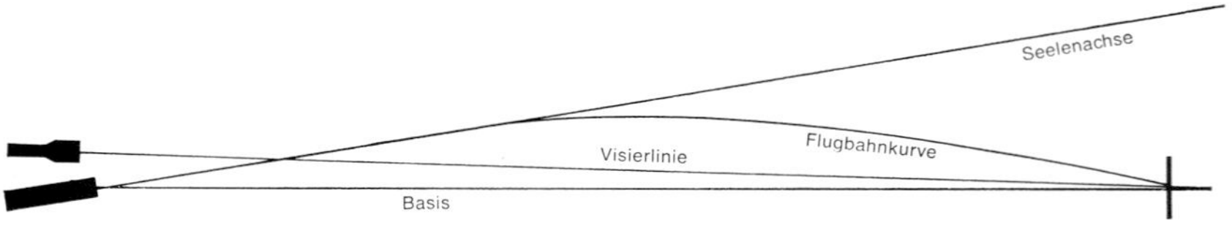

Die maximale Reichweite (Höchstschussweite) zeigt die Gefährdungsgrenze in Schussrichtung auf. Was aber ist zu erwarten, wenn das Geschoss abgelenkt, gestreut wird?

Frage: Was versteht man unter **Streuung** der Geschosse?

Antwort: Unter der Streuung von Büchsen- und Kurzwaffengeschossen versteht man deren Abweichung von der gewünschten Flugbahn.

Die Streuung hat ihre Ursache

1. in der Waffe selbst,
2. in der verwendeten Patrone,
3. beim Schützen und
4. im weiteren Sinne in der Ablenkung des Geschosses durch Hindernisse in der Flugbahn ("Abpraller").

Streuung durch die Waffe:

Es gibt keine Schusswaffe, die bei stets gleicher Ausrichtung Geschoss für Geschoss in genau denselben Zielpunkt sendet. Die Treffer gruppieren sich vielmehr um ein Zentrum; sie lassen sich in einen Kreis einschließen. Der Durchmesser des kleinsten Kreises, in dem die Treffer liegen, heißt **Streukreisdurchmesser.**
Von Serienwaffen kann man folgende Streukreisdurchmesser erwarten:

Kleinkaliberpistolen:	2 - 3 cm auf 50 m
Gute Pistolen & Revolver:	5 - 6 cm auf 50 m
Taschenpistolen & -revolver:	7-10 cm auf 30 m
Gute Büchsen (Großkaliber):	5 cm auf 100 m

bei jeweils 5 Schuss.

Streuung beim Schrotschuss:
Kapitel 6.3: Die Flinte

Streuung durch die Patrone:

Selbstverständlich hängt die Größe des Streukreisdurchmessers auch von der Qualität der verwendeten Patronensorte und dem Zusammenspiel von Schusswaffe und Munition ab.

Streuung des Schützen:

Die durch den Schützen verursachte Streuung hängt von dessen Können und der Anschlagsart (liegend, stehend, knieend, sitzend; freihändig, angestrichen oder aufgelegt) ab.

Streuung durch **Abpraller:**

Weit mehr als durch Schusswaffe, Munition und den Schützen aber kann das Geschoss durch "Abpraller" oder "Aufsetzer" abgelenkt werden, insbesondere wenn es sich nicht um ein Blei- sondern um ein Mantelgeschoss handelt.
Dabei kommen Abpraller nicht nur an harten Oberflächen vor, sondern auch an vermeintlich weichen, wenn der Auftreffwinkel klein ist.

Man beachte: Ein Geschoss kann, unabhängig vom Abgangswinkel, **durch Abprallen bis zur Höchstschussweite,** auch seitlich, gestreut werden.

4. Zur Zielballistik

Für die Zielballistik (Endballistik) sind insbesondere **Art, Aufbau, Form und Energie** des Geschosses (der Geschosse) von Bedeutung.

Frage: Woraus besteht ein **Geschoss**?

Antwort: Günstigstes Geschossmaterial ist aufgrund seiner Schwere, seiner Verformbarkeit und seines Preises das **Blei**.
Geschosse mit relativ geringer Mündungsgeschwindigkeit bestehen deshalb nur aus Blei, z.B. Schrote und KK-Geschosse, aber auch manche Pistolen- und Revolvergeschosse.

v_0 größer als etwa 450 m/s

Mit zunehmender Geschossgeschwindigkeit ist das Blei nicht mehr geeignet, in gezogenen Läufen eine verlässliche Führung zu gewährleisten: Die Geschosse würden die Felder des gezogenen Laufs einfach "überspringen".
Man umgibt das Blei daher mit einem **"Mantel"** aus einem härteren Material, z.B. aus
- Kupfer,
- Tombak (eine Kupferlegierung härter als K.),
- "Stahl", eigentlich Flusseisen.

Man unterscheidet also grundsätzlich
- Reinbleigeschosse,
- Teilmantelgeschosse
  (wenn der Bleikern noch sichtbar ist) und
- Vollmantelgeschosse.

Durch den härteren Mantel erhält man natürlich auch eine Steigerung der **Durchschlagskraft**.
Ähnlich wirken Vollgeschosse, z.B. aus Tombak.

Hinweis: Für ein und dieselbe Schusswaffe, d.h. in demselben Kaliber, gibt es oft eine ganze Reihe von verschiedenartigen Geschossen bei teilweise unterschiedlichen Pulverladungen, die man als **"Laborierungen"** bezeichnet.

Frage: Was versteht man unter **Laborierungen**?

Antwort: Unter Laborierungen versteht man verschiedene Geschossarten und ggf. Pulverladungen für ein und dasselbe Kaliber. Durch Art und Form des Geschosses und die Pulverladung lassen sich Verformbarkeit und Durchschlagskraft des Geschosses im Ziel steuern.

Frage: Wovon hängt die **Wirkung des Geschosses** im Ziel ab?

Antwort: Die Wirkung des Geschosses beruht auf der **Abgabe seiner Auftreffenergie** im Ziel. In der Auftreffenergie sind Masse und Auftreffgeschwindigkeit des Geschosses enthalten.

Als **Kugelschlag** bezeichnet man das Geräusch, das beim Auftreffen des Geschosses auf das Ziel (Wildkörper) entsteht.

Man unterscheidet

- **mechanische Wirkungen**, die das Geschoss im Bereich seines Schusskanals hervorruft, und
- **biologische Wirkungen**, die z.B. im Wildkörper einen "paarigen Schockreflex" hervorrufen, wenn die Auftreffgeschwindigkeit groß genug ist ($v_z >= 800$ m/s) und Art und Auftreffenergie des Geschosses neben dem Einschuss einen Ausschuss ermöglichen. Für die Schnelligkeit der Energieabgabe ist die Querschnittsbelastung des Geschosses (s.o.) maßgebend.

Dies hat zur Entwicklung von Spezialgeschossen geführt (s. dort).

Wirkung des Schrotschusses: Siehe Kapitel 6.3.6.

Durchschlagsvermögen? Das Durchschlagsvermögen (Durchschlagskraft, Eindringtiefe) eines Geschosses ist umso größer,

je größer seine Bewegungsenergie ist,
je kleiner der Geschossquerschnitt ist und
je aerodynamisch günstiger die Geschossform ist. Dazu gehört auch, dass sich das Geschoss im Ziel möglichst wenig aufstaucht, was bei Vollmantelgeschossen zu erwarten ist.

Aufhaltevermögen? Umgekehrt wird das Aufhaltevermögen (Aufhaltekraft, engl. stopping power) eines Geschosses umso größer, je schneller und je größer die Energieabgabe ist, d.h.

je größer die Bewegungsenergie ist,
je größer der Geschossquerschnitt ist und
je aerodynamisch schlechter die Geschossform ist. Dazu gehört auch, dass sich das Geschoss im Ziel aufpilzt und u.U. sogar zerlegt, wie Spezialgeschosse hoher Auftreffgeschwindigkeit.

6.2 Die Büchse

Wurden im Mittelalter Handfeuerwaffen jeder Art als Büchsen bezeichnet, so versteht man heute unter einer

Büchse	ein Gewehr mit einem oder mehreren **gezogenen Läufen** für den "Kugel"-schuss. (Heute werden in der Regel Langgeschosse statt der früher üblichen Kugeln verschossen und die Bezeichnung " Büchse" wird nur noch für Jagd- und Sportwaffen verwendet.)
Militär- und Polizeigewehre	werden, obwohl mit gezogenen Läufen versehen, nicht als "Büchsen", sondern als "Gewehre" bezeichnet.
Gewehre mit glatten Läufen	für Einzelgeschosse sind die Ausnahme, z.B. Flobertgewehre, Narkosegewehre und ältere, einfache Luftgewehre. "Glatte Läufe" haben einen exakt kreisförmigen Innenquerschnitt.

Der "gezogene Lauf " im Längsschnitt (man vgl. auch S. 46):

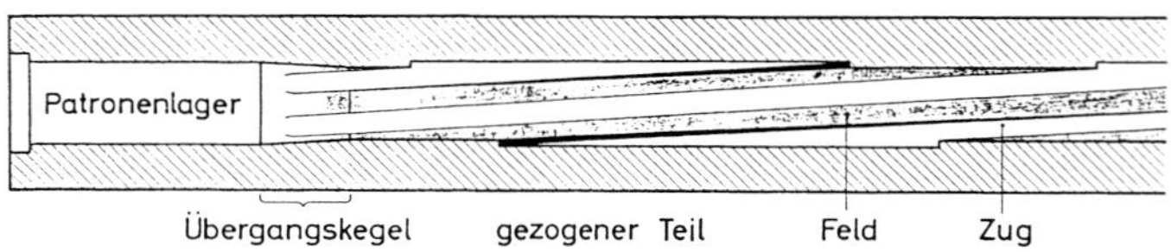

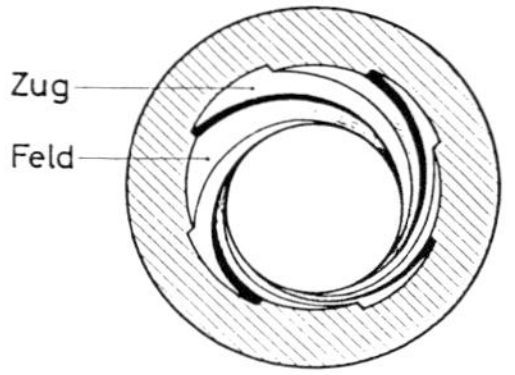

Querschnitt (Laufmündung)

(Man vgl. auch S. 33.)

Der gezogene Lauf bewirkt eine Rotation des Geschosses um seine Längsachse und damit eine Stabilisierung während des Fluges (Außenballistik).
Büchsen (Gewehre) sind die am weitesten verbreiteten Schusswaffen. Auf den folgenden Seiten werden die markantesten Vertreter vorgestellt.

6.2.1 Das Luftgewehr

1. Waffen

Luftdruck-, Federdruck- und CO_2-Waffen von einfachen Modellen bis zu Matchwaffen

2. Verwendung

Zum Übungs- und Wettkampfschießen

Olympische Disziplinen: Luftgewehr 10 m, Luftpistole 10 m
Laufende Scheibe 10 m

Weitere Disziplin: Luftgewehr Dreistellungskampf 10 m

3. Munition, Kaliber

(1) 

(2) 

(1) Rundkugeln (Geschosse)
(2) Sog. Diabolo-Geschosse (Doppelkegel)

Verschiedene Kaliber; für Sportschießen nur:
4,5 mm = .177" = 0,177 Zoll (engl. inch)

4. Laborierungen

Verschiedene; für Sportschießen:
Weichblei-Geschoss, Masse um 0,5 g

(a) Luftgewehre mit "F"-Zeichen im Fünfeck:
E_0 bis 7,5 J (Joule) Bewegungsenergie
v_0 bis etwa 170 m/s
Maximaler Gasdruck im Lauf 70 bis 80 bar

(b) Sog. Weitschussluftgewehre:
E_0 über 7,5 J
v_0 über 170 m/s

5. Maximale Reichweite

(a) 100 m - 150 m
(b) 200 m - 300 m und mehr
bei einem Abgangswinkel von etwa 25°

6. Wirkungsweise

Verletzung empfindlicher Organe möglich (Auge!). Hier bereits tödliche Unfälle registriert.

Hinweis: Je nach Stärke der Antriebsvorrichtung des Luftgewehrs erhält das Geschoss unterschiedliche Mündungsgeschwindigkeit und damit Mündungsenergie. Der Gesetzgeber hat die Grenze (aus Sicherheitsgründen) bei einer Bewegungsenergie der Geschosse von 7,5 J gezogen.
Erwerb und Besitz von Luftdruck-, Federdruck- und CO_2-Waffen (auch Kurzwaffen, auch mehrschüssige Waffen) mit einer Bewegungsenergie der Geschosse von nicht mehr als 7,5 J, die mit dem "F"-Zeichen im Fünfeck versehen sind (s.o.), sind frei ab 18 Jahren. Für Erwerb und Besitz "stärkerer" Luftdruck-, Federdruck- und CO_2-Waffen ist eine Waffenbesitzkarte erforderlich.

6.2.2 Der Zimmerstutzen

1. Waffen	Zimmerstutzen im Kaliber 4 mm Randzünder. Das Wort "Stutzen" steht für ein kurzes, "gestutztes" Gewehr (selten: "Zimmerbüchse").
2. Verwendung	Zum Übungs- und Wettkampfschießen, zur Schädlingsbekämpfung
Sportliche Disziplin:	Zimmerstutzen 15 m (nur nationale Disziplin)
3. Munitionsbezeichnung Kaliber	Zimmerstutzen-Munition Kaliber 4 mm Randzünder lang (Hülse: 8,5 mm) Kaliber 4 mm Randzünder kurz (Hülse: 6,6 mm) Im Hülsenboden nur das Herstellerzeichen.
4. Laborierungen 	Rundkugel aus Weichmetall (Blei) oder Rundkugel aus galvanisiertem Weichmetall. Verschiedene Kugeldurchmesser; gebräuchlich: Kugeldurchmesser 4,30 mm = Nr. 7, Kugeldurchmesser 4,55 mm = Nr. 12. Kugelgeschossmasse: Um 0,5 g. v_0 : 290 m/s - 350 m/s E_0: 20 J - 35 J Zündsatz = Treibsatz: Keine eigene Pulverladung, jedoch Erwerbscheinpflicht! Es gibt Hülsen mit Ladung und Kugel und Hülsen mit Ladung ohne Kugel.
5. Maximale Reichweite	Etwa 300 m bei einem Abgangswinkel von 25°.
6. Wirkungsweise	Verletzung empfindlicher Organe möglich, hier unter Umständen sogar tödlich.
Eindringtiefe	Die Kugel durchschlägt auf 15 m Entfernung noch 14 bis 17 mm Fichtenholz.

Hinweis: Im Handel gibt es auch Handfeuerwaffen, z.B. für Zimmerstutzenmunition, deren Geschossen eine Bewegungsenergie von nicht mehr als 7,5 J erteilt wird. Falls diese Waffen das "F"-Zeichen im Fünfeck tragen (s. S. 57), wird bei der Beantragung einer Waffenbesitzkarte ein Bedürfnisnachweis nicht verlangt. Gleiches gilt für die Erteilung der Munitionserwerbsberechtigung. Solche Waffen sind für den Wettkampf in der Disziplin Zimmerstutzen allerdings nicht geeignet.

6.2.3 Das Flobertgewehr

Das Flobert-Gewehr, benannt nach dem Pariser Büchsenmacher Nicolas Flobert, dem Erfinder der ersten Randfeuerpatronen (1845), bildet mit seinem meist glatten Lauf eine Ausnahme unter den Kugelgewehren.

1. Waffen

Gewehre (auch Pistolen u. kombinierte Waffen) mit meist glatten, selten gezogenen Läufen.

2. Verwendung

Zum Übungsschießen und
zur Schädlingsbekämpfung.

3. Munitionsbezeichnung Kaliber

Flobert-Patronen mit Randfeuerzündung
(a) 6 mm Flobert Rundkugel, Spitzkugel
(b) 9 mm Flobert Rundkugel, Spitzkugel, Schrot
Im Hülsenboden nur das Herstellerzeichen.

4. Laborierungen (RWS)

(a) 6 mm Flobert Rundkugel:
m = 1,3 g, v_0 = 250 m/s, E_0 = 40 J
6 mm Flobert Spitzkugel:
m = 1,0 g, v_0 = 250 m/s, E_0 = 30 J
(b) 9 mm Flobert Rundkugel:
m = 4,3 g, v_0 = 225 m/s, E_0 = 110 J
9 mm Flobert Spitzkugel:
m = 3,9 g, v_0 = 225 m/s, E_0 = 100 J
9 mm Flobert Doppelschrot (1,9 mm):
m = 8,0 g, v_0 = 200 m/s, E_0 = 160 J

5. Maximale Reichweite

(a) Kaliber 6 mm Flobert:
Kugel: Etwa 300 m - 400 m.
(b) Kaliber 9 mm Flobert:
Kugel: Etwa 700 m
Schrote: Etwa 150 m.

6. Wirkungsweise

Durchschlagsvermögen

Verletzung empfindlicher Organe möglich, hier u.U. sogar tödlich. Die Rund- und Spitzkugeln durchschlagen menschliche Knochen; die Kugel im Kal. 6 mm durchschlägt 20 mm Kiefernholz auf 10 m. Die Doppelschrotpatronen haben auf kleine Schädlinge ausreichende Wirkung bis 10 m im Kaliber 6 mm und bis 15 m im Kal. 9 mm.

Für das Schießen ist auch im befriedeten Besitztum eine Schießerlaubnis erforderlich.

6.2.4 Das Kleinkalibergewehr

Das **K**lein-**K**alibergewehr (die Kleinkaliberbüchse), abgek.: KK-Gewehr oder einfach "KK", ist das am weitesten verbreitete Gewehr mit gezogenem Lauf. Bezeichnete man früher alle Kaliber unter 7 mm als Kleinkaliber, so bezieht man diese Bezeichnung heute nur auf das Kaliber .22 (Zoll) = 5,6 mm, im engeren Sinne nur noch auf das Kaliber .22 Randfeuer, so auch hier (s. unten).

1. Waffen	Vom einfachen Kleinkaliber-(KK-)Gewehr bis zum komplexen KK-Match-Gewehr, vom Einzellader über den Repetierer bis zum KK-Selbstladegewehr. (KK-Pistole und KK-Revolver s. dort.)
2. Verwendung	Zu Übungsschießen, Schädlingsbekämpfung, für die Jagd (Schonzeit, Bau- und Fallenjagd), zum sportlichen Schießen auf 50 m und 100 m.
Olympische Disziplinen:	KK-Dreistellungskampf 50 m (Männer&Frauen) KK-Liegendkampf 50 m (Männer), Biathlon
Weitere Disziplinen:	KK 100 m Laufende Scheibe 50 m Sommer-Biathlon
3. Munitionsbezeichnung Kaliber	Randfeuerpatronenmunition im Kaliber .22 lfB, d.h. 0,22 (Zoll) lang für Büchsen oder .22 lr (l.r.), d.h. 0,22 (Zoll) long rifle (engl.) oder 5,6 mm (lang bzw. lfB).
Bodenstempel	Im Hülsenboden nur das Herstellerzeichen.
4. Laborierungen (RWS)	(a) .22 long (Z .22 lang): Für kurze Distanzen Max. Gasdruck: 1000 bar Geschoss: Blei-Rundkopf; Masse: 1,8 g v_0 = 220 m/s bei Lauflänge 650 mm E_0 = 43 J "
	(b) .22 lfB Subsonic: Stets unter Schallgrenze Geschoss: Blei-Rundkopf; Masse: 2,6 g v_0 = 305 m/s bei Lauflänge 650 mm E_0 = 120 J "

(a) und (b) sind für Selbstlader nicht geeignet.

(c) .22 lfB: Normalpatrone(Training&Wettkampf)
Höchster zulässiger Gasdruck: 2050 bar
Geschoss: Blei-Rundkopf; Masse: 2,6 g
v_0 = 325 m/s bei Lauflänge 650 mm
E_0 = 137 J "

(d) .22 lfB Biathlon: Spezialpatrone für Biathlon
Höchster zulässiger Gasdruck: 2050 bar
Geschoss: Blei-Rundkopf; Masse: 2,6 g
v_0 = 340 m/s bei Lauflänge 650 mm
E_0 = 150 J "

(e) .22 lfB HV(HighVelocity=Hochgeschwindigkeit)
Spezialpatrone für jagdliche Zwecke als Vollgeschoss oder mit Hohlspitze, beide galvanisch verkupfert.
Höchster zulässiger Gasdruck: 2050 bar
Geschoss: Blei-Rundkopf, s.o.; Masse: 2,6 g
v_0 = 400 m/s bei Lauflänge 650 mm
E_0 = 208 J "

(f) .22 Schrot (.22 Claybirding): Für Minitaubenschießen, Fallenjagd und Schädlinge. Z.B.:
Schrotladung: 1,9 g; Gasdruck $_{max}$: 1500 bar
v_0 = 290 m/s bei Lauflänge 650 mm
E_0 = 80 J (der gesamten Schrotladung)

Alle Patronen (a) bis (f) haben eine Hülsenlänge von 16 mm, unterschreiten 2050 bar und können somit aus ordnungsgemäßen Waffen des Kalibers .22 lfB (lr) verschossen werden.

5. Maximale Reichweite

(a) 800 m (b), (c) 1300 m (d), (e) 1500 m bei einem Abgangswinkel von etwa 25° - 30°.

Horizontalschussweite: (a) 130 m (b), (c) 175 m (d), (e) 200 m

Steighöhe: (a) 500 m (b), (c) 800 m (d), (e) 900 m

(f) Maximale Reichweite der Schrote ca. 150 m.

6. Wirkungsweise

(a) - (f): Bei Verletzung lebenswichtiger Organe tödliche Wirkungen. Die Geschosse haben jedoch generell kein Aufhaltevermögen gegenüber einem menschlichen Angreifer.

Aufhaltevermögen

Durchschlagsvermögen

(b) - (e) durchschlagen menschliche Knochen, (a) nur schwache, (f) nur auf kürzeste Distanz.

6.2.5 Der Scheibenstutzen

Der Scheibenstutzen war das Sportgewehr unserer Großväter und Urgroßväter; alte Schützenscheiben mit ihren großkalibrigen Schusslöchern zeugen davon. Er kommt heute, im Zeitalter der Nostalgie, in Traditionsschießen wieder zu Ehren, ähnlich wie das Ordonnanzgewehr oder die Vorderladerwaffen (s. dort).

1. Waffen

Scheibenstutzen (Feuerstutzen, Scheibenbüchse) in vielerlei Ausführungen. Meist mit Stecher, Diopter, Schaftbacke, Haken & Champignon.

2. Verwendung

Früher das Scheibengewehr schlechthin, aber gelegentlich auch zur Jagd verwendet.
Heute nur für Traditionsschießen (100 - 150m).
Bei festlichen Umzügen mitgeführt (Erlaubnis!).

3. Munitonsbezeichnung Kaliber

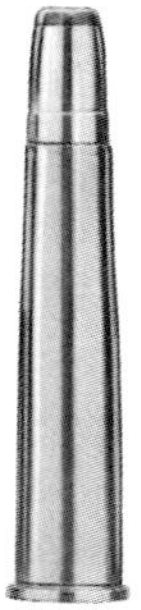

Neben anderen vor allem die Zentralfeuerpatrone im Kaliber 8,15 x 46 R.
Im Hülsenboden: Herstellerzeichen und Kaliber.
Diese Patrone wurde gegen Ende des 19. Jahrhunderts von Frohn, Suhl/Thüringen, eingeführt und war ursprünglich für Schwarzpulver ausgelegt; daher die relativ große Hülse.
Hinweis: Man beachte die Kaliberbezeichnung, wie sie in Deutschland und Mitteleuropa für **Zentralfeuer-Patronen für Büchsen** üblich ist:
Die 1. Zahl (8,15) bezeichnet das Kaliber in mm
die 2. Zahl (hier: 46) ist die Hülsenlänge in mm
"R" bedeutet: Patrone mit Rand (s. Seite 37).

4. Laborierungen

Heute vor allem Domäne der Wiederlader:
Geschoss: Teilmantel-Flachkopf; Masse: 9,8 g
Höchster zulässiger Gasdruck: 1650 bar
v_0 bis 550 m/s bei Lauflänge 700 mm
E_0 bis 1480 J "

5. Maximale Reichweite
Horizontalschussweite
Steighöhe

2500 m bei einem Abgangswinkel um 30°
200 m in ebenem Gelände
1500 m

6. Wirkungsweise

Tödlich bei Verletzung lebenswichtiger Organe. Durchschlägt menschliche Knochen.

6.2.6 Das Ordonnanzgewehr

Unter einer Ordonnanzwaffe versteht man eine Militärwaffe, die aufgrund einer Verordnung (franz.: ordonnance) in einer Armee eingeführt wurde.
Während sich die Jägerschaft schon früh, vielfach für die Jagd umgerüsteter Militärwaffen bediente, kam das sportliche Schießen mit Ordonnanzgewehren in Deutschland erst in jüngster Zeit auf. Es wird in verschiedenen Disziplinen vom Deutschen Schützenbund (DSB), dem Bund Deutscher Sportschützen (BDS), dem Bund der Militär- und Polizeischützen (BDMP) u.a. gepflegt.

1. Waffen	Militärgewehre der verschiedenen Armeen, die bestimmte Kriterien erfüllen, z.B. nach DSB: Zugelassen sind Repetiergewehre, die bis einschließlich 1963 als Ordonnanzwaffen geführt wurden. Der Nachweis der Originaltreue obliegt dem Schützen. Nicht zugelassen sind Einzellader, Unterhebelrepetierer und Halbautomaten. Kaliber: 6 mm - 8 mm, Zentralfeuerpatronen.
2. Verwendung	Sportliches Schießen nach Regeln, z.B. DSB: Je 20 Schuss liegend und stehend auf 100 m.
3. Munitionsbezeichnung **Kaliber**	8 x 57 IS (Deutschland, 1. & 2. WK, G 98, K 98) 6,5 x 55 (Schweden, "Schwedenmauser") 7,62x54R (UdSSR, Mosin-Nagant) .303 British (Großbritannien, Lee-Enfield) .30 - 06 Springfield (USA, 1. & 2. WK, M 1903) .30 Carbine (USA, 2. WK, .30 M 1 Carbine) u.a.
4. Laborierungen 	Verschiedene, je nach Verwendung, z.B.: 8 x 57 IS Scheibengeschoss (RWS), 12,1 g Höchster zulässiger Gasdruck: 3900 bar v_0 = 800 m/s bei Lauflänge 600 mm E_0 = 3870 J "
5. Maximale Reichweite Horizontalschussweite Steighöhe	4000 m bei einem Abgangswinkel von 30° - 35° 300 m in ebenem Gelände 2400 m
6. Wirkungsweise Aufhaltevermögen Durchschlagsvermögen	Tödlich bei Verletzung lebenswichtiger Organe. Hohes Aufhaltevermögen gegen Angreifer. Durchschlägt starke menschliche Knochen.

6.2.7 Das Großkalibergewehr

Das Schießen mit dem Großkalibergewehr, entstanden aus dem militärischen Schießen, ist heute eine nationale und internationale Schießsportdisziplin.

1. Waffen

In Deutschland u.a. nach den Regelwerken des Deutschen Schützenbundes (DSB), Bundes Deutscher Sportschützen (BDS), Bundes der Militär-und Polizeischützen(BDMP).

2. Verwendung
Disziplinen

Sportliches Schießen nach Regeln, z.B. DSB: Großkaliber-Standardgewehr (bis 5500 g) und Großkaliber-Freigewehr (bis 8000 g) auf 300 m, 3-Stellungskampf; z. Zt. (2000) nicht olympisch.

3. Munitionsbezeichnung
Kaliber

Zentralfeuerpatronen bis Kal. 8 mm (DSB). z.B.:
(a) 7,62 x 51 (.308 Win)
(b) 6 mm PPC
(c) 6 mm Norma BR
(d) .223 Remington

4. Laborierungen

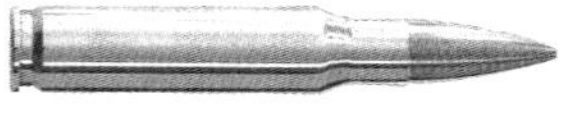

Eine Domäne der Wiederlader! Fabrikladungen:
(a) Match-Geschoss; Masse: 10,9 g
v_0 = 800 m/s, E_0 = 3488 J
(b) Match-Geschoss; Masse: 4,5 g
v_0 = 860 m/s, E_0 = 1664 J
(c) Match-Geschoss; Masse: 6.93 g
v_0 = 860 m/s, E_0 = 2563 J
(d) Match-Geschoss; Masse: 3,6 g
v_0 = 990 m/s, E_0 = 1764 J

5. Maximale Reichweite
Horizontalschussweite
Steighöhe

bis 5000 m bei Abgangswinkel von 30° bis 35°,
bis 400 m in ebenem Gelände,
bis 3000 m
je nach Kaliber und verwendeter Laborierung.

6. Wirkungsweise

Tödlich bei Verletzung lebenswichtiger Organe, u.U. hydrodynamischer Schock.

Aufhaltevermögen
Durchschlagsvermögen

Hohes Aufhaltevermögen gegen Angreifer.
Hohes Durchschlagsvermögen. Durchschlägt menschliche Knochen.

6.2.8 Die Jagdbüchse

Die Jagdbüchse ist ein Gewehr mit einem gezogenen Lauf oder mehreren gezogenen Läufen für den jagdlichen "Kugel"-Schuss (Abb. im Kap. Handhabung).

1. Waffen

Es gibt - für die verschiedenen Jagdzwecke - einläufige, doppel- (zwei-)läufige und dreiläufige (sehr selten: " Büchsdrilling") Jagdbüchsen.

Man unterscheidet nach der

Anordnung der Läufe

die **einläufige Büchse**
als Einzellader (Blockbüchse, Kipplaufbüchse) oder Mehrlader (Repetier-, Selbstladebüchse),

die **Doppelbüchse**,
zweiläufiger Einzellader (Kipplaufbüchse),

die **Bockdoppelbüchse**,
zweiläufiger Einzellader (Kipplaufbüchse).

Moderne Jagdwaffen sind Hinterlader. Das Patronenlager muss nach hinten abgeschlossen werden können. Man unterscheidet folgende

Arten des Verschlusses:

1. **Zylinderverschluss** (Kammerverschluss): Ein Schließzylinder, der das Schloss enthält, gleitet in einer (Verschluss-) Hülse, die mit dem Lauf (Patronenlager) fest verbunden ist. Gebräuchlich bei Repetierbüchsen, z.B.Mauser.
2. **Blockverschluss**: Ein massiver Block, der das Schloss enthält, bewegt sich in einem Gehäuse, das mit dem Lauf fest verbunden ist. Einläufige Büchsen, z.B. Heerenbüchse.
3. **Kipplaufverschluss**: Ein Verschlusskasten (Basküle), der das Schloss enthält, ist mit dem Lauf durch ein Gelenk (Scharnier) verbunden. Häufig für ein- oder mehrläufige Einzellader.
4. **Selbstladeverschluss**: Verschlussblock.

Mit dem Verschluss allein ist es allerdings noch nicht getan. Damit der Verschluss nicht unbeabsichtigt aufspringt, muss er verriegelt werden. Man unterscheidet folgende

Arten der Verriegelung:

1. Zylinderverschluss:
--- Verriegelungswarzen im Schließzylinder
--- Kammerstengel in der Kammerhülse
2. Blockverschluss:
--- Durch die Konstruktion der Lagerungs des Verschlussblocks
3. Kipplaufverschluss:
--- Laufhakenverriegelung, einfach oder doppelt
--- einen Querriegel: Greenerverschluss
--- zwei Querriegel: Doppelgreener- oder Kerstenverschluss (englische Büchsenmacher)
--- offene(r) Querriegel: Purdeyverschluss
--- Flankenverschluss

Die Riegel bei Kipplaufgewehren werden durch einen Hebel auf der Waffenoberseite bewegt.

Schloss(Gewehrschloss)

Nicht mit dem Verschluss verwechselt werden darf das oben bereits erwähnte Schloss. Dieses bezeichnet vielmehr die Vorrichtung der Waffe zur Entzündung der Patrone:
Durch die Kraft der Schlagfeder wird über einen Schlagbolzen, einen Hahn oder ein Schlagstück die Patrone durch einen Schlag auf den Patronenboden (Zündsatz) zur Entzündung gebracht.
Die Abzugsstange hält das Schlagstück dabei solange gespannt, bis diese, durch den Abzug bewegt, das Schlagstück freigibt.
Das Schloss ist meist im Verschluss untergebracht.
Man unterscheidet folgende

Schlosskonstruktionen:

1. Das Zylinderschloss (bei Zylinderverschluss)
2. Das Kastenschloss von Anson und Deeley (Schlossteile im Verschlusskasten)
3. Das Blitzschloss (Abzugsblechschloss)
4. Das Seitenschloss (Schlosse auf Seitenblechen montiert; leicht herausnehmbar.)

Eine - für den Ansitz, die Pirsch oder Treibjagd - geladene und (meist) gespannte Waffe birgt ein großes Risiko. Eine Sicherung an der Waffe soll dieses vermindern.

Je nachdem, welches Schlossteil gesichert wird, unterscheidet man folgende

Sicherungssysteme:

1. **Abzugssicherung**
2. **Stangensicherung**
3. **Schlagstücksicherung** bzw. **Schlagfedersicherung**
4. **Schlagbolzensicherung**

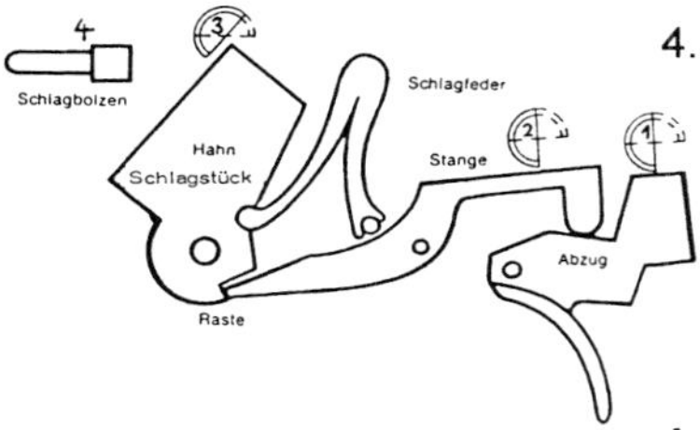

(1) - (3) findet man v. a. bei Kipplaufwaffen. Dabei ist die Schlagstücksicherung sicherer als die Stangen- oder gar Abzugssicherung. Als zuverlässigste Sicherung gilt die Schlagbolzensicherung (4). Sie findet bei Waffen mit Zylinderverschluss (s.o.) Verwendung.

Am sichersten jedoch ist die entladene Waffe, die ggf. mit geöffnetem Verschluss geführt wird.

Betätigung der Sicherung: **Sicherungshebel**

Die Betätigung der Sicherung erfolgt über einen an der Außenseite der Waffe liegenden Hebel. Man unterscheidet

1. die **Schiebesicherung**: Die Sperrung des zu sichernden Schlossteils erfolgt durch einen auf dem Kolben der Waffe oder seitlich angebrachten Schieber.

2. die **Hebel-(Greener-)Sicherung**: Die Sperrung des zu sichernden Schlossteils erfolgt durch einen seitlich angebrachten Hebel mittels Drehbewegung, die sich auf eine Sicherungswelle überträgt.

3. die **Flügelsicherung** findet sich bei Waffen mit Zylinderverschluss (z.B. Mauser): Die Sicherung wird durch Umlegen des Flügels betätigt.

4. die **Druckknopfsicherung**: Die Sicherung wird durch Eindrücken eines Knopfes an der Seite des Abzugsbügels betätigt.

2. Verwendung

Jagdbüchsen werden für die verschiedensten jagdlichen Zwecke verwendet:
Für die Schonzeit, die Bau- und Fallenjagd, zur Jagd auf Raubwild und Raubzeug, für die Niederwild-, Hochwild- und Großwildjagd, schließlich auch für das jagdliche Übungs-, Prüfungs- und Wettkampfschießen.

3. Jagdbüchsenpatronen, Kaliber

Aufgrund der weit gespannten, vielseitigen Verwendungszwecke der Jagdbüchsen umfassen auch die Jagdbüchsenpatronen sehr unterschiedliche Kaliber, Geschosse und Laborierungen (s. unten).

Die **Kaliber** reichen von .17(Zoll) bis .700(Zoll), in Deutschland gebräuchlich von .22 Randfeuer bis 9,3mm, für das Ausland .375 H&H Magnum (s. hierzu die folgenden Seiten).

Gesetzliche Vorgaben (D): Rehwild und Seehunde: E_{100} >= 1000 J
Übrig. Schalenwild: E_{100}>=2000J, Kal.>=6,5mm

Schweiz: Hochwild: E_{200} >= 2000 J, Kal. >= 7 mm

Afrika (einige Staaten): Big Five: Kaliber >= 9,5 mm

Die **Geschosse:** Von Blei- über Teilmantel- und Vollmantel- bis zu Spezialgeschossen (s. unten)

Die Reinbleigeschosse benötigen dabei eine größere Dralllänge des gezogegenen Laufes als die Mantelgeschosse. Wir erinnern uns:

Drall: Die schraubenförmig gehämmerten oder gedrückten Züge des gezogenen Laufes bewirken eine Rotation des Geschosses um seine Längsachse und damit eine Stabilisierung während des Fluges.

Dralllänge ist die Strecke, auf der sich das Geschoss einmal um seine eigene Achse dreht. Sie beträgt
36 cm - 40 cm für Blei- und Kupfermantel-Geschosse,
20 cm - 28 cm für Hartmantelgeschosse. Da

Drehzahl = v_0 /Dralllänge, ergibt sich z.B. für v_0 = 1000 m/s und Dralllänge 20cm = 0,20m eine Drehzahl von 5000 pro Sek.

a) Die Jagdbüchsenpatronen .22 Randfeuer

(1) Waffen

Jagdbüchsen als Einzellader, Repetierer oder Selbstlader; auch Einsteckläufe.

(2) Verwendung

Für die Schonzeit, die Bau- und Fallenjagd, Raubwild und Raubzeug,
zum Übungsschießen, jedoch nicht für DJV-Wettkämpfe (hier erst ab .22 Hornet)

(3) Munitionsbezeichnung Kaliber

(a) .22 lfB (lr) und .22 lfb HV
Siehe Kap. 6.2.4
(b) .22 Winchester Magnum Rimfire (.22 WMR)
.22 Winchester Magnum Randfeuer
.22 Magnum
Hülsenlänge: 27 mm

Bodenstempel

Im Hülsenboden nur das Herstellerzeichen.

(4) Laborierungen

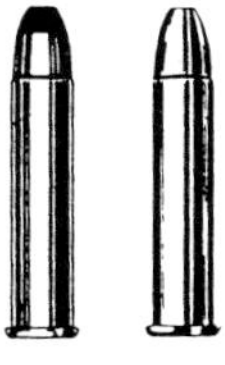

1 2

(a) Siehe Kap. 6.2.4
(b) 1. Teilmantel Hohlspitze
2. Vollmantel
Gasdruck: 1900 bar; Geschossmasse: 2,6 g
v_0 = 615 m/s bei Lauflänge 600 mm
E_0 = 492 J "
(c) Schrotpatrone s. Kapitel 6.6.1

(5) Maximale Reichweite

(a) Siehe Kap. 6.2.4
(b) Etwa 1800 m in ebenem Gelände
bei einem Abgangswinkel von 25° - 30°

Horizontalschussweite:

(a) Siehe Kap. 6.2.4
(b) Etwa 250 m in ebenem Gelände

Steighöhe:

(a) Siehe Kap. 6.2.4
(b) Etwa 1100 m

(6) Wirkungsweise

(a) Siehe Kap. 6.2.4
(b) 1. Das Teilmantelgeschoss mit offener Hohlspitze hat eine starke Wirkung auf sämtliches bei uns heimisches Raubwild und Raubzeug.
2. Das Vollmantelgeschoss wird für Tauben oder den "Küchenhasen" verwendet.

Durchschlagsvermögen

Aufhaltevermögen

Beide Geschosse durchschlagen menschliche Knochen, sind bei Verletzung lebenswichtiger Organe tödlich; jedoch kein Aufhaltevermögen.

b) Die Zentralfeuer-Jagdbüchsenpatronen

(1) Waffen Siehe S. 65: Waffen

(2) Verwendung Siehe S. 68: Verwendung

(3) Kaliberbezeichnung Vgl. S. 68 Nr. 3 und siehe die folgenden Seiten.

1. Deutsche (metrische) K. Sie besteht aus zwei Zahlen, die durch ein x-Zeichen (lies: "mal") verbunden sind, und ggf. einen Buchstabenzusatz,
z.B.: 8 x 57 JR und 8 x 57 JRS (lies: "i-r-s").
Die 1. Zahl, hier 8, bezeichnet den gerundeten Durchmesser des Laufes bzw. des Geschosses in Millimetern (mm),
die 2. Zahl, hier 57, bezeichnet die Hülsenlänge (ohne Geschoss) in Millimetern (mm).
Die Buchstaben im Beispiel bedeuten:
J steht für Infanterie und verrät die militärische Herkunft der Patrone;
R steht für Rand: Es handelt sich um eine Hülse (Patrone) mit Rand für Kipplaufwaffen;
S bezeichnet den (etwas) größeren, **s**tärkeren Geschossdurchmesser (gegenüber 8 x 57 JR).

Ringfuge 8 x 57 JR — Ringfuge 8 x 57 JRS

Man beachte: Eine Patrone des Kalibers 8 x 57 JRS darf nur aus Waffen dieses Kalibers verschossen werden, niemals aus einer des Kalibers 8 x 57 JR.
Um Verwechslungen zu vermeiden, sind die Zündhütchen-Ringfugen der 8-mm-S-Patronen schwarz eingefärbt (s. Abb.).
Dies gilt auch für die Kal. 8 x 60 S und 8 x 68 S.

2. Anglo-amerikan. (Zoll-) K. Sie bezeichnet das Kaliber in hundertstel oder tausendstel Zoll (ohne die Hülsenlänge) mit Ziffern- und/oder Namenszusatz ,
z.B.: .30 - 06 Spr. Hier bedeuten:
.30 = 0,30 Zoll das (gerundete) Kaliber,
06 = 1906, das Jahr der Einführung (US-Army),
Spr. = Springfield/USA, d.i. der Entwicklungsort.

Manchmal gelingt die "Übersetzung", z.B.: .30 - 06 Spr. = 7,62 x 63
oder: .308 Win. = 7,62 x 51 (Nato)

Der Bodenstempel enthält stets das Herstellerzeichen **und** das Kaliber.

Die Patronenhülsen sind konisch oder "flaschenförmig' und haben unterschiedliche Bodenverlaufsformen (Abb.):

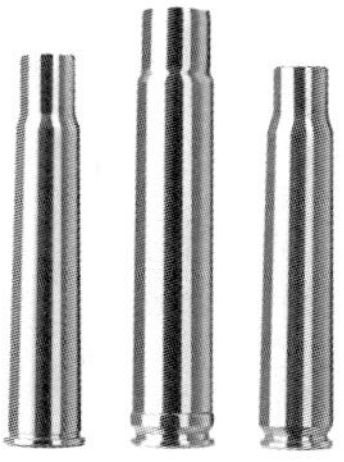

Links: **Hülse mit Rand** (Randhülse)
(Vornehmlich für Kipplaufwaffen)
Rechts: **Randlose Hülse** mit Auszieherrille
(Vornehmlich für Repetierer/Selbstlader)
Mitte: **Hülse mit Gürtel** (Gürtelhülse)
(Indiz für starke Ladungen, "Magnum"-Patrone)

Patronen gleichen Kalibers mit unterschiedlich schweren Geschossen gleicher Konstruktion auseinander zu halten, ist nicht immer einfach.

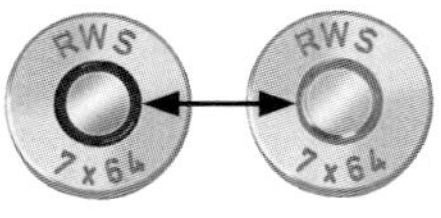

Die Firma Dynamit Nobel GmbH (RWS) versieht daher die Patronen mit den schwereren Geschossen des gleichen Kalibers mit einer roten oder grünen **Ringfugenlackierung** um das Zündhütchen (s. Abb.).

Übersicht

Mit roter bzw. grüner Ringfugenlackierung gekennzeichnete Laborierungen	nicht gekennzeichnete Laborierungen
.222 Rem. MJ 3,6 g	.222 Rem. MJ 3,2 g
5,6 x 50 Mag. TMS 4,1 g	
5,6 x 50 R Mag. TMS 3,6 g (grün)	5,6 x 50 R Mag. TMS 3,24 g
5,6 x 50 R Mag. TMS 4,1 g	
6,5 x 57 KS 8,2 g	6,5 x 57 KS 7,0 g
6,5 x 57 R KS 8,2 g	6,5 x 57 R KS 7,0 g
6,5 x 65 RWS KS 8,2 g	6,5 x 65 RWS KS 7,0 g
6,5 x 65 R RWS KS 8,2 g	6,5 x 65 R RWS KS 7,0 g
7 x 57 R KS 10,5 g	7 x 57 R KS 8,0 g
7 x 57 R TIG 11,5 g	7 x 57 R TIG 10,5 g
7 x 64 KS 10,5 g	7 x 64 KS 8,0 g
7 x 64 TIG 11,5 g	7 x 64 TIG 10,5 g
7 x 65 R KS 10,5 g	7 x 65 R KS 8,0 g
7 x 65 R TIG 11,5 g	7 x 65 R TIG 10,5 g
7 mm Rem. Mag. TMS 11,3 g	7 mm Rem. Mag. TMS 9,4 g
.308 Win. KS 10,7 g	. 308 Win. KS 9,7 g
.308 Win. TUG 11,7 g	. 308 Win. TIG 9,7 g
.308 Win. Match-S 12,3 g	. 308 Win. Match-S 10,9 g
.30-06 KS 10,7 g (grün)	.30-06 KS 9 7 g
.30-06 TUG 11,7 g	.30-06 TIG 9,7 g
.30-06 KS 13,0 g	
.30 R Blaser KS 13,0 g	.30 R Blaser KS 9,7 g
8 x 68 S KS 14,5 g	8 x 68 S KS 11,7 g

Auf den folgenden 2 Seiten sind die Geschosskonstruktionen der Firma Dynamit Nobel GmbH (RWS) vorgestellt,

auf weiteren 6 Seiten folgen die z.Zt. (2000) erhältlichen Büchsenpatronen.

(4) Laborierungen, hier:Geschosskonstruktionen, Büchsenpatronen (RWS)

Abb.: Links: Vollgeschoss - Mitte: Geschossschnitt - Rechts: Geschossrest

Kegelspitz-Geschoß

Das perfekte Geschoß, wenn es auf Vielseitigkeit ankommt. Die Abstimmung zwischen Tombakmantel und Kernmaterial sorgt für flexible Anpassung an den Zielwiderstand. Das Geschoß pilzt sich kontrolliert auf und gibt gleichmäßig Energie ab.

Doppelkern-Geschoß

Aktuelle Geschoßentwicklung von Dynamit Nobel. Die eindeutig definierte Trennung der Kerne sorgt für eine optimale Zielballistik. Der Mantel reißt an der Sollbruchstelle ab, und der Restkörper bleibt mit vergrößertem Querschnitt erhalten. So können sich die Jäger auf Schnitthaar am Anschuß verlassen.

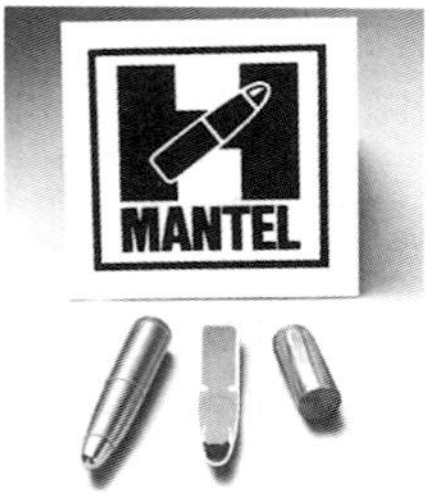

H-Mantel-Geschoß

In der Mitte des Mantels befindet sich eine Sollbruchstelle, die sogenannte H-Rille. Sie unterstützt das Trennen der beiden Geschoßkerne, die unterschiedlich hart sind. Der Heckteil liefert den Ausschuß, während der vordere Teil Splitterwirkung und Energieabgabe garantiert.

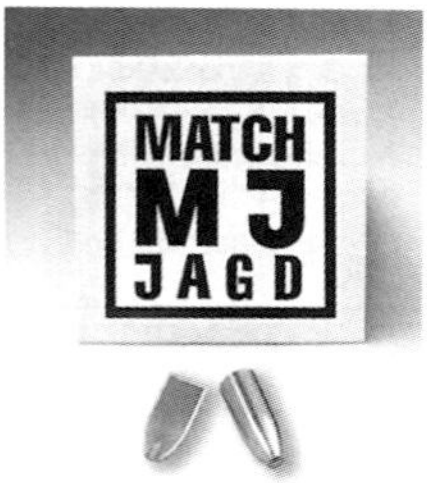

Match-Jagd-Geschoß

Das Match-Jagd-Geschoß wurde für die besonderen Anforderungen auf dem Schießstand konstruiert. Der tombakplattierte Stahlmantel und die Hohlspitze sorgen für hervorragende Präzision unter Vernachlässigung der Zielballistik.

Original-Brenneke-Torpedo-Ideal-Geschoß

Das von dem Konstrukteur Wilhelm Brenneke entwickelte Geschoß ist in der Lage, Breiten- und Tiefenwirkung im Wildkörper zu verbinden. Zu erkennen sind die Brenneke-Geschosse ganz deutlich am typischen Torpedoheck.

Original-Brenneke-Torpedo-Universal-Geschoß

Wilhelm Brenneke entwickelte dieses Geschoß, das mehr für mittleres bis schweres Schalenwild bis zum Großwild geeignet ist. Der schwerere hintere Bleikern sorgt für eine höhere Durchschlagskraft. Der Scharfrand stanzt einen kreisrunden Einschuß.

Teilmantel-Geschoß

Das immer noch beliebte Standard-Geschoß. Je nach Auftreffen ist die Energieabgabe im Wildkörper stark oder sehr stark. Nicht immer ist wegen der starken Splitterwirkung mit Ausschuß zu rechnen. RWS-Teilmantelpatronen gibt es mit rundem oder spitzem Kopf.

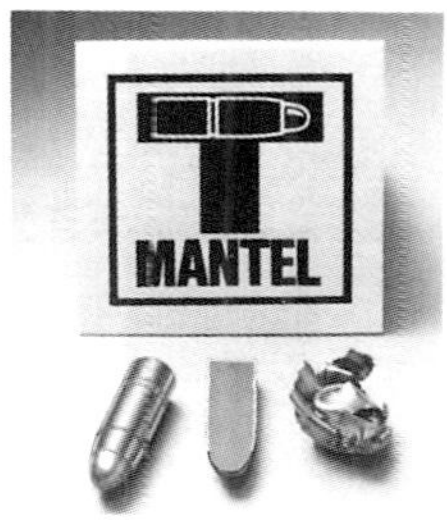

Vollmantel-Geschoß

Geeignet, wenn bei schwachem Wild geringe Wildbretzerstörung und ein balgschonender, kleiner Ausschuß gewünscht werden. Bei größeren Kalibern sind Vollmantelgeschosse für schweres und hartes Wild geeignet. Die Geschoßmäntel sind dann noch zusätzlich verstärkt.

Bestell-Nr.:	Lauflänge mm BC-Wert [1]	V [2] E	0 m	50 m	100 m	150 m	200 m	250 m	300 m	GEE [3]	50 m	100 m	150 m	200 m	250 m	300 m

.22 Hornet

MJ 3,0 g	600	V[m/s]	740	642	552	472	403	351	316	⊕ 100 m	+0,5	⊕	- 8,7	-28,5	-63,6	-118,6
211 63 67	0,140	E[J]	821	618	457	334	244	185	150	GEE134 m	+2,4	+3,7	-3,1	-21,0	-54,3	-107,5
TMS 3,0 g	600	V[m/s]	740	650	566	490	423	369	330	⊕ 100 m	+0,4	⊕	-8,2	-26,7	-59,1	-109,7
211 63 75	0,152	E[J]	821	634	481	360	268	204	163	GEE136 m	+2,3	+3,8	-2,5	-19,1	-49,7	-98,4
VMS 3,0 g	600	V[m/s]	740	650	566	490	423	369	330	⊕ 100 m	+0,4	⊕	-8,2	-26,7	-59,1	-109,7
211 63 83	0,152	E[J]	821	634	481	360	268	204	163	GEE136 m	+2,3	+3,8	-2,5	-19,1	-49,7	-98,4

.222 Rem.

MJ 3,24 g	600	V[m/s]	1020	901	792	691	597	512	438	⊕ 100 m	-1,0	⊕	- 3,0	-11,1	-26,3	-51,1
211 64 21	0,141	E[J]	1685	1315	1016	774	577	425	311	GEE178 m	+1,0	+4,0	+ 3,1	-3,1	-16,2	-39,0
TMS 3,24 g	600	V[m/s]	970	882	800	722	649	580	516	⊕ 100 m	-0,9	⊕	-2,9	-10,6	-24,2	-45,1
211 64 05	0,186	E[J]	1524	1260	1037	844	682	545	431	GEE181 m	+1,1	+4,0	+ 3,1	-2,6	-14,1	-33,0
MJ 3,6 g	600	V[m/s]	975	867	767	674	588	510	440	⊕ 100 m	-0,9	⊕	- 3,3	-12,2	-28,2	-53,8
211 64 56	0,151	E[J]	1711	1353	1059	818	622	468	348	GEE174 m	+1,2	+4,0	+ 2,7	-4,1	-18,1	-41,7

.223 Rem.

TMS 3,6 g	600	V[m/s]	990	910	834	762	694	629	568	⊕ 100 m	- 1,0	⊕	-2,5	-9,3	-21,2	-39,4
211 64 72	0,207	E[J]	2009	1698	1426	1190	987	811	661	GEE189 m	+1,0	+4,0	+3,5	-1,3	-11,2	-27,4

5,6 x 50 Magnum

TMS 4,1 g	600	V[m/s]	920	854	791	731	673	618	566	⊕ 100 m	-0,8	⊕	-3,1	-10,8	-24,0	-43,7
211 64 99	0,240	E[J]	1735	1495	1283	1095	929	783	657	GEE180 m	+1,2	+4,0	+2,9	-2,8	-13,9	-31,6

5,6 x 50 R Magnum

TMS 3,24 g	600	V[m/s]	1070	975	887	804	726	653	583	⊕ 100 m	-1,0	⊕	-1,9	-7,7	-18,1	-34,3
211 68 47	0,186	E[J]	1855	1540	1275	1047	854	691	551	GEE 201 m	+0,8	+4,0	+4,0	+0,3	-8,1	-22,4
TMS 3,6 g	600	V[m/s]	1000	919	843	770	702	637	575	⊕ 100 m	-1,0	⊕	-2,4	-9,0	-20,6	-38,3
211 64 48	0,207	E[J]	1800	1520	1279	1067	887	730	595	GEE191 m	+1,0	+4,0	+3,6	-1,0	-10,6	-26,3
TMS 4,1 g	600	V[m/s]	900	835	773	713	656	602	551	⊕ 100 m	-0,7	⊕	-3,4	-11,6	-25,6	-46,4
211 65 02	0,240	E[J]	1661	1429	1225	1042	882	743	622	GEE175 m	+1,3	+4,0	+2,6	-3,7	-15,6	-34,4

5,6 x 52 R

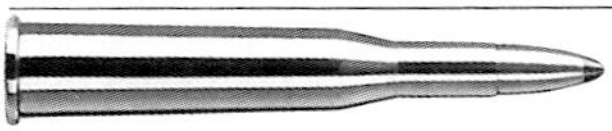

TMS 4,6 g	600	V[m/s]	870	808	749	693	639	587	538	⊕ 100 m	-0,6	⊕	-3,8	-12,7	-27,6	-49,7
211 68 63	0,248	E[J]	1741	1502	1290	1105	939	793	666	GEE170 m	+1,4	+4,0	+2,2	-4,7	-17,6	-37,7

5,6 x 57

KS 4,8 g	600	V[m/s]	1040	973	909	849	791	735	681	⊕ 100 m	-1,2	⊕	- 1,8	-7,0	-16,1	-29,7
211 67 15	0,260	E[J]	2596	2272	1983	1730	1502	1297	1113	GEE206 m	+0,7	+3,8	+4,0	+0,7	-6,5	-18,2

.243 Win.

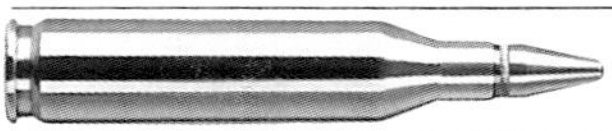

KS 6,2 g	600	V[m/s]	955	899	846	795	745	697	651	⊕ 100 m	-1,0	⊕	-2,5	-8,8	-19,6	-35,4
211 68 12	0,294	E[J]	2827	2505	2219	1959	1721	1506	1314	GEE191 m	+1,0	+3,9	+3,4	-1,0	-9,9	-23,8
TMS 6,5 g	600	V[m/s]	935	891	849	808	768	730	692	⊕ 100 m	-1,0	⊕	-2,5	-8,7	-19,0	-34,0
211 68 71	0,371	E[J]	2841	2580	2343	2122	1917	1732	1556	GEE193 m	+1,0	+3,9	+3,4	-0,8	-9,3	-22,3

1) BC = Ballistischer Koeffizient 2) V = Geschwindigkeit, E = Energie 3) GEE = Günstigste Einschieß-Entfernung

Bestell-Nr.:	Lauflänge mm BC-Wert 1)	V 2) E	0 m	50 m	100 m	150 m	200 m	250 m	300 m	GEE 3)	50 m	100 m	150 m	200 m	250 m	300 m
 **6,5 x 55**																
KS 8,2 g	650	V[m/s]	885	842	800	759	720	682	645	⊕ 100 m	-0,8	⊕	-3,1	-10,4	-22,5	-39,8
211 70 02	0,361	E[J]	3211	2907	2624	2362	2125	1907	1706	GEE182 m	+1,2	+4,0	+2,9	-2,4	-12,5	-27,8
DK 9,1 g	740	V[m/s]	870	820	771	724	679	635	593	⊕ 100 m	-0,7	⊕	-3,5	-11,6	-25,1	-44,7
211 69 95	0,305	E[J]	3444	3059	2705	2385	2098	1835	1600	GEE175 m	+1,3	+4,0	+2,6	-3,6	-15,0	-32,6
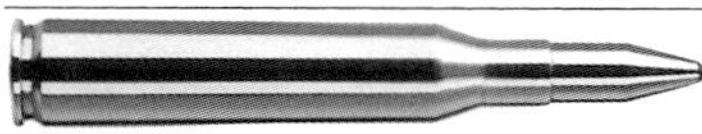 **6,5 x 57**																
TMS 6,0 g	600	V[m/s]	1010	943	880	819	761	706	653	⊕ 100 m	-1,1	⊕	-2,1	-7,8	-17,8	-32,7
211 70 61	0,255	E[J]	3060	2668	2323	2012	1737	1495	1279	GEE200 m	+0,8	+3,9	+3,8	0	- 8,0	-21,0
KS 7,0 g	600	V[m/s]	945	892	841	792	745	700	656	⊕ 100 m	-1,0	⊕	-2,5	-9,0	-19,8	-35,7
211 70 10	0,308	E[J]	3126	2785	2475	2195	1943	1715	1506	GEE191 m	+1,0	+4,0	+3,4	-1,0	-9,9	-23,8
KS 8,2 g	600	V[m/s]	870	827	786	746	707	669	632	⊕ 100 m	-0,7	⊕	-3,3	-11,0	-23,5	-41,6
211 70 96	0,361	E[J]	3103	2804	2533	2282	2049	1835	1638	GEE179 m	+1,3	+4,0	+2,8	-2,9	-13,5	-29,5
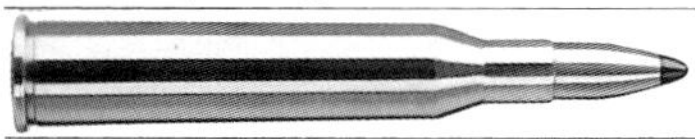 **6,5 x 57 R**																
TMS 6,0 g	600	V[m/s]	985	920	857	798	741	686	634	⊕ 100 m	-1,0	⊕	-2,3	-8,5	-19,1	-35,0
211 71 34	0,255	E[J]	2911	2539	2203	1910	1647	1412	1206	GEE194 m	+0,9	+3,9	+3,6	-0,6	-9,3	-23,2
KS 7,0 g	600	V[m/s]	870	820	772	725	680	637	595	⊕ 100 m	-0,7	⊕	-3,4	-11,6	-25,0	-44,5
211 70 29	0,308	E[J]	2649	2353	2086	1840	1618	1420	1239	GEE176 m	+1,3	+4,0	+2,6	-3,5	-14,9	-32,4
KS 8,2 g	600	V[m/s]	835	793	753	714	676	639	603	⊕ 100 m	-0,5	⊕	-3,8	-12,4	-26,4	-45,4
211 71 50	0,361	E[J]	2859	2578	2325	2090	1874	1674	1491	GEE172 m	+1,5	+4,0	+2,3	-4,3	-16,3	-34,3
DK 9,1 g	600	V[m/s]	775	728	682	639	596	556	518	⊕ 100 m	-0,2	⊕	-5,1	-16,2	-34,3	-60,3
211 71 18	0,305	E[J]	2733	2411	2116	1858	1616	1407	1221	GEE 157 m	+1,8	+4,0	+0,9	-8,2	-24,2	-48,2
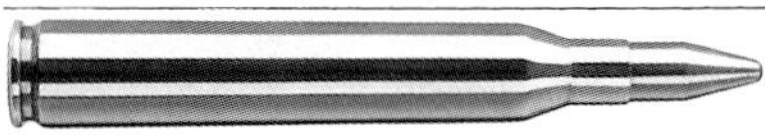 **6,5 x 65 RWS**																
KS 8,2 g	650	V[m/s]	930	885	842	800	760	720	682	⊕ 100 m	-0,9	⊕	-2,5	-8,9	-19,5	-34,9
211 69 79	0,361	E[J]	3546	3211	2907	2624	2368	2125	1907	GEE190 m	+1,0	+3,9	+3,3	-1,2	-9,9	-23,3
 **6,5 x 65 R RWS**																
KS 8,2 g	650	V[/s]	870	827	786	746	707	669	632	⊕ 100 m	-0,7	⊕	-3,3	-11,0	-23,5	-41,6
211 69 87	0,361	E[J]	3103	2804	2533	2282	2049	1835	1638	GEE180 m	+1,3	+4,0	+2,8	-2,9	-13,5	-29,5
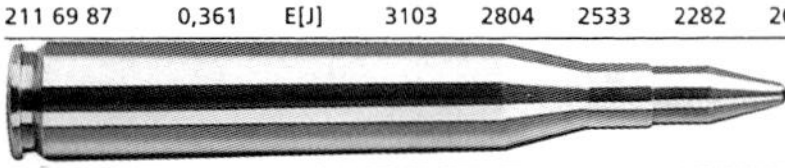 **6,5 x 68**																
TMS 6,0 g	650	V[m/s]	1150	1076	1005	939	876	815	758	⊕ 100 m	-1,4	⊕	-1,0	-4,8	-11,8	-22,5
211 71 85	0,255	E[J]	3968	3473	3030	2645	2302	1993	1724	GEE 221 m	+0,2	+3,3	+4,0	+1,9	-3,5	-12,5
KS 8,2 g	650	V[m/s]	960	914	870	827	786	746	707	⊕ 100 m	-1,0	⊕	-2,2	-8,0	-17,8	-32,0
211 72 15	0,361	E[J]	3779	3425	3103	2804	2533	2282	2049	GEE197 m	+0,9	+3,9	+3,6	-0,3	-8,1	-20,4
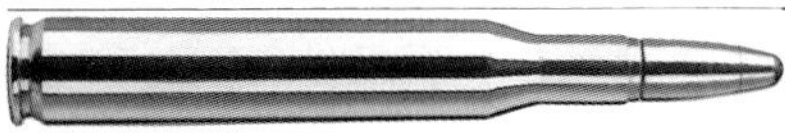 **.270 Win.**																
TMS 8,4 g	650	V[m/s]	965	914	865	818	772	728	686	⊕ 100 m	-1,0	⊕	-2,3	-8,2	-18,2	-32,9
211 84 40	0,325	E[J]	3911	3509	3143	2810	2503	2226	1977	GEE196 m	+0,9	+3,9	+3,6	-0,4	-8,5	-21,2
HMK 8,4 g	650	V[m/s]	955	895	837	782	729	678	630	⊕ 100 m	-1,0	⊕	-2,5	-9,1	-20,3	-36,9
211 72 90	0,272	E[J]	3831	3364	2942	2568	2232	1931	1667	GEE190 m	+1,0	+4,0	+3,4	-1,2	-10,4	-25,0
KS 9,7 g	650	V[m/s]	895	849	805	763	721	681	643	⊕ 100 m	-0,8	⊕	-3,0	-10,2	-22,1	-39,4
211 72 82	0,345	E[J]	3885	3496	3143	2824	2521	2249	2005	GEE183 m	+1,2	+4,0	+3,0	-2,2	-12,2	-27,4

1) BC = Ballistischer Koeffizient 2) V = Geschwindigkeit, E = Energie 3) GEE = Günstigste Einschieß-Entfernung

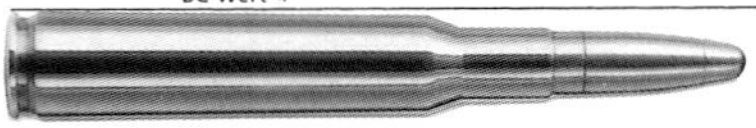

7 x 57

Bestell-Nr.:	Lauflänge mm BC-Wert [1]	V [2] E	0 m	50 m	100 m	150 m	200 m	250 m	300 m	GEE [3]	50 m	100 m	150 m	200 m	250 m	300 m
KS 8,0 g	600	V[m/s]	900	846	794	744	695	649	604	⊕ 100 m	-0,8	⊕	-3,1	-10,7	-23,3	-41,8
211 73 39	0,290	E[J]	3240	2863	2522	2214	1932	1685	1459	GEE 181 m	+1,2	+4,0	+2,9	-2,6	-13,3	-29,7
TIG 10,5 g	600	V[m/s]	800	755	711	669	629	589	551	⊕ 100 m	-0,3	⊕	-4,5	-14,5	-30,7	-54,1
211 85 13	0,325	E[J]	3360	2993	2654	2350	2077	1821	1594	GEE163 m	+1,7	+4,0	+1,5	-6,5	-20,7	-42,0
HMK 11,2 g	600	V[m/s]	770	732	696	661	626	593	561	⊕ 100 m	-0,2	⊕	-4,9	-15,3	-32,1	-55,8
211 73 20	0,383	E[J]	3320	3001	2713	2447	2195	1969	1762	GEE159 m	+1,8	+4,0	+1,1	-7,4	-22,2	-43,9

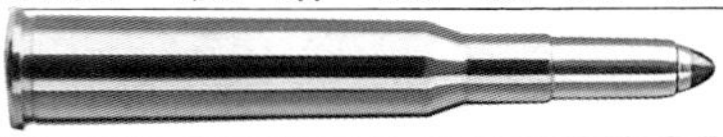

7 x 57 R

Bestell-Nr.:	Lauflänge mm BC-Wert [1]	V [2] E	0 m	50 m	100 m	150 m	200 m	250 m	300 m	GEE [3]	50 m	100 m	150 m	200 m	250 m	300 m
KS 8,0 g	600	V[m/s]	890	836	785	735	687	641	596	⊕ 100 m	-0,7	⊕	-3,2	-11,0	-24,1	-43,1
211 74 44	0,290	E[J]	3168	2796	2465	2161	1888	1644	1421	GEE179 m	+1,3	+4,0	+2,8	-3,0	-14,0	-30,9
TMR 9,0 g	600	V[m/s]	780	724	670	618	569	522	479	⊕ 100 m	-0,2	⊕	-5,3	-17,1	-36,5	-65,0
211 74 87	0,255	E[J]	2738	2359	2020	1719	1457	1226	1032	GEE 154 m	+1,9	+4,0	+0,7	-9,1	-26,5	-53,0
DK 10,0 g	600	V[m/s]	790	747	705	665	626	588	552	⊕ 100 m	-0,3	⊕	- 4,6	-14,8	-31,3	-54,9
212 33 71	0,338	E[J]	3121	2790	2485	2211	1959	1729	1524	GEE161 m	+1,7	+4,0	+1,4	-6,8	-21,3	-42,9
KS 10,5 g	600	V[m/s]	780	742	705	669	635	601	568	⊕ 100 m	-0,3	⊕	-4,7	-14,8	-31,1	-54,1
211 85 48	0,381	E[J]	3194	2890	2609	2350	2117	1896	1694	GEE161 m	+1,7	+4,0	+1,3	-6,9	-21,2	-42,3
TIG 10,5 g	600	V[m/s]	780	736	693	651	611	572	536	⊕ 100 m	-0,2	⊕	-4,9	-15,6	-32,9	-57,7
211 85 64	0,325	E[J]	3194	2844	2521	2225	1960	1718	1508	GEE159 m	+1,8	+4,0	+1,2	-7,5	-22,8	-45,6
HMK 11,2 g	600	V[m/s]	750	713	677	642	609	576	544	⊕ 100 m	-0,1	⊕	-5,3	-16,5	-34,4	-59,6
211 74 36	0,383	E[J]	3150	2847	2567	2308	2077	1858	1657	GEE155,5 m	+1,9	+4,0	+0,8	-8,5	-24,3	-47,5
TIG 11,5 g	600	V[m/s]	750	710	672	635	598	563	530	⊕ 100 m	-0,1	⊕	- 5,4	-16,8	-35,2	-61,3
211 85 72	0,356	E[J]	3234	2899	2597	2319	2056	1823	1615	GEE155 m	+2,0	+4,0	+0,7	- 8,8	-25,1	-49,2

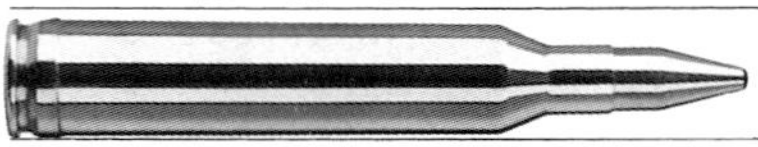

7 mm Rem. Magnum

Bestell-Nr.:	Lauflänge mm BC-Wert [1]	V [2] E	0 m	50 m	100 m	150 m	200 m	250 m	300 m	GEE [3]	50 m	100 m	150 m	200 m	250 m	300 m
TMS 9,4 g	650	V[m/s]	970	922	876	831	788	746	705	⊕ 100 m	-1,1	⊕	-2,1	-7,8	-17,5	-31,6
211 86 29	0,346	E[J]	4422	3995	3607	3246	2918	2616	2336	GEE 199 m	+0,9	+3,9	+3,7	-0,1	-7,8	-19,9
KS 10,5 g	650	V[m/s]	930	888	847	807	768	730	694	⊕ 100 m	-0,9	⊕	-2,5	-8,7	-19,1	-34,2
211 85 05	0,381	E[J]	4541	4140	3766	3419	3097	2798	2529	GEE191 m	+1,0	+3,9	+3,3	-1,0	-9,5	-22,6
TIG 11,5 g	650	V[m/s]	890	846	803	762	722	683	646	⊕ 100 m	-0,8	⊕	-3,0	-10,3	-22,2	-39,5
211 84 91	0,356	E[J]	4555	4115	3708	3339	2997	2682	2400	GEE 183 m	+1,2	+4,0	+3,0	-2,2	-12,2	-27,4

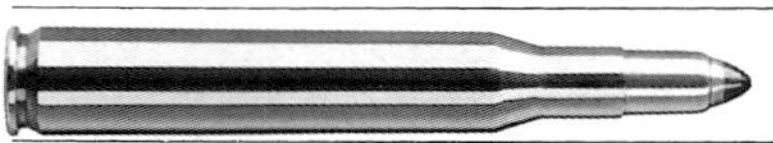

.280 Rem.

Bestell-Nr.:	Lauflänge mm BC-Wert [1]	V [2] E	0 m	50 m	100 m	150 m	200 m	250 m	300 m	GEE [3]	50 m	100 m	150 m	200 m	250 m	300 m
TIG 10,5 g	650	V[m/s]	850	803	758	714	672	631	592	⊕ 100 m	-0,6	⊕	-3,7	-12,2	-26,1	-46,3
211 74 01	0,325	E[J]	3793	3385	3016	2676	2371	2090	1840	GEE 173 m	+1,4	+4,0	+2,4	-4,1	-16,0	-34,2

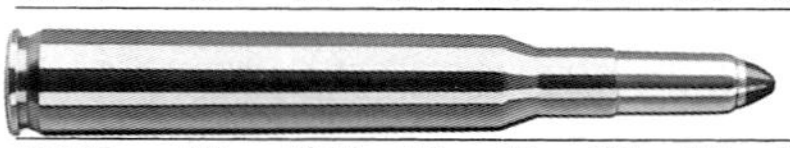

7 x 64

Bestell-Nr.:	Lauflänge mm BC-Wert [1]	V [2] E	0 m	50 m	100 m	150 m	200 m	250 m	300 m	GEE [3]	50 m	100 m	150 m	200 m	250 m	300 m
KS 8,0 g	650	V[m/s]	970	913	858	806	755	706	659	⊕ 100 m	-1,0	⊕	-2,3	-8,4	-18,8	-34,2
211 75 68	0,290	E[J]	3764	3334	2945	2599	2280	1994	1737	GEE 196 m	+1,0	+4,0	+3,7	-0,4	-8,8	-22,1
DK 10,0 g	650	V[m/s]	885	839	794	751	709	669	630	⊕ 100 m	- 0,8	⊕	-3,1	-10,6	-23,0	-40,9
211 85 56	0,338	E[J]	3916	3520	3152	2820	2513	2238	1985	GEE 181 m	+1,3	+4,0	+2,9	-2,6	-13,0	-28,8
KS 10,5 g	650	V[m/s]	880	839	800	761	724	687	652	⊕ 100 m	-0,8	⊕	-3,1	-10,4	-22,4	-39,6
211 84 75	0,381	E[J]	4066	3696	3360	3040	2752	2478	2232	GEE 182 m	+1,2	+4,0	+2,9	-2,4	-12,4	-27,7
TIG 10,5 g	650	V[m/s]	880	832	786	742	698	657	616	⊕ 100 m	-0,7	⊕	-3,2	-11,0	-23,7	-42,2
211 85 80	0,325	E[J]	4066	3634	3243	2890	2558	2266	1992	GEE 179 m	+1,3	+4,0	+ 2,8	-2,9	-13,7	-30,2
HMK 11,2 g	650	V[m/s]	850	810	772	734	698	662	628	⊕ 100 m	-0,6	⊕	-3,5	-11,5	-24,6	-43,3
211 75 17	0,383	E[J]	4046	3674	3338	3017	2728	2454	2209	GEE 176 m	+1,4	+4,0	+2,6	-3,5	-14,5	-31,2
TMR 11,2 g	650	V[m/s]	800	751	705	659	616	574	534	⊕ 100 m	-0,3	⊕	-4,6	-14,9	-31,7	-55,9
211 75 41	0,301	E[J]	3584	3158	2783	2432	2125	1845	1597	GEE 161 m	+1,7	+4,0	+1,4	-6,9	-21,7	-43,9
TIG 11,5 g	650	V[m/s]	850	807	766	726	687	649	612	⊕ 100 m	-0,6	⊕	-3,6	-11,8	-25,2	-44,5
211 85 99	0,356	E[J]	4154	3745	3374	3031	2714	2422	2154	GEE 175 m	+1,4	+4,0	+2,5	-3,7	-15,1	-32,4

1) BC = Ballistischer Koeffizient 2) V = Geschwindigkeit, E = Energie 3) GEE = Günstigste Einschieß-Entfernung

Bestell-Nr.:	Lauflänge mm / BC-Wert 1)	V 2) / E	0 m	50 m	100 m	150 m	200 m	250 m	300 m	GEE 3)	50 m	100 m	150 m	200 m	250 m	300 m

7 x 65 R

KS 8,0 g	600	V[m/s]	930	875	821	770	721	674	628	⊕ 100 m	-0,9	⊕	-2,8	-9,6	-21,3	-38,3
211 76 30	0,290	E[J]	3460	3063	2696	2372	2079	1817	1578	GEE186 m	+1,1	+4,0	+3,2	-1,7	-11,4	-26,5
DK 10,0 g	600	V[m/s]	865	820	776	733	692	652	613	⊕ 100 m	-0,7	⊕	-3,4	-11,4	-24,5	-43,4
212 33 63	0,338	E[J]	3741	3362	3011	2686	2394	2126	1879	GEE177 m	+1,3	+4,0	+2,6	-3,3	-14,4	-31,3
KS 10,5 g	600	V[m/s]	860	820	781	743	706	670	635	⊕ 100 m	-0,7	⊕	-3,4	-11,2	-23,9	-42,1
211 84 83	0,381	E[J]	3883	3530	3202	2898	2617	2357	2117	GEE 178 m	+1,3	+4,0	+2,7	-3,1	-13,8	-30,0
TIG 10,5 g	600	V[m/s]	870	823	777	733	690	648	608	⊕ 100 m	-0,7	⊕	-3,4	-11,3	-24,5	-43,5
211 86 02	0,325	E[J]	3974	3556	3170	2821	2500	2204	1941	GEE 177 m	+1,3	+4,0	+2,7	-3,3	-14,4	-31,3
HMK 11,2 g	600	V[m/s]	830	791	753	716	680	645	611	⊕ 100 m	-0,5	⊕	-3,8	-12,4	-26,3	-46,1
211 75 92	0,383	E[J]	3858	3504	3175	2871	2589	2330	2091	GEE172 m	+1,5	+4,0	+2,3	-4,3	-16,2	-34,0
TMR 11,2 g	600	V[m/s]	770	722	677	633	590	549	511	⊕ 100 m	-0,1	⊕	-5,2	-16,6	-35,0	-61,6
211 76 22	0,301	E[J]	3320	2919	2567	2244	1949	1688	1462	GEE 156 m	+1,9	+4,0	+0,8	-8,5	-24,9	-43,5
TIG 11,5 g	600	V[m/s]	820	778	738	698	660	623	587	⊕ 100 m	-0,5	⊕	-4,0	-13,1	-27,8	-48,9
211 86 10	0,356	E[J]	3866	3480	3132	2801	2505	2232	1981	GEE 168 m	+1,5	+4,0	+2,0	-5,1	-17,9	-36,9

.308 Win.

KS 9,7 g	600	V[m/s]	870	818	769	721	675	630	587	⊕ 100 m	-0,7	⊕	-3,5	-11,7	-25,3	-45,2
211 77 03	0,298	E[J]	3671	3245	2868	2521	2210	1925	1671	GEE 175 m	+1,4	+4,0	+2,6	-3,6	-15,2	-33,0
TIG 9,7 g	600	V[m/s]	870	819	770	723	678	634	591	⊕ 100 m	-0,7	⊕	-3,5	-11,7	-25,2	-44,8
211 77 11	0,303	E[J]	3671	3253	2876	2535	2229	1949	1694	GEE176 m	+1,4	+4,0	+ 2,6	-3,6	-15,1	-32,7
DK 10,7 g	600	V[m/s]	820	769	721	674	628	585	543	⊕ 100 m	-0,4	⊕	-4,3	-14,0	-30,0	-53,2
211 79 08	0,293	E[J]	3597	3164	2781	2430	2110	1831	1577	GEE 165 m	+1,6	+4,0	+1,3	-5,9	-19,9	-41,0
KS 10,7 g	600	V[m/s]	820	775	731	689	648	609	570	⊕ 100 m	-0,5	⊕	-4,1	-13,6	-28,6	-50,4
211 77 89	0,329	E[J]	3597	3213	2859	2540	2246	1984	1738	GEE 167 m	+1,6	+4,0	+1,9	-5,4	-18,5	-38,3
MS 10,9 g	650	V[m/s]	800	769	739	710	681	653	626	⊕ 100 m	-0,4	⊕	-4,1	-13,0	-27,2	-47,2
211 84 24	0,480	E[J]	3488	3223	2976	2747	2527	2324	2136	GEE 169 m	+1,6	+4,0	+2,0	-4,9	-17,1	-35,1
HMK 11,7 g	600	V[m/s]	780	739	700	662	625	589	555	⊕ 100 m	-0,3	⊕	-4,8	-15,1	-31,8	-55,5
211 76 65	0,356	E[J]	3559	3195	2867	2564	2285	2029	1802	GEE160 m	+1,7	+4,0	+1,2	-7,2	-21,8	-43,6
TUG 11,7 g	600	V[m/s]	780	739	699	660	622	586	551	⊕ 100 m	-0,3	⊕	-4,8	-15,2	-32,0	-55,9
211 91 96	0,350	E[J]	3559	3195	2858	2548	2263	2009	1776	GEE160 m	+1,8	+4,0	+1,3	-7,1	-21,9	-43,8
MS 12,3 g	650	V[m/s]	750	724	699	674	650	626	603	⊕ 100 m	-0,2	⊕	-4,9	-15,1	-31,2	-53,5
211 84 32	0,550	E[J]	3459	3224	3005	2794	2598	2410	2236	GEE159 m	+1,8	+4,0	+1,1	-7,1	-21,2	-41,6

.30 - 06

KS 9,7 g	600	V[m/s]	910	857	806	757	709	663	619	⊕ 100 m	-0,8	⊕	-3,0	-10,2	-22,3	-40,1
211 77 70	0,298	E[J]	4016	3562	3151	2779	2438	2132	1858	GEE 183 m	+1,2	+4,0	+3,0	-2,3	-12,4	-28,2
TIG 9,7 g	600	V[m/s]	910	858	807	759	712	667	623	⊕ 100 m	-0,8	⊕	-2,9	-10,1	-22,2	-39,8
211 77 97	0,303	E[J]	4016	3570	3159	2794	2459	2158	1882	GEE 184 m	+1,2	+4,0	+3,1	-2,1	-12,2	-27,8
KS 10,7 g	600	V[m/s]	870	823	778	734	692	651	611	⊕ 100 m	-0,7	⊕	-3,4	-11,3	-24,4	-43,2
211 78 00	0,329	E[J]	4049	3624	3238	2882	2562	2267	1997	GEE 177 m	+1,3	+4,0	+2,7	-3,2	-14,3	-31,1
DK 10,7 g	600	V[m/s]	870	818	767	718	671	626	583	⊕ 100 m	-0,7	⊕	-3,5	-11,8	-25,6	-45,6
211 78 51	0,293	E[J]	4049	3580	3147	2758	2409	2097	1818	GEE 175 m	+1,4	+4,0	+2,5	-3,7	-15,4	-33,5
HMK 11,7 g	600	V[m/s]	840	798	757	717	678	640	604	⊕ 100 m	-0,6	⊕	-3,7	-12,2	-26,1	-45,9
211 77 38	0,356	E[J]	4128	3725	3352	3007	2689	2396	2134	GEE 172 m	+1,4	+4,0	+2,3	-4,2	-16,0	-33,8
TUG 11,7 g	600	V[m/s]	840	797	755	715	675	637	600	⊕ 100 m	-0,6	⊕	-3,7	-12,3	-26,2	-46,2
211 92 18	0,350	E[J]	4128	3716	3335	2991	2665	2374	2106	GEE172 m	+1,4	+4,0	+2,3	-4,2	-16,2	-34,1
KS 13,0 g	600	V[m/s]	735	696	658	621	585	551	518	⊕ 100 m	0	⊕	-5,7	-17,8	-37,1	-64,4
211 78 19	0,356	E[J]	3511	3149	2814	2507	2224	1973	1744	GEE152 m	+2,0	+4,0	–0,3	-9,8	-27,1	-52,4

1) BC = Ballistischer Koeffizient 2) V = Geschwindigkeit, E = Energie 3) GEE = Günstigste Einschieß-Entfernung

Bestell-Nr.:	Lauflänge mm BC-Wert [1]	V[2] E	0 m	50 m	100 m	150 m	200 m	250 m	300 m	GEE [3]	50 m	100 m	150 m	200 m	250 m	300 m

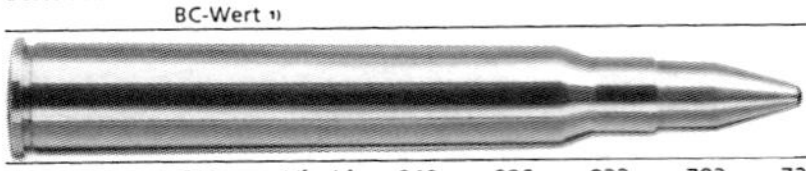

.30 R Blaser

Bestell-Nr.:	Lauflänge mm BC-Wert	V E	0 m	50 m	100 m	150 m	200 m	250 m	300 m	GEE	50 m	100 m	150 m	200 m	250 m	300 m
KS 9,7 g	600	V[m/s]	940	886	833	783	735	688	643	⊕ 100 m	-0,9	⊕	-2,6	-9,2	-20,4	-36,7
211 78 27	0,298	E[J]	4285	3807	3365	2973	2620	2296	2005	GEE189 m	+1,0	+4,0	+3,3	-1,3	-10,5	-24,9
DK 10,7 g	600	V[m/s]	900	846	795	745	697	651	607	⊕ 100 m	-0,8	⊕	-3,1	-10,6	-23,2	-41,7
211 78 94	0,293	E[J]	4334	3829	3381	2969	2599	2267	1971	GEE 181 m	+1,2	+4,0	+3,0	-2,6	-13,1	-29,5
TUG 11,7 g	600	V[m/s]	860	816	774	733	693	654	617	⊕ 100 m	-0,7	⊕	-3,4	-11,5	-24,6	-43,5
211 78 35	0,350	E[J]	4327	3895	3505	3143	2809	2502	2227	GEE 176 m	+1,4	+4,0	+2,6	-3,4	-14,5	-31,4
KS 13,0 g	600	V[m/s]	800	759	719	680	643	606	572	⊕ 100 m	-0,4	⊕	-4,4	-14,1	-29,7	-52,1
211 78 43	0,356	E[J]	4160	3745	3360	3006	2687	2387	2127	GEE 164 m	+1,7	+4,0	+1,7	-6,0	-19,6	-40,0

.300 Win. Mag.

Bestell-Nr.:	Lauflänge mm BC-Wert	V E	0 m	50 m	100 m	150 m	200 m	250 m	300 m	GEE	50 m	100 m	150 m	200 m	250 m	300 m
KS 10,7 g	650	V[m/s]	970	920	871	824	779	735	693	⊕ 100 m	-1,0	⊕	-2,2	-8,0	-17,9	-32,3
211 76 49	0,329	E[J]	5034	4528	4059	3633	3247	2890	2569	GEE 198 m	+0,9	+3,9	+3,7	-0,2	-8,1	-20,5
DK 10,7 g	650	V[m/s]	970	913	859	807	757	709	662	⊕ 100 m	-1,0	⊕	-2,3	-8,4	-18,7	-34,0
211 78 78	0,293	E[J]	5034	4460	3948	3484	3066	2689	2345	GEE194 m	+0,9	+3,9	+3,5	-0,6	-9,1	-22,4
MS 10,9 g	650	V[m/s]	980	945	911	878	845	813	782	⊕ 100 m	-1,1	⊕	-1,8	-6,8	-15,3	-27,5
211 83 86	0,480	E[J]	5234	4867	4523	4201	3891	3602	3333	GEE209 m	+0,8	+3,9	+4,0	-0,9	-5,6	-15,8
TUG 11,7 g	650	V[m/s]	940	894	849	805	763	723	683	⊕ 100 m	-1,0	⊕	- 2,4	-8,7	-19,1	-34,3
211 76 57	0,350	E[J]	5169	4676	4217	3791	3406	3058	2729	GEE 192 m	+1,0	+3,9	+3,4	-0,9	-9,4	-22,6

8 x 57 IR

Bestell-Nr.:	Lauflänge mm BC-Wert	V E	0 m	50 m	100 m	150 m	200 m	250 m	300 m	GEE	50 m	100 m	150 m	200 m	250 m	300 m
TMR 12,7 g	600	V[m/s]	705	658	612	569	528	489	452	⊕ 100 m	+0,3	⊕	-6,9	-21,4	-44,7	-78,4
211 78 86	0,288	E[J]	3156	2749	2378	2056	1770	1518	1297	GEE 144 m	+2,4	+4,0	-0,9	-13,4	-34,7	-66,3

8 x 57 IS

Bestell-Nr.:	Lauflänge mm BC-Wert	V E	0 m	50 m	100 m	150 m	200 m	250 m	300 m	GEE	50 m	100 m	150 m	200 m	250 m	300 m
DK 11,7 g	600	V[m/s]	820	767	717	668	622	577	534	⊕ 100 m	-0,4	⊕	-4,4	-14,3	-30,5	-54,1
212 34 95	0,282	E[J]	3934	3441	3007	2610	2263	1948	1668	GEE164 m	+1,6	+4,0	+1,6	-6,2	-20,5	-42,1
HMK 12,1 g	600	V[m/s]	820	774	730	688	647	607	568	⊕ 100 m	-0,5	⊕	-4,2	-13,5	-28,7	-50,6
211 79 16	0,326	E[J]	4068	3624	3224	2864	2533	2229	1952	GEE 167 m	+1,6	+4,0	+1,9	-5,5	-18,7	-38,5
TMR 12,7 g	600	V[m/s]	800	749	700	653	608	565	524	⊕ 100 m	-0,3	⊕	-4,7	-15,2	-32,3	-57,2
211 79 32	0,288	E[J]	4064	3562	3112	2708	2347	2027	1744	GEE160 m	+1,7	+4,0	+1,3	-7,2	-22,3	-45,1
TIG 12,8 g	600	V[m/s]	800	759	720	681	644	608	573	⊕ 100 m	-0,4	⊕	-4,4	-14,0	-29,6	-51,9
211 92 26	0,360	E[J]	4096	3687	3318	2968	2654	2366	2101	GEE164 m	+1,6	+4,0	+1,6	-6,0	-19,6	-39,8

8 x 57 IRS

Bestell-Nr.:	Lauflänge mm BC-Wert	V E	0 m	50 m	100 m	150 m	200 m	250 m	300 m	GEE	50 m	100 m	150 m	200 m	250 m	300 m
DK 11,7 g	600	V[m/s]	760	710	661	615	570	528	488	⊕ 100 m	-0,1	⊕	-5,6	-17,6	-37,3	-65,8
212 35 09	0,282	E[J]	3379	2949	2556	2213	1901	1631	1393	GEE 153 m	+2,0	+4,0	+0,5	-9,6	-27,2	-53,7
HMK 12,1 g	600	V[m/s]	770	726	684	643	603	565	528	⊕ 100 m	-0,2	⊕	-5,1	-16,1	-33,9	-59,4
211 79 83	0,326	E[J]	3587	3189	2831	2501	2200	1931	1687	GEE 157 m	+1,8	+4,0	+1,0	-8,1	-23,8	-47,3
TMR 12,7 g	600	V[m/s]	730	682	636	591	548	509	471	⊕ 100 m	+0,1	⊕	-6,2	-19,5	-41,0	-72,0
211 80 09	0,288	E[J]	3384	2954	2569	2218	1907	1645	1409	GEE148 m	+2,2	+4,0	-0,1	-11,4	-30,9	-59,8
TIG 12,8 g	600	V[m/s]	750	711	673	636	600	565	532	⊕ 100 m	-0,1	⊕	-5,4	-16,8	-35,0	-61,0
211 92 34	0,360	E[J]	3600	3235	2899	2589	2304	2043	1811	GEE 155 m	+1,9	+4,0	+0,7	-8,7	-25,0	-49,0

8 x 60 S

Bestell-Nr.:	Lauflänge mm BC-Wert	V E	0 m	50 m	100 m	150 m	200 m	250 m	300 m	GEE	50 m	100 m	150 m	200 m	250 m	300 m
DK 11,7 g	600	V[m/s]	835	782	731	682	634	589	546	⊕ 100 m	-0,5	⊕	-4,1	-13,5	-29,0	-51,7
211 81 30	0,282	E[J]	4079	3577	3126	2721	2351	2029	1744	GEE167 m	+1,5	+4,0	+1,9	-5,5	-19,0	-39,6

1) BC = Ballistischer Koeffizient 2) V = Geschwindigkeit, E = Energie 3) GEE = Günstigste Einschieß-Entfernung

Bestell-Nr.:	Lauflänge mm BC-Wert 1)	V 2) E	0 m	50 m	100 m	150 m	200 m	250 m	300 m	GEE 3)	50 m	100 m	150 m	200 m	250 m	300 m

8 x 68 S

KS 11,7 g	650	V[m/s]	990	936	884	833	785	738	693	⊕ 100 m	-1,1	⊕	-2,0	-7,6	-17,2	-31,3
211 81 49	0,310	E[J]	5734	5125	4572	4059	3605	3186	2809	GEE 202 m	+0,9	+4,0	+3,9	+0,3	-7,3	-19,4
DK 11,7	650	V[m/s]	945	887	832	779	728	679	632	⊕ 100 m	-0,9	⊕	-2,6	-9,3	-20,6	-37,2
212 35 17	0,282	E[J]	5224	4603	4050	3550	3100	2697	2337	GEE190 m	+1,1	+4,0	+3,4	-1,3	-10,6	-25,2
HMK 12,1 g	650	V[m/s]	970	919	870	823	777	733	690	⊕ 100 m	-1,0	⊕	-2,2	-8,0	-17,9	-32,4
211 81 14	0,326	E[J]	5692	5110	4579	4098	3653	3251	2880	GEE 199 m	+0,9	+4,0	+3,7	-0,1	- 8,0	-20,5
KS 14,5 g	650	V[m/s]	870	825	782	739	699	659	621	⊕ 100 m	-0,7	⊕	-3,3	-11,1	-24,0	-42,5
211 81 22	0,343	E[J]	5488	4935	4434	3959	3542	3149	2796	GEE 178 m	+1,3	+4,0	+2,7	-3,1	-13,9	-30,4

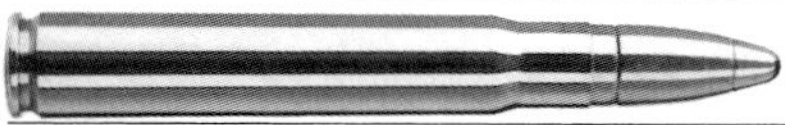

9,3 x 62

DK 14,6 g	600	V[m/s]	800	745	693	642	594	547	504	⊕ 100 m	-0,3	⊕	-4,8	-15,6	33,4	-59,5
211 81 65	0,266	E[J]	4672	4052	3506	3009	2576	2184	1854	GEE 160 m	+1,7	+4,0	+1,2	-7,6	-23,3	-47,4
KS 16,0 g	600	V[m/s]	800	754	710	667	626	586	548	⊕ 100 m	-0,3	⊕	-4,5	-14,6	30,9	-54,4
211 81 81	0,320	E[J]	5120	4548	4033	3559	3135	2747	2402	GEE 162 m	+1,7	+4,0	+1,5	-6,5	-20,8	-42,4
HMK 16,7 g	600	V[m/s]	780	741	703	667	631	597	563	⊕ 100 m	-0,3	⊕	-4,7	-14,9	-31,3	-54,6
211 82 03	0,372	E[J]	5080	4585	4127	3715	3325	2976	2647	GEE 161 m	+1,8	+4,0	+1,4	-6,8	-21,2	-42,5
TMR 18,5 g	600	V[m/s]	695	651	609	569	530	494	459	⊕ 100 m	+0,4	⊕	-7,0	-21,6	-45,0	-73,5
211 82 11	0,309	E[J]	4468	3920	3431	2995	2598	2257	1949	GEE144 m	+2,4	+3,5	-1,0	-13,6	-34,9	-65,4
TUG 19,0 g	600	V[m/s]	740	710	680	651	623	596	569	⊕ 100 m	-0,1	⊕	-5,2	-16,3	-33,7	-57,9
211 92 42	0,465	E[J]	5202	4789	4393	4026	3687	3375	3076	GEE156 m	+2,0	+4,0	+0,8	-8,2	-23,6	-45,8

9,3 x 64

TUG 19,0 g	650	V[m/s]	785	754	723	693	664	636	608	⊕ 100 m	-0,3	⊕	- 4,4	-13,8	-28,9	-50,0
211 92 50	0,465	E[J]	5854	5401	4966	4562	4189	3843	3512	GEE 165 m	+1,7	+4,0	+1,7	-5,8	-18,8	-37,9

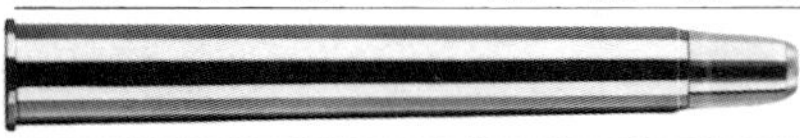

9,3 x 72 R

Kupferteilmantel	650	V[m/s]	615	540	475	425	380	350	325	⊕ 100 m	+2,0	⊕	-13	-39	-78	-142
Flachkopf 12,5 g		E[J]	2364	1825	1413	1128	903	766	657	GEE 115 m	+3,0	+2,5	+8,5	-34	-72	-134

9,3 x 74 R

DK 14,6 g	600	V[m/s]	785	731	679	629	581	536	493	⊕ 100 m	-0,2	⊕	-5,1	-16,5	-35,2	-62,4
211 81 57	0,266	E[J]	4498	3901	3366	2888	2464	2097	1774	GEE157 m	+1,8	+4,0	+0,9	-8,4	-25,1	-50,3
KS 16,0 g	600	V[m/s]	750	706	663	622	582	545	509	⊕ 100 m	0	⊕	-5,6	-17,5	-36,7	-64,1
211 82 97	0,320	E[J]	4500	3987	3517	3095	2710	2376	2073	GEE154 m	+2,0	+4,1	+0,6	-9,3	-26,4	-51,8
HMK 16,7	600	V[m/s]	750	712	675	639	605	571	539	⊕ 100 m	-0,1	⊕	-5,3	-16,6	-34,7	-60,3
211 82 62	0,372	E[J]	4697	4233	3804	3409	3056	2722	2426	GEE 155 m	+1,9	+4,0	+0,7	-8,7	-24,7	-48,3
TMR 18,5 g	600	V[m/s]	695	651	609	569	530	494	459	⊕ 100 m	+0,4	⊕	-7,0	-21,6	-45,0	-78,5
211 82 70	0,309	E[J]	4468	3920	3431	2995	2598	2257	1949	GEE 144 m	+2,4	+4,0	-1,0	-13,6	-34,9	-66,4
TUG 19,0 g	600	V[m/s]	695	666	637	610	582	556	531	⊕ 100 m	+0,3	⊕	-6,3	-19,2	-39,4	-67,5
211 92 77	0,465	E[J]	4589	4214	3855	3535	3218	2937	2679	GEE148 m	+2,3	+4,0	-0,3	-11,2	-29,4	-55,5

.375 H&H Magnum

KS 19,4 g	650	V[m/s]	790	754	719	684	651	619	587	⊕ 100 m	-0,3	⊕	-4,4	-14,1	-29,5	-51,4
211 84 59	0,403	E[J]	6054	5515	5015	4538	4111	3717	3342	GEE164 m	+1,7	+4,0	+1,7	-6,0	-19,4	-39,3
VMR 19,4 g	650	V[m/s]	790	740	692	645	601	558	518	⊕ 100 m	-0,3	⊕	-4,9	-15,7	-33,3	-58,8
211 84 67	0,290	E[J]	6054	5312	4645	4035	3504	3020	2603	GEE159 m	+1,8	+4,0	+1,2	-7,6	-23,2	-46,7
TUG 19,5 g	650	V[m/s]	790	746	704	664	624	586	549	⊕ 100 m	-0,3	⊕	-4,7	-14,9	-31,4	-55,2
211 83 78	0,334	E[J]	6085	5426	4832	4299	3796	3348	2939	GEE 161 m	+1,7	+4,0	+1,3	-7,0	-21,6	-43,3

1) BC = Ballistischer Koeffizient 2) V = Geschwindigkeit, E = Energie 3) GEE = Günstigste Einschieß-Entfernung

Die in obigen Schusstafeln auftretenden Begriffe BC = Ballistischer Koeffizient und GEE = Günstigste Einschieß-Entfernung seien hier näher erläutert:

BC = Ballistischer Koeffizient (**b**allistic **c**oefficient)

Ein Maß für die Fähigkeit des Geschosses, den Luftwiderstand zu überwinden.

Der Luftwiderstand ist bei einer bestimmten Geschwindigkeit umso geringer, je aerodynamisch günstiger die Geschossform, je kleiner der Geschossquerschnitt und je geringer die Luftdichte ist.

Querschnittsbelastung

Die Fähigkeit des Geschosses, den Luftwiderstand zu überwinden, wächst bei sonst gleichen Verhältnissen mit der Querschnittsbelastung, d. i. Geschossmasse durch Geschossquerschnitt.

Man versucht daher, das Geschoss so schwer wie möglich zu machen; eine größere Geschosslänge als das Fünffache des Kalibers ist aus Stabilitätsgründen jedoch nicht möglich.

BC um 0,500: Aerodynamisch sehr günstige Geschosse, hohe Geschwindigkeit, gestreckte Flugbahn ("rasantes Geschoss").

BC um 0,200: Aerodynamisch ungünstige Geschosse geringer Querschnittsbelastung, langsames Geschoss, gekrümmte Flugbahn.

GEE = Günstigste Einschieß-Entfernung Fleckschuss ⊕

Die Geschossflugbahn schneidet die Visierlinie i.a. zweimal (in der Abb. bei 40 m und 170 m; hier Gipfel der Flugbahn bei 100 m). Eine Abweichung der Flugbahn von der Visierlinie bis maximal 4 cm wird für den jagdlichen Gebrauch als vertretbar angesehen. Die GEE wird so festgelegt, dass diese Bedingung erfüllt ist.

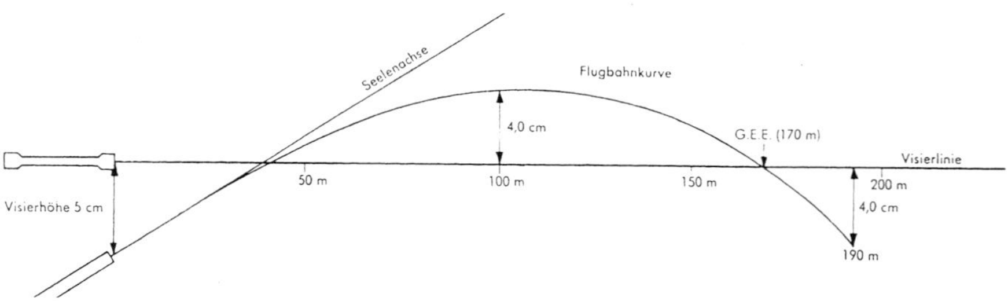

Geschosstypen, -massen (in g), -geschwindigkeiten (v) und -energien (E) bei bestimmten Lauflängen und für bestimmte Entfernungen kann man den obigen Schusstafeln entnehmen. Unterstrichen ist jeweils das abgebildete Geschoss. Die Pulverladungen bewegen sich von 0,5 g (.22 Ho) bis über 5 g (8x68S u.a.), die Gasdrucke von 2000 bar (9,3x72R) über 2700 bar (.22 Ho) bis 4700 bar.

(5) Maximale Reichweiten (nach Lampel,W.: Jagdballistik, 1971, S. 122 und Dynamit Nobel: Die Jagd, 1976, S. 111)

.22 Hornet		2000 m
8,15x46R, 9,3x72R	unter	2500 m
5,6 mm Patronen mit Geschossen 3,2 g - 3,6 g (.222 Rem., .223 Rem.)	2500 m - 3000 m	
5,6 mm Patronen, schwere Geschosse	etwa	3000 m
7x57TMR, 8x57JS TMR	bis	3500 m
6,5x57 (6 g Geschoss)	bis	4000 m
7x57(R), 7x64, 7x65R	bis	4500 m
6,5x68, 8x86S	bis	5000 m
Höchstgeschwindigkeitspatronen, Spezialgesch.	über	5000 m

bei einem Abgangswinkel von 30° - 35°

Horizontalschussweite:	Bis 500 m in ebenem Gelände
Steighöhe:	Etwa 60% der Höchstschussweite

(6) Wirkungsweise Tödlich bei Verletzung lebenswichtiger Organe, u.U. hydrodynamischer Schock.

Aufhaltevermögen	Mit dem Kaliber und der Geschossenergie steigendes Aufhaltevermögen (auch abhängig vom Geschosstyp).
Durchschlagsvermögen	Mit dem Kaliber und der Geschossenergie steigendes Durchschlagsvermögen, abhängig vom Geschosstyp: Vollmantelgeschoss: Größtes D Zerlegungsgeschoss: Geringstes D.

Für die Jagd beachte man die Tiersymbole bei den Patronentypen.

6.2.9 Fernglas und Zielfernrohr

Nicht nur für den Jäger ist das **Fernglas** als "Jagdglas" unentbehrlich, auch der Sportschütze bedient sich des Fernglases zur Beobachtung der Treffer auf der stehenden Scheibe (hier meist als ein einäugiges Monokular bzw. Spektiv).

Fernglastypen:
links: Dialytform
rechts: Porroform

Okular
(-linsensystem)

Umkehrprismen
links: Dachkantprismen
rechts: Porroprismen

Doppelpfeil: Fokussierung
links: Innenfokussierung
rechts: Außenfokussierung

Objektiv
(-linsensystem)

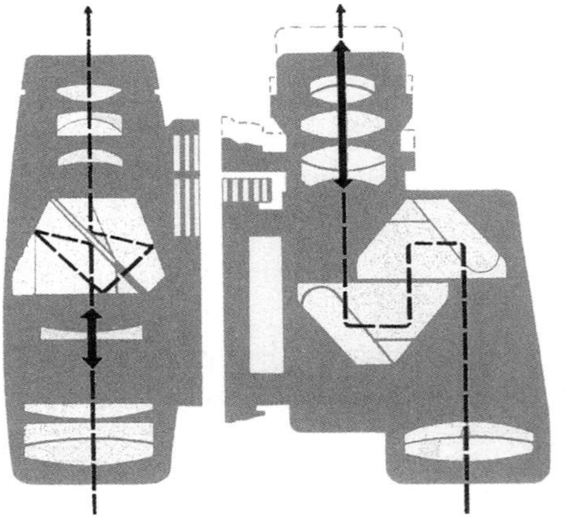

Das **Objektiv**(-linsensystem) entwirft von dem entfernten **Objekt** im Fernglas ein verkleinertes, seiten- und höhenverkehrtes Bild, das durch zwei Prismen wieder richtiggestellt wird. Mit dem - dem Auge (lat. oculus) zugewandten - **Okular** (-linsensystem) als Lupe wird das Bild wieder vergrößert und betrachtet (Abb.).
Ein Jagdglas wird i.a. für das Sehen mit beiden Augen als Binokular ausgeführt.
Qualitativ hochwertige Gläser zeigen Bildschärfe, Farbtreue und Lichtstärke.

Auf dem Fernglas sind zwei Zahlen angegeben, die durch ein x verbunden sind.

1. Zahl: Die **Vergrößerung V** bedeutet die Vergrößerung des Objekts gegenüber dem Sehen mit bloßem Auge oder das Heranholen des Objekts auf Entfernung durchV, z.B. Entfernung: 100m, Vergrößerung V: 8-fach: Objekt wird auf 100m/8 = 12,5m "herangeholt".

2. Zahl: Der **Objektivdurchmesser D** Kann i.a. leicht gemessen werden (in mm). Je größer D, desto mehr Licht wird "hereingeholt".

Die **Dämmerungszahl** ist ein Maß für die Leistung in der Dämmerung. Berechnung: Quadratwurzel aus V mal D, z.B.: V=8, D=56: Dämmerungszahl = $\sqrt{8x56}$ = 21,2.

Die **Austrittspupille** errechnet sich aus D/V, z.B. 56mm:8=7mm(Okularlichtkreis)

Für das jagdliche -ggf. auch militärische und polizeiliche- Büchsenschießen wird heute meist ein **Zielfernrohr** verwendet, fest oder abnehmbar montiert. Auch für die nationalen und internationalen Schießsportwettbewerbe Laufende Scheibe 10 m (Luftgewehr) und 50 m (KK-Gewehr) sind Zielfernrohre zugelassen.

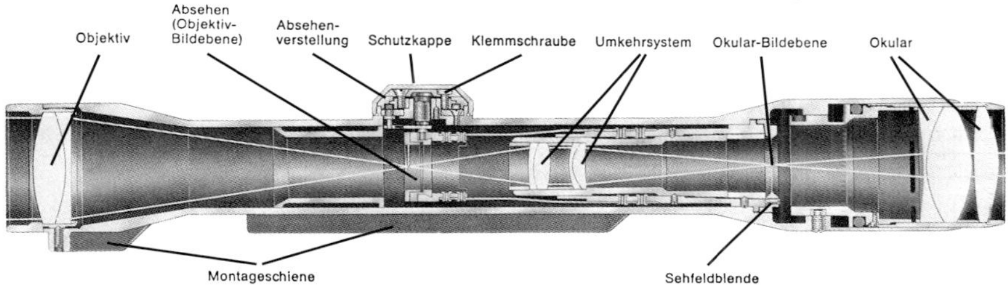

Das **Objektiv**(-linsensystem) entwirft von dem entfernten **Objekt** im Zielfernrohr ein verkehrtes Bild, das durch das Umkehrlinsensystem wieder richtiggestellt wird. Zudem wird in der Objektiv-Bildebene die Visiereinrichtung ("Absehen") eingebracht. Mit dem **Okular**(-linsensystem) als Lupe werden Bild und Absehen vergrößert (Abb.). Das Zielfernrohr ist ein Monokular für das einäugige Sehen wie das Spektiv. Für die Optik gilt das Gleiche wie beim Jagdglas (s. oben):

Die **Vergrößerung V** und der **Objektivdurchmesser D** (in mm) sind als VxD auf dem Zielfernrohr angegeben. Daraus kann man **Dämmerungszahl** und **Austrittspupille** berechnen (s. Fernglas), letztere auch als Durchmesser des hellen Lichtkreises im Okular messen, wenn man das ZFR gegen das Licht hält. Die Austrittspupille sollte für das Dämmerungssehen bei einem jüngeren Jäger mindestens 7mm, bei einem älteren 5mm betragen, da das Auge so weit öffnet. Heute werden gerne Zielfernrohre mit variabler Vergrößerung verwendet.

Das **Sehfeld** (auf 100 m) wird dabei umso kleiner, je größer die Vergrößerung ist.

Das sog. **Absehen** des ZFR ist seine (optische) Visiereinrichtung. Diese hat gegenüber der offenen Visierung über Kimme und Korn den Vorteil, dass Ziel (Objekt) und Visiereinrichtung (Absehen) gleich scharf sind, jedenfalls für eine bestimmte Entfernung, meist 100 m (Parallaxenfreiheit).

Drei gebräuchliche Absehen sind abgebildet.

Die Balken decken auf 100 m 20 cm, ihr Abstand 70 cm. Ein quer stehendes Reh ist genau 100 m entfernt, wenn es zwischen ihnen steht.

Das Fadenkreuz bzw. der Schnittpunkt werden beim sog. "Leuchtabsehen" beleuchtet.

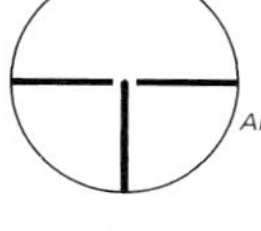
Absehen 1

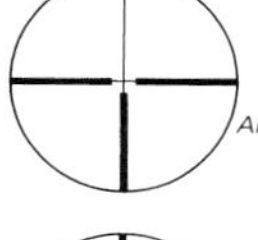
Absehen 4

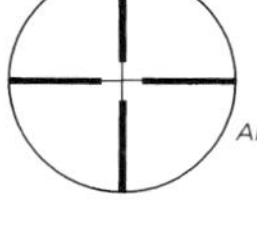
Absehen 8

6.3 Die Flinte

6.3.1 Waffen

Der Name Flinte kommt von "flint", d.h. Feuerstein, der den Zündfunken für das Pulver abgibt. Vom 17. bis ins 19. Jahrhundert wurde jedes mit einem Flintschloss versehene Gewehr als "Flinte" bezeichnet. Heute wird dieses Steinschlossgewehr genannt und der Name

Flinte ist die Sammelbezeichnung für Jagd- und Sportgewehre **mit glattem Lauf** bzw. glatten Läufen zum Verschießen von Schrot(patronen) (von ahd. scrotan "schneiden", s. unten).

Es gibt für die verschiedenen jagdlichen und sportlichen Zwecke einläufige, doppel- (zwei-) läufige und dreiläufige (selten: "Flintendrilling") Flinten.

Man unterscheidet Flinten mit starrem und mit Kipp-Lauf und nach

Anordnung der Läufe

die **einläufige Flinte**
als Einzellader (meist Kipplaufflinte)
oder Mehrlader (Repetier-,Pump-,Selbstlade-F.)

die **Doppelflinte oder Querflinte**
als zweiläufiger Einzellader (Kipplauf-Flinte),

die **Bockdoppelflinte**
als zweiläufiger Einzellader (Kipplauf-Flinte).

Für die **Verschlussarten**, die **Verriegelungsarten**, die **Schlosskonstruktionen** und die **Sicherungssysteme** gilt grundsätzlich das in Kapitel 6.2 Die Büchse Gesagte (s. insbes. Kap. 6.2.8 Die Jagdbüchse).

6.3.2 Verwendung

(a) Sportliche Disziplinen: **Skeet**-Schießen (olympisch, Männer & Frauen), **Trap** - Schießen (olympisch, Männer & Frauen), **Doppel-Trap**(-Schießen) (olympisch, Männer), auch nationale & internationale Meisterschaften mit **Skeet-Flinten** bzw. **(Doppel-)Trap-Flinten** auf speziellen Schießstand-Anlagen auf sog. Wurfscheiben (110 mm ∅, 105 g, zerbrechlich), die aus Wurfmaschinen geschleudert werden. Eine Wurfscheibe gilt als getroffen, wenn wenigstens ein sichtbares Stück von ihr abspringt.

Flinten: Zugelassen sind alle Flinten einschließlich halbautomatischer Modelle, die Kaliber 12 (s. unten) nicht überschreiten. Halbautomatische Flinten müssen so beschaffen sein, dass es nicht möglich ist, mehr als zwei Patronen zu laden.

Munition: Siehe unter 6.3.3 und 6.3.4

Hinweis: Da der Schütze beim Skeetschießen die Wurfscheibe im Jagdanschlag, beim (Doppel-)Trapschießen dagegen im Voranschlag erwartet, sind die **Schaftformen** unterschiedlich.

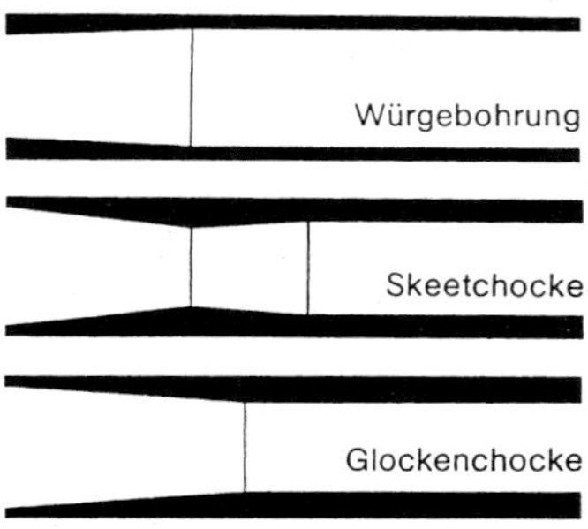

Da darüber hinaus die Wurfscheiben bei Skeet im Durchschnitt auf kürzere Entfernung getroffen werden als bei (Doppel-)Trap, muss man Deckung und Durchschlagskraft der Schrote entsprechend anpassen. Letzteres geschieht durch die Wahl der Schrotkorngröße, ersteres durch die Gestaltung der **Flintenlaufmündung**, durch die die Streuung beeinflusst wird (s.Abb.).

In nationalen Skeet- Wettbewerben der USA und daher auch bei Skeetschießen der Rod & Gun-Clubs in Europa sind u.U. kleinere Kaliber vorgeschrieben, nämlich Kaliber 20, 28 und 36 (=.410).

Praktisches Flintenschießen ist ein weiterer Schießsportwettbewerb mit Schrotpatronen, aber auch Flintenlaufgeschossen (s. unten).

(b) Jagdparcours

(sprich: parku:r, franz. "Strecke") sind Schießanlagen für das Flintenschießen unter möglichst jagdähnlichen Bedingungen.

Wurfmaschinen

Auf einer größeren, meist bebuschten Anlage sind Wurfmaschinen für Wurfscheiben, Segel- und Minitauben, Kipp- und Rollhasen u.ä. verteilt, die der Schütze von bestimmten Ständen aus zu beschießen hat.

Training

Wettbewerbe

Jagdparcours dienen dem Training für das Flintenschießen auf Niederwild, aber auch sportlichen Wettbewerben bis hin zu nationalen und internationalen Meisterschaften.
Verwendet werden meist jagdliche Flinten.

Schrotpatronen

Die Wahl der Schrotpatronen hängt ab von der Art und Entfernung der zu beschießenden Ziele.

(c) Jagdliches Übungs-, Prüfungs- und Wettkampfschießen

Ausbildungs- und Prüfungsschießen für Jagdscheinanwärter richten sich nach den Jägerprüfungsordnungen der Bundesländer (s. Kap. 5.3). Zu beschießen sind meist Wurftauben (Trap), Kipp- oder Rollhasen.

DJV-Schießvorschrift

Für das Übungs- und Wettkampfschießen auf Schießständen, die für das jagdliche Schießen zugelassen sind, ist die Schießstandordnung und Schießvorschrift des Deutschen Jagdschutzverbandes e.V. (kurz: DJV-Schießvorschrift) verbindlich. Hier wird ausschließlich auf Skeet- und Trapanlagen (s.o.) geschossen.

Flinten:

Zugelassen sind alle Flinten, einschließlich halbautomatischer Modelle, Kal. 12 und kleiner. Geschossen werden darf grundsätzlich nur mit einer Flinte bzw. mit einem Laufpaar oder Einzellauf. Ebenso ist nur ein Schaft zugelassen.

Munition:

Siehe unter 6.3.3 und 6.3.4.

(d) Jagd

Für die Jagd werden einläufige und mehrläufige Flinten als Einzel- oder Mehrlader verwendet. Die Würgebohrung wird dem Zweck angepasst.

6.3.3 Munitionsbezeichnung, Kaliber

Die Kaliberbezeichnung bei Flinten und Schrotpatronen stammt aus England und ist historisch überliefert.
Das Kaliber im engeren Sinn, das nur den Laufdurchmesser angibt, ist eine (unbenannte) Zahl. **Sie bezeichnet die Anzahl der Bleikugeln vom Laufdurchmesser, die zusammen ein englisches Pfund (453,6 g) wiegen.**

Daraus ergibt sich für die sportlich bzw. jagdlich gebräuchlichen Flintenkaliber:

Kaliber 12	Laufdurchmesser 18,2 mm,
Kaliber 16	Laufdurchmesser 16,8 mm,
Kaliber 20	Laufdurchmesser 15,7 mm. Seltener sind:
Kaliber 10	Laufdurchmesser 19,3 mm,
Kaliber 28	Laufdurchmesser 13,8 mm,
Kaliber 36 oder .410 (Zoll)	Laufdurchmesser 10,2 mm u.a..

Der **Bodenstempel** der Patronen gibt diese Zahl und den Hersteller an:

Das vollständige Kaliber nennt auch noch die Länge der Patronenhülse im abgeschossenen Zustand (in mm oder Zoll), gebräuchlich: 65 (mm), 70 (mm) und 76 (mm), bzw. 2 1/2 ", 2 3/4 " und 3".
Beispiele: 16/65, 12/70, 20/76.
Dafür gibt's die entsprechenden Patronenlager.

Man beachte: Eine Flinte darf nur mit den passenden Patronen geladen werden. Nie eine Patrone 16/70 aus einer Flinte im Kaliber 16/65 verschießen! Gefahr der Laufsprengung!

Hinweis: Hülsen der Länge 67,5 mm (Hülsenwand max. 0,6 mm) können sowohl aus Lagern der Länge 65 mm als auch 70 mm verschossen werden.

Darüber hinaus gibt es Schrotpatronen für die

Randfeuerkaliber	.22 lfB, .22 Magnum und 9 mm Flobert, für die
Pistolenkaliber	9 mm Luger und .45 ACP und für die
Revolverkaliber	.38 Spezial und .44 Magnum (s. dort).

6.3.4 Laborierungen

Unter der Laborierung von Schrotpatronen versteht man neben ihrem Aufbau und der Art und Menge des (hier stets offensiven) Treibladungspulvers (bis 2 g) vor allem **die Art und Masse der Schrotladung**. Diese besteht aus einer mehr oder weniger großen Anzahl von Kugeln ("Körnern") bestimmten Durchmessers, meist aus Blei. Bei gegebener Gesamtmasse der Schrotladung, z.B. 24 g oder 36 g, enthält eine Patrone mit Schroten größeren Durchmessers weniger Körner als eine Patrone mit Schroten geringeren Durchmessers. Erstere haben eine größere Durchschlagskraft, letztere bringen eine bessere Deckung im Ziel.
Je nach Verwendungszweck (Sportart, Jagdart, Würgebohrung des Flintenlaufes) werden Patronen mit Schrotkörnern bestimmten Durchmessers bevorzugt.
Die Angabe über die "Schrot(korn)stärke" wird nach Durchmesser und Nummer auf der Patronenhülse angegeben. Es bedeuten (deutsche Bezeichnung):

Schrot(stärke) Nr. 1 den Schrotkorndurchmesser 4 mm,
Schrot(stärke) Nr. 2 den Schrotkorndurchmesser 3,75 mm,
Schrot(stärke) Nr. 3 den Schrotkorndurchmesser 3,5 mm,
Schrot(stärke) Nr. 4 den Schrotkorndurchmesser 3,25 mm,
Schrot(stärke) Nr. 5 den Schrotkorndurchmesser 3 mm,
Schrot(stärke) Nr. 6 den Schrotkorndurchmesser 2,75 mm,
Schrot(stärke) Nr. 7 den Schrotkorndurchmesser 2,5 mm,
Schrot(stärke) Nr. 8 den Schrotkorndurchmesser 2,25 mm,
Schrot(stärke) Nr. 9 den Schrotkorndurchmesser 2 mm.

Daneben gibt es Zwischen- und weitere Größen (z.B. Nr. 7 1/2 = 2,4(1) mm).

Zusammenhang zwischen Gesamtmasse, Schrotkorndurchmesser & Körnerzahl:

Gewicht (g)	Durchmesser (mm)											
	1,7	2,0	2,2	2,4	2,5	2,7	3,0	3,2	3,5	3,7	4,0	4,2
8	279	171	120	100	87	65	50	40	32			
15	523	321	255	188	163	122	94	74	60			
19	662	402	285	239	207	154	119	94	75			
24	836	515	360	302	261	195	151	109	95	78	66	55
25	871	536	375	314	272	204	157	124	99	80	67	56
26	906	557	390	327	282	212	164	128	103	83	69	58
27	941	579	405	339	293	220	170	133	107	86	72	60
28	976	600	420	352	304	228	176	138	111	90	74	62
29	1010	621	435	365	315	236	182	143	115	93	77	65
30	1045	643	350	377	326	244	189	148	119	96	80	67
31	1080	664	465	390	337	252	195	153	123	99	82	69
32	1115	686	480	402	348	260	201	158	127	102	85	71
33	1150	707	495	415	358	269	208	163	131	106	88	74
34	1185	729	510	427	369	277	214	168	135	109	90	76
35	1220	750	525	440	380	285	220	173	139	112	93	78
36	1254	771	540	453	391	293	226	178	143	115	96	80
40	1394	857	600	503	434	325	251	198	158	128	106	89
52	1812	1114	780	653	565	423	327	256	206	166	139	116

(a) Sportliche Disziplinen

Für das sportliche Schießen auf Wurfscheiben lassen die Regelwerke des Deutschen Schützenbundes (DSB) und des Internationalen Schießsportverbands (UIT/ISSF) ab 1993 nur Schrotpatronen zu, bei denen das Gewicht, d.h. die **Masse** der Schrotladung **24 g (Toleranz + 0,5 g)** und die **Länge** der offenen Hülse **70 mm (2 3/4 Zoll)** nicht überschreiten.
Außerdem sind nur (runde) **Schrotkugeln** von maximal **2,5 mm Durchmesser (Toleranz +0,1 mm)** erlaubt.

Es gilt also:
Kaliber höchstens 12/70,
Schrotladung max. 24 g und
Schrotkorngröße bis 2,5mm
mit den o.a. Toleranzen.

Nebenstehende Abbildung zeigt solche Patronen.

Dabei werden überwiegend folgende Schrotkorngrößen verwendet:
Für **Skeet:**: 2,0 mm (Nr. 9),
für **Trap:** 2,41 mm (Nr. 7,5),
für **Doppeltrap:** 2,2 mm und 2,4 mm (Nr. 8 und Nr. 7,5).
Die jeweilige Anzahl der Schrote entnehme man der Tabelle (S. 88).

Mit v_0 = 400 m/s ergibt sich E_0 = 1920 J (Energie der gesamten Schrotladung).

Kal. Schrot mm	Schrot-Nr.	Gewicht g

SUPERTRAP 24 Plastik

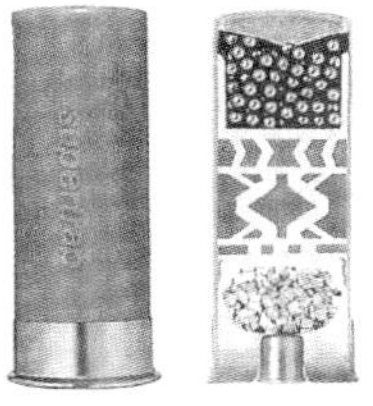

Spitzen-Trap-Patrone nach den Bestimmungen der UIT.

12/67,5		
2,4	7,5	24

SUPERSKEET 24 Plastik

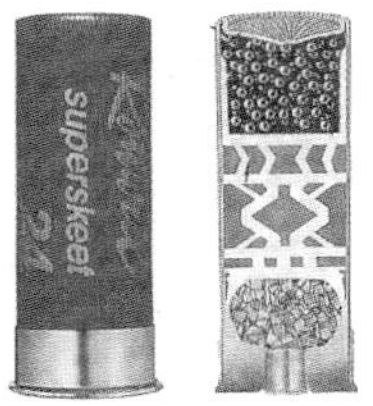

Außergewöhnlich leistungsfähige Skeet-Patrone nach den Bestimmungen der UIT.

12/67,5		
2,0	9	24

SUPERSPORT 24 Plastik

Die universelle Patrone für Trap, Skeet und speziell für Doppeltrap, die neue UIT-Disziplin.

12/67,5		
2,2	8	24

(b) Jagdparcours und (c) Jagdliches Schießen

Für den Jagdparcours und das jagdliche Ausbildungs- und Prüfungs-, Übungs- und Wettkampfschießen kommen zunächst ebenfalls die **unter (a) genannten** Schrotpatronen für die sportlichen Disziplinen in Betracht, da die Ziele meist die gleichen (hier: "Wurftauben") und ggf. (nur) diese Patronen zugelassen sind.

Darüber hinaus werden für nahe Ziele gerne Schrotpatronen mit einem **Streukreuz** verwendet (Abb. rechts ob.), die in Flinten mit Würgebohrung eine bessere Streuung der Schrote gewährleisten. Sie sind für das jagdliche Schießen zugelassen.

Sind aus Immissionsschutzgründen nur Schrotpatronen im Unterschallbereich zugelassen, so werden sog. **Subsonic-Patronen** verwendet (Abb. rechts Mitte). Sie werden mit einer Schrotladung von 28 g angeboten.

Ist schließlich aus Gründen des Umweltschutzes die Verwendung von Bleischroten nicht zulässig, so muss man zu **Weicheisenschrot**patronen greifen (Abb. re. unten), wenn die Waffe dies verträgt. Korndurchmesser größer!

Kal. Schrot mm	Schrot-Nr.	Gewicht g

GECO - SPECIAL Streu Plastik

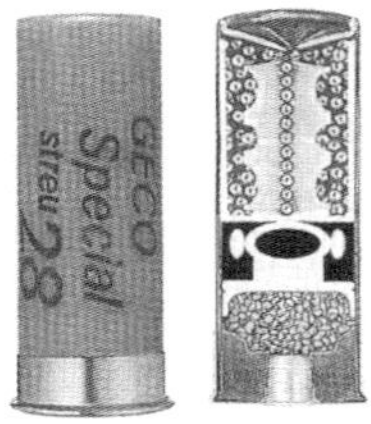

Preiswerte und zuverlässige Streupatrone für das jagdliche Schiessen.

Kal. Schrot mm	Schrot-Nr.	Gewicht g
12/67,5		
2,0	9	24
2,0	9	28

GECO - SUBSONIC Plastik

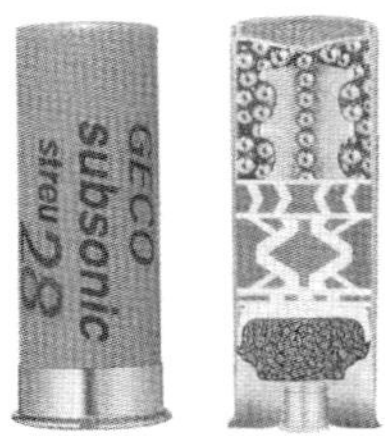

Subsonic-Patrone mit dem reduzierten Schallpegel.

Kal. Schrot mm	Schrot-Nr.	Gewicht g
12/67,5		
2,4 Trap	7,5	28
2,0 Streu	9	28

STEEL-X-RANGE Plastik mit Weicheisenschrot

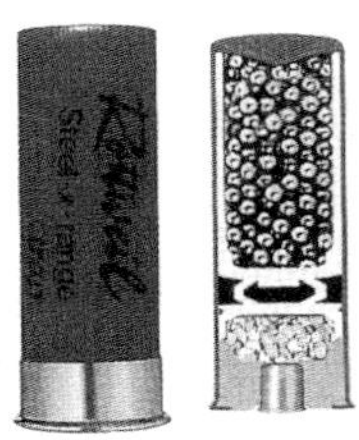

Die Patrone für „umwelt-sensible" Wurfscheibenstände im Wassereinzugsgebiet oder mit landwirtschaftlicher Nutzung.

Kal. Schrot mm	Schrot-Nr.	Gewicht g
12/70		
2,6 Trap		28
2,3 Skeet		28

(d) Jagd

Schrotpatronen für die Jagd auf Niederwild (nicht Rehwild!) werden in den gängigen Kalibern in den **Schrotkorngrößen 2,5mm- 4,2mm** (Nr. 7 bis Nr. 0) und in **Schrotladungen bis 36 g** (und darüber: "Magnum" und "Semimagnum") angeboten. Man vgl. die nebenstehende Tabelle.

Die jeweilige **Anzahl** der in einer Patrone enthaltenen Schrotkugeln entnehme man der Tabelle auf S. 88.

Schrote größeren Durchmessers haben größere **Durchschlagskraft** als diejenigen kleineren Durchmessers. Dafür ergeben die Schrote kleineren Durchmessers bei gleicher Schrotladung (in g) eine bessere **Deckung**, da mehr Schrotkugeln in der Patrone enthalten sind.

Man muss also dem Zweck und den Verhältnissen entsprechend wählen. Vgl. die **Anwendungsempfehlung**.

Die heutigen Schrotpatronen sind vorne meist zugefaltet ("**Sternverschluss**"), wenige haben ein (farbiges) Abdeckplättchen, das durch Einbördeln der Hülse gehalten wird ("**Bördelverschluss**").

Auf die Entfaltung der Schrote hat dies keinen Einfluss.

WAIDMANNSHEIL schwarz Pappe

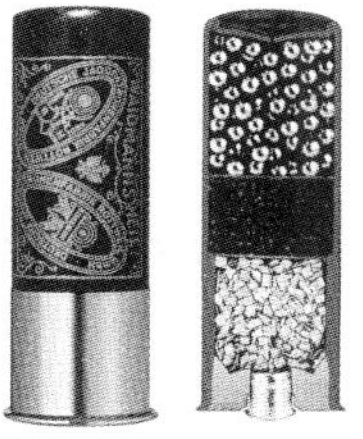

Ausgereifte, hochwertige Jagdschrotpatrone mit elastischem Fettfilzpfropfen und umweltfreundlicher Papphülse.

Kal. Schrot mm	Schrot-Nr.	Gewicht g
12/70		
2,7	6	36
3,0	5	36
3,5	3	36
4,0	1	36
16/70		
3,0	5	31
3,5	3	31
4,0	1	31

Anwendungsempfehlung

	2,0	2,2	2,4	2,5	2,7	3,0	3,2	3,5	3,7	4,0
Wurfscheiben	●/◑	●	●	○						
Schnepfen	□/◑	●	●	○						
Hühner	□/◑	○	●	●	○					
Tauben		○	●	●	○/◑					
Kaninchen			○	●	●/◑	○				
Fasanen				○	●/◑	○				
Enten				○	●/◑	●	○			
Gänse					□	●	●	■	■	■
Hasen				□	●/◑	●	●	○	○	
Füchse					◑	○	●	●	●	○

●=besonders geeignet

◑=Streupatrone für enge Bohrungen und kurze bis mittlere Distanzen

○=brauchbar unter bestimmten Voraussetzungen: Es beziehen sich die jeweils kleinen Schrotgrößen

□=auf offenere Bohrungen und/oder kurze Distanzen und/oder kleine Kaliber sowie die jeweils gröberen Schrote

■=nur auf engere Bohrungen und/oder schwere Vorlagen. Im Zweifelsfall empfiehlt sich immer der feinere Schrot!

Der **maximale Gasdruck** für Flinten ohne verstärkten Beschuss beträgt
im Kaliber 12 740 bar,
im Kaliber 16 780 bar,
im Kaliber 20 830 bar und
für Kaliber 10, 8, 4: 1050 bar,
doch unterschreiten Schrotpatronen diese Werte in der Regel deutlich.

Die **Pulverladung** der gebräuchlichen Schrotpatronen reicht bis gegen 2 g offensiven Pulvers.

Die **Geschwindigkeit** der Schrote der gebräuchlichen Patronen ist für die gängigen Kaliber und Korndurchmesser an der Laufmündung nahezu einheitlich und unabhängig von der Würgebohrung der Flinte etwa
v_0 = 400 m/s.
Sie nimmt jedoch mit zunehmender Entfernung rasch ab (Kugelform aerodynamisch ungünstig) und zwar bei Schroten kleineren Durchmessers schneller als bei solchen größeren Durchmessers und beträgt in 35 m Entfernung
für Schrote von 2,5 mm Stärke bis 200 m/s,
für Schrote von 3,0 mm Stärke bis 225 m/s,
für Schrote von 3,5 mm Stärke bis 240 m/s,
für Schrote von 4,0 mm Stärke bis 250 m/s.

Die **Bewegungsenergie** der gesamten Schrotladung gebräuchlicher Patronen (von z.B. 36 g) beträgt an der Laufmündung
E_0 = 2880 J.
Auf das einzelne Schrotkorn entfällt der entsprechende Anteil, also z.B. für 3-mm-Schrote (Anzahl: 226) etwa 12,7 J.
Mit zunehmender Entfernung nimmt auch die Bewegungsenergie rasch ab.

Weicheisenschrotpatronen für das jagdliche Schießen (siehe oben) und für die Jagd (siehe rechts) sind ebenfalls so laboriert, dass eine
v_0 von ca. 400 m/s erreicht wird. Geschwindigkeit und Energie nehmen aber rascher ab als bei Bleischroten, da Eisen leichter ist als Blei.

Neben den normalen Schrotpatronen bietet die Industrie für spezielle jagdliche Zwecke **Spezialpatronen** an:

Die **Jagd-Streupatrone** enthält ein Streukreuz, das in Flinten mit Würgebohrung für eine bessere Streuung der Schrotgarbe sorgt. Damit empfiehlt sich diese Patrone für die Waldjagd oder das Frettieren, wenn ein Schuss auf kurze Entfernung verlangt wird (Abb. oben).

Weicheisenschrotpatronen belasten die Umwelt weniger als solche mit Bleischroten, da Eisen keine toxische Wirkung hat: Gründelnde Enten werden nicht gefährdet. Somit kommen diese Patronen für die Jagd auf Wasserwild und in Feuchtgebieten in Betracht. In manchen Regionen ist ihre Verwendung zwingend vorgeschrieben (Abb. Mitte).

Postenschrotpatronen enthalten Hartbleikugeln jeweils gleichen Durchmessers zwischen 4,5 mm und 8,6 mm, selten größer ("Posten"). Die Plastikhülse ist durchsichtig (Abb. unten).
Sie werden für spezielle Zwecke gefertigt; in Deutschland für die Verwendung auf Schalenwild verboten.

Kal. Schrot mm	Schrot Nr.	Gewicht g

JAGD braun Streu Pappe

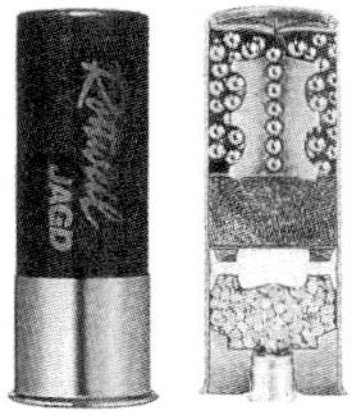

Ideale Patrone für den Schuß auf kurze Distanz. Das Streukreuz bewirkt eine kontrollierte, breite Garbe.

Kal. Schrot mm	Schrot Nr.	Gewicht g
12/70		
2,7 Streu	6	34
16/70		
2,7 Streu	6	30

STEEL-X-RANGE Plastik mit Weicheisenschrot

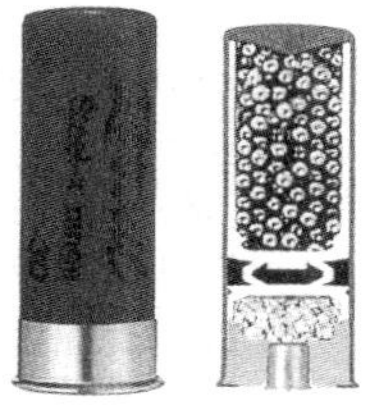

Die im Ausland in bestimmten Jagdregionen vorgeschriebene und für die Jagd auf Enten empfohlene Patrone.

Kal. Schrot mm	Schrot Nr.	Gewicht g
12/67,5		
3,0	5	30
3,2	4	30

EXPRESS Plastik mit Postenschroten

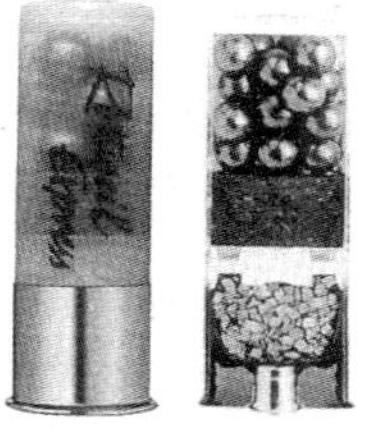

Für bestimmte jagdliche Zwecke geeignet. Nach deutschem Jagdgesetz auf Schalenwild verboten.

Kal. Schrot mm	Schrot Nr.	Gewicht g
12/67,5		
4,5 (BBBB)		70 P
5,2 (AAA)		43 P
6,2 (SSSG)		27 P
7,5 (Sp SG)		12 P
8,6 (SG / LG)		9 P

Das **Flintenlaufgeschoss**, nach dem Konstrukteur, dem Deutschen Wilhelm Brenneke (1865 - 1951), auch kurz **Brenneke** genannt, ist ein Einzelgeschoss für den glatten Flintenlauf. Es ist ein Bleizylinder mit kegelförmiger Spitze vom Laufdurchmesser, der am Boden fest mit dem Filzpfropfen verbunden (verschraubt) ist (Abb. links).

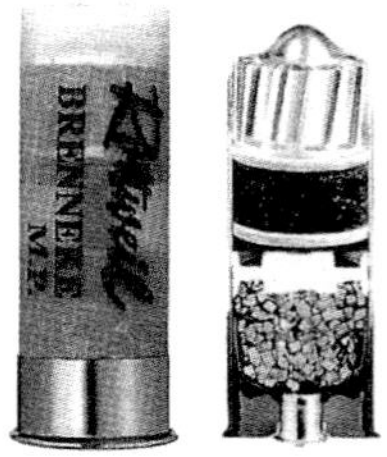

Das BRENNEKE-Geschoß mit schräggestellten Führungsrippen passt sich jeder Chokebohrung gut an.

Das Flintenlaufgeschoss wird in einer **Schrotpatronenhülse** verladen, die i.a. durchsichtig und oben nur eingebördelt, aber nicht zugefaltet ist, damit der Schütze schon in der Tasche nach der "Brenneke" greifen kann und eine Verwechslung mit Schrotpatronen ausgeschlossen ist (Abb.).

Schussentfernung
Treffgenauigkeit
Streukreisdurchmesser

Der Schütze muss sich in der Schussentfernung auf Schrotschussdistanzen beschränken.
Die Treffgenauigkeit ist gleichwohl gering:
Ein Streukreisdurchmesser von 20 cm auf 50 m Entfernung ist noch gut.
Vor dem Einsatz sollte man zudem die Treffpunktlage überprüfen.

Tabelle: Ballistische Daten von Rottweil-Patronen mit Original-Brenneke-Flintenlaufgeschoss.

Kaliber	Geschoß-gewicht g	max. Gasdruck bar	V=Geschwindigkeit E=Energie	Entfernung 0 m	25 m	50 m	75 m	100 m
12/67,5	31,5	740	V(m/s)	430	370	330	300	275
			E(J)	2912	2156	1715	1418	1191
12/70	31,5	740	V(m/s)	430	370	330	300	275
			E(J)	2912	2156	1715	1418	1191
12/70 Magnum	31,5	1050	V(m/s)	470	400	355	330	300
			E(J)	3479	2520	1985	1715	1420
12/76 Magnum	39	1050	V(m/s)	460	400	350	315	290
			E(J)	4126	3120	2390	1935	1646
16/67,5	27	780	V(m/s)	430	370	330	300	275
			E(J)	2496	1848	1470	1215	1021
16/70	27	780	V(m/s)	430	370	330	300	275
			E(J)	2496	1848	1470	1215	1021
16/70 Magnum	27	1050	V(m/s)	470	400	355	330	300
			E(J)	2982	2160	1701	1470	1215
20/70	24	830	V(m/s)	430	370	330	300	275
			E(J)	2219	1643	1307	1080	908
20/70 Magnum	24	1050	V(m/s)	470	400	355	330	300
			E(J)	2651	1920	1512	1307	1080
20/76 Magnum	28,4	1050	V(m/s)	450	385	338	306	285
			E(J)	2871	2100	1612	1330	1147
.410 Magnum	7,5	1050	V(m/s)	535	425	350	295	265
			E(J)	1073	677	459	326	263

6.3.5 Maximale Reichweiten

Die **Höchstschussweite**, d.h. die maximale Reichweite der Schrote hängt bei einer gegebenen Mündungsgeschwindigkeit (v_0 meist 400 m/s) nur von der Schrotkorngröße ab, nicht dagegen von der Würgebohrung des Flintenlaufes. Es gilt die

Faustregel: **Schrotkorngröße in Metern mal 100 =**
= Höchstschussweite in Metern,
bei geringerer v_0 entsprechend weniger,
bei einem Abgangswinkel von etwa 25°.

Z.B.: Höchstschussweite für
die Schrotkorngröße 2,5 mm: 250 m,
die Schrotkorngröße 3,0 mm: 300 m,
die Schrotkorngröße 3,5 mm: 350 m

Dabei ist noch ein gewisser Sicherheitsabstand berücksichtigt. Für das

Flintenlaufgeschoss muss man mit einer erheblich größeren Höchstschussweite rechnen: Bis 1400 m bei einem Abgangswinkel von 20° - 30°.

Die **Horizontalschussweite** beträgt 100m bis 175 m (für Randschrote), für das Flintenlaufgeschoss noch mehr, in ebenem Gelände.

Die **Steighöhe** beträgt etwa 120 m bis 210 m für die Schrotkorngrößen 2 mm bis 4 mm und etwa 850 m für das Flintenlaufgeschoss.

Die **Streuung der Schrote** einer Schrotgarbe ist gerade beim "rauhen" Schuss nicht zu übersehen:

1. **Längenstreuung** Darunter versteht man die Tatsache, dass die Schrotgarbe aufgrund unterschiedlicher Geschwindigkeit der einzelnen Schrote in der Schussrichtung auseinander gezogen wird. Die Längenstreuung steigert sich zunehmend und beträgt jeweils **ein Zehntel der Flugstrecke**, auf 35 m also etwa 3,5 m.

2. **Breitenstreuung**

Darunter versteht man die seitliche Ausdehnung der Schrotgarbe während des Fluges. Die Breitenstreuung erstreckt sich kreisförmig um die mittlere Flugbahn der Schrote und vergrößert sich mit zunehmender Flugweite. Der maximale **Streukreisdurchmesser** beträgt

in 10 m Entfernung 0,7 m,
in 20 m Entfernung 1,5 m,
in 30 m Entfernung 2,5 m,
in 40 m Entfernung 3,8 m,
in 60 m Entfernung 7,0 m,
in 80 m Entfernung 11,0 m,
in 100 m Entfernung 17,0 m,
in 140 m Entfernung 38,0 m,
in 180 m Entfernung 80,0 m.

(Nach Wißmann: Der Schrotschuss,Paul Parey)

3. Die **seitliche Streuung**

der Geschosse beim Auftreffen auf Hindernisse hat beim Schrotschuss besondere Bedeutung: Sie kann trotz aller Vorsichtsmaßregeln kaum vermieden werden, bei einem Treffer der Wurfscheibe ist sie unvermeidlich. Man denke also stets daran: Die Schrote können seitlich bis zur Höchstschussweite gestreut werden!

6.3.6 Wirkungsweise

Die Wirkung des Schrotschusses auf Niederwild besteht nicht in der Verletzung lebenswichtiger Organe, sondern in der Reizung des Nervensystems, die zum Schocktod führt. Dazu muss eine Mindestanzahl Schrote gleichzeitig auf den Wildkörper treffen, beim Hasen ca. 5.

Zone I (bis etwa 12 m): Die Schrotladung ist noch zusammengeballt und hat eine verheerende Wirkung, die große Wunden, ja den Tod verursacht.

Zone II (bis etwa 50 m): Die Schrote haben noch gute Durchschlagskraft und können erhebliche Verletzungen bewirken.

Zone III (bis etwa 200 m): Kleidung, Haut oder Muskeln fangen Schrote auf. Augen können noch verletzt werden.

6.4 Kombinierte Waffen
(Kombinationswaffen)

Unter einer kombinierten Waffe versteht man ein mehrläufiges Gewehr, bei dem ein oder mehrere gezogene Läufe mit einem oder mehreren glatten Läufen zu einer Einheit zusammengefasst sind zur wahlweisen Abgabe eines Kugel- oder Schrotschusses.

Je nach Anordnung und Zahl der Läufe sowie deren Art unterscheidet man:

Büchsflinte und Bockbüchsflinte

Drilling und Doppelbüchsdrilling

Bockdrilling

Vierling

Einsteckläufe, Einsteckpatronen, Reduzierhülsen & Fangschussgeber

werden vor allem in den Schrotläufen, aber auch in den Kugelläufen kombinierter Waffen sowie in Büchsen, Flinten, Pistolen und Revolvern verwendet.

Einsteckläufe
sind Läufe ohne eigenen Verschluss, die in die Waffen größeren Kalibers eingesteckt werden können. Sie dienen in den Läufen kombinierter Waffen v.a. zum Verschießen von Patronen in Schonzeitkalibern, in Pistolen und Revolvern v.a. zum Trainingsschießen. Zum Erwerb und Besitz von Einsteckläufen bedarf es keiner Waffenbesitzkarte.

Einsteckpatronen
sind gezogene Einsteckläufe in der Form der Original-Kugelpatrone, z.B. für 4 mm M 20, zum Übungsschießen.

Reduzierhülsen
dienen zum Verschießen billiger Patronen kleinerer Hülsenform aus Waffen, deren Originalpatronen dieselben Geschossdurchmesser haben.

Fangschussgeber
sind gezogene Einsteckläufe zum Fangschuss auf kurze Entfernung.

Gewehr-Einstecklauf
Kal. 4mm M 20

Incl. Zubehör (Ausstoßer, Reinigungsbürste).

Für das jagdliche Trainingsschießen in der Wohnung oder im Freien auf Ringscheiben oder auf laufende Wildscheiben. Schußentfernung 5 m.

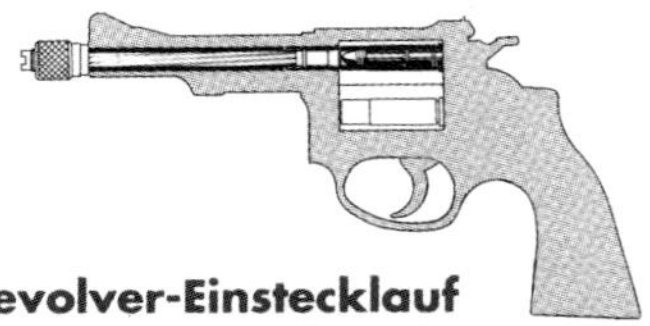

Revolver-Einstecklauf
Kal. .22 l. r. Randfeuer bzw. .22 kurz

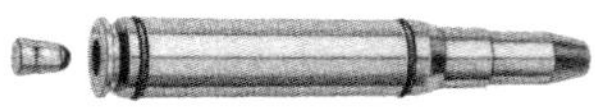

Gewehr-Einsteckpatrone Kal. 4 mm M 20

Ein Einstecklauf für **Gewehre** aller gängigen Kugelkaliber von Kaliber 5,6 x 50 R bis Kaliber 10,75 x 73 und von Kaliber .22 Hornet bis Kaliber .600 N.E.

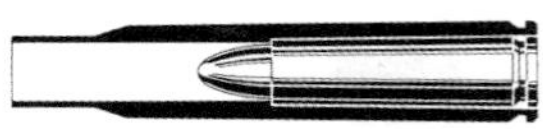

schießt Kal. **7,65 mm** Browning aus Kal.	schießt Kal. **30 Carbine** aus Kal.	schießt Kal. **.32 S & W long** aus Kal.
.30-06 .30-30 .300 Win. Mag.	.30-06 .30-30 .300 Win. Mag.	8 x 57 I 8 x 57 IS 8 x 57 IRS

Raubwild-Fangschußgeber DBGM

Gezogener Einstecklauf zum Fangschuß auf kurze Entfernung
schießt Kal. .22 l.r. aus Schrotläufen Kal. 12
16
20

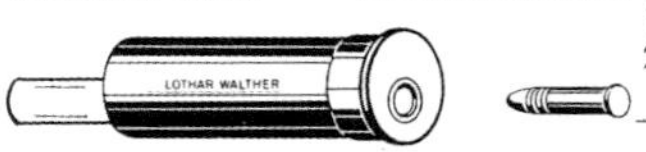

6.5 Die Pistole

Die **Pistole** (von tschech. píšťala "Rohr") ist eine kurzläufige Handfeuerwaffe (Kurzwaffe, älter: Faustfeuerwaffe) zur Selbstverteidigung (so die ZDv 3/15 der Bundeswehr), für bestimmte jagdliche Zwecke (z.B. den Fangschuss auf Schalenwild) und für das sportliche Schießen. Luftpistole: S. Kap. 6.2.1 Luftgewehr.

Die ersten Pistolen	kamen in der Mitte des 14. Jahrhunderts als Faustrohre auf (Vorderladerwaffen). Mitte des 15. Jahrhunderts entwickelte sich die
Luntenschloss-Pistolen	Pistole mit dem Luntenschloss zu einer eigenen Waffenart. Ab der Mitte des 16. Jahrhunderts war die
Radschloss-Pistolen	Pistole mit Radschloss neben den Blankwaffen die Hauptwaffe der Kavallerie (Nahkampf).
Steinschloss-Pistolen	Im 17. Jahrhundert wurde sie durch die Steinschloss-Pistole verdrängt, die wiederum
Perkussions-Pistolen	im 19. Jahrhundert durch die Pistole mit Perkussionszündung abgelöst wurde. Ab der Entwicklung des Radschlosses gab es einläufige und doppel-(zwei-)läufige Pistolen. (Siehe auch Kap. 6.8 Vorderladerwaffen.)
Die erste **Hinterladerpistole**	(mit Nadelzündung) entwickelte 1845 der Franzose Casimir Lefaucheux.
Die Selbstlade-Pistolen	wurden gegen Ende des 19. Jahrhunderts erfunden (Mauser C 93/96 u.a.) und bis heute weiter entwickelt (Abb. s. Kap. 7.5 Handhabung...).

Selbstladepistolen besitzen ein Stangenmagazin für die Aufnahme der Patronen. Durch den Gasdruck beim Abfeuern einer Patrone wird der Verschluss geöffnet, die abgeschossene Hülse ausgeworfen und - beim Vorgleiten des Verschlusses - eine neue Patrone in das Patronenlager eingeführt, ggf. der Hahn neu gespannt : Die Pistole ist "selbsttätig" (automatisch) wieder feuerbereit.
Wegen dieses Automatismus funktionieren häufig nur Vollmantelgeschosse und Patronen mit etwa gleichbleibender Pulverladung in SL-Pistolen einwandfrei.

Man unterscheidet SL-Pistolen mit fest stehendem Lauf und **Masseverschluss** bzw. Federverschluss (für schwächere Patronen) und solche mit beweglichem Lauf, der zunächst zusammen mit dem Verschluss **(verriegelter Verschluss)** zurückgleitet und dabei erst getrennt wird (für stärkere Patronen).

6.5.1 Die Randfeuerpatrone .22 kurz

1. Waffen?
Leichte Mini-Taschenpistolen und -revolver, Schnellfeuerpistolen; auch Langwaffen

2. Verwendung?
Zur wirksamen Selbstverteidigung zu schwach. Für jagdliche Zwecke nur bedingt geeignet; zum Fangschuss auf Schalenwild nicht zugelassen.

Disziplinen (national):
Schnellfeuerpistole 25 m
Moderner Fünfkampf

3. Munitionsbezeichnung?
Kaliber?
Randfeuerpatrone .22 short oder
Randfeuerpatrone .22 kurz oder
Randfeuerpatrone 5,6 mm kurz.
Hülsenlänge 11 mm = "kurz".

Bodenstempel
Im Hülsenboden nur das Herstellerzeichen.

Hinweis:
Nicht in Waffen im Kaliber .22 lfB verwenden: Übergangskonus des Patronenlagers verbleit!

4. Laborierungen?

a) .22 kurz Short (RWS):
Geschoss: Blei-Rundkopf; Masse: 1,9 g
Höchster zulässiger Gasdruck: 1450 bar
v_0 = 230 m/s bei Lauflänge 11 cm *)
E_0 = 48 J "

b) .22 kurz R 25 (RWS)
Geschoss: Blei-Rundkopf; Masse: 1,9 g
v_0 = 170 m/s bei Lauflänge 11 cm *)
E_0 = 27 J "
Gleichmäßige und weiche Schussentwicklung, minimaler Mündungsausschlag: Geeignet für Schnellfeuerpistolenschießen.

5. Maximale Reichweite?
Etwa 800 m bei einem Abgangswinkel um 25°

Horizontalschussweite?
Etwa 130 m in ebenem Gelände

Steighöhe?
Etwa 500 m

6. Wirkungsweise?
Aufhaltevermögen
Kein Aufhaltevermögen gegenüber einem Angreifer; ernsthafte Wirkungen nur durch Treffer in lebenswichtigen Organen, hier auch tödlich.

Durchschlagsvermögen:
Gering. Nur schwache menschliche Knochen können durchschlagen werden.

*) **Hinweis: Lauflänge bei der Pistole** stets Lauf **einschließlich** Patronenlager.

6.5.2 Die Randfeuerpatrone .22 lfB

1. Waffen?	Leichte Mini-Taschenpistolen und -revolver, Sportpistolen als Einzellader und Selbstlader, Sportrevolver, Schnellfeuerpistolen
2. Verwendung?	Zur Selbstverteidigung nur bedingt geeignet. Für jagdliche Zwecke, z.B. Bau- und Fallenjagd. Zum sportlichen Schießen auf 25 m und 50 m:
Olympische Disziplinen:	Freie Pistole (50 m, Männer), Einzellader Sportpistole, -revolver (25 m, Frauen) Olympische Schnellfeuerpistole (25 m, Männer)
Weitere Disziplin:	Standardpistole (25 m)
3. Munitionsbezeichnung? Kaliber?	Randfeuerpatronenmunition im Kaliber .22 lfB, d.h. 0,22 (Zoll) lang für Büchsen oder .22 lr (l.r.), d.h. 0,22 (Zoll) long rifle (engl.) oder 5,6 mm (lang bzw. lfB). Hülsenlänge 16 mm = "lang".
Bodenstempel?	Im Hülsenboden nur das Herstellerzeichen.
4. Laborierungen (L.)? 	Grundsätzlich alle in Kap. 6.2.4 vorgestellten. Daneben gibt es spezielle L. für Pistolen, z.B.: .22 lfB Pistol Match (RWS) Geschoss: Blei-Rundkopf; Masse: 2,6 g v_0 = 270 m/s bei Lauflänge 15 cm, E_0 = 95 J Für Olympische Schnellfeuerpistole nur L. mit m >= 2,53 g, v_0 >= 250 m/s zulässig. Höchster zulässiger Gasdruck: 2050 bar
5. Maximale Reichweite? Horizontalschussweite? Steighöhe?	Etwa 1200 m bei einem Abgangswinkel um 25° Etwa 170 m in ebenem Gelände Etwa 720 m Bei Verwendung von schnelleren und HV-Patronen sind diese Werte um ca. 15% zu erhöhen.
6. Wirkungsweise? Aufhaltevermögen?	Kein Aufhaltevermögen gegenüber einem Angreifer; jedoch schwere Verletzungen möglich, bei lebenswichtigen Organen auch tödlich.
Durchschlagsvermögen?	Geringes Durchschlagsvermögen; kann aber schwache menschliche Knochen durchschlagen.

6.5.3 Die Zentralfeuerpatrone 6,35 mm

1. Waffen?
Leichte "Westentaschen-Pistolen".
Von John M. Browning 1906 vorgestellt.

2. Verwendung?
Zur Selbstverteidigung nur bedingt geeignet.
Für den Fangschuss auf Schalenwild nicht ausreichend.

3. Muntionsbezeichnung?
Kaliber
6,35 (mm) Browning oder
.25 Automatic (Pistol) oder
.25 ACP (= **A**utomatic **C**olt **P**istol) *).

Bodenstempel?
Eine dieser Kaliber-Angaben, auch abgekürzt, **und** das Herstellerzeichen im Hülsenboden.

4. Laborierungen?

Es wird nur eine Laborierung angeboten:
Geschoss: Vollmantel-Rundkopf; Masse: 3,2 g.
Höchster zulässiger Gasdruck: 1200 bar.
v_0 = 255 m/s bei Lauflänge 6 cm
E_0 = 104 J "

5. Maximale Reichweite?
Etwa 1000 m bei einem Abgangswinkel um 30°
Horizontalschussweite?
Etwa 170 m in ebenem Gelände **)
Steighöhe?
Etwa 600 m

6. Wirkungsweise?
Aufhaltevermögen?
Kein Aufhaltevermögen gegenüber einem Angreifer; jedoch Verletzungen möglich, bei lebenswichtigen Organen sogar tödlich.

Durchschlagsvermögen?
Gering. Durchschlägt Haut und menschliches Gewebe, nur schwache Knochen.

*) **Hinweis: Pistolenkaliber** werden meist in Millimetern, manchmal in Zoll, gelegentlich in beiden Einheiten angegeben, hier: 6,35 mm = .25", d.h. 0,25 Zoll. Man muss sich also ggf. beide Bezeichnungen einprägen. Die Umrechnung gelingt mit **1 Zoll (") = 25,4 mm,** ist aber nicht immer genau.

) **Hinweis: Die Horizontalschussweite gibt die Entfernung an, in der die Geschosse bei stehendem Anschlag, einer Anschlagshöhe von 150 cm und waagrechtem Schuss in ebenem Gelände zum ersten Mal den Boden berühren. Sie darf nicht verwechselt werden mit dem Gefährdungsbereich bei waagrechtem Schuss; dieser ist infolge von Abprallern (Steine, fester Boden, sogar Wasser!) tatsächlich wesentlich größer, nämlich bis zur Höchstschussweite.

Pulverladungen der Kurzwaffenpatronen: Von unter 0,1g (6,35) bis über 1g (44 Mag).

6.5.4 Die Zentralfeuerpatrone 7,65 mm

1. Waffen?	Taschen-Pistolen, auch Dienstpistolen. Die Patrone wurde 1899 eingeführt (Browning).
2. Verwendung?	Leichte Selbstverteidigungspistole; bis in die 1980er Jahre Polizei- und Behördenwaffe. Für bestimmte jagdliche Zwecke. Für den Fangschuss auf Schalenwild bei hinreichender Lauflänge (E_0 >= 200 J, s.u.) bereits zugelassen.
3. Munitionsbezeichnung? **Kaliber?**	7,65 (mm) Browning oder .32 Automatic (Pistol) oder .32 ACP (= **A**utomatic **C**olt **P**istol).
Bodenstempel?	Eine dieser Kaliber-Angaben, auch abgekürzt, **und** das Herstellerzeichen im Hülsenboden.
4. Laborierungen? 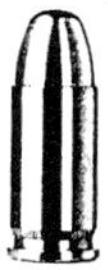	Vollmantel- und Blei-Rundkopf-Geschosse mit gleichen Daten (RWS). Masse: 4,7g. Höchster zulässiger Gasdruck: 1600 bar. v_0 = 305 m/s bei Lauflänge 10 cm E_0 = 219 J "
5. Maximale Reichweite? Horizontalschussweite? Steighöhe?	Etwa 1400 m bei einem Abgangswinkel um 30° Etwa 200 m in ebenem Gelände Etwa 850 m
6. Wirkungsweise? Aufhaltevermögen?	Geringes Aufhaltevermögen bei Angreifern; daher deutliche Wirkungen häufig erst bei Treffern in lebenswichtigen Organen, hier auch tödlich.
Durchschlagsvermögen?	Durchschlägt schwache bis mittlere menschliche Knochen; Risse in starken Knochen.

Achtung: Verwechseln Sie nicht die o.g. Patrone mit den viel stärkeren Kalibern

7,65 (mm) Parabellum	(Eingeführt 1900, DWM). Gasdruck 2350 bar. m = 6,0 g (VMR, Fiocchi); v_0 = 400 m/s; E_0 = 480 J.
7,63 Mauser	(1896 mit Mauser C 96). Gasdruck 2600 bar. m = 6,0 g (VMR, Geco); v_0 = 420 m/s; E_0 = 530 J.
7,62 (x25) Tokarev	(1930, UdSSR-Pistole). Gasdruck 2400 bar. m = 5,5 g (VMR, S&B); v_0 = 500 m/s; E_0 = 690 J.

Die zwei letzteren sind in den Maßen fast identisch. Max. Reichweiten: 2000 m.

6.5.5 Die Zentralfeuerpatrone 9 mm kurz

1. Waffen?	Taschen-Pistolen, auch Dienstpistolen. 1912 von FN (John M. Browning) vorgestellt. Berühmte Vertreter, so in 7,65: Walther PP(K).
2. Verwendung?	Mittlere Selbstverteidigungspistole; ursprünglich auch bei Dienststellen und Armeen eingeführt. Für bestimmte jagdliche Zwecke. Für den **Fangschuss auf Schalenwild (E_0 >= 200 J)** zugelassen.
3. Munitionsbezeichnung? Kaliber?	9 mm Browning kurz, auch 9 mm kurz oder 9 mm short, .380 Automatic (Pistol) oder .380 ACP (= **A**utomatic **C**olt **P**istol).
Bodenstempel?	Eine dieser Kaliber-Angaben, auch abgekürzt, **und** das Herstellerzeichen im Hülsenboden.
4. Laborierungen? 	Vollmantel- und Blei-Rundkopf-Geschosse mit etwas unterschiedlichen Daten, z.B.: Vollmantel-Rundkopf, Masse 6,1 g (Geco). Höchster zulässiger Gasdruck: 1350 bar. v_0 = 305 m/s bei Lauflänge 11,2 cm E_0 = 284 J "
5. Maximale Reichweite? Horizontalschussweite? Steighöhe?	Etwa 1400 m bei einem Abgangswinkel um 30° Etwa 200 m in ebenem Gelände Etwa 850 m
6. Wirkungsweise? Aufhaltevermögen?	Recht gutes Aufhaltevermögen gegenüber Angreifern, da relativ schnelle und meist vollständige Energieabgabe.
Durchschlagsvermögen?	Durchschlägt die meisten menschlichen Knochen.

Hinweis: Die Patrone 9 mm Browning kurz ist metrisch eine 9x17. Der Wunsch nach einer stärkeren Patrone, die noch aus relativ leichten und kompakten Pistolen mit unverriegeltem Verschluss verschossen werden kann, führte zur

9x18 (Ultra) / 9 mm Police, die nicht mit der 9 mm kurz zu verwechseln ist!
9x18: m = 6,1 g VMR, v_0 = 330 m/s, E_0 = 332 J.

6.5.6 Die Zentralfeuerpatrone 9 mm Makarov

Eine andere 9x18 (Geschosskaliber 9,22 mm) wurde Ende der 1940er Jahre von Boris Sjomin für die sowjetische Armee entwickelt. Nikolai Makarov konstruierte nach dem Vorbild der Walther PP die passenden Kurzwaffen dazu, die heute samt Patrone nach ihm benannt sind. Sie wurden ab den 1950er Jahren bei den Armeen des ehemaligen Ostblocks, auch in der DDR, eingeführt.
Die Makarov-Pistole ("Pistolet Makarova", Pistole "M", "Gerät M") ist eine kompakte Pistole mit Masseverschluss (Federverschluss). Sie ist immer noch Ordonnanzwaffe in einigen Armeen, seit der Öffnung des Ostblocks aber auch zunehmend in privaten Händen im Westen. Die (im Osten) gefertigten Waffen sind preislich günstig, die Munitionsfertigung wurde auch von westlichen Firmen übernommen.

1. Waffen?	Dienstpistole, Armeepistole im ehem. Ostblock. Auch vollautomatische Waffen (MPi 63).
2. Verwendung?	Im ehemaligen Ostblock eingeführt (s.o.). Mittelstarke Selbstverteidigungspistole. Für bestimmte jagdliche Zwecke. Zugelassen für den Fangschuss auf Schalenwild (E_0>=200J).
3. Munitionsbezeichnung?	9 mm Makarov oder
Kaliber?	9x18 (mm) Makarov, auch kurz:Patrone M (s.o.)
Bodenstempel?	Herstellerzeichen und Kaliber im Hülsenboden.
4. Laborierungen? 	Vollmantel-Rundkopf, Teilmantel-Flachkopf u.a. Geschosse mit etwas unterschiedlichen Daten, z.B.: Vollmantel-Rundkopf (S&B), Masse 6,2 g, Höchster zulässiger Gasdruck 1600 bar. v_0 = 310 m/s bei Lauflänge um 10 cm E_0 = 296 J "
5. Maximale Reichweite?	Etwa 1500 m bei einem Abgangswinkel um 30°
Horizontalschussweite?	Etwa 200 m in ebenem Gelände
Steighöhe?	Etwa 900 m
6. Wirkungsweise?	Etwas stärker als die 9 mm Browning kurz.
Aufhaltevermögen?	Recht gutes Aufhaltevermögen gegenüber Angreifern, da relativ schnelle und meist vollständige Energieabgabe.
Durchschlagsvermögen?	Durchschlägt die meisten menschlichen Knochen, jedoch nicht Stahltüren.

6.5.7 Die Zentralfeuerpatrone 9 mm Luger

Die Patrone wurde 1902 von Georg Luger in Zusammenarbeit mit DWM entwickelt und die von ihm konstruierte Parabellum-Pistole ("Luger") dafür eingerichtet. Die Pistole wurde 1908 als Ordonnanzwaffe eingeführt ("Pistole 08"). Die Patrone war die Kurzwaffenpatrone der deutschen Armeen im 1. und 2. WK. Sie ist heute als Militär- und Polizeipatrone (NATO, auch US-Armee seit 1986) sowie im zivilen Bereich (Selbstschutz, Jagd, Sport) weltweit verbreitet.

1. Waffen? Viele histor. und moderne Modelle für Militär und Polizei (auch vollautomatische), für Behörden u. den zivilen Bereich. Verschluss verriegelt.

2. Verwendung? Dienstpistolen(patrone). Für den zivilen Bereich zur Selbstverteidigung, zu jagdlichen Zwecken,

Sportliches Schießen — zum sportlichen Schießen ("Gebrauchspistole").

3. Munitionsbezeichnung? Kaliber? 9 mm Luger,
9 mm Para (Parabellum),
9x19 (Bundeswehr).

Bodenstempel? — Herstellerzeichen und Kaliber im Hülsenboden.

4. Laborierungen? Vollmantel-, Teilmantel-, Blei- und Spezialgeschosse; auch mit Schrot (CCI: 1,5 mm; 4,1 g) geladene Patronen für Kleinlebewesen (Abb.).
Höchster zulässiger Gasdruck: 2350 bar.
Z.B.: Vollmantel-Rundkopf (RWS): m = 8,0 g:
v_0 = 350 m/s bei einer Lauflänge von 12,5 cm
E_0 = 490 J "

5. Maximale Reichweite? Etwa 2000 m bei einem Abgangswinkel um 30°
Horizontalschussweite? — Etwa 280 m in ebenem Gelände
Steighöhe? — Etwa 1200 m. (Für Schrote nur 1/10 der Werte.)

6. Wirkungsweise? Unterschied zwischen Vollmantel & Teilmantel!
Aufhaltevermögen? — Gutes Aufhaltevermögen gegenüber menschlichem Angreifer, Teilmantel noch besser.

Durchschlagsvermögen? — VM: Enormes Durchschlagsvermögen! Durchschlägt Autotüren und sogar -felgen. Dadurch Gefährdung des Hintergeländes. Auch Abpraller!
TM: Geringeres Durchschlagsvermögen, bessere Energieabgabe. Geeignet für Fangschuss.

Hinweis: Die Patrone 9x21 entspricht in der Leistung der Patrone 9 mm Luger.

6.5.8 Die Zentralfeuerpatrone .40 S&W

Die .40 S&W ist eine neuere Patronenentwicklung (1990), die dem Wunsch nach einer noch stärkeren Pistolenpatrone als der 9x19 oder 9x21 entsprungen ist.

1. Waffen?
Polizei- und Dienstpistolen, Sportpistolen mit langem Lauf und Sportvisier. Verschluss verriegelt.

2. Verwendung?
Schießsport
Neben der dienstlichen Verwendung vor allem Sportpistolen für das IPSC-Schießen im BDS (IPSC: International Practical Shooting Confederation, BDS: Bund Deutscher Sportschützen), zur Selbstverteidigung, zur Jagd (Fangschuss).

3. Munitionsbezeichnung?
.40 S&W, d.h. 0,40 (Zoll) Smith & Wesson.
Kaliber?
Die Patrone hat das metrische Kaliber 10x21.
Bodenstempel?
Herstellerzeichen und Kaliber im Hülsenboden.

4. Laborierungen?

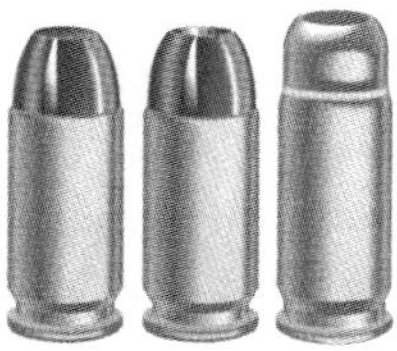

Vollmantel-Flachkopf und Teilmantel-Flachkopf-Geschosse; auch mit Schrot (CCI: 2 mm, 6,8 g) geladene Patronen für Kleinlebewesen (Abb.).
Unterschiedliche Ladungen & Geschosse, z.B.: Vollmantel-Kegelstumpf (Federal), m = 11,66 g, v_0 = 302 m/s bei einer Lauflänge von 10 cm, E_0 = 532 J
Höchster zulässiger Gasdruck: 2250 bar.

5. Maximale Reichweite?
Etwa 2000 m bei einem Abgangswinkel um 30°
Horizontalschussweite?
Etwa 280 m in ebenem Gelände
Steighöhe?
Etwa 1200 m. (Für Schrote nur 1/10 der Werte.)

6. Wirkungsweise?
Etwas stärker als bei der 9 mm Luger.
Aufhaltevermögen?
Sehr gutes Aufhaltevermögen gegenüber einem menschlichen Angreifer,Teilmantel noch besser.
Durchschlagsvermögen?
VM: Enormes Durchschlagsvermögen! Durchschlägt Autotüren und sogar -felgen. Dadurch aber Gefährdung des Hintergeländes! Abpraller!
TM: Geringeres Durchschlagsvermögen, bessere Energieabgabe, auch durch Flachkopf.

Hinweis: Weitere Pistolenkaliber in diesem Daten- und Wirkungsbereich sind **.38 Super Auto** (z.B.: m = 8,4 g, v_0 = 370 m/s, E_0 = 575 J, Reichweite 2000 m), **10 mm Auto** (z.B.: m = 13 g, v_0 = 320 m/s, E_0 = 668 J, Reichweite 2000 m) und **.357 SIG** (z.B.: m = 8,1 g, v_0 = 411 m/s, E_0 = 691 J, Reichweite ebenso 2000 m).

6.5.9 Die Zentralfeuerpatrone .45 Auto

Die Patrone wurde von John M. Browning 1905 vorgestellt und, zusammen mit der Pistole Colt Government, 1911 von der US-Armee u.a. übernommen. Sie ist bis heute als Militär- und Behördenpatrone sowie im zivilen Bereich in Gebrauch. Die Pistolen haben durchweg einen verriegelten Verschluss.

1. Waffen?
Viele historische und moderne Modelle für Militär und Polizei (auch vollautomatische: MPi), für Behörden und den zivilen Bereich.

2. Verwendung?
Dienstpistolen(patrone). Für den zivilen Bereich zur Selbstverteidigung, zu jagdlichen Zwecken,

Sportliches Schießen
zum sportlichen Schießen ("Gebrauchspistole").

3. Munitionsbezeichnung? Kaliber?
.45 Auto oder
.45 Automatic oder
.45 ACP, bzw. .45 A.C.P.,
d.h. 0,45 (Zoll) **A**utomatic **C**olt **P**istol.

Bodenstempel?
Herstellerzeichen und Kaliber im Hülsenboden. Die metrische Bezeichnung wäre 11,5x22,8.

4. Laborierungen?

Vollmantel-Rundkopf-, Vollmantel-Flachkopf-, Blei-Rundkopf-, Semi-WC-Geschosse mit etwas unterschiedlichen Daten. Auch mit Schrot (CCI: 2 mm; 7,6 g) geladene Patronen (Abb.).
Höchster zulässiger Gasdruck: 1300 bar.
Standardlaborierung: VM-Rundkopf, m = 14,9 g.
v_0 = 259 m/s bei einer Lauflänge von 12,5 cm,
E_0 = 500 J

5. Maximale Reichweite?
Etwa 2000 m bei einem Abgangswinkel um 30°

Horizontalschussweite?
Etwa 280 m in ebenem Gelände

Steighöhe?
Etwa 1200 m. (Für Schrote nur 1/10 der Werte.)

6. Wirkungsweise?

Aufhaltevermögen?
Ausgezeichnetes Aufhaltevermögen gegenüber einem menschlichen Angreifer; Knock-out-Effekt bei einem Körpertreffer. Großes Kaliber!

Durchschlagsvermögen?
Gutes Durchschlagsvermögen der Vollmantel-Rundkopf-Geschosse, jedoch nicht so enorm wie bei 9 mm Luger, daher Gefährdung des Hintergeländes geringer. Jagd: Fangschuss!

Hinweis: Die Patrone **.45 ACP** darf **nicht** mit der **.45 Colt** verwechselt werden!

6.6 Der Revolver

Der **Revolver** (engl. to revolve "(sich) drehen", von lat. revolvere "zurückrollen") ist eine kurzläufige, in jedem Fall mehrschüssige Handfeuerwaffe (Kurzwaffe, älter: Faustfeuerwaffe) zur Selbstverteidigung, für jagdliche Zwecke und für das sportliche Schießen. Die Patronen (meist fünf bis acht) sind in einer drehbaren Trommel (Walze) hinter dem Lauf gelagert ("Trommelrevolver"). Vorläufer waren

Bündelrevolver: Sie bestanden aus einem drehbaren Bündel von vorn zu ladender Läufe (Vorderlader, um 1600).

Perkussionsrevolver: Mit der Technik der Perkussionszündung konnte der Amerikaner Samuel Colt 1836 den ersten Perkussions-(Vorderlader-)Revolver entwickeln. Er besaß bereits einen fest stehenden Lauf und eine drehbare Trommel, allerdings noch Single-Action-System (s.u.). (Double-Action ab 1845.)

Hinterlader-Revolver: Die ersten Hinterlader-Revolver (für Stiftfeuerpatronen) konstruierte E. Lefaucheux 1850, für Randfeuerpatronen H. Smith und D. Wesson 1857, für Zentralfeuerpatronen P. Webley 1869.

Moderne Revolver werden für Randfeuerpatronen und für Zentralfeuerpatronen mit Rand gefertigt. Das System der (zum Laden) ausschwenkbaren Trommel hat sich gegenüber dem System des (samt Trommel) abkippbaren Laufes durchgesetzt. Aufgrund seiner Bauart als Hahnwaffe benötigt der Revolver keine (äußere) Sicherung. Man unterscheidet:

Double-Action-Revolver kann man lediglich durch Betätigen des Abzugs abfeuern. Dabei wird zunächst die Trommel um ein Lager weiter gedreht und gleichzeitig die Feder gespannt. Beim weiteren Durchziehen des Abzugs schnellt der Hahn nach vorn und löst den Schuss aus. Meist kann man den Hahn auch von Hand vorspannen (Abzugsweg und Abzugsgewicht sind dann geringer).

Single-Action-Revolver muss man stets zuerst (mit der Hand) spannen, bevor man Abzug und Hahn auslösen kann.

Revolver sind keine halbautomatischen Schusswaffen (Anl.1 Abschn.1/1, 2.3WaffG).

Hinweis: Lauflänge beim Revolver stets Länge des Laufes ohne Patronenlager

6.6.1 Die Randfeuerpatronen im Kaliber .22

A. Für die Patrone .22 kurz gibt es Mini-Taschenrevolver.
Hinsichtlich der Daten vgl. man Kap. 6.5.1.

B. Für die Patrone .22 lfB gibt es Mini-Taschenrevolver und Sportrevolver.
Hinsichtlich der Daten vgl. man Kap. 6.5.2.

C. Für die Patrone .22 Winchester Magnum Randfeuer (Hülse 27 mm) gibt es

1. Waffen? Taschenrevolver, Einsteckläufe und Langwaffen
Hinsichtlich letzterer vgl. man Kap. 6.2.8.

2. Verwendung? Zur Selbstverteidigung nur bedingt geeignet.
Für jagdliche Zwecke: Schonzeit, Bau- und Fallenjagd, Raubwild und Raubzeug (Einstecklauf).

3. Munitionsbezeichnung? Kaliber? .22 Winchester Magnum Randfeuer, abgekürzt:
.22 WMR oder
.22 Magnum.

Bodenstempel? Im Hülsenboden nur das Herstellerzeichen.

4. Laborierungen?
1. Teilmantel (m = 2,6 g)
2. Vollmantel (m = 2,6 g)
3. Schrotpatrone (CCI: 1,25 mm ∅ ; m = 3,4 g)

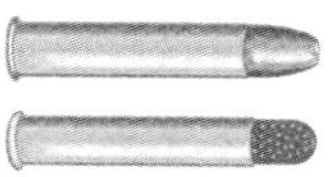

Höchster zulässiger Gasdruck: 1900 bar.

Hinsichtlich der **ballistischen Daten** aus Langwaffen vgl. man Kap. 6.2.8.
Hinsichtlich der ballistischen Daten aus Einsteckläufen und Kurzwaffen darf man nicht übersehen, dass die ballistischen Leistungen einer Patrone, insbesondere einer Büchsenpatrone wie der .22 WMR, stark von der Lauflänge der verwendeten Waffe abhängen. Folgende Daten nach Dynamit Nobel, Abtl. ES-Munition:

Lauflänge	Waffe	v_0 (bzw. v_2)	E_0 (bzw. E_2)
5 cm (2 Zoll)	Revolver	295 m/s	113 J
10 cm (4 Zoll)	Revolver	430 m/s	240 J
15 cm (6 Zoll)	Revolver	470 m/s	287 J
22 cm	Einstecklauf	550 m/s	393 J
44 cm	Einstecklauf	600 m/s	468 J
56 cm - 60 cm	Büchsenlauf	615 m/s	492 J

5. Maximale Reichweite? Vgl. Sie hierzu Kap. 6.2.8: Patronen .22 WMR
Für die Schrotpatronen nur 1/10 der Werte für Büchsenpatronen.

6. Wirkungsweise? Vgl. Sie hierzu Kap. 6.2.8. Lauflänge beachten!

6.6.2 Die Zentralfeuerpatronen .32 S&W

Die Patrone .32 S&W (Smith & Wesson) geht bereits auf das Jahr 1878 zurück. 1896 kam die .32 S&W lang (mit längerer Hülse: 23 mm statt 15 mm) hinzu. Beide Patronen sind in ihren ballistischen Leistungen vergleichbar und aus Waffen .32 S&W lang kann auch die .32 S&W verschossen werden.

1. Waffen?
Taschenrevolver; weniger als Dienstwaffe.
Sportpistolen und -revolver.

2. Verwendung?
Zur Selbstverteidigung & zu jagdlichen Zwecken nur bedingt geeignet: Keine Fangschusspatrone

Sportliche Disziplin
Wegen Präzision hervorragende Sportpatrone: Insbesondere DSB-Disziplin Zentralfeuerpistole.

3. Munitionsbezeichnung?
Kaliber?
.32 S&W (**S**mith & **W**esson) bzw.
.32 S&W long oder
.32 S&W lang.

Bodenstempel?
Herstellerzeichen und Kaliber im Hülsenboden.

4. Laborierungen?
Gasdruck $_{max.}$: 900 bzw. 1000, für WC 1550 bar.

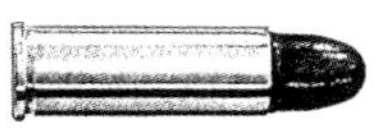

a) Blei-Rundkopf-Geschoss; Masse 6,3 g.
v_0 = 220 m/s bei einer Lauflänge von 10 cm,
E_0 = 152 J " .

b) Wadcutter-(WC-)Geschoss*) , Masse 6,5 g.
v_0 = 225 m/s bei einer Lauflänge von 15 cm,
E_0 = 170 J " .

5. Maximale Reichweite?
Etwa 1200 m bei einem Abgangswinkel um 30°

Horizontalschussweite?
Etwa 175 m in ebenem Gelände

Steighöhe?
Etwa 700 m

6. Wirkungsweise?
Aufhaltevermögen?
Nur geringes Aufhaltevermögen gegenüber Angreifern, jedoch schwere Verletzungen möglich, bei lebenswichtigen Organen auch tödlich.

Durchschlagsvermögen?
Gering, besonders für WC-Geschoss. Schwache menschliche Knochen werden durchschlagen. Nicht für den Fangschuss auf Schalenwild

*) **Hinweis: Das Wadcutter-Geschoss (kurz WC-Geschoss)** ist ein zylinder- bzw. walzenförmiges Flachkopfgeschoss für Kurzwaffen. Es ist speziell für das sportliche Schießen gedacht und stanzt scharfwandige, kalibergroße Löcher in die Scheibe. Es ist vollständig in der Hülse versenkt und schließt mit dieser ab. Semi-Wadcutter-Geschosse (SWC) sind Kegelstumpfgeschosse mit Scharfrand.

6.6.3 Die Zentralfeuerpatrone .38 Special

Als erste "38er" kam 1877 die .38 S&W (Kaliber eigentlich rund 9,1 mm) heraus. Sie hatte in der Folgezeit viele Abkömmlinge. Heute hat sich die .38 Special, eingeführt 1902 mit dem S&W-Revolver Military & Police, durchgesetzt.

1. Waffen?
Ursprünglich Miltär- und Polizeirevolver(patrone), heute v. a. Sportrevolver und (selten) -pistolen.

2. Verwendung?
Zur Selbstverteidigung, zu jagdlichen Zwecken (Fangschuss auf Schalenwild, da E_0 >= 200 J),

Sportliche Disziplin (DSB)
Sportpatrone für Disziplin Zentralfeuerpistole.

3. Munitionsbezeichnung?
.38 Special

Kaliber?
.38 Spezial (Geschosskaliber eigtl. 9,1 mm).

Bodenstempel?
Herstellerzeichen und Kaliber im Hülsenboden.

4. Laborierungen?
Eine Vielzahl von L. Domäne der Wiederlader! Gasdruck maximal 1500 bar (für WC 1200 bar).

a) Wadcutter- (WC-) Geschoss, Masse: 9,6 g.
v_0 = 225 m/s bei einer Lauflänge von 15 cm
E_0 = 243 J "

b) Blei-Rundkopf-Geschoss, Masse: 10,2 g.
v_0 = 266 m/s bei einer Lauflänge von 15 cm
E_0 = 360 J "

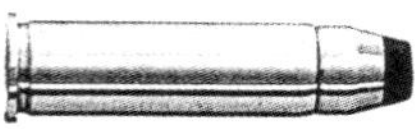

c) Teilmantel-Flachkopfgeschoss, Masse: 10,2g
v_0 = 340 m/s bei einer Lauflänge von 15 cm
E_0 = 590 J "

d) Vollmantel-Rundkopfgeschoss, Masse: 10,2g
v_0 = 340 m/s bei einer Lauflänge von 15 cm
E_0 = 590 J "

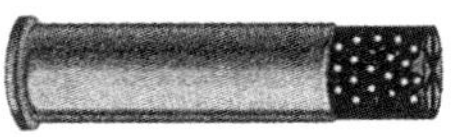

e) Schrotpatrone (CCI: 2 mm ∅; m = 7,1 g)
v_0 = 305 m/s bei einer Lauflänge von 15 cm
E_0 = 330 J der Gesamtladung (150 Schrote)

5. Maximale Reichweite?
Etwa 1500 m bei einem Abgangswinkel um 30°

Horizontalschussweite?
Etwa 200 m in ebenem Gelände

Steighöhe?
Etwa 900 m. (Für Schrote nur 1/10 der Werte.)

6. Wirkungsweise?

Aufhaltevermögen?
Gutes bis großes Aufhaltevermögen je nach Laborierung (Geschosstyp). Tödliche Verletzung!

Durchschlagsvermögen?
VM: Sehr großes Durchschlagsvermögen! Autotüren! TM & BRK geringer, WC noch geringer.

6.6.4 Die Zentralfeuerpatrone .357 Magnum

Der Wunsch nach einer noch stärkeren Patrone als der .38 Special führte 1935 zur Einführung der .357 Magnum (genaues Kaliber; Hülsenlänge 32 statt 29mm).

1. Waffen?	Polizei-, Dienst- und Selbstschutzrevolver. Sportrevolver, auch für .38 Special. Langwaffen.
2. Verwendung?	Für polizeiliche und dienstliche Zwecke. Zur Selbstverteidigung und zu jagdlichen Zwecken (Fangschuss auf Schalenwild, da E_0 >= 200 J).
Sportliches Schießen	Zum sportlichen Schießen (Gebrauchsrevolver).
3. Munitionsbezeichnung? **Kaliber?**	.357 Magnum .357 Mag. (0,357 Zoll = 9,07 mm ist das genaue Kaliber.)
Bodenstempel?	Herstellerzeichen und Kaliber im Hülsenboden.
4. Laborierungen? Aus Revolvern im Kaliber .357 Magnum können alle Patronen .38 Special verschossen werden. Umgekehrtes gilt nicht! 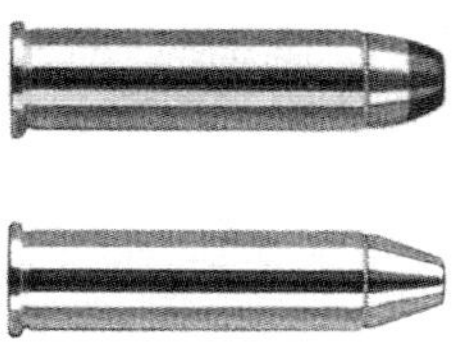	Eine Vielzahl von L. wie im Kaliber .38 Special, die ebenfalls alle aus Waffen .357 verschossen werden können. Eine Domäne der Wiederlader! Gasdruck maximal 3000 bar. Fabrikladungen: a) WC-Geschosse sowie Schrotpatronen vgl. o. b) Blei-Flachkopf-Geschoss, Masse: 10,2 g v_0 = 376 m/s bei einer Lauflänge von 21 cm E_0 = 720 J " c) Teilmantel-Flachkopfgeschoss, Masse: 10,2g v_0 = 445 m/s bei einer Lauflänge von 21 cm E_0 = 1010 J " d) Vollmantel-Kegel-Geschoss, Masse: 10,2 g v_0 = 440 m/s bei einer Lauflänge von 21 cm E_0 = 990 J "
Man beachte:	Die Werte sinken mit kürzerer Lauflänge!
5. Maximale Reichweite?	Etwa 2000 m bei einem Abgangswinkel um 30°
Horizontalschussweite?	Etwa 280 m in ebenem Gelände
Steighöhe?	Etwa 1200 m
6. Wirkungsweise? Aufhaltevermögen?	Enormes Aufhaltevermögen gegen Angreifer. Starker, anhaltender Knock-out-Schock bei Körpertreffern. Jagd: Fangschuss und Nachsuche.
Durchschlagsvermögen?	Enormes Durchschlagsvermögen der TM- und VM-Geschosse: Stahl, Autotüren und -felgen.

6.6.5 Die Zentralfeuerpatrone .44 Special

Die Patrone .44 Special wurde 1907 von Smith & Wesson vorgestellt und war bis zur Einführung der .44 Magnum im Jahr 1955 die stärkste Standardpatrone dieses Kalibers. Alle Patronen .44 S&W Special und .44 S&W Russian können auch aus Waffen des Kalibers .44 Magnum verschossen werden.

1. Waffen?
Vor allem viele historische Waffen. Heute werden nur wenige Waffen .44 Special hergestellt.

2. Verwendung?
Zur Selbstverteidigung. Für bestimmte jagdliche Zwecke, auch den Fangschuss auf Schalenwild. Zum Übungsschießen, auch mit Waffen .44Mag.

3. Munitionsbezeichnung?
.44 S&W Special (für **S**mith & **W**esson), kurz:

Kaliber?
.44 Special (oder .44 Spezial).

Bodenstempel?
Herstellerzeichen und Kaliber im Hülsenboden. Metrisches Kaliber wäre 11x29 (mm).

4. Laborierungen?
Wiederladern stehen Blei-Flachkopf- und Teilmantel-Flachkopf-Geschosse zur Verfügung.
Fabrikfertigung derzeit nur eine:
Blei-Rundkopf-Geschoss, Masse: 15,9 g.
Höchster zulässiger Gasdruck: 1000 bar.
v_0 = 230 m/s bei einer Lauflänge von 15 cm
E_0 = 420 J "

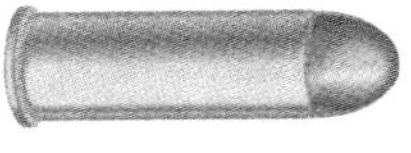

5. Maximale Reichweite?
Etwa 1500 m bei einem Abgangswinkel um 30°

Horizontalschussweite?
Etwa 200 m in ebenem Gelände

Steighöhe?
Etwa 900 m.

6. Wirkungsweise?

Aufhaltevermögen?
Kommt an die .45 Auto heran: Sehr gutes Aufhaltevermögen gegen menschlichen Angreifer; bis zu Knock-out-Effekt bei einem Körpertreffer.

Durchschlagsvermögen?
Durchschlagsvermögen des Blei-Rundkopf-Geschosses begrenzt. Geeignet für Fangschuss.

Hinweis: Häufige Abkürzungen für Pistolen- und Revolvergeschosse (englisch)

SP	Soft Point	Bleispitze
HP	Hollow Point	Hohlspitze
RN	Round Nose	Rundkopf
FN	Flat Nose	Flachkopf
FMJ	Full Metal Jacket	Vollmantel
JSP	Jacketed Soft Point	Teilmantel
JHP	Jacketed Hollow Point	Teilmantel Hohlspitz

6.6.6 Die Zentralfeuerpatrone .44 Magnum

Die Patrone wurde in Zusammenarbeit der Firmen Smith & Wesson und Remington unter Mitwirkung des Amerikaners Elmer Keith entwickelt und 1955 vorgestellt. Sie ist eine der stärksten Revolverpatronen der Welt. Starker Rückstoß!

1. Waffen?	Polizei-, Behörden- und Selbstschutzrevolver, Revolver für Jagd und Sport. Auch Langwaffen.
2. Verwendung?	Für polizeiliche und dienstliche Zwecke, zur Selbstverteidigung und zu jagdlichen Zwecken: Fangschuss u. Nachsuche auf wehrhaftes Wild.
Sportliches Schießen	Zum sportlichen Schießen (Gebrauchsrevolver).
3. Munitionsbezeichnung?	.44 Rem. Mag. (Remington Magnum), kurz:
Kaliber?	.44 Magnum
Bodenstempel?	Herstellerzeichen und Kaliber im Hülsenboden. Das metrische Kaliber wäre z.B. 11x32 (mm).
4. Laborierungen?	Eine Vielzahl von L. Dazu Wiederladerdomäne. Gasdruck maximal 2800 bar. Fabrikladungen:
Aus Revolvern .44 Mag. können alle .44 Special verschossen werden. Das Umgekehrte gilt nicht!	a) Patronen des Kalibers .44 S&W Special. b) Blei-Flachkopf-Geschoss; Masse: 15,6 g v_0 = 282 m/s bei einer Lauflänge von 15 cm E_0 = 620 J "
	c) Teilmantel-Flachkopfgeschoss; Masse: 15,6g v_0 = 366 m/s bei einer Lauflänge v. 16,5 cm E_0 = 1040 J " d) Vollmantel-Geschoss; Masse: 15,6 g v_0 = 450 m/s bei einer Lauflänge v. 16,5 cm E_0 = 1580 J "
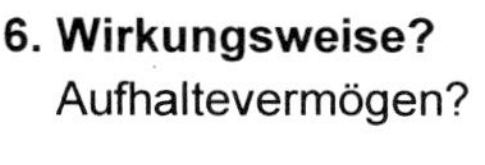	e) Schrotpatrone (CCI: 2 mm ∅; m = 9,1 g) v_0 = 305 m/s; E_0 = 420 J (alle 200 Schrote).
5. Maximale Reichweite?	Etwa 2000 m bei einem Abgangswinkel um 30°
Horizontalschussweite?	Etwa 280 m in ebenem Gelände
Steighöhe?	Etwa 1200 m. (Für Schrote nur 1/10 der Werte.)
6. Wirkungsweise?	
Aufhaltevermögen?	Enormes Aufhaltevermögen gegen Angreifer. Starker, anhaltender Knock-out-Schock bei Körpertreffern. Jagd: Fangschuss, Nachsuche.
Durchschlagsvermögen?	Enormes Durchschlagsvermögen von TM & VM. Durchschlägt Motorblocks, Großwildknochen.

6.6.7 Die Zentralfeuerpatrone .45 Colt

Die Patrone wurde 1873 von Colt vorgestellt und 1875, zusammen mit dem Colt-Revolver "Peacemaker" , von der US-Armee übernommen. 1892 durch die Patrone .38 long Colt abgelöst, die 1911 durch die .45 Auto ersetzt wurde.

1. Waffen?
Viele historische Modelle, auch Replikas (Nachbauten historischer Originale). Sammelgebiet! Auch Langwaffen (Unterhebelrepetierer).

2. Verwendung?
Im Zeichen der Nostalgie: Traditionsschießen; zur Selbstverteidigung; für bestimmte jagdliche Zwecke, auch den Fangschuss auf Schalenwild.

3. Munitionsbezeichnung? .45 Colt
Kaliber? (Geschossdurchmesser: 0,452 ".)
Bodenstempel? Herstellerzeichen und Kaliber im Hülsenboden.

4. Laborierungen?
Blei-Rundkopf-, Blei-Flachkopf- und Vollmantel-Flachkopf-Geschosse für Wiederlader.
Gasdruck maximal 1100 bar. Fabrikladungen:
a) Blei-Rundkopf-Geschoss; Masse: 16,5 g.
v_0 = 262 m/s bei einer Lauflänge von 15 cm
E_0 = 566 J "
b) Schrotpatrone (CCI: 2 mm ∅; m = 9,7 g)
v_0 = 305 m/s bei einer Lauflänge von 15 cm
E_0 = 450 J der Gesamtladung (210 Schrote)

5. Maximale Reichweite? Etwa 1600 m bei einem Abgangswinkel um 30°
Horizontalschussweite? Etwa 200 m in ebenem Gelände
Steighöhe? Etwa 950 m. (Für Schrote nur 1/10 der Werte.)

6. Wirkungsweise?
Aufhaltevermögen? Sehr gutes Aufhaltevermögen gegen menschlichen Angreifer; bis zu Knock-out-Effekt bei einem Körpertreffer, da großes Kaliber.
Durchschlagsvermögen? Durchschlagsvermögen des Blei-Rundkopf-Geschosses begrenzt; besser Vollmantel-Flachkopf-Geschosse. Für Fangschuss geeignet.

Hinweis: Die Patrone .45 Colt darf nicht verwechselt werden mit weiteren 45ern (.45 HP, .45 Auto, .45 Auto Rim, .45 Win. Mag.), vor allem nicht mit der wesentlich stärkeren **.454 Casull** Magnum: Teilmantel-Geschoss; m = 16,8 g.
v_0 = 495 m/s; E_0 = 2377 J; Gasdruck 3900 bar.

6.7 Leichte Waffen

6.7.1 Waffen

Als "Leichte Waffen" seien Schusswaffen (Lang- und Kurzwaffen) bezeichnet, deren Geschossen eine Bewegungsenergie von nicht mehr als 7,5 J erteilt wird und die das Kennzeichen nach Anlage 1 Abb. 1 der 1. WaffV (s.u.) tragen.

Markante Vertreter sind	a) Luftdruck-, Federdruck- und CO_2-Waffen, b) Handfeuerwaffen im Kaliber 4 mm.
Verwendung?	Zum Übungs- und Wettkampfschießen; zur Selbstverteidigung nicht geeignet.
Kennzeichnung?  	"F" im Fünfeck (Anl. 2 Abschn. 2/2 Nr.1.1 WaffG i.V.m. § 19 (1) und Anl. 1 Abb. 1 der 1. WaffV). Bei Handfeuerwaffen zusätzlich Bauartprüfung und -zeichen erforderlich (§ 7 Abs. 1 BeschG): "PTB"- Zeichen im Viereck (Anl. 2 Abschn. 2/3 Nr. 1.1 WaffG i.V.m. Anl. 2 Abb.3 der 3. WaffV).
Erwerb und Besitz von	a) sind erlaubnisfrei ab 18 Jahren, b) sind erlaubnispflichtig; die Waffenbesitzkarte wird ohne Bedürfnisprüfung erteilt (Anl.2 WaffG).
Führen von Leichten Waffen	ist erlaubnispflichtig (§ 10 Abs. 4 WaffG).
Schießen mit Leichten W.	- auf Schießstätten (§§ 33 - 35 der 1. WaffV), - im befriedeten Besitztum, wenn die Geschosse es nicht verlassen können (§ 12 (4) WaffG).

6.7.2 Munition

Erwerb von Geschossen für Waffen der Art a) ist frei, Erwerb von Munition für b) ist erlaubnispflichtig; die Bedürfnisprüfung entfällt nach § 2 (5) der 1. WaffV.

Diabolo-Geschosse		Geschoss-∅: 4,5 mm = 0,177 ". Vgl. Kap. 6.2.1.
4 mm Randzünder kurz 4 mm Randzünder lang	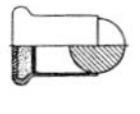	Geschoss-∅: 4,30 mm - 4,55 mm. Vgl. Kapitel 6.2.2 "Der Zimmerstutzen".
4 mm M 20	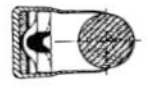	Geschoss-∅: 4,33 mm. Zentralfeuerpatrone!
Ballistische Daten?		v_0 bis etwa 200 m/s; E_0 bis 7,5 J.
Maximale Reichweite?		Bis etwa 200 m bei Abgangswinkel um 25°
Wirkungsweise?		Verletzungen (auch tödlich: Auge!) möglich.

6.8 Vorderladerwaffen

6.8.1 Waffen

Vorderladerwaffen sind Schusswaffen, bei denen Treibladung (Schwarzpulver), Zwischenmittel und Geschoss(e) von vorn durch den Lauf oder von vorn in die Trommel (bei Revolvern) eingeführt werden. Die Zündung für das Pulver wird gesondert angebracht.

Vorderlader waren seit der Einführung des Schwarzpulvers im 14. Jahrhundert bis in die Mitte des 19. Jahrhunderts die einzigen Handfeuerwaffen. Erst mit der Erfindung der Patronenmunition wurden sie durch die "Hinterlader" verdrängt.

Die Schlosskonstruktionen, bzw. die

Zündungsart des Pulvers	bei Vorderladerwaffen spiegelt die historische Entwicklung wider: **Luntenzündung** ab Mitte des 14. Jahrhunderts, **Funkenzündung** (Rad-, Schnapphahn-, Batterie-, Feuerstein-, Steinschloss) ab 1500, **Perkussionszündung** (Zündhütchen) ab 1820: Hier wird die Zündladung (Zündsatz, Knallsatz) in Metallnäpfchen gegossen ("Zündhütchen") und dieses auf den Zündkegel (Piston) gesetzt; durch den Schlag des Hammers (Hahns) entzündet, entflammt der Zündstrahl durch den Zündkanal das Pulver (300 °C; 3000 °C).
Vorderladerwaffen können	Büchsen, Flinten, Pistolen oder Revolver sein.
Das **Kaliber** wird meist	in Zoll angegeben, z.B. 36 = 0,36 Zoll = 9,1 mm
Replica	Originalwaffen sind heute selten und teuer; deshalb erfreuen sich Nachbauten (Replica) großer Beliebtheit (Kennzeichnungs-, Beschusspflicht).
Verwendung?	Zum Traditionsschießen & sportlichen Schießen bis hin zu deutschen und Weltmeisterschaften.
Sportliche Disziplinen (DSB):	Steinschloss- und Perkussionsgewehr, Steinschloss- und Perkussionsflinte, Muskete, Steinschloss- und Perkussionspistole, -revolver.
Erwerb und Besitz von	a) Schusswaffen mit **Lunten- oder Funkenzündung**, Modell vor 1871, sind frei ab 18 Jahren (Anl. 2 Abschn. 2, Unterabschn. 2 Nr.1.8 z. WaffG).

	b) **einläufigen Einzelladerwaffen** mit Zündhütchenzündung (**Perkussion**swaffen), deren Modell vor 1871 entwickelt worden ist, sind frei ab 18 (Anl. 2 Abschn. 2 Unterabschn. 2 Nr. 1.7 z. WaffG). c) allen anderen ist waffenbesitzkartenpflichtig.
Das **Führen** von	a) unterliegt nicht dem Waffengesetz (aber § 42) b) und c) unterliegt dem WaffG (§§ 4, 10 WaffG).

Das **Schießen** mit Vorderladern unterliegt dem Waffengesetz (§§ 4, 10 WaffG).

6.8.2 Ladung, Zündung und Geschoss(e)

Vorderlader werden geladen	1. mit Schwarzpulver (Jagdschwarzpulver Nr.1), 2. mit einem Zwischenmittel (wichtig: Revolver), 3. mit dem Geschoss (Geschossen bei Flinten), 4. mit einer Zündvorrichtung, z.B. Zündhütchen.
Erwerb und Besitz von	**Zwischenmittel und Geschoss(en)** sind frei, **Zündhütchen** sind frei ab 18 Jahren, **Schwarzpulver** sind erlaubnispflichtig: Erwerb von, Umgang mit, Verkehr und Beförderung von Schwarzpulver sind erlaubnispflichtig nach § 7 bzw. § 27 Sprengstoffgesetz. Hierzu Nachweis der Fachkunde erforderlich, z.B. durch Prüfung vor einer Behörde (Gewerbeaufsichtsamt).
Schwarzpulverpresslinge	sind vorgepresste Schwarzpulverladungen von Kalibergröße: Munitionserwerbscheinpflichtig!
Schwarzpulverladungen	richten sich nach der Waffe, insbes. nach Art, Zulassung und Laufinnendurchmesser (LID). Als Richtsätze gelten: Langwaffen: 0,25 g Pulver je Millimeter LID, Kurzwaffen: 0,1 g Pulver je Millimeter LID. Damit erreicht z.B. aus einem Gewehr vom Kaliber .44 = 11 mm mit 2,75 g Pulver ein Geschoss mit der Masse von 8 g eine v_0 nahe 500 m/s, eine E_0 nahe 1000 J und eine
Maximale Reichweite	von etwa 2000 m und eine
Steighöhe	von etwa 1200 m.
Wirkungsweise	hängt stark von Ladung und Geschoss ab. Tödlich bei Verletzung lebenswichtiger Organe.

6.9 Schreckschuss-, Reizstoff- und Signalwaffen

6.9.1 Waffen

Schreckschusswaffen sind Schusswaffen mit einem Kartuschenlager zum Abschießen von Kartuschenmunition. **Reizstoffwaffen** sind Schusswaffen mit einem Patronen- oder Kartuschenlager zum Verschießen von Reiz- oder anderen Wirkstoffen. **Signalwaffen** sind Schusswaffen mit einem Patronen- oder Kartuschenlager zum Verschießen von pyrotechnischer Munition (Anl. 1 zum WaffG). Erstere dienen der Selbstverteidigung, Signalwaffen der Abgabe von (Not-)Signalen.

Sind **Erwerb und Besitz** von Schreckschuss-, Reizstoff- und Signalwaffen frei?

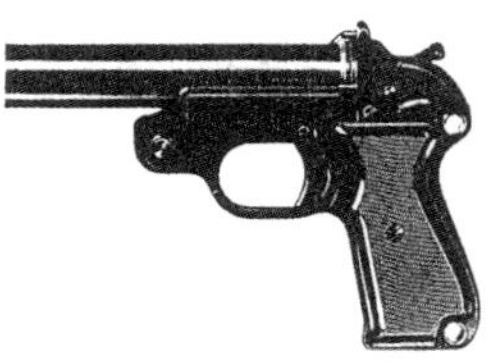

Erwerb und Besitz von

a) Schreckschuss-, Reizstoff- und Signalwaffen mit einem Patronen- oder Kartuschenlager bis 12,5 mm Durchmesser, die ihrer Bauart und Bezeichnung nach von der zuständigen Stelle zugelassen sind und das Zulassungszeichen tragen (vgl. Abb.), sind erlaubnisfrei, d.h. waffenbesitzkartenfrei (Anl. 2 Abschn. 2/2 Nr. 1.3 zum WaffG i.V.m. § 8 BeschG und § 2 Abs. 5 Nr. 1 der 1. WaffV). Der Erwerber muss jedoch mindestens 18 Jahre alt sein (§ 2 Abs. 1 WaffG).

b) Signalwaffen mit einem Patronen- oder Kartuschenlager über 12,5 mm Durchmesser, z.B. im Kaliber 4 (= 26,5 mm) sind erlaubnispflichtig, d.h. waffenbesitzkartenpflichtig (Abb.).

Ist das **Führen** von Schreckschuss-, Reizstoff- und Signalwaffen frei?

Nein! Das Führen von Schreckschuss-, Reizstoff- und Signalwaffen ist erlaubnispflichtig:

a) Kleiner Waffenschein (ohne Sachkunde-, Bedürfnis- und Haftpflichtversicherungsnachweis) (§ 10 Abs. 4 WaffG i.V.m. Anl. 2 Abschn. 2/3 Nr. 2).

b) Waffenschein erforderlich (§ 10 Abs.4 WaffG).

Ist das **Schießen** mit Schreckschuss-, Reizstoff- und Signalwaffen frei?

Grundsätzlich: Nein! (§ 10 Abs. 5 WaffG).
Eine Erlaubnis ist nicht erforderlich (§ 12 WaffG)
- im befried. Besitztum mit Kartuschenmunition,
- für das Schießen mit Signalwaffen bei Not- und Rettungsübungen,
- für Kartuschenmunition bei Theater & Starts,
- in den Fällen der Notwehr und des Notstands.

6.9.2 Munition

Verwendung?

In Schreckschuss-, Reizstoff- und Signalwaffen, Signalmunition auch für Flinten Kal. 12 und 16.

Ist der **Erwerb** von Munition für Schreckschuss-,Reizstoff- und Signalwaffen frei?

a) Der Erwerb von Munition für Schreckschuss-, Reizstoff- und Signalwaffen nach 6.9.1a) ist frei ab 18 Jahren (Anl.2 Abschn.2/2 Nr.1.4 z. WaffG). Außerdem ist pyrotechnische Munition der Klasse PM I zuzuordnen und damit frei, wenn

- sie keinen Knallsatz enthält,
- die Masse ihrer pyrotechn. Sätze und Treibladung zusammen nicht mehr als 10 g beträgt,
- ihre Steighöhe 100 m nicht überschreitet.

(Nr. 5.2.2 der Anlage I zur 3. WaffV).

b) Signalmunition im Kaliber 4 (= 26,5 mm) ist munitionserwerbscheinpflichtig.

Welche **Steighöhe** erreicht der Satz einer Signalpatrone?

Das Signal einer Signalpatrone erreicht eine Steighöhe von 80 m bis 120 m, mit Fallschirm bis 130 m.

Was ist bei der **Überprüfung** von Signalmunition zu beachten?

Originalverpackung auf Unversehrtheit, Einzelpatronen aus angebrochener Packung auf Oxidation und Beschädigung prüfen.

Bis zu welchem **Zeitpunkt** darf die Signalmunition verschossen werden?

Der Zeitpunkt, bis zu dem die Signalmunition verschossen werden darf, ist auf der Verpackung und auf der Hülse angegeben.

Welchen **Gasdruck** entwickeln Feuerwerks- bzw. Leucht- & Signalpatronen?

Der maximale Gasdruck beträgt
im Kaliber 4: 120 bar,
im Kaliber 16 und 12: 300 bar.

Woran erkennt man die **rote Signalpatrone**?

Am roten Lackverschlussdeckel und an der durchgehenden Zahnung des Patronenbodens.

Vorsichtsmaßregel?

Abschusswinkel nicht unter 60°, da bei Flachschuss Brandgefahr.

Verhalten bei Versagern von Signalmunition?

Eine Minute warten - Mündung abwärts richten - Waffe entladen.

Zulassungszeichen für pyrotechnische Munition?

BAM Zulassungszeichen nach Anlage II zur 3. WaffV

7. Handhabung von Schusswaffen und Umgang mit Munition

7.1 Allgemeines

Im praktischen Teil der Prüfung müssen Sie die korrekte Handhabung von Schusswaffen und den sachgerechten Umgang mit Munition vorführen. Die Waffen können sich in einem Gewehrständer befinden, vor Ihnen auf dem Tisch liegen oder Ihnen übergeben werden. Sie müssen grundsätzlich darauf gefasst sein, dass

- eine Waffe geladen ist (wenn auch nur mit Munitionsattrappen),
- eine Waffe (das Schloss, der Hahn) gespannt ist,
- eine Waffe entsichert ist,
- eine Waffe (der Abzug), falls möglich, eingestochen ist,
- eine Waffe feststellbar funktionsunsicher ist,
- die vorliegende oder in der Waffe befindliche Munition gar nicht zu ihr passt.

Ihre ersten Handlungen müssen also darauf gerichtet sein, die Waffe
zu sichern, zu entstechen, zu öffnen, zu entladen und zu entspannen,
soweit dies jeweils möglich ist,
die Waffe in Augenschein zu nehmen, zu bestimmen
sowie den Sicherheitszustand anhand der
vorgeschriebenen Beschusszeichen auf der Waffe zu prüfen,
die Waffe - vor dem Laden - auf Lauffreiheit zu kontrollieren und
die zur Waffe passende Munition auszuwählen.
Dabei halten Sie die Mündung in eine sichere Richtung, bei Langwaffen meist schräg nach oben, bei Kurzwaffen meist schräg nach unten.

Auf den folgenden Seiten wird die Handhabung einer Reihe gebräuchlicher Lang- und Kurzwaffen – für Rechtshänder – beschrieben. Darüber hinaus empfiehlt es sich in jedem Fall, dass Sie sich die Handhabung Ihrer Waffe(n) vor der Prüfung von einem Waffenfachmann eingehend und genau zeigen lassen, denn sie müssen korrekt und sicher damit umgehen können.

Folgende Tätigkeiten - falls jeweils möglich - müssen Sie u. a. beherrschen:

- Laden und Entladen der Waffe,
- Sichern und Entsichern der Waffe,
- Spannen und Entspannen der Waffe (des Hahns),
- Einstechen und Entstechen der Waffe (des Abzugs),
- Betätigen des Abzugs der Waffe (Kenntnis seiner Funktionen),
- Zerlegen und Zusammensetzen der Waffe sowie
- Montieren und Abnehmen eines Zielfernrohrs.

Der Prüfer wird Sie jeweils auffordern, bestimmte Tätigkeiten vorzunehmen, oder Ihnen eine Situation beschreiben, in der Sie gewisse Tätigkeiten vornehmen müssen. Sie führen die erforderlichen Tätigkeiten korrekt und sicher aus und begleiten Ihre Handlungen mit Worten. Die im Folgenden in Anführungszeichen („..“) stehenden Meldungen müssen Sie in jedem Fall machen.
Eine geladene Waffe dürfen Sie nur auf Befehl des Prüfers aus der Hand geben!

7.2 Handhabung einer Büchse

7.2.1 Handhabung einer Repetierbüchse System Mauser 98

Nehmen Sie die Waffe auf!	---Aus dem Gewehrständer: 1. Waffe (an Vorderschaft & Pistolengriff) aufnehmen, sichere Richtung erfragen 2. Falls erforderlich und möglich: Waffe sichern (Sicherungsflügel nach rechts umlegen) ---Vom Gewehrtisch: Sichere Richtung erfragen, dann 2. und 1. Zustandsmeldung (soweit ersichtlich)
Überprüfen Sie die Waffe!	3. Stecher überprüfen und ggf. entstechen 4. Ladungszustand überprüfen, hierzu: Sicherungsflügel nach oben (Mittelstellung), Verschluss öffnen und nach hinten ziehen, Patronenlager kontrollieren 5. Falls möglich, Magazin entfernen, sonst Magazin leeren durch Herausrepetieren der Patronen Sicherheitsmeldung: „Waffe ist entladen und entstochen, geöffnet und gesichert.“ (2E – 2G) Achtung: Schloss ist bereits gespannt.
Bestimmen Sie die Waffe!	6. Art, Hersteller und Modell bestimmen 7. Kaliber feststellen 8. Beschusszeichen prüfen Waffenmeldung: „Es handelt sich um eine Repetierbüchse Modell Mauser 98 des Herstellers ... im Kaliber ... . Die Waffe ist beschossen.“
Laden Sie die Waffe!	1. Sicherheitsüberprüfung und –meldung (s.o.) 2. Sicherungsflügel in Mittelstellung: Schlosshalter betätigen, Schloss herausziehen 3. Von hinten durch den Lauf schauen 4. Schloss wieder einführen Freimeldung: „Lauf ist frei von Öl & Fremdkörpern.“ 5. Kaliber- und Beschussmeldung 6. Aus den vorgelegten Patronen die passenden suchen 7. Magazin (von oben) laden 8. Verschluss schließen, Waffe sichern (Sicherungsflügel nach rechts) Fertigmeldung: „Waffe ist geladen, gespannt und gesichert.“ (3G) Waffe ist nicht eingestochen.
Geben Sie einen gezielten Schuss ab! Hinweis: Schussrichtung erfragen	Zielansprache: „Ziel angesprochen, Vorder- und Hintergelände frei, Kugelfang vorhanden.“ 1. Waffe hochnehmen und anschlagen 2. Waffe entsichern (Sicherungsflügel nach links) und grob ins Ziel gehen, dann fein ins Ziel gehen:

	3. Waffe einstechen (Zeigefinger betätigt Stecher) 4. Schuss auslösen durch Betätigen des Abzugs 5. Nachladen durch Repetieren 6. Waffe sichern (Sicherungsflügel nach rechts) Fertigmeldung: (Wie oben)
Variante: Sie kommen nicht zum Schuss!	4a. Waffe sichern (Sicherungsflügel nach rechts) 5a. Waffe entstechen: - Stecherzüngel zurückziehen (mit Mittelfinger) - (Vorderen) Abzug betätigen (mit Zeigefinger) - Stecherzüngel loslassen, Abzug loslassen
„Deutscher" oder „Doppelzüngelstecher"	Erkennbar an den zwei „Abzügen" bei einläufigen Waffen. Der vordere Abzug ist der eigentliche Abzug, der hintere „Abzug" ist der Stecher. Wird er betätigt (hörbares Klicken), so genügt ein leichtes Antippen des Abzugs zur Auslösung des Schusses.
Schneller Schuss (Drückjagd)	Wie oben, aber ohne 3.
Entladen Sie die Waffe (Waffe ist entstochen)	1. Sicherungsflügel nach oben (Mittelstellung) 2. Verschluss öffnen und nach hinten ziehen 3. Patronen aus dem Magazin entfernen, ggf. einzeln herausrepetieren 4. Patronenlager kontrollieren, Verschluss schließen 5. Waffe sichern (Sicherungsflügel nach rechts) Meldung: „Waffe ist entladen und entstochen, geschlossen, gespannt und gesichert." (2E – 3G)
Entspannen Sie die Waffe! (Schrankfertig machen)	1. Waffe entladen (wie oben) 2. Waffe entsichern (Sicherungsflügel nach links) 3. Verschluss öffnen 4. Mit Zeigefinger vorderen Abzug betätigen und gleichzeitig mit der linken Hand Verschluss nach vorne schieben und Kammergriff nach unten Schrankfertigmeldung: „Waffe ist entladen und entstochen, entspannt und entsichert." (4E) (Waffe ist geschlossen)
Stellen Sie die Waffe sicher ab! (z. B. Gewehrständer)	---Ausgangslage wie bei Schrankfertigmeldung: 1. Schloss spannen (Kammergriff anheben und wieder nach unten drücken. Finger nicht am Abzug!) 2. Waffe sichern (Sicherungsflügel nach oben) 3. Verschluss öffnen
Der Sicherungsflügel hat 3 Stellungen:	Nach links: Waffe ist entsichert Nach oben: Waffe ist gesichert, Verschluss (Schloss) kann geöffnet werden Nach rechts: Waffe ist gesichert, Verschluss (Schloss) kann nicht geöffnet werden

Beachten Sie bei der Handhabung einer Repetierbüchse im System

Steyr Mannlicher

folgende Unterschiede zur Repetierbüchse im System Mauser 98:

1. Die Steyr-Mannlicher-Repetierbüchse hat eine seitliche Schiebesicherung: Sicherungsschieber nach vorn (in Schussrichtung): Waffe ist entsichert. Sicherungsschieber nach hinten (zum Schützen): Waffe ist gesichert.
2. Der Verschluss (das Schloss) der Waffe lässt sich im gesicherten Zustand nicht öffnen und – geöffnet – auch nicht vollständig schließen.
3. Neben dem deutschen Stecher (Doppelzüngelstecher) gibt es auch Modelle mit französischem Stecher (Rückstecher) und mit Kombi-Abzug.
4. Das Magazin ist herausnehmbar. Beim Laden und Entladen der Waffe ist das Magazin zu verwenden, falls die Waffe nicht als Einzellader ausgeführt ist: bei Einzelladern muss die Patrone von Hand in die Lademulde gelegt werden.

7.2.2 Handhabung einer Einzelladerbüchse

hier: Anschütz-KK-Gewehr Modell 1913 bis 2013

Nehmen Sie die Waffe auf!	1. Waffe (an Vorderschaft und Pistolengriff) aufnehmen. Mündung nach oben! Finger nicht am Abzug! 2. Falls erforderlich und möglich: Waffe sichern. (Seitlichen Sicherungsschieber - Schloss gespannt - nach hinten zum Schützen schieben. Die entspannte Waffe lässt sich nicht sichern!) Ältere Modelle: Flügelsicherung Zustandsmeldung (ggf.): „Waffe ist gesichert!"
Überpüfen Sie die Waffe!	3. Kammer öffnen (ggf. im gesicherten Zustand), Ladezustand prüfen! Sicherheitsmeldung: „Waffe ist entladen und gesichert, Kammer geöffnet, Patronenlager frei."
Bestimmen Sie die Waffe!	4. Art, Hersteller und Modell bestimmen, Herstellungsnummer nennen 5. Kaliber feststellen 6. Beschuss(zeichen) prüfen Waffenmeldung: „Es handelt sich um ein Einzelladergewehr der Firma ..., Modell ..., im Kaliber ... . Die Waffe ist beschossen!"
Laden Sie die Waffe!	1. Sicherheitsprüfung und –meldung (s. o.) 2. Schlosshalter drücken und gleichzeitig Schloss nach hinten herausnehmen. 3. Von hinten durch den Lauf sehen Freimeldung: „Lauf ist frei von Öl & Fremdkörpern."

	4. Schloss wieder einführen 5. Kaliber- und Beschussmeldung 6. Aus den vorgelegten Patronen die passende(n) auswählen 7. Waffe laden: Patrone von oben in die Ladeöffnung legen und zuführen 8. Verschluss schließen und sofort sichern (Seitlichen Sicherungsschieber nach hinten, zum Schützen schieben.) Fertigmeldung: „Waffe ist geladen, gespannt und gesichert." (3G)
Geben Sie einen Schuss ab!	Hinweis: Schussrichtung erfragen! Zielansprache: „Ziel angesprochen, Vorder- und Hintergelände frei, Kugelfang vorhanden." 1. Waffe hochnehmen und anschlagen 2. Waffe entsichern (seitlichen Sicherungsschieber nach vorn in Schussrichtung schieben) 3. Ins Ziel gehen 4. Durch Betätigen des Abzugs Schuss auslösen
Variante	Sie kommen nicht zum Schuss: 4a. Waffe sichern (Sicherungsschieber nach hinten schieben)
Entladen Sie die Waffe!	1. Waffe sichern, falls ungesichert (Sicherungsschieber nach hinten schieben) 2. Verschluss öffnen und nach hinten ziehen 3. Patrone aus dem Patronenlager entfernen (wenn sie nicht ausgezogen oder ausgeworfen wurde) 4. Patronenlager kontrollieren, Verschluss schließen Meldung: „Waffe ist entladen und gesichert, geschlossen und gespannt." (1E – 3G)
Entspannen Sie die Waffe!	1. Verschluss öffnen, Waffe entladen (wie oben) 2. Waffe entsichern (Sicherungsschieber nach vorne schieben) 3. Mit dem Zeigefinger Abzug betätigen und gleichzeitig Verschluss schließen Schrankfertigmeldung: „Waffe ist entladen und entspannt, entsichert und geschlossen." (3E-1G)
Stellen Sie die Waffe schießstandgerecht ab!	1. Waffe entladen (wie oben) 2. Verschluss öffnen In diesem Zustand in den Gewehrhalter stellen, nicht hinlegen!

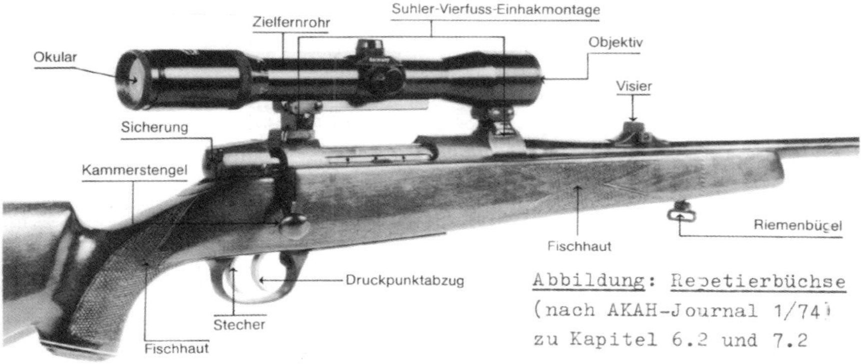

Abbildung: Repetierbüchse
(nach AKAH-Journal 1/74)
zu Kapitel 6.2 und 7.2

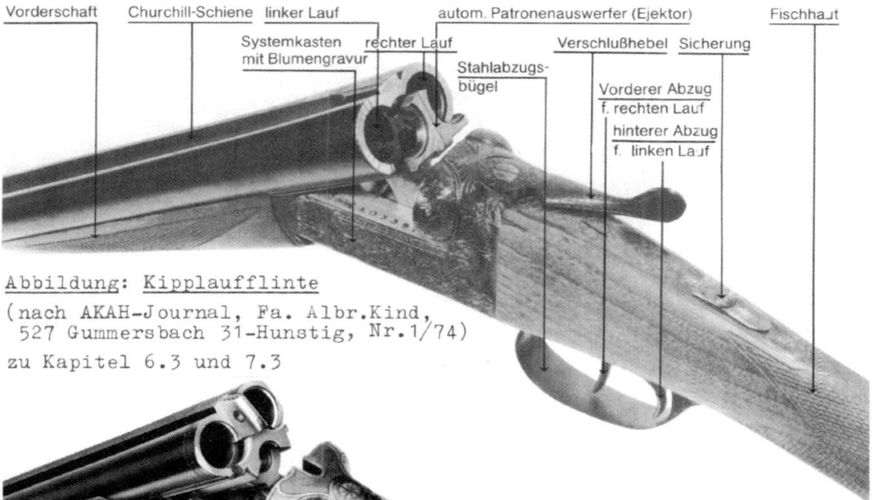

Abbildung: Kipplaufflinte
(nach AKAH-Journal, Fa. Albr.Kind,
527 Gummersbach 31-Hunstig, Nr.1/74)
zu Kapitel 6.3 und 7.3

Abb.: Drilling
zu Kap. 6.4 und
7.4.2

7.3 Handhabung einer Flinte

7.3.1 Handhabung einer Kipplaufdoppelflinte mit Selbstspannersystem

Nehmen Sie die Waffe auf!	--- Aus dem Gewehrständer: 1. Waffe an Vorderschaft und Kolbenhals aufnehmen. Finger nicht am Abzug (an Abzügen)! Geschlossene Waffe: Mündungen nach oben! Geöffnete („gebrochene“) Waffe: nach unten! 2. Falls Waffe noch ungesichert: Waffe sichern. (Sicherungsschieber auf Kolbenhals nach hinten) --- Vom Gewehrtisch: Sichere Richtung erfragen, dann 2. und 1. <u>Zustandsmeldung</u> (soweit dieser ersichtlich)
Überprüfen Sie die Waffe!	3. Waffe öffnen („brechen“), falls noch geschlossen. (Verschlusshebel auf dem Kolbenhals mit dem rechten Daumen nach rechts drücken und Vorderschaft samt den Läufen mit der linken Hand nach unten abkippen, Mündungen zeigen jetzt abwärts.) 4. Ggf. Patronen aus Patronenlagern entfernen
Auswerfer (Ejektoren)	Besitzt die Flinte Auswerfer (Ejektoren), so wirft sie beim Öffnen die Patronen(hülsen) selbsttätig aus, wenn die Schlosse abgeschlagen sind.
Auszieher	Besitzt die Flinte Auszieher, so werden beim Öffnen die Patronen(hülsen) nur etwas aus dem Patronenlager ausgezogen; Entfernen von Hand!
	<u>Sicherheitsmeldung</u>: „Waffe ist entladen, geöffnet und gesichert.“ (1E – 2G) Schlosse gespannt!
Bestimmen Sie die Waffe!	5. Art, Hersteller und Modell bestimmen, Herstellungsnummer nennen 6. Kaliber feststellen 7. Beschuss(zeichen) prüfen Hierzu kann erforderlich sein:
Zerlegen der Waffe	a) Waffe schließen, Laufmündungen nach oben b) Vorderschaft abnehmen und ablegen (Patentschnäpper auf Unterseite Vorderschaft) c) Laufbündel nach vorn unten aushängen d) Hinterschaft ablegen e) Daten an Unterseite des Laufbündels ablesen
Zusammensetzen der Waffe	f) Hinterschaft aufnehmen, Kolben unter Achsel Verschlusshebel auf Kolbenhals nach rechts g) Laufbündel von vorn in den Systemkasten (Basküle) einsetzen h) Waffe schließen und gleichzeitig Laufmündungen nach oben führen

	i) Vorderschaft anbauen Waffenmeldung: „Es handelt sich um eine (Bock-) Doppelflinte der Firma ..., Modell ..., im Kaliber ... Die Waffe ist beschossen!“
Laden Sie die Waffe!	1. Sicherheitsüberprüfung und –meldung (s. o.) 2. Geöffnete Waffe hochnehmen und von hinten durch die Läufe gegen Licht schauen Freimeldung: „Läufe sind frei von Öl & Fremdkörpern.“ 3. Kaliber- und Beschussmeldung 4. Aus den vorgelegten Patronen die passenden wählen 5. Beide Patronenlager laden (ggf. auch nur eines). Gröbere Schrote in den stärker gechokten Lauf. Laufmündungen nach unten gerichtet. 6. Waffe schließen, Laufmündungen nach oben Fertigmeldung: „Waffe ist geladen, gespannt und gesichert.“ (3G)
Schießen Sie mit dem rechten/unteren Lauf! (geringere Chokebohrung – kürzere Distanz) Hinweis: Schussrichtung erfragen	Zielansprache: „Ziel angesprochen, Vorder- und Hintergelände frei.“ 1. Waffe anschlagen und entsichern (Sicherungsschieber auf Kolbenhals nach vorn) 2. Vorderen Anzug betätigen (Schuss bricht) 3. Waffe sichern und absetzen 4. Waffe öffnen („brechen“) und abgeschossene Patronenhülse entfernen (bei Ejektor automatisch) 5. Passende Patrone nachladen 6. Waffe schließen, Laufmündungen nach oben führen Fertigmeldung (wie oben)
Schießen Sie mit dem linken/oberen Lauf! (stärkere Chokebohrung – größere Distanz) Hinweis: Schussrichtung erfragen	Zielansprache: wie oben 1. Waffe anschlagen und entsichern (vgl. oben) 2. Hinteren Abzug betätigen (Schuss bricht) Bei Einabzug vorher Umschalter betätigen (s.u.) 3. Waffe sichern und absetzen 4. Waffe öffnen („brechen“) und Hülse entfernen 5. Passende Patrone nachladen 6. Waffe schließen, Laufmündungen nach oben führen Fertigmeldung (wie oben)
Variante: **Sie kommen nicht zu Schuss!**	Nach 1.: 2a. Waffe sichern, ggf. brechen und absetzen
Zweiabzug	Eine Doppelflinte besitzt stets zwei Läufe und zwei Schlosse. Besitzt sie auch zwei Abzüge, so gilt: - Der vordere Abzug betätigt das Schloss für den rechten (Doppelflinte) bzw. unteren (BDFl) Lauf, - der hintere Abzug betätigt das Schloss für den linken (DFl) bzw. meist oberen Lauf (Bockflinte).

Einabzug	Besitzt die Flinte nur einen Abzug, so kann man mit diesem nacheinander die Schlosse für den rechten/unteren und linken/oberen Lauf auslösen. (Die Umstellung erfolgt rein mechanisch oder automatisch durch den Rückstoß des 1. Schusses.) Zur Umkehrung der Reihenfolge befindet sich oft auf dem Kolbenhals ein Umschalter, meist mit der Sicherung kombiniert.
Flintenabzug	Flinten besitzen durchweg den sog. Flintenabzug: Die Abzüge stehen fest und weisen keinen toten Gang auf; das Schloss schlägt sofort ab, wenn der Abzugswiderstand überwunden ist. Dieser soll für den 1. Abzug zwischen 15 N und 20 N (1,5 kg bis 2,0 kg) betragen, für den 2. Abzug höchstens 22 N (2,2 kg).
Entladen Sie die Waffe!	1. Gesicherte Waffe öffnen („brechen") 2. Patronen aus dem Patronenlager entfernen Sicherheitsmeldung (wie oben): (1E – 2G)
Entspannen Sie die Waffe! (Schrankfertig machen) - ohne Pufferpatronen -	1. Entladen der Waffe (wie oben) 2. Geöffnete („gebrochene") Waffe entsichern 3. Beide Abzüge mit Zeige- und Mittelfinger nach hinten ziehen, gleichzeitig Waffe schließen und Laufmündungen nach oben führen 4. Beide Abzüge loslassen Meldung: „Waffe ist entladen, entspannt und entsichert." (3E) 5. Waffe sichern (Schieber auf Kolbenhals nach hinten) Schrankfertigmeldung: „Waffe ist entladen, entspannt und gesichert." (2E – 1G) Ggf. sind Ejektoren gespannt (kein Sicherheitsrisiko)
Entspannen Sie die Waffe! (Schrankfertig machen) - mit Pufferpatronen -	1. Entladen der Waffe (wie oben) 2. Zwei passende Pufferpatronen laden 3. Waffe schließen (Mündung oben) und entsichern 4. Vorderen Abzug betätigen (Schloss abschlagen) 5. Hinteren Abzug betätigen (Schloss abschlagen) Meldung: „Waffe ist entladen, entspannt und entsichert." 6. Waffe sichern (Schieber auf Kolbenhals nach hinten) Schrankfertigmeldung (wie oben)
Hinweis: Einabzug	Bei einem Einabzug müssen Sie u. U. nach dem Abschlagen des 1. Schlosses auf das 2. Schloss umschalten oder den Rückstoß durch ein festes Aufsetzen des Kolbens nachahmen.
Schlosskonstruktionen:	1. Abzugsblechschloss (Teile auf Abzugsblech) 2. Anson- & Deeley-Schloss (Teile in Basküle) 3. Seitenschloss (Teile an Seitenblechen)
Verschlusssysteme:	Laufhaken-, Greener-, Kersten-(DoppelG.)verschluss

7.3.2 Handhabung einer Selbstladeflinte

Nehmen Sie die Waffe auf!	--- Aus dem Gewehrständer: 1. Waffe an Vorderschaft und Kolbenhals aufnehmen Laufmündung nach oben! Finger nicht am Abzug! 2. Waffe sichern, falls noch ungesichert (Sicherungsdruckknopf im Abzugsbügel nach rechts – in Schussrichtung gesehen -) --- Vom Gewehrtisch: Sichere Richtung erfragen, dann 2. und 1. <u>Zustandsmeldung</u> (soweit ersichtlich)
Überprüfen Sie die Waffe!	3. Verschlusshebel bis zum Einrasten zurückziehen 4. Ggf. Patrone aus dem Patronenlager entfernen 5. Waffe um ihre Längsachse so drehen, dass ihre Unterseite (Ladelöffel) nach oben kommt 6. Ggf. Druckknopf auf der rechten Seite des Systems hineindrücken, Ladelöffel niederdrücken 7. Ladelöffel niedergedrückt lassen, seitlichen Sperrhebel betätigen, Patronen einzeln entfernen <u>Hinweis</u>: Bei manchen Modellen rastet der Verschluss nicht ein, solange sich noch Patronen im Magazin der Waffe befinden. In diesem Fall 5a. Verschlusshebel so oft nach vorne gleiten lassen und wieder zurückziehen, bis alle Patronen herausrepetiert sind: der Verschluss rastet ein. <u>Sicherheitsmeldung</u>: „Waffe ist entladen, geöffnet und gesichert." (1E – 2G)
Bestimmen Sie die Waffe!	8. Art, Hersteller und Modell bestimmen, Herstellungsnummer nennen 9. Kaliber feststellen 10. Beschuss(zeichen) prüfen Hierzu kann erforderlich sein:
Zerlegen der Waffe: (Rückstoßlader)	a) Waffe mit dem Schaft auf eine feste Unterlage stellen, Laufmündung nach oben b) Lauf mit der Hand hinunterdrücken und festhalten c) Rändelmutter vor dem Vorderschaft lösen d) Vorderschaft und Lauf nach oben abnehmen e) von hinten durch den Lauf gegen Licht schauen f) Kaliber feststellen und Beschusszeichen prüfen
Zusammensetzen der Waffe: (Rückstoßlader)	g) Hinterschaft mit System auf feste Unterlage stellen h) Lauf einsetzen, Laufmündung nach oben i) Vorderschaft einsetzen k) Lauf kräftig nach unten drücken und festhalten l) Rändelmutter vor den Vorderschaft schrauben <u>Waffenmeldung</u>: „Es handelt sich um eine Selbstladeflinte Marke..., Modell..., Kaliber... . Beschuss!"

Laden Sie die Waffe!	1. Sicherheitsüberprüfung und –meldung (s. o.) 2. Lauffreiheit kontrollieren (s. o. „bei Zerlegen") Kurzkontrolle: Bei geöffnetem Verschluss und entladener Waffe von vorn durch den Lauf sehen; ggf. Licht einspiegeln. Freimeldung: „Lauf ist frei von Öl & Fremdkörpern." 3. Kaliber- und Beschussmeldung 4. Aus den vorgelegten Patronen die passenden wählen 5. Eine Patrone in das System legen, den Druckknopf auf der linken Seite des Systems mit dem linken Daumen hineindrücken und gleichzeitig mit der rechten Hand den Verschlusshebel nach vorne gleiten lassen. Dabei und im folgenden: Laufmündung schräg nach oben! 6. Waffe um ihre Längsachse so drehen, dass Unterseite mit dem Ladelöffel nach oben kommt 7. Falls erforderlich, Druckknopf auf der rechten Seite des Systems hineindrücken und gleichzeitig Ladelöffel niederdrücken 8. Ladelöffel niedergedrückt lassen und die Patronen nacheinander mit der rechten Hand in das Röhrenmagazin einführen, dabei jede Patrone mit dem rechten Daumen nach vorne drücken, bis sie im Magazin einrastet. Hinweis: Umgekehrt bei manchen Modellen: - Zunächst Laden des Magazins (wie oben), - dann Laden des Patronenlagers (wie oben) Fertigmeldung: „Waffe ist geladen, gespannt und gesichert." (3G)
Schießen Sie!	Hinweis: Schussrichtung erfragen! Zielansprache: „Ziel angesprochen, Vorder- und Hintergelände frei." 1. Waffe anschlagen und entsichern (Sicherungsdruckknopf im Abzugsbügel nach links drücken – in Schussrichtung gesehen –) 2. Abzug betätigen
Funktion des Selbstladers:	Der Schuss wird ausgelöst, der Verschluss wird geöffnet und die abgeschossene Patronenhülse ausgeworfen, eine neue Patrone wird aus dem Magazin zugeführt und durch den Verschluss nach vorne ins Patronenlader gestoßen. Die Waffe ist erneut geladen und gespannt. 3. Waffe sichern und absetzen, Mündung nach oben (Sicherungsknopf im Abzugsbügel nach rechts drücken – in Schussrichtung gesehen -) 4. Passende Patrone nachladen Fertigmeldung: (wie oben)

Variante: **Sie kommen nicht zu Schuss**	--- Nach 1.: 2a. Waffe sichern und absetzen, Mündung nach oben
Entladen Sie die Waffe!	1. Waffe sichern, Laufmündung nach oben 2. Patronen entfernen (wie oben bei „Überprüfen") Sicherheitsmeldung (wie oben) (1E – 2G)
Entspannen Sie die Waffe! (mit Pufferpatrone)	1. Entladen der Waffe (wie oben) 2. Pufferpatrone in das System einlegen 3. Den Druckknopf auf der linken Seite des Systems mit dem linken Daumen hineindrücken und gleichzeitig mit der rechten Hand den Verschlusshebel nach vorn gleiten lassen. 4. Waffe entsichern (siehe oben) 5. Abzug betätigen Meldung: „Waffe ist entladen, entspannt und entsichert." (3E)
Machen Sie die Waffe schrankfertig!	6. Waffe sichern (siehe oben) Schrankfertigmeldung: „Waffe ist entladen, entspannt und gesichert." (2E – 1G)
Die Selbstladeflinte	**ist eine halbautomatische Schusswaffe.** Nach Abgabe eines Schusses wird die Waffe selbsttätig (automatisch) erneut schussbereit und es kann aus demselben Lauf durch Betätigen des Abzugs jeweils ein weiterer Schuss abgegeben werden (Anl. 1 Abschn. 1/1 Nr. 2.3 zum WaffG), bis das Magazin (hier: Röhrenmagazin unter dem Lauf im Vorderschaft) leer ist. Es ist in Deutschland allerdings verboten, auf Wild mit halbautomatischen Waffen zu schießen, die mehr als zwei Patronen in das Magazin aufnehmen können (§ 19 Abs. 1 Nr. 2c BJagdG). Eine dritte Patrone kann im Patronenlager sein.
Die Selbstladebüchse	**ist ebenfalls eine halbautomatische Schusswaffe,** für die Entsprechendes gilt. Neben dem Röhrenmagazin im Vorder- oder Hinterschaft (meist für KK-Patronen) wird hier das Kastenmagazin (für Zentralfeuer- und Großkaliberpatronen) bevorzugt, das sich unter dem Verschluss befindet.
Für den Selbstlademechanismus gibt es zwei Konstruktionsprinzipien:	
Beim Gasdrucklader	wird ein Teil der Pulvergase durch Bohrungen im Lauf zum Verschluss umgeleitet und dieser dadurch entriegelt und geöffnet. Der Lauf bleibt starr.
Beim Rückstoßlader	wird der (bewegliche) Lauf mit dem Verschluss zurück und wieder nach vorn bewegt.

7.4 Handhabung Kombinierter Waffen

7.4.1 Handhabung einer Bockbüchsflinte

Beschrieben wird die Handhabung einer Bockbüchsflinte mit Selbstspannersystem: beim Abkippen der Läufe dieser Waffe werden die Schlosse gespannt.
Eine Bockbüchsflinte dieser Art hat 2 Läufe übereinander, 2 Schlosse und 2 Abzüge; der vordere Abzug mit Rückstecher ist für den Büchsenlauf, genauer: das Büchsenlaufschloss, der hintere Abzug ist für den Schrotlauf, genauer: das Schrotlaufschloss. (Bei einer Büchsflinte - ohne „Bock" - liegen die Läufe nebeneinander.)
Die Sicherung – für beide Schlosse – wird über einen Sicherungsschieber auf dem Kolbenhals betätigt.

Nehmen Sie die Waffe auf!	--- Aus dem Gewehrständer: 1. Waffe an Vorderschaft und Kolbenhals aufnehmen. Finger nicht an den Abzügen! Geschlossene Waffe: Laufmündungen nach oben! Geöffnete („gebrochene") Waffe: Laufmündungen nach unten! 2. Waffe sichern, falls noch ungesichert: Sicherungsschieber auf Kolbenhals nach hinten --- Vom Gewehrtisch: Sichere Richtung erfragen, dann 2. und 1. <u>Zustandsmeldung</u> (soweit dieser ersichtlich)
Überprüfen Sie die Waffe!	3. Waffe öffnen („brechen"), falls geschlossen: Verschlusshebel auf dem Kolbenhals mit dem rechten Daumen nach rechts drücken und Vorderschaft samt den Läufen mit der linken Hand nach unten abkippen – Mündungen jetzt abwärts 4. Ggf. Patronen aus den Patronenlagern entfernen
Auswerfer (Ejektoren)	Besitzt die Waffe Auswerfer (Ejektoren), so wirft sie beim Öffnen die Patronen(hülsen) selbsttätig aus, wenn die Schlosse abgeschlagen sind.
Auszieher	Besitzt die Waffe Auszieher, so werden beim Öffnen die Patronen(hülsen) nur etwas aus dem Patronenlager ausgezogen; dann von Hand entfernen!
Stecher	5. Stecher überprüfen und ggf. entstechen: Vorderen Abzug zwischen Daumen und Zeigefinger der rechten Hand langsam nach hinten drücken, bis der Stecher hörbar ausrastet. „Französischer Stecher" oder „Rückstecher"
	<u>Sicherheitsmeldung</u>: „Waffe ist entladen und entstochen, geöffnet und gesichert." (2E – 2G)
Bestimmen Sie die Waffe!	6. Art, Hersteller und Modell bestimmen 7. Kaliber feststellen 8. Beschusszeichen prüfen

	Hierzu kann erforderlich sein:
Zerlegen der Waffe	a) Waffe schließen, Mündungen nach oben führen b) Vorderschaft abnehmen und ablegen (Patentschnäpper auf Unterseite Vorderschaft) c) Verschlusshebel auf Kolbenhals nach rechts, Laufbündel nach vorn unten aushängen d) Hinterschaft ablegen e) Daten an Unterseite des Laufbündels ablesen
Zusammensetzen der Waffe	f) Hinterschaft aufnehmen, Kolben unter Achsel g) Verschlusshebel auf Kolbenhals nach rechts h) Laufbündel – mit Mündungen nach unten - von vorn in den Systemkasten (Basküle) einsetzen i) Waffe schließen und gleichzeitig Laufmündungen nach oben führen k) Verschlusshebel auf Kolbenhals nach links l) Vorderschaft anbauen <u>Waffenmeldung</u>: „Es handelt sich um eine (Bock-) Büchsflinte der Firma ..., Modell ..., im Kaliber ... . Die Waffe ist beschossen!“
Laden Sie die Waffe!	1. Sicherheitsüberprüfung und –meldung (s.o.) 2. Geöffnete Waffe hochnehmen und von hinten durch die Läufe gegen Licht schauen <u>Freimeldung</u>: „Läufe sind frei von Öl & Fremdkörpern.“ 3. Kaliber- und Beschussmeldung 4. Aus den vorgelegten Patronen die passenden wählen 5. Beide Patronenlager laden (ggf. auch nur eines). Laufmündungen nach unten gerichtet. 6. Waffe schließen, Laufmündungen nach oben <u>Fertigmeldung</u>: „Waffe ist geladen, gespannt und gesichert.“ (3G) Waffe ist nicht eingestochen.
Geben Sie einen gezielten Kugelschuss ab! Hinweis: Schussrichtung erfragen!	<u>Zielansprache</u>: „Ziel angesprochen, Vorder- und Hintergelände frei, Kugelfang vorhanden.“ 1. Falls kein Zielfernrohr: Klappvisier aufstellen 2. Waffe hochnehmen und anschlagen 3. Waffe entsichern: Sicherungsschieber nach vorn und grob ins Ziel gehen; dann fein ins Ziel gehen und 4. Waffe einstechen: Vorderen Abzug mit rechtem Daumen nach vorn drücken, bis er einrastet 5. Mit vorderem Abzug Schuss auslösen 6. Waffe sichern und absetzen, Mündung nach oben 7. Waffe öffnen („brechen“) und abgeschossene Patronenhülse entfernen (mit Ejektor automatisch) 8. Passende Patrone nachladen 9. Waffe schließen, Laufmündungen nach oben <u>Fertigmeldung</u> (wie oben)

Variante: **Sie kommen nicht zu Schuss**	5a. Waffe sichern (Sicherungsschieber nach hinten 6a. Waffe absetzen (Laufmündungen nach oben) 7a. Waffe öffnen („brechen"), Mündungen nach unten 8a. Waffe entstechen (siehe Überprüfen) 9a. Waffe schließen, Mündungen nach oben führen Fertigmeldung (wie oben)
Geben Sie einen schnellen Schuss ab! Z.B. Drückjagd:	Wie oben „gezielter Kugelschuss", aber ohne 4. Schrotlauf mit Flintenlaufgeschoss laden
Geben Sie einen Schrotschuss ab! Hinweis: Schussrichtung erfragen!	Zielansprache: „Ziel angesprochen, Vorder- und Hintergelände frei." 1. Klappvisier umlegen, damit Laufschiene frei 2. Waffe anschlagen und entsichern 3. Schuss auslösen mit hinterem Abzug 4. Waffe sichern, absetzen (Mündungen nach oben) 5. Waffe öffnen („brechen"), leere Hülse entfernen 6. Passende Patrone nachladen (Mündungen unten) 7. Waffe schließen, Mündungen nach oben führen Fertigmeldung (wie oben)
Variante: Sie kommen nicht zu Schuss!	--- Nach 2.: 3a. Waffe sichern und absetzen (Laufmündungen nach oben)
Entladen Sie die Waffe!	1. Gesicherte Waffe öffnen („brechen"), dabei Laufmündungen nach unten führen 2. Patronen aus dem Patronenlager entfernen Sicherheitsmeldung (wie oben, 2E – 2G)
Entspannen Sie die Waffe! - ohne Pufferpatronen -	1. Entladen der Waffe (wie oben) 2. Geöffnete („gebrochene") Waffe entsichern 3. Beide Abzüge mit Zeige- bzw. Mittelfinger nach hinten ziehen, gleichzeitig Waffe schließen und Laufmündungen nach oben führen 4. Beide Abzüge loslassen Meldung: „Waffe ist entladen und entstochen, entspannt und entsichert." (4E)
Entspannen Sie die Waffe! - mit Pufferpatronen -	1. Entladen der Waffe (wie oben) 2. In beide Patronenlager Pufferpatronen laden 3. Waffe schließen (Mündungen nach oben führen) und Waffe entsichern 4. Vorderen Abzug betätigen (Schloss abschlagen) 5. Hinteren Abzug betätigen (Schloss abschlagen) Meldung (wie oben, 4E)
Schrankfertig machen:	6. Waffe sichern (Schieber auf Kolbenhals hinten) Schrankfertigmeldung: „Waffe ist entladen und entstochen, entspannt und gesichert." (3E – 1G)
Schießstandgerecht abstellen	7. Waffe öffnen („brechen") und abstellen

7.4.2 Handhabung eines Drillings

Beschrieben wird die Handhabung eines Drillings mit Selbstspannersystem: beim Abkippen der Läufe dieser Waffe werden die Schlosse gespannt.
Ein Drilling besitzt 3 Läufe und 3 Schlosse, aber nur 2 Abzüge. Deshalb muss eine Vorrichtung für eine wahlweise Umschaltung angebracht sein. Diese Vorrichtung befindet sich in Form eines Schiebers auf dem Kolbenhals und hat zwei Einstellungen:
Schieber nach vorn bedeutet: Der vordere Abzug betätigt das Büchsenlaufschloss, gleichzeitig wird über eine Schubstange die Visierklappe aufgestellt.
Schieber nach hinten bedeutet: Der vordere Abzug betätigt das Schloss für den rechten Schrotlauf, die Visierklappe ist nicht aufgestellt.
Der hintere Abzug betätigt stets das Schloss für den linken Schrotlauf.
In der ersten Einstellung gleicht der Drilling daher einer Bockbüchsflinte, in der zweiten einer Doppelflinte. Einstecklauf ggf. in den rechten Schrotlauf: Stecherbenützung
Der vordere Abzug besitzt zudem meist eine Stechereinrichtung in der Ausführung eines Rückstechers (Französischen Stechers).
Die Sicherung – für alle drei Schlosse gleichzeitig – wird über einen Hebel betätigt, der an der linken Seite des Kolbens angebracht ist, die sog. Greenersicherung:
Hebel nach vorn bedeutet: entsichert, Hebel nach hinten bedeutet: gesichert.
Meist sind auf der Oberseite des Schlosskastens drei Signalstifte angebracht; sie zeigen an, ob und welche Schlosse gespannt sind.

Nehmen Sie die Waffe auf!	--- Aus dem Gewehrständer: 1. Waffe an Vorderschaft und Kolbenhals aufnehmen, Finger nicht an den Abzügen! Waffe geschlossen: Laufmündungen nach oben Waffe offen („gebrochen“): Mündungen nach unten! 2. Waffe sichern, falls noch ungesichert: Sicherungshebel an der Seite des Kolbenhalses nach hinten --- Vom Gewehrtisch: Sichere Richtung erfragen, dann 2. und 1. <u>Zustandsmeldung</u> (soweit dieser ersichtlich)
Überprüfen Sie die Waffe!	3. Waffe öffnen („brechen“), falls geschlossen: Verschlusshebel auf dem Kolbenhals mit dem rechten Daumen nach rechts drücken und Vorderschaft samt den Läufen mit der linken Hand nach unten abkippen – Mündungen jetzt abwärts 4. Ggf. Patronen aus den Patronenlagern entfernen
Auswerfer (Ejektoren)	Besitzt die Waffe Auswerfer (Ejektoren), so wirft sie beim Öffnen die Patronen(hülsen) selbsttätig aus, wenn die Schlosse abgeschlagen sind.
Auszieher	Besitzt die Waffe Auszieher, so werden beim Öffnen die Patronen(hülsen) nur etwas aus dem Patronenlager ausgezogen; dann von Hand entfernen!
Stecher	5. Stecher überprüfen und ggf. entstechen: Vorderen Abzug zwischen Daumen und Zeigefinger der rechten Hand langsam nach hinten drücken, bis der Stecher hörbar ausrastet.

	Sicherheitsmeldung: „Waffe ist entladen und entstochen, geöffnet und gesichert.“ (2E – 2G) Schlosse sind bereits gespannt.
Bestimmen Sie die Waffe!	6. Art, Hersteller und Modell bestimmen 7. Kaliber feststellen 8. Beschusszeichen prüfen Hierzu kann erforderlich sein:
Zerlegen der Waffe	a) Waffe schließen, Mündungen nach oben führen b) Vorderschaft abnehmen und ablegen (Patentschnäpper auf Unterseite Vorderschaft) c) Verschlusshebel auf Kolbenhals nach rechts, Laufbündel nach vorn unten aushängen d) Hinterschaft ablegen e) Daten an Unterseite des Laufbündels ablesen
Zusammensetzen der Waffe	f) Hinterschaft aufnehmen, Kolben unter Achsel g) Verschlusshebel auf Kolbenhals nach rechts h) Laufbündel – mit Mündungen nach unten - von vorn in den Systemkasten (Basküle) einsetzen i) Waffe schließen und gleichzeitig Laufmündungen nach oben führen k) Verschlusshebel auf Kolbenhals nach links l) Vorderschaft anbauen Waffenmeldung: „Es handelt sich um einen Drilling der Firma .., Modell .., im Kaliber .. . Beschuss!“
Laden Sie die Waffe!	1. Sicherheitsüberprüfung und –meldung (s.o.) 2. Geöffnete Waffe hochnehmen und von hinten durch die Läufe gegen Licht schauen Freimeldung: „Läufe sind frei von Öl & Fremdkörpern.“ 3. Kaliber- und Beschussmeldung 4. Aus den vorgelegten Patronen die passenden wählen 5. Alle Patronenlager laden (ggf. auch nur eines oder zwei). Laufmündungen nach unten gerichtet. 6. Waffe schließen, Laufmündungen nach oben Fertigmeldung: „Waffe ist geladen, gespannt und gesichert.“ (3G) Waffe ist nicht eingestochen.
Geben Sie einen gezielten Kugelschuss ab! Hinweis: Schussrichtung erfragen!	Zielansprache: „Ziel angesprochen, Vorder- und Hintergelände frei, Kugelfang vorhanden.“ 1. Umschalten auf Kugel: Schieber nach vorn 2. Waffe hochnehmen und anschlagen 3. Waffe entsichern: Sicherungshebel nach vorn und grob ins Ziel gehen, dann fein ins Ziel und 4. Waffe einstechen: Vorderen Abzug mit rechtem Daumen nach vorn drücken, bis er einrastet 5. Mit vorderem Abzug Schuss auslösen 6. Waffe sichern und absetzen, Mündung nach oben

	7. Waffe öffnen („brechen“) und abgeschossene Patronenhülse entfernen (mit Ejektor automatisch) 8. Passende Patrone nachladen (Mündungen unten) 9. Waffe schließen, Laufmündungen nach oben Fertigmeldung (wie oben)
Variante: Sie kommen nicht zu Schuss! Hinweis: Bei Öffnen und Schließen: Schieber auf Kolbenhals stets nach hinten (Schrot)!	5a. Waffe sichern (Sicherungsschieber nach hinten 6a. Waffe absetzen (Laufmündungen nach oben) 7a. Waffe öffnen („brechen“), Mündungen nach unten 8a. Waffe entstechen (siehe Überprüfen) 9a. Waffe schließen, Mündungen nach oben führen Fertigmeldung (wie oben)
Geben Sie einen schnellen Schuss ab! Z.B. Drückjagd:	Wie oben „gezielter Kugelschuss“, aber ohne 4. Schrotläufe ggf. mit Flintenlaufgeschossen laden
Geben Sie einen Schrotschuss auf kürzere Distanz ab! Rechter Lauf: Geringere Chokebohrung	Zielansprache: „Ziel angesprochen, Vorder- und Hintergelände frei.“ 1. Umschalten auf Schrot: Schieber nach hinten 2. Waffe hochnehmen und anschlagen 3. Waffe entsichern: Sicherungshebel nach vorn 4. Mit vorderem Abzug Schuss auslösen 5. Waffe sichern und absetzen, Mündung nach oben 6. Waffe öffnen („brechen“) und abgeschossene Patronenhülse entfernen (mit Ejektor automatisch) 7. Passende Patrone nachladen (Mündungen unten) 8. Waffe schließen, Laufmündungen nach oben Fertigmeldung (wie oben)
Geben Sie einen Schrotschuss auf weitere Distanz ab! Linker Lauf: Chokebohrung	Zielansprache, (1.,) 2. und 3. wie oben 4. Mit hinterem Abzug Schuss auslösen 5. – 8. wie oben Fertigmeldung (wie oben)
Variante: Sie kommen nicht zu Schuss!	--- Nach 3.: 4a. Waffe sichern, absetzen, Mündungen nach oben
Entladen Sie die Waffe!	1. Gesicherte Waffe (Schieber: Schrot) öffnen und gleichzeitig Laufmündungen nach unten führen 2. Patronen aus den Patronenlagern entfernen Sicherheitsmeldung (wie oben, 2E – 2G)
Entspannen Sie die Waffe! - ohne Pufferpatronen - (Mit Pufferpatronen analog zu 7.3.1; Kugel: umschalten) Schrankfertig machen: Waffe sichern (Hebel hinten) Schrankfertigmeldung wie o.	1. Entladen der Waffe (wie oben), Schieber: Schrot 2. Geöffnete („gebrochene“) Waffe entsichern 3. Beide Abzüge mit Zeige- bzw. Mittelfinger ziehen, gleichzeitig Waffe etwas schließen 4. Umschalten auf „Kugel“: Schieber nach vorn 5. Vorderen Abzug betätigen (Kugelschloss abschlagen) 6. Umschalter auf „Schrot“ Schieber nach hinten 7. Waffe ganz schließen, Laufmündungen nach oben Meldung: „Waffe ist entladen und entstochen, entspannt und gesichert.“ (3E – 1G)

7.5 Handhabung einer Pistole

7.5.1 Handhabung einer Selbstladepistole mit Masse-Verschluss

Beschrieben wird die Handhabung einer Selbstladepistole mit feststehendem Lauf und Masse-Feder-Verschluss sowie außen liegendem Hahn und Spannabzug (System Walther PP/PPK). Die Waffen für Zentralfeuerpatronen haben einen Signalstift.
Die Pistole hat eine seitliche Sicherung mit zwei Stellungen:
Sicherungshebel nach unten (hinten), weißer Punkt sichtbar: Waffe ist gesichert.
Sicherungshebel nach oben (vorn), roter Punkt sichtbar: Waffe ist entsichert.
Alle Tätigkeiten – mit Ausnahme des Hahnspannens und –entspannens und des Schießens – haben bei gesicherter Waffe zu erfolgen.

Nehmen Sie die Waffe auf!	--- Die Waffe liegt vor Ihnen auf dem Tisch: 1. Sichere Richtung erfragen 2. Waffe sichern, falls entsichert: Sicherungshebel nach unten – zum Griff hin – drücken; dabei wird ein gespannter Hahn entspannt 3. Waffe mit der rechten Hand am Griff aufnehmen Zeigefinger nicht an den Abzug, sondern ausgestreckt seitlich an den Abzugsbügel legen! Laufmündung zeigt etwa 1 m vor dem Schützen zu Boden, d.h. „Laufmündung nach unten“! <u>Zustandsmeldung</u> (soweit dieser ersichtlich)
Überprüfen Sie die Waffe!	4. Magazin entfernen und ablegen (Magazinhalter auf der linken Seite eindrücken) 5. Verschlussstück (Schlitten) mit der linken Hand zweimal bis zum Anschlag zurückziehen, um ggf. eine Patrone aus dem Patronenlager zu entfernen; in das Patronenlager sehen; Schlitten wieder nach vorn gleiten lassen; Waffe ablegen 6. Magazin aufnehmen und entleeren; ablegen <u>Sicherheitsmeldung</u>: „Waffe ist entladen, entspannt und gesichert.“ (2E – 1G) Magazin ist entfernt. (Abzugsfeder ist gespannt, Hahn aber entspannt)
Bestimmen Sie die Waffe!	7. Art, Hersteller und Modell bestimmen 8. Kaliber feststellen 9. Beschusszeichen prüfen <u>Waffenmeldung</u>: „Es handelt sich um eine Selbstladepistole der Marke ..., des Modells ..., im Kaliber ... . Die Waffe ist beschossen.“
Laden Sie die Waffe!	1. Sicherheitsüberprüfung und -meldung (s. o.) Leeres Magazin einführen, Verschluss öffnen, Magazin entfernen und wieder hinlegen! 2. Untersuchung der Waffe auf Lauffreiheit: Entweder: von vorn durch den Lauf schauen und Licht über das Auswurffenster einspiegeln oder:

Zerlegen der Waffe:	a) Abzugsbügel mit der linken Hand nach unten ziehen, mit dem rechten Zeigefinger zur Seite drücken und an der Unterseite des Griffstücks aufsitzen lassen; in dieser Stellung festhalten b) Schlitten ganz zurückziehen, hinten anheben, nach vorn gleiten lassen, abnehmen , ablegen Achtung: Hahn nicht frei abschlagen lassen! c) Falls gefordert, kann auch die Vorholfeder abgezogen werden; ablegen d) Von hinten durch den Lauf gegen Licht schauen Freimeldung: „Lauf und Patronenlager frei von Öl und Fremdkörpern."
Zusammensetzen der Waffe:	e) Vorholfeder mit engem Teil auf den Lauf stecken f) Hahn spannen, falls dieser entspannt war g) Abzugsbügel mit der linken Hand nach unten ziehen, mit dem rechten Zeigefinger zur Seite drücken und an der Unterseite des Griffstücks aufsitzen lassen; in dieser Stellung festhalten h) Schlitten in gesichertem Zustand mit der linken Hand, nach oben angehoben, auf den Lauf setzen und bis zum Anschlag zurückziehen; nach unten drücken und nach vorn gleiten lassen i) Abzugsbügel nach unten ziehen und wieder in die Ausgangsstellung zurück gleiten lassen
	3. Kaliber- und Beschussmeldung 4. Aus den vorgelegten Patronen die passenden wählen 5. Waffe ablegen, Magazin aufnehmen und füllen: Mit dem Hülsenboden der Patrone Zubringer bzw. bereits im Magazin befindliche Patronen niederdrücken und Patrone vorsichtig unter die Magazinlippen schieben 6. Waffe (gesichert) mit der rechten Hand aufnehmen, Laufmündung schräg nach vorn unten Mit der linken Hand gefülltes Magazin zügig in den Magazinschacht einführen hörbar einrasten
Teilgeladen (unterladen)	Meldung: „Waffe ist teilgeladen (noch gesichert)." 7. Verschlussstück (Schlitten) mit der linken Hand bis zum Anschlag zurückziehen und loslassen
Fertiggeladen	Meldung: „Waffe ist fertiggeladen." (Signalstift!) Fertigmeldung: „Waffe ist geladen, gesichert und (der Hahn) entspannt." (2G – 1E) Die Abzugsfeder ist allerdings noch gespannt. Sie können diese entspannen, indem Sie den Sicherungshebel einmal nach vorn (oben) und wieder zurück nach hinten (unten) bewegen.

Geben Sie einen gezielten Schuss ab! Hinweis: Schussrichtung erfragen!	Zielansprache: „Ziel angesprochen, Vorder- und Hintergelände frei, Kugelfang vorhanden." 1. Waffe hochnehmen und anschlagen 2. Waffe entsichern: Mit dem Daumen der rechten Hand Sicherungshebel nach vorn (oben) schieben 3. Hahn spannen (bis er hörbar einrastet) 4. Durch Betätigen des Abzugs Schuss auslösen
Selbstlademechanismus	Danach läuft bei scharfem Schuss folgendes ab: Der Schuss wird ausgelöst, der Verschluss wird geöffnet, die abgeschossene Hülse wird ausgeworfen, eine neue Patrone wird aus dem Magazin zugeführt und durch den Verschluss ins Patronenlager gestoßen, der Verschluss wird geschlossen und der Hahn wieder gespannt. Achtung (Meldung): Die Waffe ist geladen und entsichert, der Hahn erneut gespannt! Deshalb, falls Sie nicht weiterschießen sollen:
Waffe sichern	5. Waffe in Schussrichtung sichern: Mit dem rechten Daumen Sicherungshebel nach hinten (unten) schieben; der gespannte Hahn schnappt dabei nach vorn, kann aber wegen innerer Sicherungen den Schlagbolzen nicht berühren. Sie können die Hahnbewegung mildern, indem Sie den Hahn mit dem linken Daumen langsam nach vorn gleiten lassen. Finger nicht am Abzug! 6. Laufmündung nach vorne unten nehmen Fertigmeldung wie oben (falls noch geladen)
Variante: Sie kommen nicht zu Schuss!	--- Nach 3.: 5. und 6. wie oben bei „Waffe sichern"
Geben Sie einen schnellen Schuss ab! Hinweis: Schussrichtung erfragen!	Zielansprache wie oben Wie oben bei „gezielter Schuss", aber ohne 3. Sie benützen hierbei den sog. Spannabzug: Vorteil: Aus der relativ sicheren Waffe ist ein schneller Schuss möglich
Spannabzug	Nachteil: Längerer Abzugsweg und größerer Abzugswiderstand
Hinweis: Schlittenfang	Wenn Sie die letzte Patrone verschossen haben, bleibt der Verschluss offen (Schlittenfang)
Schießstandgerecht ablegen	Verschluss öffnen, leeres Magazin entfernen, Waffe ablegen, Auswurffenster nach oben
Entladen Sie die Waffe!	Wie oben „Überprüfen", Sicherheitsmeldung wie o.
Entspannen Sie die Waffe!	Waffe ist nach dem Entladen bereits entspannt, da das Entladen bei gesicherter Waffe erfolgt.
Schrankfertig machen:	Waffe ist entladen, geschlossen und gesichert, Hahn damit entspannt, Magazin eingeführt

7.5.2 Handhabung einer Pistole mit verriegeltem Verschluss
hier: Selbstladepistole der 220-er Serie von SIG Sauer

Die Handhabung ist grundsätzlich die gleiche wie in 7.5.1. Die Pistole SIG Sauer unterscheidet sich aber von der Walther PP(K) in folgenden Punkten:

1. Sie hat keinen Sicherungshebel, sondern einen Entspannhebel (Abb. 13 m), mit dem man den gespannten Hahn gefahrlos entspannen kann.
2. Sie hat einen Verschlussfanghebel (18), mit dessen Hilfe der Verschluss (Schlitten) in der hinteren Stellung arretiert und gelöst werden kann.
3. Sie hat keinen fest stehenden Lauf; dieser ist mit dem Verschluss verriegelt. Zum Zerlegen der Pistole (Zusammensetzen umgekehrt) wie folgt vorgehen:

1. Pistole entladen
2. Verschluss **4** bis zum Anschlag nach hinten ziehen und durch Hochdrücken des Verschlussfanghebels **18**, den Verschluss **4** in geöffneter Stellung festhalten (Abb. 12).

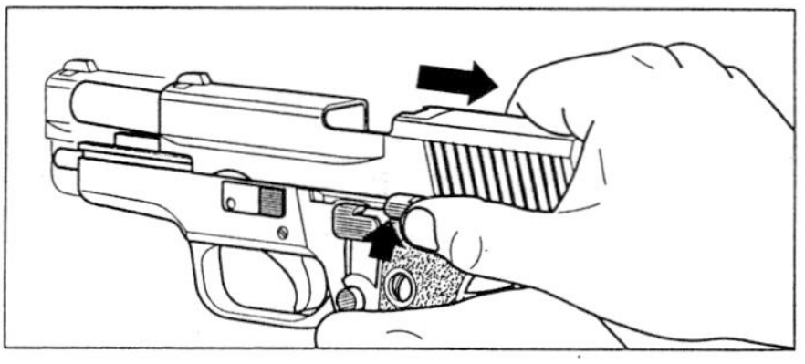

Abb. 12

3. Prüfen, ob sich keine Patrone im Patronenlager befindet
4. Rohrhaltehebel **16** nach unten schwenken (Abb. 13).

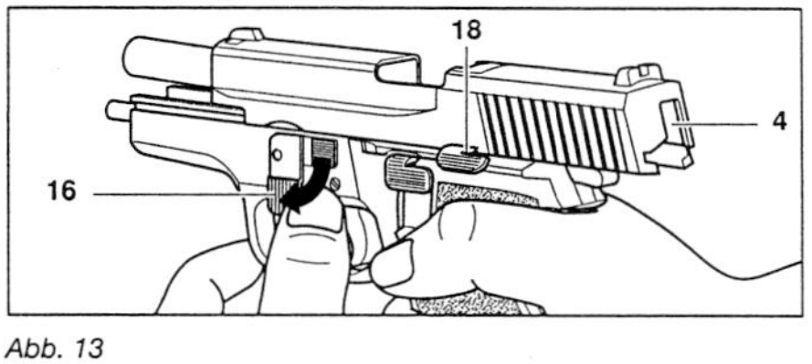

Abb. 13

5. Verschluss **4** leicht zurückziehen, damit der Verschlussfanghebel **18** ausrasten kann; anschliessend mit der Hand den Verschluss **4** nach vorn begleiten (Abb. 14).

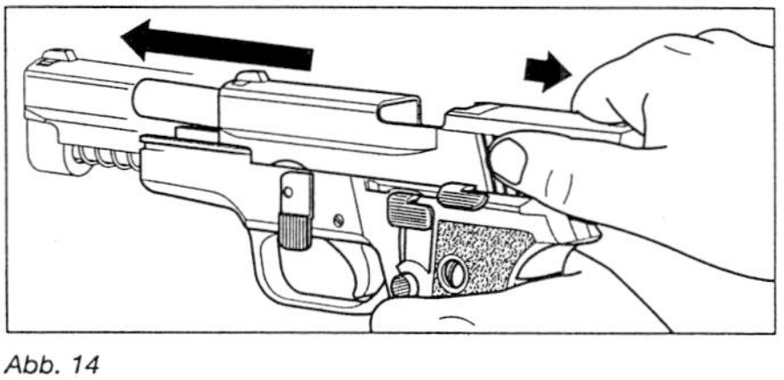

Abb. 14

6. Ganzes System (Verschluss **4**, Rohr **1**, Schliessfeder **3** und Schliessfederführung **2**) nach vorne ausfahren.

⚠ Vorsicht

Die Schliessfeder **3** ist gespannt. Bei unkontrolliertem Herausheben der Schliessfederführung **2** kann diese mit der Schliessfeder **3** wegspringen. Achten Sie bei der Zerlegung darauf, dass die vorgespannte Schliessfeder **3** sich unter Kontrolle Ihrer Hand entspannt.

Vorgehen

7. Schliessfederführung **2** nach vorne drücken, vorsichtig nach oben abheben und Schliessfeder **3** mit Schliessfederführung **2** aus Verschluss **4** entfernen (Abb. 15).

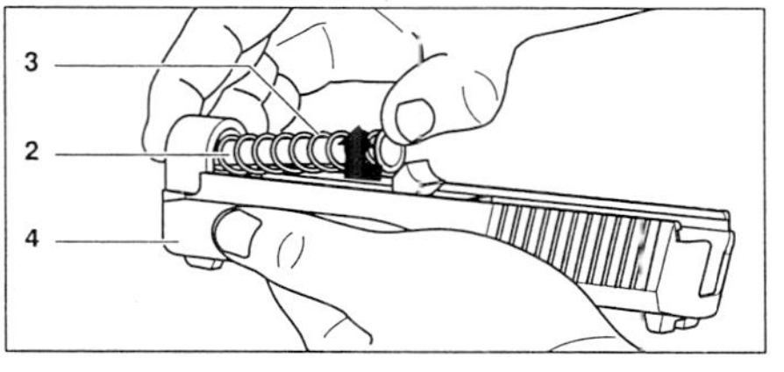

Abb.15

8. Schliessfeder **3** von Schliessfederführung **2** ziehen.
9. Rohr (1) aus Verschluss heben (Abb. 16).

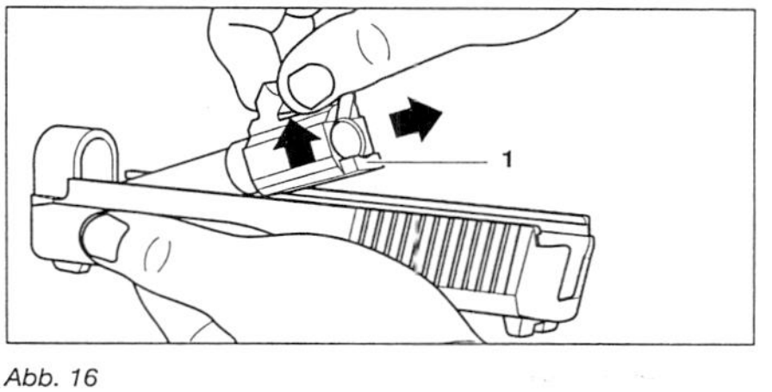

Abb. 16

(Aus SIG Sauer, Bedienungsvorschrift)

Schnitt der Selbstladepistole Modell PP Kal. 7,65 mm

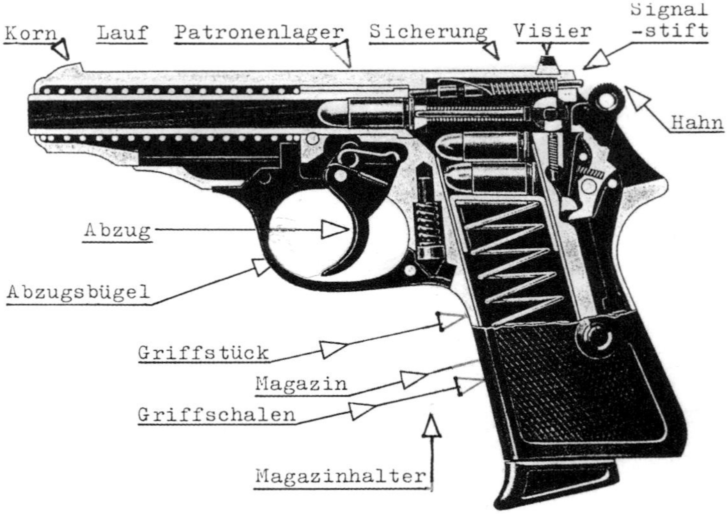

Schnitt durch einen Revolver (Korth, Kal. .357 Mag.)

zu Kapitel 6.6 "Der Revolver" und Kap. 7.6 "Handhabung"

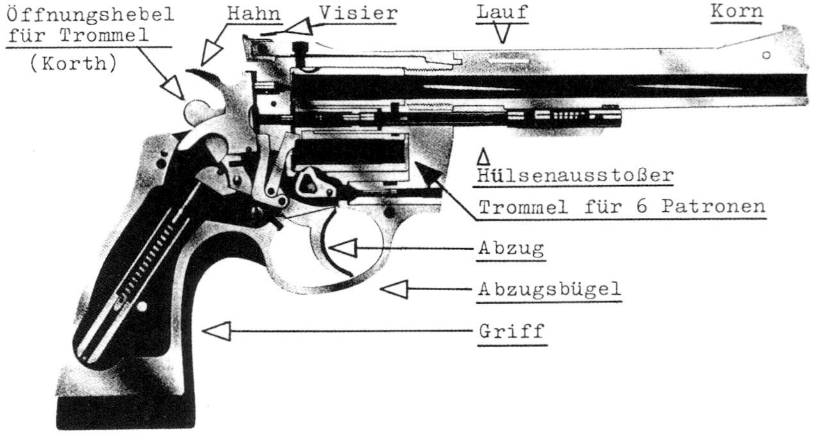

7.6 Handhabung eines Revolvers

Beschrieben wird die Handhabung eines modernen Double-Action-Revolvers mit seitlich ausschwenkbarer Trommel. Der Revolver hat keine außen liegende Sicherung.

Nehmen Sie die Waffe auf!	--- Die Waffe liegt vor Ihnen auf dem Tisch: 1. Sichere Richtung erfragen 2. Waffe mit der rechten Hand am Griff aufnehmen Zeigefinger nicht an den Abzug, sondern ausgestreckt seitlich an den Abzugsbügel/Rahmen legen! Laufmündung zeigt etwa 1 m vor dem Schützen zu Boden, d.h. „Laufmündung nach unten"! <u>Zustandsmeldung</u> (soweit dieser ersichtlich)
Überprüfen Sie die Waffe! Schießstandgerecht ablegen	3. Ggf. Hahn entspannen (siehe unten) 4. Schieber an der linken Rahmenseite mit dem rechten Daumen betätigen und mit den Fingern der linken Hand Trommel nach links aus dem Rahmen schwenken 5. Überprüfen, ob Patronen(hülsen) in der Trommel sind; diese ggf. durch Betätigen der Auswerferstange (mit dem linken Zeigefinger) entfernen (Patronen mit der rechten Handfläche auffangen); Laufmündung nach oben. (Die Auswerferstange sollte zur Kontrolle stets betätigt werden.) 6. Trommel mit dem linken Daumen in den Rahmen zurückdrücken und durch leichte Drehbewegung einrasten lassen. Laufmündung zeigt wieder schräg nach unten. <u>Sicherheitsmeldung</u>: „Waffe ist entladen und (Hahn) entspannt, Trommel eingerastet." (3E) <u>Hinweis</u>: Man kann zur Sicherheit die Trommel auch ausgeschwenkt lassen. Beim Übergeben oder Ablegen (Schießstand!) muss dies geschehen.
Bestimmen Sie die Waffe!	7. Art, Hersteller und Modell bestimmen 8. Kaliber feststellen 9. Beschusszeichen prüfen <u>Waffenmeldung</u>: „Es handelt sich um einen Revolver der Marke ..., des Modells ..., im Kaliber ... . Die Waffe ist beschossen."
Laden Sie die Waffe!	1. Sicherheitsüberprüfung und -meldung (s. o.) 2. Trommel ausschwenken (wie „Überprüfen", 4.) 3. Daumen auf die Rahmenrückseite legen und über den Daumennagel Licht in den Lauf spiegeln 4. Von vorne durch den Lauf sehen 5. Patronenlager der Trommel überprüfen

	Freimeldung: „Der Lauf und die Patronenlager sind frei von Öl und Fremdkörpern.“ 6. Kaliber- und Beschussmeldung (siehe oben) 7. Aus den vorgelegten Patronen die passenden wählen 8. Patronenlager laden wie (vom Prüfer) angegeben 9. Waffe schließen (wie „Überprüfen“, 6.) Hinweis: Laufmündung weist ständig nach unten Fertigmeldung: „Waffe ist geladen und entspannt.“
Variante: Nicht voll geladen	Falls Sie nicht alle Patronenlager der Trommel laden können oder sollen, müssen Sie vor dem Laden die Drehrichtung der Trommel feststellen, damit zum ersten Schuss auch ein volles Patronenlager hinter den Lauf zu liegen kommt!
Geben Sie einen gezielten Schuss ab! Hinweis: Schussrichtung erfragen! Single-Action (SA)	Zielansprache: „Ziel angesprochen, Vorder- und Hintergelände frei, Kugelfang vorhanden.“ 1. Waffe anschlagen 2. Hahn spannen (bis zum Anschlag zurückziehen) 3. Durch Betätigen des Abzugs Schuss auslösen 4. Waffe absetzen (Laufmündung nach unten) Anmerkung: Sie haben die Waffe wie einen „Single-Action“-Revolver benützt (vgl. unten) Fertigmeldung wie oben, falls noch geladen
Variante: Sie kommen nicht zu Schuss!	-- Nach 2.: Hahn entspannen: a) Hahn mit dem linken Daumen zurückziehen b) Abzug mit dem rechten Zeigefinger zurückziehen c) Hahn vorsichtig nach vorne gleiten lassen d) Abzug loslassen (innere Sicherung greift) e) Hahn ganz nach vorne gleiten lassen Laufmündung stets in Richtung Kugelfang 4a. Waffe absetzen (Laufmündung nach unten) Fertigmeldung wie oben, dabei beachten: Trommel hat sich um ein Lager weitergedreht!
Geben Sie einen schnellen Schuss ab! Double-Action (DA)	Zielansprache wie oben 1. Waffe anschlagen 2. Double-Action-Abzug (vgl. Spannabzug) ganz durchziehen und dadurch Schuss auslösen: Es wird zunächst der Hahn gespannt und die Trommel um ein Lager weitergedreht und beim vollständigen Durchziehen der Hahn ausgelöst. Vorteil: Aus der sicheren Waffe ist ein schneller Schuss möglich Nachteil: Längerer Abzugsweg und größerer Abzugswiderstand 3. Waffe absetzen, Fertigmeldung wie oben
Entladen Sie die Waffe! (Schrankfertig machen)	Wie „Überprüfen“ Nrn. 4, 5 und 6 Sicherheitsmeldung wie oben

7.7 Handhabung einer Luftdruckwaffe

Zu unterscheiden: **Druckluftwaffen** sind Schusswaffen, bei denen Luft in einem Druckbehälter vorkomprimiert und gespeichert sowie über ein Ventilsystem zum Geschossantrieb freigegeben wird. **Federdruckwaffen** sind Schusswaffen, bei denen Federkraft das Geschoss direkt antreibt oder ein von einem federbelasteten Kolben erzeugtes Luftpolster das Geschoss antreibt. Waffen, bei denen zum Antrieb der Geschosse kalte Treibgase Verwendung finden, sind z.B. **Druckgaswaffen**. (Anl. 1 Abschn. 1/1 Nr. 2.9 WaffG) Bauartbedingt erreicht die Geschossenergie nur relativ geringe Werte, bei Waffen mit dem Kennzeichen F im Fünfeck nicht mehr als 7,5 J (Sportschießen). Es gibt jedoch auch Waffenentwicklungen zur militärischen oder jagdlichen Nutzung („Windbüchsen"); Tele-Injektionsgewehre dienen vor allem veterinärmedizinischen Zwecken (siehe unten).

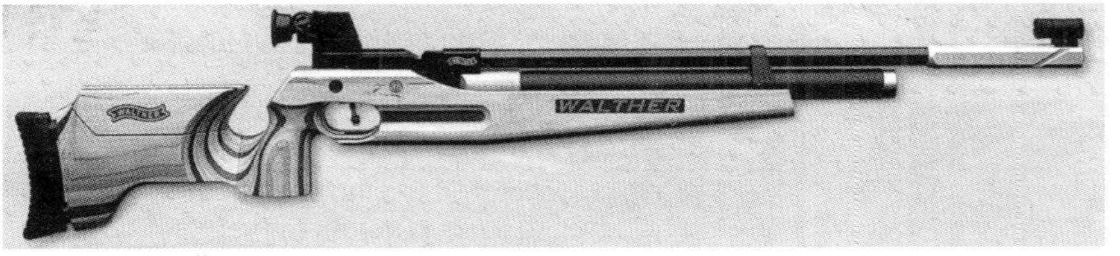

Aufnehmen, Überprüfen und Bestimmen der Waffe:
Laufmündung nach oben bzw. in Richtung Geschossfang, Finger nicht am Abzug. Ggf. Waffe entladen: meist nur durch gezielten Schuss auf Geschossfang möglich; Sicherheitsmeldung. Hersteller, Modell und Kaliber ablesen: Waffenmeldung.
Spannen der Waffe:
durch Abkippen des Laufes, über einen Spannhebel, einen Gasdruckzylinder.
Laden der Waffe:
durch Einführen des Diabologeschosses mit dem flachen Kopfteil nach vorn in das konische Geschosslager des Laufes. Laufmündung in Richtung Geschossfang!
Entladen und Entspannen der Waffe:
Meist nur durch einen Schuss auf den Geschossfang möglich.

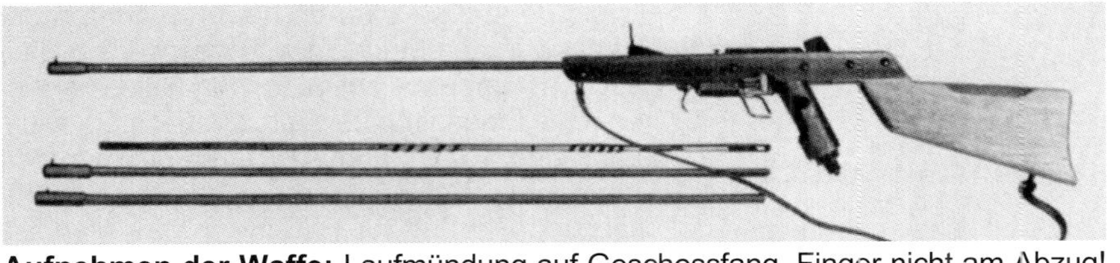

Aufnehmen der Waffe: Laufmündung auf Geschossfang, Finger nicht am Abzug!
Überprüfen der Waffe: Trennen des Laufes vom Schaft, ggf. Entladen des Laufes. Ggf. Entspannen der Waffe durch Betätigen des Abzugs; Sicherheitsmeldung.
Bestimmen der Waffe: Typmeldung. Kein „F"-Zeichen im Fünfeck: WBK-pflichtig!
Laden der Waffe: Lauffreiheit überprüfen: Freimeldung. Lauf mit der Spritze von hinten laden, in den Schaft einpassen (Lage beachten), Druck im Druckbehälter in Abhängigkeit von der Schussentfernung aufbauen: Fertigmeldung, Zielansprache.
Entladen der Waffe (falls nicht zu Schuss gekommen): wie unter „Überprüfen".
Tele-Injektionsspritze (2-Kammer-System, erwerbscheinpflichtig): Injektionsflüssigkeit von der einen Seite einfüllen, Nadel aufsetzen, sichern; Luftdruck von der anderen Seite mittels einer leeren Einwegspritze aufbauen; Stabilisator aufsetzen.

7.8 Ladehemmung

Frage: Was versteht man unter einer Ladehemmung?	**Antwort:** Wird der **Ladevorgang trotz korrekter Handhabung der Schusswaffe und der Munition nicht ordnungsgemäß abgeschlossen**, so spricht man von einer Ladehemmung. Unter Laden versteht man dabei das ordnungsgemäße Einführen der Patrone in das Patronenlager und im weiteren Sinne auch das ordnungsgemäße Schließen des Verschlusses.
Frage: Mögliche Ursachen für eine Ladehemmung?	**Antwort:** Korrekte Handhabung von Schusswaffe und Munition vorausgesetzt, liegen mögliche Ursachen entweder **1. an der Waffe oder** **2. an der Munition**.
	Zu 1.: Mögliche Ursachen sind: a) Übergang in das Patronenlager harmoniert nicht mit der Kopfform des Geschosses Bei Mehrladern: b) Magazinlippen verbogen c) Magazinfeder zu schwach d) Fehlerhafte Lagerung der Patronen im Magazin d) Schließfeder zu schwach
	Zu 2.: Mögliche Ursachen sind: a) Ungeeignete oder unpassende Munition b) Geschoss in der Hülse locker c) Geschoss in der Hülse verbogen Dies ist ein häufiger Fehler bei Kleinkaliber-Pistolen und KK-Patronen. Beim Einführen der Patronen in das Magazin wird das weiche Bleigeschoss unbeabsichtigt in der Hülse verbogen. Das Magazin einer guten KK-Pistole weist daher eine Vorrichtung auf, durch die man den Zubringer in Richtung des Magazinbodens drücken und Patrone für Patrone in das Magazin fallen lassen kann.
Frage: Wie verhält man sich bei einer Ladehemmung?	**Antwort:** **a) Auf dem Schießstand**: Man entlädt die Waffe unter Beachtung aller Sicherheitsvorschriften und Verständigung der Aufsicht. **b) Im Verteidigungsfall**: Man versucht (bei Selbstladepistolen) von Hand zu repetieren oder das Verschlussstück nach vorn zu stoßen.

7.9 Versager

Frage: Was versteht man unter einem Versager?	**Antwort:** Man spricht von einem Versager, wenn trotz Betätigen des Abzugs und hörbarem Abschlagen des Schlosses bzw. des Hahns der Schuss nicht bricht.
Frage: Mögliche Ursachen für einen Versager?	**Antwort:** Mögliche Ursachen liegen entweder **1. an der Waffe oder** **2. an der Munition.**
	Zu 1.: Mögliche Ursachen sind: a) Schlagbolzen zu kurz b) Schlagbolzenfeder zu schwach c) Schlagbolzenführung verengt, verschmutzt d) Schlagbolzen trifft nicht zentral auf das Zündhütchen e) Verharzung des Schlosses durch falsches Öl
	Zu 2.: Mögliche Ursachen sind: a) Patrone nicht maßhaltig, rutscht im Patronenlager nach vorn b) Zündhütchen sitzt zu tief im Patronenboden c) Zündhütchenboden zu starkwandig d) Zündhütchenversager durch falschen, gelockerten oder ölig gewordenen Zündsatz e) Fehlerhafte oder ungeeignete Treibladung f) Pulverversager durch öliges oder feuchtes Pulver
Frage: Wie verhält man sich bei einem Versager?	**Antwort:** **a) Auf dem Schießstand**: Man hält die Schusswaffe weiterhin mindestens 10 Sekunden lang in Schussrichtung und wartet vor dem Öffnen der Waffe insgesamt eine Minute, da der Schuss noch brechen kann (sog. Nachbrenner). Aufsicht verständigen! Erst danach wird die Waffe geöffnet und entladen oder durchgeladen; man kann auch versuchen, die Patrone erneut zu zünden. **b) Im Verteidigungsfall**: Pistole: (Spann-)Abzug loslassen und nochmals ganz durchziehen oder Verschlussstück von Hand repetieren oder Hahn (falls außenliegend) von Hand spannen. Revolver: (DA-)Abzug durchziehen oder Hahn (falls außenliegend) von Hand spannen, um die nächste Patrone zu zünden.

8. Waffenrecht, Notwehr und Notstand

8.1 Waffenrecht in Frage und Antwort

Gliederung nach dem Waffengesetz (WaffG) und Beschussgesetz (BeschG) unter Einbeziehung der Allgemeinen Waffengesetz-Verordnung (AWaffV)

8.1.5 S.186	**Verbringen und Mitnahme von Waffen oder Munition in den, durch den oder aus dem Geltungsbereich des Gesetzes (Geltungsbereich)**	**§ 29**	**Verbringen in den Geltungsbereich**
		§ 30	**Verbringen aus dem oder durch den Geltungsbereich in andere EU-Staaten**
		§ 31	**Verbringen aus dem und durch den Geltungsbereich und aus anderen und durch andere EU-Staaten in Drittstaaten**
		§ 32	**Mitnahme, Europ. Feuerwaffenpass**
		§ 32a	**Mitnahme in den oder durch den Geltungsbereich aus Drittstaaten oder aus dem Geltungsbereich in Drittstaaten**
		§ 33	**Anmelde- und Nachweispflicht bei Verbringen oder Mitnahme in den oder durch den Geltungsbereich aus Drittstaaten oder in Drittstaaten**
8.1.6 S.189	**Obhutspflichten, Anzeige-, Hinweis- und Nachweispflichten**	**§ 34**	**Überlassen von Waffen oder Munition**
		§ 35	**Werbung, Hinweispflichten, Handelsverbote**
		§ 36	**Aufbewahrung von Waffen oder Munition**
		§ 37	**Anzeigepflichten**
		§ 38	**Ausweispflichten**
		§ 39	**Auskunfts- und Vorzeigepflicht, Nachschau**
8.1.7 S.192	**Verbote**	**§ 40**	**Verbotene Waffen**
		§ 41	**Waffenverbote für den Einzelfall**
		§ 42	**Verbot des Führens von Waffen bei öffentlichen Veranstaltungen**
		§ 42a	**Verbot des Führens von Anscheinswaffen und bestimmten tragbaren Gegenständen**
8.1.8 S.192	**Sonstige waffenrechtliche Vorschriften**	§ 43	Erhebung/Übermittlung personenbez. Daten
		§ 44	Übermittlung an und von Meldebehörden
		§ 44a	Behördliche Aufbewahrungspflichten
		§ 45	**Rücknahme und Widerruf**
		§ 46	**Weitere Maßnahmen**
		§ 47	Erfüllung internationaler Vereinbarungen
		§ 48	Sachliche Zuständigkeit
		§ 49	Örtliche Zuständigkeit
		§ 50	Kosten
8.1.9	Straf- und Bußgeldvorschriften	§§ 51f	Strafvorschriften
		§ 53	Bußgeldvorschriften
		§ 54	Einziehung und erweiterter Verfall
8.1.10	Ausnahmen von der Anwendung des Gesetzes	§ 55	Ausnahmen für oberste Bundes- und Landesbehörden, BW, Polizei und Zoll, Hoheitsträger sowie Bedienstete anderer Staaten
		§ 56	Sondervorschriften für Staatsgäste und andere Besucher
		§ 57	Kriegswaffen
8.1.11	Übergangsvorschriften, Verwaltungsvorschriften	§ 58	Altbesitz
		§ 59	Verwaltungsvorschriften
Anlage 1 (zu § 1 Abs. 4)			**Begriffsbestimmungen**
Anlage 2 (zu § 2 Abs. 2 bis 4)			**Waffenliste**
8.1.12 S. 194	**Beschussgesetz**		**Beschusspflicht für Feuerwaffen und Böller**

8.1.0 Allgemeine Bestimmungen (§§ 1 – 3 WaffG)

Frage: Was regelt das Waffengesetz (WaffG)?	**Antwort:** Das Waffengesetz **regelt den Umgang mit Waffen oder Munition unter Berücksichtigung der Belange der öffentlichen Sicherheit und Ordnung** (§ 1 Abs. 1 WaffG).
Frage: Was sind Waffen?	**Antwort:** Waffen sind **1. Schusswaffen oder ihnen gleichgestellte Gegenstände und** **2. tragbare Gegenstände,** a) **die ihrem Wesen nach dazu bestimmt sind, die Angriffs- oder Abwehrfähigkeit von Menschen zu beseitigen oder herabzusetzen,** insbesondere **Hieb- und Stoßwaffen,** b) **die, ohne dazu bestimmt zu sein,** insbesondere wegen ihrer Beschaffenheit, Handhabung oder Wirkungsweise **dazu geeignet und in diesem Gesetz genannt sind** (§ 1 Abs. 2 WaffG).
Frage: Was versteht man unter Schusswaffen? Beachte: Zweckbestimmung und Konstruktionsmerkmal	**Antwort:** Schusswaffen sind Gegenstände, die zum **Angriff** oder zur **Verteidigung**, zur **Signalgebung, Jagd, Distanzinjektion, Markierung**, zum **Sport** oder **Spiel bestimmt sind** und bei denen **Geschosse durch einen Lauf** getrieben werden (Anl. 1 Abschn. 1/1 Nr. 1.1 zum WaffG).
Frage: Was sind **gleichgestellte Gegenstände?**	**Antwort: Den Schusswaffen stehen gleich tragbare Gegenstände,** **1. die zum Abschießen von Munition** für die o. g. Zwecke bestimmt sind, **2.** bei denen bestimmungsgemäß feste Körper gezielt verschossen werden, **deren Antriebsenergie durch Muskelkraft eingebracht** und durch eine **Sperrvorrichtung** gespeichert werden kann (z. B. Armbrüste).[1]
Schusswaffen stehen gleich	**wesentliche Teile von Schusswaffen und Schalldämpfer** (Anl. 1 Abschn. 1/1 Nr. 1.3 WaffG)
Frage: Was versteht man unter wesentlichen Teilen von Schusswaffen?	**Antwort: Wesentliche Teile sind der Lauf[2], der Verschluss sowie das Patronen- oder Kartuschenlager**, bei Antrieb mit Gemischen die Verbrennungskammer, die Antriebsvorrichtung, **bei Kurzwaffen auch das Griffstück** für die Aufnahme des Auslösemechanismus.

[1] Dies gilt nicht für feste Körper, die mit elastischen Geschoßspitzen (z.B. Saugnapf aus Gummi) versehen sind, bei denen eine maximale Bewegungsenergie der Geschoßspitzen je Flächeneinheit von 0,16 J/cm^2 nicht überschritten wird (Anlage 1 Abschnitt 1 Unterabschnitt 1 Nr. 1.2 zum WaffG).

[2] Länge des Laufteils zur Führung des Geschosses ≥ 2-faches Kaliber (Anl. 1 Abschn. 1/1 Nr. 1.3.1 WaffG).

Tragbare Gegenstände im Sinne d. § 1 Abs. 2 Nr. 2a  Zulassungszeichen für **Elektroimpulsgeräte** nach Bauartprüfungen gem. § 9 Abs 2 BeschG  Zulassungszeichen für **Reizstoffe/Geräte** nach Bauartprüfungen gem. § 9 Abs 2 BeschG	**sind insbesondere** - **Hieb- und Stoßwaffen** (s. Kap. 6.1.1), - **Elektroimpulsgeräte** (Zulassung: s. Abb. links), - **Reizstoffsprühgeräte** (Zulassung: s. Abb. links), - **Gegenstände, mit denen eine angriffsunfähig machende oder gesundheitsschädliche Wirkung in einer Entfernung von mehr als 2 m bei Menschen hervorgerufen werden kann,** - **Flammenwerfer (Flamme > 20 cm),** - **Gegenstände, bei denen leicht entflammbare Stoffe so verteilt und entzündet werden, dass schlagartig ein Brand entstehen kann oder eine Explosion ausgelöst werden kann,** - **Gegenstände, die nach ihrer Beschaffenheit und Handhabung dazu bestimmt sind, durch Drosseln die Gesundheit zu schädigen,** - **Präzisionsschleudern sowie Armstützen und vergleichbare Vorrichtungen dazu.** (Anl. 1 Abschn. 1/2)
Tragbare Gegenstände im Sinne d. § 1 Abs. 2 Nr. 2b	**sind** - **Spring-, Fall-, Faust- und Butterflymesser,** - Gegenstände, die bestimmungsgemäß unter Ausnutzung einer anderen als mechanischen Energie Tieren Schmerzen beibringen (z.B. **Elektroimpulsgeräte**), mit Ausnahme der ihrer Bestimmung entsprechend im Bereich der Tierhaltung oder der Hundeausbildung verwendeten Gegenstände (z.B.Viehtreiber)
Anmerkung:	**Die Anlagen 1 und 2 zum Waffengesetz werden ggf. im Text des Buches aufgegriffen.**
Waffenbegriffe (Anlage 1) **Munitionsbegriffe (Anl. 1)** **Verbotene Waffen (Anl. 2)**	finden sich in Kapitel 6.1.1 dieses Buches finden sich in Kapitel 6.1.2 dieses Buches finden sich in Kapitel 8.1.7 dieses Buches
Frage: Was sind Schalldämpfer?	**Antwort:** Schalldämpfer sind Vorrichtungen, die der **wesentlichen Dämpfung des Mündungsknalls** dienen und für Schusswaffen bestimmt sind (Anl. 1 Abschn. 1/1 Nr. 1.3.4 WaffG).
Frage: Wann sind Schusswaffen unbrauchbar (Dekorationswaffen)?	**Antwort:** Schusswaffen sind **unbrauchbar**, wenn **alle wesentlichen Teile dauerhaft so verändert oder funktionsunfähig gemacht worden sind, dass sie dauerhaft unbrauchbar sind.** (Im Einzelnen siehe Anl. 1 Abschn. 1/1 Nr. 1.4 WaffG) Dauerhaft unbrauchbar gemacht oder geworden ist eine Schusswaffe dann, wenn mit allgemein gebräuchlichen Werkzeugen die Schussfähigkeit der Waffe oder die Funktionsfähigkeit der wesentlichen Teile nicht wiederhergestellt werden kann.
Salutwaffen, Anscheinswaffen (Anl. 1 Abschn. 1/1 Nr. 1.5 bzw. 1.6 WaffG)	

Frage: Was versteht man unter **Umgang mit Waffen oder Munition?**	**Antwort:** Umgang mit einer Waffe oder Munition hat, wer diese **erwirbt, besitzt, überlässt, führt, verbringt, mitnimmt, damit schießt, herstellt, bearbeitet, instand setzt** oder damit **Handel treibt.** (§ 1 Abs. 3 WaffG und Anlage 1 Abschnitt 2 WaffG)
Frage: Was versteht man unter **Erwerben?**	**Antwort:** Im Sinne des WaffG **erwirbt eine Waffe oder Munition, wer die tatsächliche Gewalt darüber erlangt.**
Frage: Was versteht man unter **Besitzen?**	**Antwort:** Im Sinne des WaffG **besitzt eine Waffe oder Munition, wer die tatsächliche Gewalt darüber ausübt.**
Frage: Was versteht man unter **Überlassen?**	**Antwort:** Im Sinne des WaffG **überlässt eine Waffe oder Munition, wer die tatsächliche Gewalt darüber einem anderen einräumt.**
Frage: Was versteht man unter **Führen?**	**Antwort:** Im Sinne des WaffG **führt eine Waffe, wer die tatsächliche Gewalt darüber außerhalb der eigenen Wohnung, Geschäftsräume, des eigenen befriedeten Besitztums oder einer Schießstätte ausübt.**
Anm. d. Verf.: **Man beachte:** Der Begriff **Führen** bezieht sich **nur** auf **Waffen**.	
Frage: Was versteht man unter **Transportieren (Transport) von Waffen?**	**Antwort:** Im Sinne des WaffG **transportiert eine Waffe, wer diese nicht schussbereit[1] und nicht zugriffsbereit[2] von einem Ort zu einem anderen befördert** und der Transport der Waffe **zu einem von seinem Bedürfnis umfassten Zweck oder im Zusammenhang damit** erfolgt (§ 12 (3) Nr. 2 WaffG).
Der Transport ist ein Unterfall des Führens und ohne Waffenschein erlaubt (BPA & ggf.WBK)	
Frage: Was versteht man unter **Verbringen?**	**Antwort:** Im Sinne des WaffG **verbringt eine Waffe oder Munition, wer diese über die Grenze zum dortigen Verbleib oder mit dem Ziel des Besitzwechsels** in den, durch den oder aus dem Geltungsbereich des Gesetzes zu einer anderen Person oder zu sich selbst transportieren lässt oder selbst transportiert.
Frage: Was versteht man unter **Mitnehmen?**	**Antwort:** Im Sinne des WaffG **nimmt eine Waffe oder Munition mit, wer diese vorübergehend auf einer Reise ohne Aufgabe des Besitzes zur Verwendung über die Grenze** in den, durch den oder aus dem Geltungsbereich des Gesetzes bringt.

[1] Eine Waffe ist **schussbereit**, wenn sie geladen ist, d.h. dass **Munition oder Geschosse in der Trommel, im in die Waffe eingefügten Magazin oder im Patronen- oder Geschosslager sind**, auch wenn sie nicht gespannt ist (Anl. 1 Abschnitt 2 Nr. 12 WaffG).

[2] Eine Schusswaffe ist zugriffsbereit, wenn sie unmittelbar in Anschlag gebracht werden kann; sie ist **nicht zugriffsbereit, wenn sie in einem verschlossenen Behältnis mitgeführt wird** (Anlage 1 Abschnitt 2 Nr. 13 zum WaffG).

Frage: Was versteht man unter **Schießen?**	**Antwort:** Im Sinne des WaffG **schießt, wer mit einer Schusswaffe Geschosse durch einen Lauf verschießt, Kartuschenmunition abschießt, Reiz-, Wirkstoffe oder pyrotechn. Munition verschießt.**
Frage: Was gilt für den Umgang mit Waffen oder Munition? (§ 2 WaffG)	**Antwort:** (1) **Der Umgang ist nur Personen gestattet, die das 18. Lebensjahr vollendet haben.** Hinweis: Für Sportschützen gilt § 14 Abs. 1 WaffG. (2) **Der Umgang mit Waffen oder Munition** nach Anlage 2 (Waffenliste) Abschnitt 2 zum WaffG **bedarf der Erlaubnis**. (3) **Der Umgang mit Waffen oder Munition** nach Anlage 2 Abschnitt 1 zum WaffG **ist verboten**. (4) Waffen oder Munition, mit denen der **Umgang ganz oder teilweise von der Erlaubnispflicht oder von einem Verbot ausgenommen** ist, sind in der Anlage 2 Abschnitt 1 und 2 (WaffG) genannt. Ferner sind in der Anlage 2 Abschnitt 3 (WaffG) die Waffen und Munition genannt, auf die dieses Gesetz ganz oder teilweise nicht anzuwenden ist. (5) Bestehen Zweifel darüber, ob ein Gegenstand von diesem Gesetz erfasst wird, oder wie er nach Maßgabe der Begriffsbestimmungen in Anlage 1 Abschnitt 1 und 3 und der Anlage 2 einzustufen ist, so entscheidet auf Antrag die zuständige Behörde. Antragsberechtigt sind: 1. Hersteller, Importeure, Erwerber oder Besitzer des Gegenstandes, soweit sie ein berechtigtes Interesse ... glaubhaft machen können, 2. die zuständigen Behörden des Bundes und der Länder. Die nach Landesrecht zuständigen Behörden sind vor der Entscheidung zu hören. ...
Frage: Was gilt für den Umgang mit Waffen oder Munition durch Kinder und Jugendliche? (§ 3 WaffG)	**Antwort:** (1) **Jugendliche dürfen im Rahmen eines Ausbildungs- oder Arbeitsverhältnisses** unter Aufsicht eines weisungsbefugten Waffenberechtigten mit Waffen oder Munition umgehen. (2) **Jugendliche dürfen ... Umgang mit geprüften Reizstoffsprühgeräten haben.** (3) Die zuständige Behörde kann **für Kinder und Jugendliche allgemein oder für den Einzelfall**[3] **Ausnahmen von Alterserfordernissen**[4] zulassen, wenn besondere Gründe vorliegen und öffentliche Interessen nicht entgegenstehen.

[3] Allgemein z. B. für einen Tag der offenen Tür, im Einzelfall z. B. zum Schießen auf Schießstätten.
[4] z. B. für den Transport erlaubnisfreier Waffen durch diese Personen erforderlich (Antrag s. Kap. 10)

8.1.1 Umgang: Allgemeine Voraussetzungen für Erlaubnisse (§§ 4-9 WaffG)

Frage: Was setzt eine waffenrechtliche Erlaubnis voraus?	**Antwort:** Eine Erlaubnis setzt voraus, dass der Antragsteller 1. **das 18. Lebensjahr vollendet** hat (§ 2 (1)), (für Sportschützen gilt § 14 Abs. 1 WaffG), 2. **die erforderliche Zuverlässigkeit** (§ 5) und **persönliche Eignung** (§ 6) besitzt, 3. **die erforderliche Sachkunde** nachgewiesen hat (§ 7), 4. **ein Bedürfnis** nachgewiesen hat (§ 8) und 5. bei der Beantragung eines Waffenscheins oder einer Schießerlaubnis **eine Versicherung gegen Haftpflicht** in Höhe von 1 Million Euro – pauschal für Personen- und Sachschäden – nachweist (§ 4 Abs. 1 WaffG).
Frage: Wann kann die Erlaubnis versagt werden?	**Antwort:** Die Erlaubnis zum Erwerb, Besitz, Führen oder Schießen kann versagt werden, wenn der Antragsteller seinen gewöhnlichen **Aufenthalt nicht seit mindestens fünf Jahren** im Geltungsbereich des WaffG hat (§ 4 Abs. 2 WaffG).
Hinweis:	Im Falle des § 4 Abs. 2 steht die Versagung der Erlaubnis im Ermessen der Waffenbehörde; von diesem Versagungsgrund wird die Waffenbehörde Gebrauch machen, wenn ihr eigene sachnotwendige Erkenntnisse fehlen und der Antragsteller keine ausreichenden Nachweise beibringt (WaffVwV-Bund v. 10/2006).
Frage: Muss die zuständige Behörde die Inhaber von waffenrechtlichen Erlaubnissen erneut überprüfen?	**Antwort: Ja!** Die zuständige Behörde hat die Inhaber von waffenrechtlichen Erlaubnissen in regelmäßigen Abständen, mindestens jedoch **nach Ablauf von drei Jahren**, erneut auf ihre **Zuverlässigkeit und persönliche Eignung zu prüfen** sowie in den Fällen des Absatzes 1 Nr. 5 sich das Vorliegen einer **Versicherung gegen Haftpflicht** nachweisen zu lassen (§ 4 Abs. 3 WaffG).
	Die zuständige Behörde hat **drei Jahre nach Erteilung der ersten waffenrechtlichen Erlaubnis das Fortbestehen des Bedürfnisses zu prüfen**. Dies kann im Rahmen der Prüfung nach Absatz 3 erfolgen (§ 4 Abs. 4 WaffG).[5]

[5] Die Pflicht zur erneuten Überprüfung des Bedürfnisses drei Jahre nach Erteilung der Ersterlaubnis zum Waffen- und Munitionsbesitz besteht nur einmalig. Nach diesem Zeitpunkt wird ohne konkrete Anhaltspunkte für den Wegfall oder das Nichtbestehen eines Bedürfnisses, wofür die Waffenbehörde darlegungspflichtig wäre, keine Bedürfnisprüfung mehr durchgeführt (Nr. 4.4 WaffVwV-Bund).
Jägern wird der Fortbestand des Bedürfnisses durch Lösen von Jagdscheinen, Sportschützen durch den Fortbestand der Mitgliedschaft in einem anerkannten Schießsportverband unterstellt.

Frage: Wer besitzt die Zuverlässigkeit nicht?	**Antwort: Die erforderliche Zuverlässigkeit besitzen Personen nicht,** 1. die rechtskräftig **wegen eines Verbrechens** oder **wegen sonstiger vorsätzlicher Straftaten** zu einer **Freiheitsstrafe von mindestens einem Jahr** verurteilt worden sind, wenn seit dem Eintritt der Rechtskraft der letzten Verurteilung **zehn Jahre noch nicht verstrichen sind,** 2. bei denen **Tatsachen** die Annahme rechtfertigen, dass sie a) **Waffen oder Munition missbräuchlich oder leichtfertig verwenden** werden, b) mit Waffen oder Munition **nicht vorsichtig oder sachgemäß umgehen** oder diese Gegenstände **nicht sorgfältig verwahren werden,** c) Waffen oder Munition **Personen überlassen** werden, die zur Ausübung der tatsächlichen Gewalt über diese Gegenstände **nicht berechtigt** sind (§ 5 Abs. 1 WaffG).

§ 5 Abs. 1 ↑ nennt die Fälle der absoluten Unzuverlässigkeit. Gegenstand eines Verbrechens oder einer sonstigen Straftat können alle entsprechenden Tatbestände des Strafrechts oder des Nebenstrafrechts sein. Liegt ein derartiger Fall absoluter Unzuverlässigkeit vor, so ist der Antrag für eine Erlaubnis nach § 4 Abs. 1 Nr. 2 abzulehnen. Eine bereits erteilte Erlaubnis ist nach § 45 zurückzunehmen oder zu widerrufen (Nr. 5 WaffVwV-Bund v. 10/2006).

§ 5 Abs. 2 ↓ nennt die Fälle der Regelunzuverlässigkeit. Hier wird die Unzuverlässigkeit widerlegbar vermutet. Zur Widerlegung der Vermutung können Umstände mit herangezogen werden, die die Annahme eines atypischen Sachverhaltes, den der Gesetzgeber nicht einbeziehen konnte, stützen (Nr. 5 WaffVwV-Bund v. 10/2006).

Frage: Wer besitzt **in der Regel die Zuverlässigkeit nicht?**	**Antwort:** Die **erforderliche Zuverlässigkeit besitzen in der Regel Personen nicht**, die 1.a) wegen einer **vorsätzlichen Straftat**, b) wegen einer **fahrlässigen Straftat** im Zusammenhang mit dem Umgang mit Waffen, Munition oder explosionsgefährlichen Stoffen oder wegen einer **fahrlässigen gemeingefährlichen Straftat**, c) wegen einer **Straftat nach dem Waffengesetz, dem Kriegswaffenkontrollgesetz, dem Sprengstoffgesetz oder dem Bundesjagdgesetz** zu einer **Freiheitsstrafe, Jugendstrafe, Geldstrafe von mindestens 60 Tagessätzen** oder mindestens **zweimal zu einer geringeren Geldstrafe** rechtskräftig verurteilt worden sind oder bei denen die Verhängung von Jugendstrafe ausgesetzt worden ist, wenn seit Eintritt der Rechtskraft der letzten Verurteilung **5 Jahre noch nicht verstrichen** sind,

	2. **Mitglieder** a) **in einem Verein, der nach dem Vereinsgesetz als Organisation unanfechtbar verboten** wurde oder der einem unanfechtbaren Betätigungsverbot nach dem Vereinsgesetz unterliegt, oder b) **in einer Partei, deren Verfassungswidrigkeit** das Bundesverfassungsgericht ... festgestellt hat, waren, wenn **seit der Beendigung der Mitgliedschaft zehn Jahre noch nicht verstrichen sind**, 3. einzeln oder als Mitglied einer Vereinigung Bestrebungen verfolgen oder unterstützen oder in den letzten fünf Jahren verfolgt oder unterstützt haben, die a) **gegen die verfassungsmäßige Ordnung** oder b) **gegen den Gedanken der Völkerverständigung**, insbesondere gegen das friedliche Zusammenleben der Völker, gerichtet sind, oder c) durch **Anwendung von Gewalt** oder darauf gerichtete Vorbereitungshandlungen auswärtige Belange Deutschlands gefährden, 4. innerhalb der letzten fünf Jahre mehr als einmal **wegen Gewalttätigkeit** mit richterlicher Genehmigung **in polizeilichem Präventivgewahrsam** waren, 5. **wiederholt oder gröblich gegen die Vorschriften eines der in Nr. 1c genannten Gesetze verstoßen** haben (§ 5 Abs. 2 WaffG).
	Die zuständige Behörde kann die Entscheidung über den Antrag auf Erteilung einer waffenrechtlichen Erlaubnis bis zum rechtskräftigen Abschluss eines Verfahrens aussetzen (§ 5 Abs. 4 WaffG).
Frage: Welche Erkundigungen hat die Behörde einzuholen?	**Antwort:** Die zuständige Behörde hat im Rahmen der **Zuverlässigkeitsprüfung** folgende Erkundigungen einzuholen: 1. die **unbeschränkte Auskunft aus dem Bundeszentralregister**, 2. die **Auskunft aus dem zentralen staatsanwaltschaftlichen Verfahrensregister**, 3. die **Stellungnahme der örtlichen Polizeidienststelle**, ob Tatsachen bekannt sind, die Bedenken gegen die Zuverlässigkeit begründen; die Polizeidienststelle schließt in ihre Stellungnahme das Ergebnis ihrer Prüfung nach Abs. 2 Nr. 4 ein. Die nach Satz 1 Nr. 2 erhobenen personenbezogenen Daten dürfen nur für den Zweck der waffenrechtlichen Zuverlässigkeitsprüfung verwendet werden (§ 5 Abs. 5 WaffG).

Frage: Wer besitzt die persönliche Eignung nicht?	**Antwort:** Die **erforderliche persönliche Eignung besitzen Personen nicht**, wenn Tatsachen die Annahme rechtfertigen, dass sie 1. **geschäftsunfähig** sind, 2. **abhängig von Alkohol oder anderen berauschenden Mitteln, psychisch krank oder debil sind** oder 3. auf Grund in der Person liegender Umstände **mit Waffen oder Munition nicht vorsichtig oder sachgemäß umgehen** oder diese Gegenstände **nicht sorgfältig verwahren können** oder dass die konkrete **Gefahr einer Fremd- oder Selbstgefährdung** besteht (§ 6 Abs. 1 Satz 1).
Frage: Wer besitzt in der Regel die persönliche Eignung nicht?	**Antwort:** Die erforderliche persönliche Eignung **besitzen in der Regel Personen nicht**, wenn Tatsachen die Annahme rechtfertigen, dass sie in ihrer **Geschäftsfähigkeit beschränkt** sind. Die zuständige Behörde soll die Stellungnahme der örtlichen Polizeidienststelle einholen. Der persönlichen Eignung können auch im Erziehungsregister eingetragene Entscheidungen oder Anordnungen entgegenstehen (§ 6 Abs. 1 Satz 2ff WaffG).
Frage: Wer muss ein amts- oder fachärztliches oder fachpsychologisches Zeugnis vorlegen?	**Antwort:** Sind Tatsachen bekannt, die **Bedenken gegen die persönliche Eignung** nach Absatz 1 begründen, oder bestehen **begründete Zweifel** an vom Antragsteller beigebrachten Bescheinigungen, so hat die zuständige Behörde dem Betroffenen auf seine Kosten die **Vorlage eines amts- oder fachärztlichen oder fachpsychologischen Zeugnisses** über die geistige oder körperliche Eignung aufzugeben[6] (§ 6 Abs. 2 WaffG).
	Personen, die **noch nicht das 25. Lebensjahr vollendet** haben, haben **für die erstmalige Erteilung einer Erlaubnis zum Erwerb und Besitz einer Schusswaffe auf eigene Kosten ein amts- oder fachärztliches oder fachpsychologisches Zeugnis**[7] über die geistige Eignung vorzulegen.[8] Satz 1 gilt nicht für den Erwerb und Besitz von Schusswaffen im Sinne von § 14 Abs. 1 Satz 2[9] (§ 6 Abs. 3).

[6] Gilt grundsätzlich ohne Altersgrenze bei Vorliegen von o.g. Bedenken oder Zweifel.
[7] Verfahren, Vorlage und Anerkennung: § 4 AWaffV Gutachten über die persönliche Eignung
[8] Ein solches Gutachten (Zeugnis) ist nach WaffVwV-Bund v. 10/2006 z.B. notwendig für
- die Erteilung einer WBK, auch gelben WBK, für Sportschützen/Biathleten unter 25 Jahren,
- die Erteilung einer WBK für Erben, Sammler etc. unter 25 Jahren,
- die Erteilung einer Waffenherstellungs- oder –handelserlaubnis für Personen unter 25 Jahren,
- das Führen von Schusswaffen durch Mitarbeiter von Bewachungsunternehmen unter 25 J.

[9] Schusswaffen bis 5,6 mm lfB (.22 l.r.) für Munition mit Randfeuerzündung und $E_{0,max} \leq 200J$ und Einzellader-Langwaffen mit glatten Läufen bis Kaliber 12 (nach einer genehmigten Sportordnung).
§ 6 Abs. 3 Satz 1 WaffG gilt auch nicht für Jäger (Inhaber eines gültigen Jagdscheins nach dem BJG).

Frage: Wie kann man die **Sachkunde nachweisen?**	**Antwort:** Den **Nachweis der Sachkunde** hat erbracht, wer eine **Prüfung** vor der dafür bestimmten Stelle bestanden hat oder seine Sachkunde durch eine **Tätigkeit oder Ausbildung** nachweist (§ 7 Abs. 1 WaffG).
	Dabei sind **waffentechnische und -rechtliche** Kenntnisse nachzuweisen (§ 7 Abs. 2 WaffG).
Umfang, Prüfung und anderweitiger Nachweis:	§§ 1 – 3 AWaffV und **Kapitel 3 dieses Buches**
Frage: Wie kann man ein **Bedürfnis nachweisen?**	**Antwort**: Der **Nachweis eines Bedürfnisses** ist erbracht, wenn gegenüber den Belangen der öffentlichen Sicherheit oder Ordnung 1. besonders anzuerkennende **persönliche oder wirtschaftliche Interessen, vor allem als Jäger, Sportschütze Brauchtumsschütze, Waffen- oder Munitionssammler, Waffen- oder Munitionssachverständiger, gefährdete Person, als Waffenhersteller oder –händler oder als Bewachungsunternehmer**,[10] und 2. die **Geeignetheit und Erforderlichkeit** der Waffen oder Munition für den beantragten Zweck glaubhaft gemacht sind (§ 8 Abs. 1 WaffG).
	Ein Bedürfnis im Sinne von Absatz 1 Nr. 1 liegt insbesondere vor, wenn der Antragsteller 1. **Mitglied eines schießsportlichen Vereins**[11] ist, der einem nach § 15 Abs. 1 anerkannten Schießsportverband angehört, oder 2. **Inhaber eines gültigen Jagdscheins**[12] ist (§8(2)).
Frage: Gibt es **inhaltliche Beschränkungen?**	**Antwort**: Ja! Eine Erlaubnis kann **zur Abwehr von Gefahren** für die öffentliche Sicherheit oder Ordnung inhaltlich beschränkt werden, insbesondere um Leben und Gesundheit von Menschen gegen die aus dem Umgang mit Schusswaffen oder Munition entstehenden Gefahren und erheblichen Nachteilen zu schützen (§ 9 Abs. 1 WaffG).
	Erlaubnisse können befristet oder mit Auflagen verbunden werden. Auflagen können nachträglich aufgenommen, geändert und ergänzt werden (§ 9 Abs. 2).

[10] Die Anerkennung eines Bedürfnisses kann insbesondere auch in Betracht kommen bei
- dem Abschuss oder der Immobilisierung von Gehegewild,
- volljährigen Personen in der Ausbildung zum Jäger
- Flugplatzbetreibern, berufsständischen Verbänden, schulischen Einrichtungen und sonstigen Trägern, deren Lehrgänge zur Vermittlung der Sachkunde staatlich anerkannt sind,
- der Vogel- oder Schädlingsbekämpfung durch Landwirte, Erwerbsfischer oder Winzer,
- Bergsteigern und Wassersportlern, Eignern und Charterern von seegehenden Schiffen,
- kommerziellen Schießstandsbetreibern (WaffVwV-Bund v. 10/2006).

[11] Siehe § 14 Erwerb und Besitz von Schusswaffen und Munition durch Sportschützen

[12] Siehe § 13 Erwerb und Besitz von Schusswaffen und Munition durch Jäger, Führen und Schießen

8.1.2.a Erlaubnisse zum Erwerb, Besitz, Führen, Schießen (§ 10 WaffG)

Frage: Wozu braucht man eine **Waffenbesitzkarte**?	**Antwort:** Die Erlaubnis zum **Erwerb und Besitz** von Waffen wird durch eine **Waffenbesitzkarte** (WBK) erteilt. Für die Erteilung einer Erlaubnis für Schusswaffen sind **Art, Anzahl und Kaliber** der Schusswaffen anzugeben (§ 10 Abs. 1 WaffG).
Welche Fristen sind zu beachten?	1. Die **Erlaubnis zum Erwerb einer Waffe** gilt für die Dauer **eines Jahres**. 2. Der Waffenerwerb ist **binnen zwei Wochen** der zuständigen Behörde unter Benennung des Überlassenden **schriftlich anzuzeigen. WBK vorlegen!** 3. Die **Erlaubnis zum Besitz** wird in der Regel **unbefristet** erteilt. (§ 10 Abs. 1 und 1a WaffG)
Frage: Kann eine WBK auf **mehrere Personen oder einen Verein ausgestellt** werden?	**Antwort: Ja!** Eine WBK über Schusswaffen, die **mehrere Personen besitzen**, kann auf diese Personen ausgestellt werden. Eine WBK kann auch einem **schießsportlichen Verein** oder einer **jagdlichen Vereinigung** als juristischer Person erteilt werden; es ist eine verantwortliche Person zu benennen, die die Voraussetzungen des § 4 Abs. 1 Nr. 1 bis 3 WaffG erfüllt (§ 10 Abs. 2 WaffG).
Frage: Bedarf es zum **Erwerb und Besitz von Munition** der Erlaubnis?	**Antwort: Ja!** Die **Erlaubnis zum Erwerb und Besitz von Munition** wird durch **Eintrag in eine WBK** für die darin eingetragenen Schusswaffen erteilt. Andernfalls wird die Erlaubnis durch einen **Munitionserwerbschein** für eine bestimmte Munitionsart erteilt; sie ist für den Erwerb der Munition auf die Dauer von sechs Jahren zu befristen und gilt für den Besitz von Munition unbefristet. Die Erlaubnis zum **nichtgewerblichen Laden** von Munition gilt auch als Erlaubnis zum Erwerb und Besitz dieser Munition. Nach Ablauf der Gültigkeit der Erlaubnis gilt die Erlaubnis zum Besitz der Munition noch sechs Monate fort (§ 10 Abs. 3).
Frage: Bedarf es zum **Führen einer Waffe** einer Erlaubnis**?** (Anl. 2 Abschn. 2/3 Nr. 2)	**Antwort: Ja!** Die Erlaubnis zum Führen einer Waffe wird durch einen **Waffenschein** erteilt. Er wird für bestimmte Schusswaffen auf höchstens **drei Jahre** erteilt; die Geltungsdauer kann **zweimal um höchstens je drei Jahre verlängert** werden. Die Erlaubnis zum Führen von Schreckschuss-, Reizstoff- und Signalwaffen mit PTB-Zeichen wird durch einen **Kleinen Waffenschein** erteilt. (Abs. 4)
Frage: Bedarf es zum **Schießen der Erlaubnis?**	**Antwort: Ja!** Die Erlaubnis zum Schießen mit einer Schusswaffe wird durch einen Erlaubnisschein erteilt (§ 10 Abs. 5 WaffG).

8.1.2.b Ausnahmen von den Erlaubnispflichten (§ 12 WaffG & Anlage 2)

Frage: Welche Ausnahmen von den Erlaubnispflichten zum Erwerb und Besitz einer Waffe gibt es? (§ 12 Abs. 1 WaffG)	**Antwort**: Einer **Erlaubnis zum Erwerb und Besitz einer Waffe bedarf nicht**, wer diese 1. **als Inhaber einer WBK von einem Berechtigten** a) **lediglich vorübergehend, höchstens aber für einen Monat** für einen von seinem Bedürfnis umfassten Zweck oder im Zusammenhang damit, oder b) **vorübergehend zum Zweck der sicheren Verwahrung oder der Beförderung erwirbt**; 2. vorübergehend von einem Berechtigten zur **gewerbsmäßigen Beförderung, zur gewerbsmäßigen Lagerung oder zur gewerbsmäßigen Ausführung von Verschönerungen** oder ähnlichen Arbeiten an der Waffe erwirbt; 3. von einem oder für einen Berechtigten erwirbt, wenn und solange er a) auf Grund eines **Arbeits- oder Ausbildungsverhältnisses**, b) als **Beauftragter oder Mitglied einer jagdlichen oder schießsportlichen Vereinigung, einer sportlichen Vereinigung zur Abgabe von Startschüssen oder einer zur Brauchtumspflege Waffen tragenden Vereinigung**, c) als Beauftragter einer in § 55 Abs. 1 Satz1 bezeichneten Stelle [oberste Behörden], d) als **Charterer von seegehenden Schiffen zur Abgabe von Seenotsignalen** den Besitz über die Waffe nur nach den Weisungen des Berechtigten ausüben darf; 4. von einem anderen, a) dem er die Waffe vorübergehend überlassen hat, ohne dass es hierfür der Eintragung in die Erlaubnisurkunde bedurfte, oder b) nach Abhandenkommen wieder erwirbt; 5. **auf einer Schießstätte lediglich vorübergehend zum Schießen auf dieser Schießstätte erwirbt**; 6. auf einer Reise in den oder durch den Geltungsbereich des WaffG berechtigt mitnimmt.
Frage: Welche Ausnahmen von den Erlaubnispflichten zum Erwerb und Besitz von Munition gibt es? (§ 12 Abs. 2 WaffG)	**Antwort**: Einer **Erlaubnis zum Erwerb und Besitz von Munition bedarf nicht**, wer diese 1. **unter den Voraussetzungen des Abs. 1 Nr. 1 bis 4 erwirbt oder Nr. 6 berechtigt mitnimmt;** 2. **unter den Voraussetzungen des Abs. 1 Nr. 5 zum sofortigen Verbrauch lediglich auf dieser Schießstätte (§ 27) erwirbt**.

Erlaubnisfreier Erwerb und Besitz von: (Anl. 2 Abschn. 2/2 Nr. 1) **Kennzeichen für Schusswaffen, deren Geschossen eine Bewegungsenergie von nicht mehr als 7,5 J erteilt wird (§§ 7, 9 BeschG)** **Zulassungszeichen für bauartgeprüfte SRS-Waffen nach § 8 BeschG und Zusatzgeräte zu diesen Waffen zum Verschießen pyrotechnischer Geschosse** **Zulassungszeichen für pyrotechnische Munition nach § 10 Abs. 1 BeschG** **Zulassungszeichen für Handfeuerwaffen, Schussapparate und Einsteckläufe nach § 7 BeschG und Geräte nach § 24 BeschVO**	1.1 **Druckluft-, Federdruck- und Druckgaswaffen, deren Geschossen eine Bewegungsenergie von nicht mehr als 7,5 J erteilt wird und die das F-Zeichen im Fünfeck tragen;** 1.2 **Druckluft-, Federdruck- und Druckgaswaffen, die vor 1970 oder in der ehemaligen DDR vor dem 2.4.1991 hergestellt wurden;** 1.3 **Schreckschuss-, Reizstoff- und Signalwaffen (SRS-Waffen), die der zugelassenen Bauart nach § 8 BeschG entsprechen und das PTB-Zeichen im Kreis tragen;** 1.4 **Kartuschenmunition für die in 1.3 bezeichneten Schusswaffen;** 1.5 veränderte Langwaffen, die zu Theateraufführungen, Foto-, Film- oder Fernsehaufnahmen bestimmt sind (Salutwaffen), abgeändert gem. Anl. 1Abschnitt 1/1 Nr. 1.5; 1.6 Schusswaffen, die vor dem 1.4.1976 gem. den Anforderungen abgeändert wurden; 1.7 **Einläufige Einzelladerwaffen mit Zündhütchenzündung (Perkussionswaffen), deren Modell vor 1871 entwickelt worden ist;** 1.8 **Schusswaffen mit Lunten- oder Funkenzündung, deren Modell vor 1871 entwickelt worden ist;** 1.9 **Schusswaffen mit Zündnadelzündung, deren Modell vor 1871 entwickelt worden ist;** 1.10 **Armbrüste;** 1.11 **Kartuschenmunition für die nach Nr. 1.5 abgeänderten Schusswaffen sowie für Schussapparate nach § 7 BeschG;** 1.12 **Pyrotechnische Munition mit Zulassungszeichen und der Klasse PM I.**
Erlaubnisfreier Erwerb durch Inhaber einer WBK: (Anl. 2 Abschn. 2/2 Nr. 2)	**2.1 Wechsel- und Austauschläufe gleichen oder geringeren Kalibers einschl. der für diese Läufe erforderlichen Verschlüsse (Wechselsysteme);** **2.2 Wechseltrommeln gleichen oder geringeren Geschoßdurchmessers und Gebrauchsgasdrucks für Schusswaffen, die bereits in die WBK eingetragen sind.** **Eintragungspflicht nach § 10 Abs. 1a beachten! Eintragung ggf. bis 1.10.2008 nachholen.**
Erlaubnisfreier Erwerb und Besitz durch Inhaber einer WBK: (Anl. 2 Abschn. 2/2 Nr. 2a)	**Einsteckläufe und dazugehörige Verschlüsse (Einstecksysteme) sowie Einsätze für Munition mit kleinerer Abmessung, die keine Einsteckläufe sind, für Schusswaffen, die bereits in der WBK des Inhabers einer Erlaubnis eingetragen sind.**

Frage: Wer bedarf keiner Erlaubnis zum Führen von Waffen[13]**?** (§ 12 Abs. 3 WaffG)	**Antwort: Einer Erlaubnis zum Führen von Waffen bedarf nicht, wer** **1.** diese **mit Zustimmung eines anderen in dessen Wohnung, Geschäftsräumen oder befriedetem Besitztum oder dessen Schießstätte** zu einem von seinem Bedürfnis umfassten Zweck oder im Zusammenhang damit führt; **2. diese nicht schussbereit und nicht zugriffsbereit von einem Ort zu einem andern befördert**[14], sofern der Transport der Waffe zu einem von seinem Bedürfnis umfassten Zweck oder im Zusammenhang damit erfolgt; **3. eine Langwaffe nicht schussbereit den Regeln entsprechend als Teilnehmer an genehmigten Sportwettkämpfen** auf festgelegten Wegstrecken führt; **4.** eine **Signalwaffe beim Bergsteigen, als verantwortlicher Führer eines Wasserfahrzeugs auf diesem Fahrzeug oder bei Not- und Rettungsübungen** führt; **5. eine Schreckschuss- oder eine Signalwaffe zur Abgabe von Start- oder Beendigungszeichen bei Sportveranstaltungen führt,** wenn optische oder akustische Signalgebung erforderlich ist.
Erlaubnisfreies Führen von (Anl. 2 Abschn. 2/2 Nr. 3)	**3.1 Schusswaffen mit Lunten- oder Funkenzündung,** deren Modell vor 1871 entwickelt wurde; **3.2 Armbrüsten.**
Frage: Wer bedarf keiner Erlaubnis zum Schießen mit einer Schusswaffe? (§ 12 Abs. 4 WaffG)  **Kennzeichen für Schusswaffen, deren Geschossen eine Bewegungsenergie von nicht mehr als 7,5 J erteilt wird**  **Zulassungszeichen für Handfeuerwaffen, Schussapparate und Einsteckläufe nach § 7 BeschG**	**Antwort: Einer Erlaubnis zum Schießen mit einer Schusswaffe bedarf nicht, wer auf einer Schießstätte (§ 27) schießt. Das Schießen außerhalb von Schießstätten** ist darüber hinaus ohne Schießerlaubnis nur zulässig **1. durch den Inhaber des Hausrechts oder mit dessen Zustimmung im befriedeten Besitztum** **a) mit Schusswaffen, deren Geschossen eine Bewegungsenergie von nicht mehr als 7,5 Joule (J) erteilt wird oder deren Bauart nach § 7 des Beschussgesetzes zugelassen ist, sofern die Geschosse das Besitztum nicht verlassen können,** **b)** mit Schusswaffen, aus denen nur **Kartuschenmunition** verschossen werden kann,

[13] Die Erlaubnis zum Führen einer Waffe wird durch einen Waffenschein erteilt (s. oben, Kap. 8.1.2.a). Auch wenn es in den hier genannten Fällen keines Waffenscheins zum Führen einer Waffe bedarf, muss man seinen Personalausweis oder Pass und ggf. die zugehörige Waffenbesitzkarte mit sich führen und den zur Personenkontrolle Befugten auf Verlangen zur Prüfung aushändigen (§ 38 WaffG).

[14] Zu den Begriffen „schussbereit“ und „zugriffsbereit“ siehe oben, Kap. 8.1.0 Allgem. Bestimmungen.

	2. durch Personen, die den Regeln entsprechend **als Teilnehmer nach Abs. 3 Nr. 3 mit einer Langwaffe an Schießständen schießen,** **3.** mit Schusswaffen, aus denen **nur Kartuschenmunition** verschossen werden kann, a) durch **Mitwirkende an Theateraufführungen** und diesen gleich zu achtenden Vorführungen, **b)** zum **Vertreiben von Vögeln in landwirtschaftlichen Betrieben,** **4.** mit **Signalwaffen bei Not- und Rettungsübungen,** **5.** mit Schreckschuss- oder mit Signalwaffen zur **Abgabe von Start- oder Beendigungszeichen** im Auftrag der Veranstalter bei Sportveranstaltungen, wenn optische oder akustische Signalgebung erforderlich ist.
Frage: Kann die Behörde **weitere Ausnahmen** zulassen? (§ 12 Abs. 5 WaffG)	**Antwort: Ja!** Die zuständige Behörde kann im Einzelfall weitere Ausnahmen von den Erlaubnispflichten zulassen, wenn besondere Gründe vorliegen und Belange der öffentlichen Sicherheit und Ordnung nicht entgegenstehen.
Erlaubnisfreier Handel und erlaubnisfreie Herstellung: (Anl. 2 Abschn. 2/2 Nr. 4)	**4.1 Schusswaffen mit Lunten- oder Funkenzündung,** deren Modell vor 1871 entwickelt wurde; **4.2 Armbrüste.**
Erlaubnisfreier Handel: (Anl. 2 Abschn. 2/2 Nr. 5)	**5.1 Einläufige Einzelladerwaffen mit Zündhütchenzündung (Perkussionswaffen),** deren Modell vor 1871 entwickelt worden ist; **5.2 Schusswaffen mit Zündnadelzündung**, deren Modell vor 1871 entwickelt worden ist.
Erlaubnisfreie nichtgewerbsmäßige Herstellung: 6.1 Munition (Anl. 2, 2/2, Nr. 6).	
Erlaubnisfreies Verbringen & erlaubnisfreie Mitnahme in den, durch den oder aus dem Geltungsbereich des Waffengesetzes: (Anl. 2 Abschn. 2/2 Nr. 7)	7.1 Druckluft-, Federdruck- und Druckgaswaffen nach Anl. 2 Abschn. 2/2 Nr. 1.1 & 1.2 (s. oben) 7.2 SRS-Waffen nach Anl. 2 Abschn. 2/2 Nr. 1.3 7.3 Salutwaffen nach Anl. 2 Abschn. 2/2 Nr. 1.5 7.4 Waffen nach Anl. 2 Abschn. 2/2 Nr. 1.6 7.5 Munition für SRS-Waffen nach Nr. 7.2 7.6 Waffen nach Anl. 2 Abschn. 2/2 Nr. 1.7 7.7 Waffen nach Anl. 2 Abschn. 2/2 Nr. 1.8 & 1.9 7.8 Armbrüste 7.9 Pyrotechnische Munition nach Anl. 2 Abschn. 2/2 Nr. 1.12
Erwerb und Besitz ohne Bedürfnisnachweis: (Anl. 2 Abschn. 2/3 Nr. 1)	**1.1 Feuerwaffen, deren Geschossen eine Bewegungsenergie von nicht mehr als 7,5 Joule erteilt wird und die das F-Zeichen im Fünfeck tragen.** **1.2 Für Waffen nach Nr. 1.1 bestimmte Munition.**

Frage: Welche Waffen sind vom Waffengesetz ganz oder teilweise ausgenommen? (Anl. 2 Abschn. 3/1)	**Antwort: Unterwassersportgeräte, bei denen zum Antrieb der Geschosse keine Munition verwendet wird (Harpunengeräte).** Es gelten jedoch § 2 Abs. 1 WaffG (Mindestalter) und § 41 WaffG (Waffenverbote für den Einzelfall)
Frage: Welche Waffen sind vom Waffengesetz ganz oder teilweise ausgenommen? (Anl. 2 Abschn. 3/2)	**Antwort: Vom Waffengesetz sind mit Ausnahme des § 42a (Verbot des Führens von Anscheinswaffen und bestimmten tragbaren Gegenständen) ausgenommen:** **1. Schusswaffen, die zum Spiel bestimmt sind, wenn aus ihnen nur Geschosse verschossen werden können, denen eine Bewegungsenergie von nicht mehr als 0,5 Joule (J) erteilt wird**, es sei denn, sie können mit allgemein gebräuchlichen Werkzeugen so geändert werden, dass die Bewegungsenergie der Geschosse über 0,5 J steigt. **2. Schusswaffen, bei denen feste Körper durch Muskelkraft ohne Möglichkeit der Speicherung der so eingebrachten Antriebsenergie durch eine Sperrvorrichtung angetrieben werden (z.B. Blasrohre).** **3. Gegenstände, die zum Spiel bestimmt sind, wenn mit ihnen nur Zündblättchen, -bänder, -ringe (Amorces) oder Knallkorken abgeschossen werden können**, es sei denn, sie können mit allgemein gebräuchlichen Werkzeugen in eine Schusswaffe oder einen anderen einer Schusswaffe gleichstehenden Gegenstand umgearbeitet werden. 4. **Unbrauchbar gemachte Schusswaffen (Dekorationswaffen)**; dies sind 4.1 unbrauchbar gemachte Schusswaffen, die vor dem 1.1.2003 entsprechend den Anforderungen des § 7 der 1. Verordnung zum Waffengesetz vom 24.5.1976 in der bis zu diesem Zeitpunkt geltenden Fassung unbrauchbar gemacht worden sind; 4.2 unbrauchbar gemachte Schusswaffen, Zier- oder Sammlerwaffen, die in der Zeit vom 1.4.2003 an entsprechend den Anforderungen der Anl. 1 Abschn. 1/1 Nr. 1.4 unbrauchbar gemacht worden sind und die ein Zulassungszeichen nach Anl. II Abb. 11 zur Beschussverordnung vom 13.7.2006 aufweisen. 5. Nachbildungen von Schusswaffen nach Anl. 1 Abschn. 1/1 Nr. 6.

8.1.3 Besondere Erlaubnistatbestände für bestimmte Personengruppen

Umgang mit Waffen / Munition durch Jäger (Jagdscheininhaber, § 13 WaffG)

Frage: Was gilt für den **Erwerb und Besitz von Schusswaffen und Munition durch Jäger?**	**Antwort: Ein Bedürfnis für den Erwerb und Besitz von Schusswaffen und der dafür bestimmten Munition** wird bei Personen anerkannt, die Inhaber eines gültigen Jagdscheins nach dem BJagdG sind (Jäger), wenn 1. glaubhaft gemacht wird, dass sie die **Schusswaffen und die Munition zur Jagdausübung** oder zum jagdlichen Schießen benötigen, und 2. die zu erwerbende Schusswaffe und Munition **nach dem BJagdG nicht verboten ist** (Abs. 1).
	Für Jäger gilt § 6 Abs. 3 Satz 1 (Zeugnis) nicht. Bei Inhabern eines Jahresjagdscheins erfolgt keine Prüfung der Voraussetzungen des Abs. 1 Nr. 1 sowie des § 4 Abs. 1 Nr. 4 **(Bedürfnis) für den Erwerb und Besitz von Langwaffen und zwei Kurzwaffen,** sofern die Voraussetzungen des Abs. 1 Nr. 2 vorliegen (Abs. 2).
	Bei Erwerb von Langwaffen auf Jagdschein ist die **Eintragung in eine WBK binnen zwei Wochen** durch den Erwerber zu beantragen (Abs. 3).
	Für den Erwerb und vorübergehenden Besitz gem. § 12 Abs. 1 Nr. 1 von Langwaffen nach Abs. 1 Nr. 2 **steht ein Jagdschein einer WBK gleich** (Abs. 4).
Frage: Was gilt allgemein für den **Erwerb und Besitz von Munition durch Jäger?**	**Antwort:** Jäger (Jagdscheininhaber) bedürfen für den Erwerb und Besitz von **Munition für Langwaffen**[15] nach Abs. 1 Nr. 2 keiner Erlaubnis, sofern sie nicht nach dem Bundesjagdgesetz verboten ist (Abs. 5).
Frage: Braucht der Jäger **einen Waffenschein oder eine Schießerlaubnis?**	**Antwort:** Ein Jäger darf Jagdwaffen **zur befugten Jagdausübung einschließlich des Ein- und Anschießens im Revier, zur Ausbildung von Jagdhunden im Revier, zum Jagdschutz oder zum Forstschutz ohne Erlaubnis führen und mit ihnen schießen**; er darf auch **im Zusammenhang mit diesen Tätigkeiten die Jagdwaffen nicht schussbereit ohne Erlaubnis führen.**[16] Der befugten Jagdausübung gleichgestellt ist der **Abschuss von Tieren, die dem Naturschutz unterliegen**, wenn die natur- schutzrechtliche Ausnahme oder Befreiung die Tötung durch einen Jäger vorsieht (Abs. 6)

[15] Für Langwaffen geeignete Munition kann ein Jäger allein aufgrund eines gültigen Jahres- oder Tagesjagdscheins erwerben, sofern diese nicht nach dem BJagdG verboten ist (Nr. 13.5 WaffVwV-Bund)
[16] Jäger benötigen zum Führen von SRS-Waffen innerhalb des Reviers keinen Kleinen Waffenschein.

Frage. Was gilt für Inhaber eines **Jugendjagdscheins**?	**Antwort:** Inhabern eines Jugendjagdscheins im Sinne von § 16 des Bundesjagdgesetzes wird eine **Erlaubnis zum Erwerb und Besitz von Schusswaffen und der dafür bestimmten Munition nicht erteilt**. Sie dürfen Schusswaffen und die dafür bestimmte Munition **nur für die Dauer der Jagdausübung oder des jagdlichen Schießens** ohne Erlaubnis erwerben, besitzen, Schusswaffen führen und damit schießen; sie dürfen auch im Zusammenhang mit diesen Tätigkeiten die Jagdwaffen nicht schussbereit ohne Erlaubnis führen (Abs. 7).[17]
	Insbesondere dürfen Inhaber eines Jugendjagdscheins auch Schusswaffen anderer Berechtigter (**Leihwaffen**) im Zusammenhang mit diesen Tätigkeiten nicht schussbereit führen; zum Beispiel also auch Jagdwaffen und Munition auf dem Weg zur Jagdausübung bzw. zur Schießstätte (insoweit auch ohne jagdlich erfahrene Aufsichtsperson) getrennt und nicht zugriffsbereit ohne behördliche Erlaubnis transportieren. (WaffVwV-Bund Nr. 13.7)
Frage: Was gilt für Personen in der **Jägerausbildung (Jagdscheinanwärter)?**	**Antwort:** Personen in der Ausbildung zum Jäger dürfen nicht schussbereite Jagdwaffen in der Ausbildung **ohne Erlaubnis unter Aufsicht eines Ausbilders erwerben, besitzen und führen**, wenn sie das 14. Lebensjahr vollendet haben und der Sorgeberechtigte[18] und der Ausbildungsleiter ihr Einverständnis in einer von beiden unterzeichneten Berechtigungsbescheinigung erklärt haben. Die Person hat in der Ausbildung die Berechtigungsbescheinigung mit sich zu führen (Abs. 8).
	Personen in der Ausbildung zum Jäger dürfen in der Ausbildung ohne Erlaubnis mit Jagdwaffen **schießen**, wenn sie das 14. Lebensjahr vollendet haben und der Sorgeberechtigte[18] und der Ausbildungsleiter ihr Einverständnis in einer von beiden unterzeichneten Berechtigungsbescheinigung erklärt haben (§ 27 Abs. 5 WaffG).[19]

[17] Ein Jugendjagdschein berechtigt nach den jagdgesetzlichen Vorgaben ohnehin nur zur Ausübung der Einzeljagd in Begleitung eines jagdlich erfahrenen Erziehungs- bzw. Sorgeberechtigten oder einer von diesem schriftlich beauftragten, jagdlich erfahrenen Aufsichtsperson (WaffVwV-Bund Nr. 13.7).

[18] Sorgeberechtigter nur bis zum vollendeten 18. Lebensjahr des Anwärters (WaffVwV-Bund Nr. 13.8)

[19] Jagdscheinanwärtern kann darüber hinaus ein Bedürfnis zum Erwerb und Besitz einer Einzelladerlangwaffe mit glattem Lauf/glatten Läufen im Kaliber 12 oder kleiner anerkannt werden, wenn eine geeignete Waffe ausnahmsweise vom Ausbilder nicht zur Verfügung gestellt werden kann. Voraussetzungen hierfür sind: Vollendung des 18. Lebensjahres, Zuverlässigkeit und persönliche Eignung nach §§ 5 und 6 WaffG, Sachkundenachweis nach § 3 Abs. 1 Nr. 1a, 3. Fall AWaffV oder geeigneter anderweitiger Nachweis der Sachkunde, Bedürfnisnachweis, Darlegung der Erforderlichkeit durch die verantwortliche Ausbildungsstelle oder die zuständige Kreisgruppe (WaffVwV-Bund Nr. 13.8).

Erwerb und Besitz von Schusswaffen und Munition durch Sportschützen (§ 14 WaffG)

Frage: Was gilt für den **Erwerb und Besitz von Schusswaffen und Munition** durch Sportschützen **(Alterserfordernis)?**	**Antwort: Erwerb und Besitz** von Schusswaffen und Munition zum sportlichen Schießen bis zu einem **Kaliber von 5,6 mm lfB (.22 l.r.) für Munition mit Randfeuerzündung und Mündungsenergie der Geschosse bis 200 Joule und Einzellader-Langwaffen mit glatten Läufen bis Kaliber 12 ab 18 Jahren**; alle übrigen erst **ab 21 Jahren** (Abs. 1).
Hinweis auf § 6 Abs. 3 WaffG:	**Für diese übrigen bis 25 Jahre auch ärztl. Zeugnis**
Frage: Bedürfnisnachweis? Antragsmuster: s. Kap. 10 **Erwerbsstreckungsgebot**	**Antwort:** Ein **Bedürfnis für den Erwerb und Besitz** von Schusswaffen und der dafür bestimmten Munition wird bei **Mitgliedern eines Schießsportvereins** anerkannt, der einem nach § 15 Abs. 1 WaffG anerkannten Schießsportverband angehört. Durch eine **Bescheinigung des Schießsportverbandes** oder eines ihm angegliederten Teilverbandes ist glaubhaft zu machen, dass 1. das Mitglied **seit mindestens 12 Monaten** den Schießsport in einem Verein **regelmäßig** als Sportschütze betreibt und 2. die zu erwerbende **Waffe für eine Sportdisziplin** nach der Sportordnung des Schießsportverbandes zugelassen und erforderlich ist. **Innerhalb von 6 Monaten dürfen in der Regel nicht mehr als 2 Schusswaffen erworben werden** (Abs. 2).
Regelbedürfnis:	**3 halbautomatische Langwaffen samt Munition und 2 mehrschüssige Kurzwaffen für Patronenmunition**. Ein Bedürfnis für den Erwerb und Besitz weiterer Waffen sowie der erforderlichen Munition unter Beachtung des Abs. 2 wird durch Vorlage einer Bescheinigung des Schießsportverbandes des Antragstellers glaubhaft gemacht, wonach die weitere Waffe 1. von ihm zur Ausübung weiterer Sportdisziplinen benötigt wird oder 2. zur Ausübung des Wettkampfsports erforderlich ist (Abs. 3).
Frage: Gibt es eine **Waffenbesitzkarte für Sportschützen (Gelbe WBK)?** Abweichung von § 10 Abs. 1 Satz 3 (Erwerb binnen 1 Jahr). Abs. 2 Satz 2 Nr. 1 und Satz 3 (Erwerbsstreckungsgebot) gilt.	**Antwort:** Sportschützen, die dem Schießsport in einem Schießsportverband nach § 15 (1) als gemeldetes Mitglied nachgehen, wird eine **unbefristete Erlaubnis** erteilt, die **zum Erwerb von Einzellader-Langwaffen, von Repetier-Langwaffen mit gezogenen Läufen, von einläufigen Einzellader-Kurzwaffen für Patronenmunition und von mehrschüssigen Kurz- und Langwaffen mit Zündhütchenzündung** (Perkussion) berechtigt (Abs. 4).

Jeden Waffenerwerb binnen zwei Wochen der Behörde anzeigen! WBK vorlegen!

Schießsportverbände, schießsportliche Vereine (§ 15 WaffG)

(1) **Als Schießsportverband im Sinne des [Waffen-]Gesetzes wird ein überörtlicher Zusammenschluss schießsportlicher Vereine anerkannt**, der

1. wenigstens in jedem [Bundes-]Land, in dem seine Sportschützen ansässig sind, in schießsportlichen Vereinen organisiert ist,
2. mindestens 10 000 Sportschützen, die mit Schusswaffen schießen, als Mitglieder insgesamt in seinen Vereinen hat,
3. den Schießsport als Breitensport und Leistungssport betreibt,
4. a) auf eine sachgerechte Ausbildung in den schießsportlichen Vereinen und
   b) zur Förderung des Nachwuchses auf die Durchführung eines altersgerechten Schießsports für Kinder/Jugendliche in diesen Vereinen hinwirkt,
5. regelmäßig überregionale Wettbewerbe organisiert und daran teilnimmt.

(2) **Von den Voraussetzungen des Abs. 1 Nr. 1, 2 oder 4b kann abgewichen werden**, wenn die besondere Eigenart des Verbandes dies erfordert, öffentliche Interessen nicht entgegenstehen und der Verband die Gewähr dafür bietet, die sonstigen Anforderungen ... zu erfüllen. ...

(3) **Die Anerkennung nach Abs. 1 erfolgt durch das Bundesverwaltungsamt** im Benehmen mit den nach § 48 Abs. 1 [WaffG] zuständigen Behörden des Landes, in dem der Schießsportverband seinen Sitz hat, und, soweit nicht der Schießsportverband nur auf dem Gebiet dieses Landes tätig ist, im Benehmen mit den nach § 48 Abs. 1 zuständigen Behörden der übrigen Länder.

(4) **Die zuständige Behörde hat das Recht, jederzeit den Nachweis** über das Vorliegen der Voraussetzungen für die Anerkennung zu verlangen. **Die Anerkennung kann zurückgenommen oder widerrufen werden. ...**

(6) **Sportliches Schießen liegt dann vor, wenn nach festen Regeln einer genehmigten Sportordnung geschossen wird.** Schießübungen des kampfmäßigen Schießens, insbesondere die Verwendung von Zielen oder Scheiben, die Menschen darstellen oder symbolisieren, sind im Schießsport nicht zulässig.

(7) **Das Bundesverwaltungsamt entscheidet über die Genehmigung der Teile der Sportordnungen** der Schießsportverbände, die für die Ausführung des Waffengesetzes und der ... erlassenen Rechtsverordnungen erheblich sind. ...

Sportordnungen (§ 15a WaffG)

(1) Textgleich mit § 15 Abs. 6 WaffG (siehe oben)

(2) Satz 1 textgleich mit § 15 Abs. 7 Satz 1 WaffG (siehe oben)

Die Genehmigung einer Sportordnung muss im besonderen öffentlichen Interesse liegen. Änderungen von Sportordnungen sind dem Bundesverwaltungsamt zur Prüfung vorzulegen. Sofern das Bundesverwaltungsamt nicht binnen drei Monaten Änderungen verlangt oder dem Betroffenen mitteilt, dass die Prüfung aus anderen wichtigen Gründen nicht abgeschlossen werden kann, gilt die Änderung als genehmigt. ...

Fachbeirat Schießsport (§ 15b WaffG)

... berät das Bundesverwaltungsamt in Fragen der Anerkennung eines Schießsportverbandes und der Genehmigung von Schießsportordnungen.

Frage: Müssen vom Verein **ausgeschiedene Mitglieder** gemeldet werden?	**Antwort: Ja!** Der schießsportliche Verein ist verpflichtet, der zuständigen Behörde Sportschützen, **die Inhaber einer WBK sind und die aus ihrem Verein ausgeschieden sind, unverzüglich zu benennen** (§ 15 Abs. 5 WaffG).

Vom Schießsport ausgeschlossene Schusswaffen (§ 6 AWaffV)

(1) Vom sportlichen Schießen sind ausgeschlossen:

1. **Kurzwaffen mit einer Lauflänge von weniger als 7,62 cm (drei Zoll) Länge**;
2. **halbautomatische Schusswaffen, die ihrer äußeren Form nach den Anschein einer vollautomatischen Kriegswaffe hervorrufen, die Kriegswaffe im Sinne des Gesetzes über die Kontrolle von Kriegswaffen ist, wenn**
   a) **die Lauflänge weniger als 42 cm beträgt,**
   b) **das Magazin sich hinter der Abzugseinheit befindet (Bul-Pup-Waffen) oder**
   c) **die Hülsenlänge der Patronen bei Langwaffen weniger als 40 mm beträgt**;
3. **halbautomatische Langwaffen mit einer Magazinkapazität von mehr als 10 Patronen.**

(2) Das Verbot des Schießsports mit Schusswaffen und Munition im Sinne der Anlage 2 Abschnitt 1 des Waffengesetzes bleibt unberührt.

(3) Das Bundesverwaltungsamt kann auf Antrag eines anerkannten Schießsportverbandes Ausnahmen von den Verboten des Abs. 1 zulassen, insbesondere wenn es sich um in national oder international bedeutenden Schießsportwettkämpfen verwendete Schusswaffen handelt.

(4) Zuständige Behörde für die Beurteilung der Schusswaffen nach Abs. 1 ist das BKA.

Unzulässige Schießübungen im Schießsport (§ 7 AWaffV)

(1) Im Schießsport sind die Durchführung von Schießübungen in der Verteidigung mit Schusswaffen (§ 22) und solche Schießübungen und Wettbewerbe verboten, bei denen

1. **das Schießen aus Deckungen heraus erfolgt,**
2. **nach Abgabe des ersten Schusses Hindernisse überwunden werden,**
3. **das Schießen im deutlich erkennbaren Laufen erfolgt,**
4. **das schnelle Reagieren auf plötzlich und überraschend auftauchende, sich bewegende Ziele gefordert wird, ausgenommen das Schießen auf Wurf- und laufende Scheiben; es sei denn, das Schießen erfolgt entsprechend einer vom Bundesverwaltungsamt genehmigten Sportordnung,**
5. **das Überkreuzziehen von mehr als einer Waffe (Cross Draw) gefordert wird,**
6. **Schüsse ohne genaues Anvisieren des Ziels (Deutschüsse) abgegeben werden, ausgenommen das Schießen auf Wurfscheiben, oder**
7. **der Ablauf der Schießübung dem Schützen vor ihrer Absolvierung nicht auf Grund zuvor festgelegter Regeln bekannt ist.**

Die Veranstaltung dieser Übungen und die Teilnahme als Sportschütze sind verboten.

(2) Das **Verbot von Schießübungen des kampfmäßigen Schießens** (§ 15 Abs. 6 Satz 2 WaffG) und mit **verbotenen oder vom Schießsport ausgeschlossenen Schusswaffen oder Teilen von Schusswaffen** (§ 6), soweit nicht eine Ausnahme nach § 6 Abs. 3 AWaffV erteilt ist, bleibt unberührt.

(3) **Die Ausbildung und das Training im jagdlichen Schießen einschließlich jagdlicher Schießwettkämpfe werden durch die vorstehenden Regelungen nicht beschränkt.**

Beim BMI wird ein Beirat für schießsportliche Fragen gebildet (§ 8 AWaffV).

Erwerb und Besitz von Schusswaffen und Munition durch Brauchtumsschützen, Führen von Waffen und Schießen zur Brauchtumspflege (§ 16 WaffG)

Frage: Für welche Waffen und Munition wird ein **Bedürfnis zum Erwerb und Besitz bei Brauchtumsschützen** anerkannt?	**Antwort:** Ein Bedürfnis für den Erwerb und Besitz von **Einzellader-Langwaffen** und bis zu **drei Repetier-Langwaffen** sowie der dafür bestimmten **Munition** wird bei Mitgliedern einer zur Brauchtumspflege Waffen tragenden Vereinigung (Brauchtumsschützen) anerkannt, wenn sie durch eine Bescheinigung der Brauchtumsschützenvereinigung glaubhaft machen, dass sie diese Waffen zur Pflege des Brauchtums benötigen (§ 16 Abs. 1 WaffG).
Frage: Darf der **Brauchtumsschütze Waffen führen**?	**Antwort: Für Veranstaltungen, bei denen es Brauch ist, aus besonderem Anlass Waffen zu tragen, kann für die Dauer von fünf Jahren die Ausnahmebewilligung zum Führen von in Abs. 1 Satz 1 genannten Schusswaffen sowie von sonstigen zur Brauchtumspflege benötigten Waffen** im Sinne des § 1 Abs. 2 Nr. 2 WaffG einem verantwortlichen Leiter der Brauchtumsschützenvereinigung unter den Voraussetzungen des § 42 Abs. 2 WaffG erteilt werden, wenn gewährleistet ist, dass die erforderliche Sorgfalt beachtet wird (§ 16 Abs. 2 WaffG).
Frage: Darf der **Brauchtumsschütze mit seinen Waffen schießen?**	**Antwort: Die Erlaubnis zum Schießen mit den in Abs. 1 Satz 1 genannten Schusswaffen außerhalb von Schießstätten mit Kartuschenmunition bei Veranstaltungen nach Abs. 2 kann für die Dauer von fünf Jahren einem verantwortlichen Leiter der Brauchtumsschützenvereinigung erteilt werden**. Sie ist zu versagen, wenn 1. in dessen Person eine Voraussetzung nach § 4 Abs. 1 Nr. 1 bis 4 nicht vorliegt, 2. die Beachtung der erforderlichen Sorgfalt nicht gewährleistet ist, 3. Gefahren oder erhebliche Nachteile für Einzelne oder die Allgemeinheit zu befürchten sind und nicht durch Auflagen verhindert werden können oder 4. kein Haftpflichtversicherungsschutz gem. § 4 Abs. 1 Nr. 5 nachgewiesen ist. Die Erlaubnis nach Satz 1 kann mit der Ausnahmebewilligung nach Abs. 2 verbunden werden (Abs. 3).
	Brauchtumsschützen dürfen in den o. g. Fällen die Schusswaffen ohne Erlaubnis führen und damit schießen, und auch im Zusammenhang führen (Abs. 4).

Erwerb und Besitz von Schusswaffen und Munition durch Waffen- oder Munitionssammler (§ 17 WaffG)

Frage: Wird ein Bedürfnis zum **Erwerb und Besitz** von **Schusswaffen/Munition** bei **Waffen/Munitionssammlern** anerkannt?	**Antwort: Ja!** Ein Bedürfnis zum Erwerb und Besitz von Schusswaffen oder Munition wird bei Personen anerkannt, die glaubhaft machen, dass sie **Schusswaffen oder Munition für eine kulturhistorisch bedeutsame Sammlung**[20] benötigen; kulturhistorisch bedeutsam ist auch eine wissenschaftlich-technische Sammlung[21] (Abs. 1).
Frage: Gibt es eine **WBK für Sammler (Rote Waffenbesitzkarte)?**	**Antwort: Ja!** Die Erlaubnis zum Erwerb von Schusswaffen oder Munition wird in der Regel **unbefristet** erteilt. Sie kann mit der Auflage verbunden werden, der Behörde in bestimmten Zeitabständen eine Aufstellung über den Bestand an Schusswaffen vorzulegen (Abs. 2).
Frage: Kann der Erbe die **Sammlung fortführen?**	**Antwort: Ja!** Die Erlaubnis zum Erwerb und Besitz von Schusswaffen oder Munition wird auch einem **Erben, Vermächtnisnehmer oder durch Auflage Begünstigten** (Erwerber infolge eines Erbfalls) erteilt, der eine vorhandene Sammlung des Erblassers im Sinne des Abs. 1 fortführt (Abs. 3).

---

20 Kulturhistorisch bedeutsam ist eine Sammlung nur dann, wenn sie einen nicht ganz unerheblichen Beitrag zu der Dokumentation menschlichen Schaffens in einer historischen oder technischen Dimension zu leisten vermag. Zu diesem Zweck kann es auch erforderlich sein, Waffen oder Munition zu sammeln, die eine bestimmte Entwicklung beeinflusst oder fortgeführt haben oder diese dokumentieren.
Die geschichtlich-kulturelle Aussagekraft ist nicht materiell, sondern nach der Bedeutung der Waffen, z.B. aus entwicklungsgeschichtlicher Sicht, unter geografisch-, personen- oder organisationsorientiertem Bezug, nach konstruktiven Merkmalen oder nach verwendungsspezifischen Gesichtspunkten zu bemessen. (Nr. 17.2 WaffVwV-Bund 10/2008)

21 Die Technikgeschichte ist Teil der Kulturgeschichte. Eine Sammlung kann daher auch nach wissenschaftlich-technischen Gesichtspunkten angelegt werden. Der Beginn einer technischen Entwicklung muss dabei nicht zwingend in der Vergangenheit liegen. Demnach kann eine wissenschaftlich-technische Sammlung (z. B. zur Dokumentation des Lebenswerkes eines namhaften Konstrukteurs oder zur Dokumentation der Firmengeschichte eines namhaften Waffenherstellers) auch Waffen und Munition aus unserer Zeit umfassen. Es handelt sich dabei um Waffen und Munition, deren Markt- oder Truppeneinführung nach dem 2.9.1945 begonnen hat. Die Beschränkung der Sammlung auf Waffen oder Munition eines Konstrukteurs/Unternehmens aus den letzten 20 Jahren vor der Antragstellung, deren Modellvarianten sich nur geringfügig voneinander unterscheiden, schließt in der Regel aus, dieser Sammlung kulturhistorische Bedeutung zuzuerkennen. (Nr. 17.2 WaffVwV-Bund 10/2008)
Eine Sammlung im Sinne des Gesetzes kann Waffen oder Munition umfassen, die

- nach rein chronologischen Gesichtspunkten geordnet oder mit Erinnerungen an berühmte Menschen oder an geschichtliche Ereignisse verknüpft sind oder einen exemplarischen Ausschnitt einer bestimmten Epoche darstellen,
- nach dem Zündungssystem (z. B. Perkussions-, Randfeuer- oder Zentralfeuerzündung),
- nach dem Verschlusssystem,
- nach dem Ladesystem geordnet sind,
- an einem 20jährigen Produktionsprofil eines noch existierenden Waffen- oder Munitionsherstellers oder eines nicht mehr existenten Herstellers ... ausgerichtet sind,
- nach geographischem Bezug geordnet ... geordnet sind und sich auf ein einziges Modell oder auf verschiedene Waffenmodelle oder Munitionsarten in ihrer geschichtlichen Entwicklung beziehen. (Nr. 17.3 WaffVwV-Bund 10/2008). Die Aufzählung ist nicht erschöpfend (Nr. 17.4 WaffVwV-Bund).

Erwerb und Besitz von Schusswaffen und Munition durch Waffen- oder Munitionssachverständige (§ 18 WaffG)

Frage: Wird ein Bedürfnis zum **Erwerb und Besitz** von **Schusswaffen/Munition** bei **Waffen- oder Munitionssachverständigen** anerkannt?	**Antwort: Ja!** Ein Bedürfnis zum Erwerb und Besitz von Schusswaffen oder Munition wird bei Personen anerkannt, die glaubhaft machen, dass sie **Schusswaffen oder Munition für wissenschaftliche oder technische Zwecke, zur Erprobung, Begutachtung, Untersuchung** oder zu einem ähnlichen Zweck benötigen (Abs. 1)
Frage: Gibt es eine **WBK für Sachverständige (Rote Waffenbesitzkarte)?**	**Antwort:** Die Erlaubnis zum Erwerb von Schusswaffen oder Munition wird in der Regel 1. für Schusswaffen oder Munition jeder Art und 2. unbefristet erteilt. Sie kann mit der Auflage verbunden werden, der Behörde in bestimmten Zeitabständen eine Aufstellung über den Bestand an Schusswaffen vorzulegen. Auf den Inhaber einer WBK für Schusswaffen jeder Art findet im Fall des Erwerbs einer Schusswaffe § 10 Abs. 1a keine Anwendung, wenn der Besitz nicht länger als drei Monate ausgeübt wird (Abs. 2).

Erwerb und Besitz von Schusswaffen und Munition, Führen von Schusswaffen durch gefährdete Personen (§ 19 WaffG)

Frage: Wird ein Bedürfnis zum **Erwerb und Besitz** von **Schusswaffen/Munition** bei **gefährdeten Personen** anerkannt?	**Antwort: Ja!** Ein Bedürfnis zum Erwerb und Besitz einer Schusswaffe und der dafür bestimmten Munition wird bei einer Person anerkannt, die glaubhaft macht, 1. **wesentlich mehr als die Allgemeinheit durch Angriffe auf Leib oder Leben gefährdet**[22] zu sein und 2. dass der Erwerb der Schusswaffe und der Munition **geeignet und erforderlich** ist, diese Gefährdung zu mindern (Abs. 1).
Frage: Wird ein Bedürfnis zum **Führen** einer **Schusswaffe** anerkannt?	**Antwort: Ja!** Ein **Bedürfnis zum Führen**[23] einer Schusswaffe wir anerkannt, wenn glaubhaft gemacht ist, dass die Voraussetzungen nach Abs. 1 auch außerhalb der eigenen Wohnung, Geschäftsräume oder des eigenen befriedeten Besitztums vorliegen (Abs. 2).

[22] Die Gründe des Antragstellers müssen stets vollständig angegeben werden, damit eine umfassende Überprüfung durch die Behörde möglich ist. Bei der Anerkennung eines Bedürfnisses sollen die Gründe für die besondere Gefährdung des Antragstellers im Rahmen einer polizeilichen Gefährdungsanalyse bestätigt werden (Nr. 19.2.1 WaffVwV-Bund 10/2006).

[23] Es ist zu berücksichtigen, ob der Antragsteller eine Schusswaffe führen will (Waffenschein). In diesem Fall ist an die Anerkennung eines Bedürfnisses ein besonders strenger Maßstab anzulegen (a.a.O.).

Erwerb und Besitz von Schusswaffen infolge eines Erbfalls (§ 20 WaffG)

Frage: Was muss der **Erbe von Schusswaffen** beachten?	**Antwort:** Der Erbe hat **binnen eines Monats** nach der Annahme der Erbschaft oder dem Ablauf der für die Ausschlagung der Erbschaft vorgeschriebenen Frist die **Ausstellung einer Waffenbesitzkarte** für die zum Nachlass gehörenden erlaubnispflichtigen Schusswaffen oder ihre Eintragung in eine bereits ausgestellte Waffenbesitzkarte zu beantragen; für den Vermächtnisnehmer oder durch Auflage Begünstigten beginnt diese Frist mit dem Erwerb der Schusswaffen (Abs. 1).
Frage: Welche **Voraussetzungen** müssen erfüllt sein?	**Antwort:** Dem Erwerber infolge eines Erbfalls ist die beantragte Erlaubnis abweichend von § 4 Abs. 1 WaffG zu erteilen, wenn der **Erblasser berechtigter Besitzer** war und der **Antragsteller zuverlässig und persönlich geeignet** ist (Abs. 2).
Frage: Welche zwei Fälle sind seit dem 1.4.2008 (Datum des Ablebens) zu unterscheiden?	**Antwort:** Folgende 2 Fälle sind zu unterscheiden: **1. Ist der Erwerber der erlaubnispflichtigen Erbwaffe(n) und Munition bereits aufgrund eines Bedürfnisses nach § 8 oder §§ 13 ff [Jäger, Sportschütze etc] berechtigter Besitzer einer erlaubnispflichtigen Schusswaffe [also z. B. WBK-Inhaber], so kann er die Waffe(n) ohne weiteres in seine WBK oder eine neue WBK eintragen lassen.** **2. Kann der Erwerber kein Bedürfnis geltend machen, sind die Schusswaffen durch ein dem Stand der Technik entsprechendes Blockiersystem zu sichern und die erlaubnispflichtige Munition binnen angemessener Frist unbrauchbar zu machen oder einem Berechtigten zu überlassen.[24] (Abs. 3)**
	Im 2. Fall ist in der WBK von der Waffenbehörde einzutragen, dass die Schusswaffe mit einem Blockiersystem gesichert wurde (Abs. 6)
Frage: Welche Ausnahmen sind möglich?	Antwort: Die Waffenbehörde hat auf Antrag Ausnahmen zuzulassen, so lange **kein entsprechendes Blockiersystem vorhanden** ist. Eine Ausnahme kann auch für Erbwaffen erteilt werden, die **Bestandteil einer kulturhistorisch bedeutsamen Sammlung** sind oder werden sollen (Abs. 7).

[24] Das Bundesministerium des Innern erstellt ... dem Stand der Sicherheitstechnik entsprechende Regeln für ein Blockiersystem ... . Die Prüfung der Konformität und die Zulassung ... erfolgt durch die Physikalisch-Technische Bundesanstalt (Abs. 4).
Der Einbau und die Entsperrung von Blockiersystemen darf nur durch hierin eingewiesene Inhaber einer Waffenherstellungs- oder einer Waffenhandelserlaubnis nach § 21 Abs. 1 oder durch deren hierzu bevollmächtigten Mitarbeiter erfolgen. Die vorübergehende Entsperrung aus besonderem Anlass ist möglich. Die Zeitpunkte aller Einbauten und Entsperrungen sind schriftlich festzuhalten (Abs. 5).

8.1.4 Besondere Erlaubnistatbestände für Waffenherstellung, -handel, Schießstätten, Bewachungsunternehmer

Gewerbsmäßige Waffenherstellung, Waffenhandel (§ 21 WaffG) Stellvertretungserlaubnis (§ 21a WaffG) Fachkunde (§ 22 WaffG)[25]

Siehe Kapitel 4.1

Umfang der Fachkunde (§ 15 AWaffV)[26], Prüfung (§ 16 AWaffV)

Siehe Kapitel 4.2

Waffenbücher (§ 23 WaffG)

Frage: Muss der **Hersteller von Schusswaffen ein Waffenbuch führen**?	**Antwort:** Wer gewerbsmäßig Schusswaffen herstellt[27], hat ein **Waffenherstellungsbuch** zu führen aus dem die Art und Menge der Schusswaffen sowie ihr Verbleib hervorgehen. Satz 1 ist nicht anzuwenden auf Schusswaffen, deren Bauart nach den §§ 7 und 8 des Beschussgesetzes zugelassen ist oder die der Anzeigepflicht nach § 9 des Beschussgesetzes unterliegen, sowie auf wesentliche Teile von erlaubnisfreien Schusswaffen (Abs. 1).
Frage: Muss der **Händler mit Schusswaffen ein Waffenbuch führen**? Anm.: Eine Verpflichtung zur Führung eines Munitionsherstellungs- oder Munitionshandelsbuches gibt es nicht mehr.	**Antwort:** Wer gewerbsmäßig Schusswaffen erwirbt, vertreibt oder anderen überlässt[28], hat ein **Waffenhandelsbuch** zu führen, aus dem die Art und Menge der Schusswaffen, ihre Herkunft und ihr Verbleib hervorgehen. Satz 1 ist nicht anzuwenden auf 1. Schusswaffen im Sinne des Abs. 1 Satz 2, die vom Hersteller oder demjenigen, der die Schusswaffen in den Geltungsbereich des Waffengesetzes verbracht hat, mit dem auf Grund einer Rechtsverordnung nach § 25 Abs. 1 Nr. 1c bestimmten Kennzeichen versehen sind, 2. Schusswaffen, über die in demselben Betrieb ein Waffenherstellungsbuch nach Abs. 1 zu führen ist, 3. Verwahr-, Reparatur- und Kommissionswaffen (Abs. 2).

[25] WaffVwV-Bund von 10/2006 zu §§ 21, 22 WaffG siehe Kapitel 4.3
[26] Zu den Waffen- und Munitionsarten für die Fachkundeprüfung: Anlage zu § 15 Abs. 2; siehe Kap. 4.2.
[27] Im Sinne des Waffengesetzes werden Waffen oder Munition hergestellt, wenn aus Rohteilen oder Materialien ein Endprodukt oder wesentliche Teile eines Endproduktes erzeugt werden; als Herstellen von Munition gilt auch das Wiederladen von Hülsen (Anlage 1 Abschnitt 2 Nr. 8.1 WaffG).
[28] ... treibt Waffenhandel, wer gewerbsmäßig oder selbstständig im Rahmen einer wirtschaftlichen Unternehmung Schusswaffen oder Munition ankauft, feilhält, Bestellungen entgegennimmt oder aufsucht, anderen überlässt oder den Erwerb, Vertrieb oder das Überlassen vermittelt (a.a.O. Nr. 9).

Grundsätze der Buchführungspflicht (§ 17 AWaffV)

(1) Das Waffenherstellungs- und das Waffenhandelsbuch sind in gebundener Form oder in Karteiform oder mit Hilfe der elektronischen Datenverarbeitung im Betrieb oder in dem Betriebsteil, in dem die Schusswaffen hergestellt oder vertrieben werden, zu führen und, gegen Abhandenkommen, Datenverlust und unberechtigten Zugriff gesichert, aufzubewahren.

(2) Wird das Buch in gebundener Form geführt, so sind die Seiten laufend zu nummerieren; die Zahl der Seiten ist auf dem Titelblatt anzugeben. Wird das Buch in Karteiform geführt, so sind die Karteiblätter der zuständigen Behörde zur Abstempelung der Blätter und zur Bestätigung ihrer Gesamtzahl vorzulegen.

(3) Alle Eintragungen in das Buch sind unverzüglich in dauerhafter Form und in deutscher Sprache vorzunehmen; § 239 Abs. 3 des Handelsgesetzbuches gilt entsprechend. Sofern eine Eintragung nicht gemacht werden kann, ist dies unter Angabe der Gründe zu vermerken.

(4) Die Bücher sind zum 31. Dezember jeden zweiten Jahres sowie beim Wechsel des Betriebsinhabers oder bei der Einstellung des Betriebs mit Datum und Unterschrift so abzuschließen, dass nachträglich Eintragungen nicht mehr vorgenommen werden können. Der beim Abschluss der Bücher verbliebene Bestand ist vorzutragen, bevor neue Eintragungen vorgenommen werden. Ein Buch, das nicht mehr verwendet wird, ist unter Angabe des Datums abzuschließen.

(5) Die Bücher mit den Belegen sind auf Verlangen der zuständigen Behörde auch in deren Diensträumen oder den Beauftragten der Behörde vorzulegen.

(6) Der zur Buchführung Verpflichtete hat das Buch mit den Belegen im Betrieb oder in dem Betriebsteil, in dem die Schusswaffen hergestellt oder vertrieben werden, bis zum Ablauf von zehn Jahren, von dem Tage der letzten Eintragung an gerechnet, aufzubewahren. Will er das Buch nach Ablauf der in Satz 1 genannten Frist nicht weiter aufbewahren, so hat er es der zuständigen Behörde zur Aufbewahrung zu übergeben. Gibt der zur Buchführung Verpflichtete das Gewerbe auf, so hat er das Buch seinem Nachfolger zu übergeben oder der zuständigen Behörde zur Aufbewahrung auszuhändigen.

Hier nicht wiedergegeben:
§ 18 AWaffV Führung der Waffenbücher in gebundener Form[29]
§ 19 AWaffV Führung der Waffenbücher in Karteiform[29]
§ 20 AWaffV Führung der Waffenbücher in elektronischer Form

[29] Von der Eintragung des Namens und der Anschrift des Überlassers kann abgesehen werden, bei einläufigen Einzelladerwaffen, deren Modell vor 1871 entwickelt worden ist, mit Zündnadel- und Zündhütchenzündung (Perkussionswaffen), Schusswaffen, deren Modell vor 1871 entwickelt worden ist, mit Lunten- oder Funkenzündung (§ 18 Abs. 4 und § 19 Abs. 4 AWaffV).

Kennzeichnung von Schusswaffen (§ 21 AWaffV)

(1) Wird die Kennzeichnung nach § 24 Abs. 1 Satz 1 Nr. 1 des Waffengesetzes auf mehreren wesentlichen Teilen angebracht, so müssen die Angaben auf denselben Hersteller oder Händler hinweisen.

(2) Bei Schusswaffen mit glatten Läufen sind auf jedem glatten Lauf der Laufdurchmesser, der 23 cm ± 1 cm vom Stoßboden gemessen wird, und die Lagerlänge anzubringen. Schusswaffen, bei denen der Lauf oder die Trommel ohne Anwendung von Hilfsmitteln ausgetauscht werden kann, sind auf dem Verschluss nach § 24 Abs. 1 Satz 1 Nr. 1 und 3 des Waffengesetzes zu kennzeichnen. Auf dem Lauf und der Trommel sind Angaben über den Hersteller und die Bezeichnung der Munition (§ 24 Abs. 1 Nr. 1 und 2 WaffG) anzubringen.

(3) Wer eine Schusswaffe gewerbsmäßig verändert oder wesentliche Teile einer Schusswaffe nach Anlage 1 Abschnitt 1 Unterabschnitt 1 Nummer 1.3 zum Waffengesetz gewerbsmäßig austauscht und dabei die Angaben über den Hersteller (§ 24 Abs. 1 Satz 1 Nr. 1 WaffG) entfernt, hat seinen Namen, seine Firma oder seine Marke auf der Schusswaffe anzubringen. Auf der Schusswaffe und den ausgetauschten Teilen darf keine Kennzeichnung angebracht sein, die auf verschiedene Hersteller oder Händler hinweist.

(4) Wer gewerbsmäßig Schusswaffen
1. so verkürzt, dass die Länge nicht mehr als 60 cm beträgt,
2. in ihrer Schussfolge verändert,
3. mit einer Bewegungsenergie der Geschosse von nicht mehr als 7,5 Joule in Schusswaffen mit einer höheren Bewegungsenergie der Geschosse umarbeitet,
4. mit einer Bewegungsenergie der Geschosse von mehr als 7,5 Joule in Schusswaffen mit einer geringeren Bewegungsenergie der Geschosse umarbeitet,
5. mit einer Bewegungsenergie der Geschosse mit weniger als 0,08 Joule in Schusswaffen mit einer höheren Bewegungsenergie der Geschosse umarbeitet oder
6. in Waffen nach Anlage 2 Abschnitt 2 Unterabschnitt 2 Nummer 1.5 zum Waffengesetz oder in Gegenstände nach Anlage 1 Abschnitt 1 Unterabschnitt 1 Nummer 1.4 zum Waffengesetz abändert,

hat seinen Namen, seine Firma oder seine Marke auch dann auf der Schusswaffe dauerhaft anzubringen, wenn er die Angaben über den Hersteller (§ 24 Abs. 1 Satz 1 Nr. 1 WaffG) nicht entfernt. Haben die Veränderungen nach Satz 1 Nr. 1 bis 3 oder 5 zur Folge, dass die Bewegungsenergie der Geschosse 7,5 Joule überschreitet, so ist auf der Schusswaffe auch die Herstellungsnummer (§ 24 Abs. 1 Satz 1 Nr. 3 WaffG) anzubringen und das Kennzeichen nach § 24 Abs. 2 WaffG zu entfernen. Neben der auf Grund der Änderung angebrachten Kennzeichnung ist dauerhaft der Buchstabe „U“ anzubringen.

Kennzeichnungspflicht, Markenanzeigepflicht (§ 24 WaffG)

Frage: Wie müssen **Schusswaffen gekennzeichnet** sein? Anm.: Hauptmunitionsart Nr. 5 entfällt bei Schusswaffen mit Geschossenergie bis 7,5 J	**Antwort:** Wer gewerbsmäßig **Schusswaffen herstellt oder in den Geltungsbereich des WaffG verbringt**, hat unverzüglich mindestens auf einem wesentlichen Teil der Waffe deutlich sichtbar und dauerhaft folgende Angaben anzubringen: 1. **den Namen, die Firma** oder eine eingetragene Marke eines Waffenherstellers oder –händlers, der im Geltungsbereich dieses Gesetzes eine gewerbliche Niederlassung hat, 2. **das Herstellungsland** (zweistelliges Landeskürzel nach ISO 3166), 3. **die Bezeichnung der Munition** oder, wenn keine Munition verwendet wird, die Bezeichnung der Geschosse, 4. **bei Importwaffen**[30] **zusätzlich das Einfuhrland** (Landeskürzel nach ISO 3166) und das **Einfuhrjahr**[31] und 5. **eine fortlaufende Nummer (Seriennummer)**[32].
	Die Seriennummer nach Satz 1 Nr. 5 ist **bei zusammengesetzten Langwaffen auf dem Lauf** und **bei zusammengesetzten Kurzwaffen auf dem Griffstück** anzubringen. Satz 2 gilt nur für Schusswaffen, die ab dem 1.4.2008 hergestellt, auf Dauer erworben oder in den Geltungsbereich des WaffG verbracht werden. Auf erlaubnispflichtige Schusswaffen, die Bestandteil einer **kulturhistorisch bedeutsamen Sammlung** im Sinne des § 17 sind oder werden sollen, sind Satz 1 und 2 nicht anzuwenden. Auf Schusswaffen im Sinne des § 23 Abs. 1 Satz 2 ist Satz 1 Nr. 2, 4 und 5 nicht anzuwenden. **Wesentliche Teile erlaubnispflichtiger Schusswaffen sind gesondert mit einer Seriennummer zu kennzeichnen und in Waffenbüchern nach § 23 zu erfassen, wenn sie einzeln gehandelt werden.**[33] (Abs. 1)
 **Kennzeichen für Schusswaffen, deren Geschossen eine Bewegungsenergie von nicht mehr als 7,5 J erteilt wird**	Schusswaffen, deren Geschossen eine **Bewegungsenergie von nicht mehr als 7,5 Joule** erteilt wird, müssen eine **Typenbezeichnung** sowie das Kennzeichen „**F im Fünfeck**" tragen (Abs. 2).

---

[30] Als Importwaffen im Sinne der Nr.4 sind nur solche Waffen zu werten, die von einem Drittstaat (z. B. USA) in den EU-Binnenmarkt eingeführt werden, nicht jedoch Waffen, die von einem EU-Mitgliedstaat in einen anderen verbracht werden (Schreiben des BayStMI vom 7.8.2008, ID5-2131.11-1, S. 5).

[31] Soweit die Kennzeichnung des Einfuhrjahres gefordert ist, kann auch auf das gekennzeichnete Herstellungsjahr zurückgegriffen werden (Schreiben des BayStMI vom 7.8.2008, ID5-2131.11-1, S. 5).

[32] Die beim Händler gelagerten Komplettwaffen, die vor dem 1.4.2008 produziert wurden, und danach veräußert werden, müssen die nach Abs. 1 Satz 2 erforderliche Kennzeichnung (Seriennummer) nachträglich erhalten (Schreiben des BayStMI vom 7.8.2008, ID5-2131.11-1, S. 5f).

[33] Zur Beschussprüfung vorgelegte Teile müssen gleichfalls die Kennzeichnung nach Abs. 1 aufweisen, bei Flinten ggf. auch Zeichen für Stahlschrotprüfung (S. BayStMI vom 7.8.2008, ID5-2131.11-1, S. 6f).

Frage: Wie muss **Munition gekennzeichnet** sein? Anm.: Bei Randfeuerpatronenmunition auf der Hülse aus Fertigungsgründen nur Herstellerzeichen.	**Antwort:** Wer gewerbsmäßig Munition herstellt oder in den Geltungsbereich des WaffG verbringt, hat unverzüglich auf der kleinsten Verpackungseinheit Zeichen anzubringen, die **den Hersteller, die Fertigungsserie (Fertigungszeichen), die Zulassung und die Bezeichnung der Munition** erkennen lassen; das Herstellerzeichen und die Bezeichnung der Munition sind auch auf der Hülse anzubringen. Wiedergeladene Munition ist außerdem mit einem besonderen Kennzeichen zu versehen (Abs. 3).
Frage: Welche Verpflichtung hat der gewerbsmäßige Überlasser?	**Antwort:** Wer Waffenhandel betreibt, darf Schusswaffen oder Munition anderen gewerbsmäßig nur überlassen, wenn er festgestellt hat, **dass die Schusswaffen gemäß Abs. 1 gekennzeichnet sind**, oder wenn er auf Grund von Stichproben überzeugt ist, **dass die Munition nach Abs. 3 mit dem Herstellerkennzeichen gekennzeichnet ist** (Abs. 4).
	Abs. 3 Satz 3 und Abs. 4 gelten nicht, sofern es sich um Munition handelt, die Teil einer Sammlung (§ 17 Abs. 1) oder für eine solche bestimmt ist (Abs. 6).
Markenanzeigepflicht:	Wer gewerbsmäßig Schusswaffen, Munition oder Geschosse für Schussapparate herstellt, Munition wiederlädt oder im Geltungsbereich des WaffG mit diesen Gegenständen Handel treibt und eine **Marke für diese Gegenstände benutzen will, hat dies der Physikalisch-Technischen Bundesanstalt unter Vorlage der Marke vorher schriftlich anzuzeigen**. Verbringer, die die Marke eines Herstellers aus einem anderen Staat benützen wollen, haben diese Marke anzuzeigen (Abs. 5).

Nichtgewerbsmäßige Waffenherstellung (§ 26 WaffG)

Frage: Was ist bei der **nichtgewerbsmäßigen Waffenherstellung** zu beachten?	**Antwort:** Die Erlaubnis zur nichtgewerbsmäßigen Herstellung, Bearbeitung, Instandsetzung von Schusswaffen wird durch einen **Erlaubnisschein** erteilt. Sie schließt den Erwerb von zu diesen Tätigkeiten benötigten wesentlichen Teilen von Schusswaffen und den Besitz dieser Gegenstände ein (Abs. 1).
Befristung:	**Die Erlaubnis ist auf höchstens 3 Jahre zu befristen und auf eine bestimmte Zahl und Art von Schusswaffen und wesentlichen Teilen zu beschränken**. Personen, denen Schusswaffen zur Erprobung, Begutachtung, Untersuchung oder für ähnliche Zwecke überlassen werden, kann die Erlaubnis nach Abs. 1 **ohne Beschränkung** erteilt werden (Abs. 2).

Schießstätten,
Schießen durch Minderjährige auf Schießstätten (§ 27 WaffG)

Frage: Was versteht man unter einer **Schießstätte**?	**Antwort:** Schießstätten sind **ortsfeste oder ortsveränderliche Anlagen**, die ausschließlich oder neben anderen Zwecken dem Schießsport oder sonstigen Schießübungen mit Schusswaffen, der Erprobung von Schusswaffen oder dem Schießen mit Schusswaffen zur Belustigung dienen.
Frage: Bedarf es zum **Betrieb einer Schießstätte** der **Erlaubnis**?	**Antwort: Ja!** Wer eine Schießstätte betreiben oder in ihrer Beschaffenheit oder in der Art ihrer Benutzung wesentlich ändern will, bedarf der **Erlaubnis der zuständigen Behörde** (§ 27 Abs. 1).
	Die Erlaubnis darf nur erteilt werden, wenn der Antragsteller die **erforderliche Zuverlässigkeit und persönliche Eignung (§§ 5, 6) besitzt und eine Haftpflichtversicherung** in der erforderlichen Art und Höhe abgeschlossen hat (siehe § 27 Abs. 1). Die Haftpflichtversicherung für Schießgeschäfte, die der Schaustellerhaftpflichtverordnung unterliegen, richtet sich nach dieser. Bei ortsveränderlichen Schießstätten ist eine einmalige Erlaubnis vor der erstmaligen Aufstellung ausreichend. (s. § 27 Abs. 1)
	§ 10 Abs. 2 Satz 2 bis 5 (**Benennung einer verantwortlichen Person**) gilt entsprechend. Der Inhaber einer Erlaubnis hat **Aufnahme und Beendigung des Betriebs der Schießstätte der örtlich zuständigen Behörde zwei Wochen vorher schriftlich anzuzeigen** (Abs. 1).
Frage: Wie sind **Schießstätten zu überprüfen**?	**Antwort:** Schießstätten sind **vor ihrer ersten Inbetriebnahme** hinsichtlich der sicherheitstechnischen Anforderungen **zu überprüfen**. In regelmäßigen Abständen von **mindestens 4 Jahren** sind sie von der zuständigen Behörde zu überprüfen, wenn auf ihnen mit erlaubnispflichtigen Schusswaffen geschossen wird. Ist das Schießen nur mit erlaubnisfreien Schusswaffen zulässig, so ist eine Überprüfung **mindestens alle 6 Jahre** erforderlich (§ 12 Abs. 1 AWaffV).
	Werden bei der Überprüfung **Mängel** festgestellt, die eine Gefährdung der Benutzer der Schießstätte oder Dritter befürchten lassen, **kann die zuständige Behörde die weitere Benutzung der Schießstätte bis zur Beseitigung der Mängel untersagen** (§ 12 Abs. 2 AWaffV).
Schießstandsachverständige	Die zuständige Behörde kann die Vorlage eines **Gutachtens eines anerkannten Schießstandsachverständigen** verlangen (§ 12 Abs. 1 und 4 bis 6 AWaffV).

Frage: Darf **Minderjährigen das Schießen auf Schießstätten** gestattet werden?	**Antwort: Ja! Unter Obhut des zur Aufsichtsführung berechtigten Sorgeberechtigten oder verantwortlicher und zur Kinder- und Jugendarbeit für das Schießen geeigneter Aufsichtspersonen darf** **1. Kindern, die das 12. Lebensjahr vollendet haben und noch nicht 14 Jahre alt sind, das Schießen in Schießstätten mit Druckluft-, Federdruck- und Druckgaswaffen (E $\leq$ 7,5 J),** **2. Jugendlichen, die das 14. Lebensjahr vollendet haben und noch nicht 16 Jahre alt sind, auch das Schießen mit sonstigen Schusswaffen** gestattet werden, wenn der Sorgeberechtigte schriftlich sein Einverständnis erklärt hat oder beim Schießen anwesend ist (§ 27 Abs. 3 WaffG).
	Einverständniserklärungen sind aufzubewahren.
	Der o. g. besonderen Obhut bedarf es nicht beim Schießen durch Jugendliche mit Waffen nach Nr.1 und nicht mit sonstigen Schusswaffen ab 16.
Frage: Gibt es **Ausnahmen vom Mindestalter?** Antragsmuster in Kap. 10	**Antwort:** Die zuständige Behörde kann einem Kind **zur Förderung des Leistungssports eine Ausnahme von dem Mindestalter** bewilligen. Diese soll bewilligt werden, wenn durch eine ärztliche Bescheinigung die geistige und körperliche Eignung und durch eine Bescheinigung des Vereins die schießsportliche Begabung glaubhaft gemacht sind (§ 27 (4) WaffG).
Frage: Was gilt für ortsveränderliche Schießstätten?	**Antwort:** An ortsveränderlichen Schießstätten, die dem Schießen zur Belustigung dienen, darf von einer verantwortlichen Aufsichtsperson Minderjährigen das Schießen mit Druckluft-, Federdruck- und Druckgaswaffen (E $\leq$ 7,5 J) gestattet werden. Bei Kindern hat der Betreiber sicherzustellen, dass die verantwortliche Aufsichtsperson in jedem Fall nur einen Schützen bedient (§ 27 Abs. 6 WaffG).
Frage: Was gilt für **das kampfmäßige Schießen, das Aufsichtspersonal, das Verteidigungsschießen?**	**Antwort: Das kampfmäßige Schießen auf Schießstätten ist nicht zulässig.** Die **Benutzung von Schießstätten** einschließlich der **Aufsicht über das Schießen** und der Anforderungen an das **Aufsichtspersonal** und dessen besondere Ausbildung für die Kinder- und Jugendarbeit sind in der AWaffV geregelt (s. nächste Seiten). Die Vorschriften über den Umfang der Verpflichtungen, die bei **Lehrgängen zur Ausbildung in der Verteidigung mit Schusswaffen** und bei Schießübungen dieser Art einzuhalten sind, finden sich in den §§ 22, 23 AWaffV. (§ 27 Abs. 7 WaffG)

Benutzung von Schießstätten

Zulässige Schießübungen auf Schießstätten (§ 9 AWaffV)

(1) Auf einer Schießstätte ist unter Beachtung des Verbots des kampfmäßigen Schießens (§ 27 Abs. 7 Satz 1 WaffG) das Schießen mit Schusswaffen und Munition auf der Grundlage der für die Schießstätte erteilten Erlaubnis (§ 27 Abs. 1 Satz 1) nur zulässig, wenn

1. die Person, die zu schießen beabsichtigt, die Berechtigung zum Erwerb und Besitz von Schusswaffen nachweisen kann und das Schießen mit Schusswaffen dieser Art innerhalb des der Berechtigung zugrunde liegenden Bedürfnisses erfolgt,
2. geschossen wird
   a) auf der Grundlage einer genehmigten Schießsportordnung,
   b) im Rahmen von Lehrgängen oder Schießübungen in der Verteidigung mit Schusswaffen (§ 22 AWaffV),
   c) zur Erlangung der Sachkunde (§ 1 Abs. 1 Nr. 3 AWaffV) oder
   d) in der jagdlichen Ausbildung, oder
1. es sich nicht um Schusswaffen und Munition nach § 6 Abs. 1 AWaffV handelt.

In den Fällen des Satzes 1 Nr. 1, Nr. 2c und Nr. 3 gilt § 7 Abs. 1 und 3 entsprechend; beim Schießen nach Satz 1 Nr. 2a bleibt § 7 unberührt. Der Betreiber der Schießstätte hat die Einhaltung der Voraussetzungen nach Satz 1 und 2 zu überwachen.

(2) Die zuständige Behörde kann dem Betreiber einer Schießstätte oder im Einzelfall dem Benutzer Ausnahmen von den Beschränkungen des Absatzes 1 gestatten, soweit Belange der öffentlichen Sicherheit und Ordnung nicht entgegenstehen.

(3) Absatz 1 gilt nicht für Behörden oder Dienststellen und deren Bedienstete, die nach § 55 Abs. 1 WaffG oder auf Grund einer nach § 55 Abs. 5 oder 6 WaffG erlassenen Rechtsverordnung von der Anwendung des Waffengesetzes ausgenommen sind.

Aufsichtspersonen;
Obhut über das Schießen durch Kinder und Jugendliche (§ 10 AWaffV)

(1) Der Inhaber der Erlaubnis für die Schießstätte (Erlaubnisinhaber) hat unter Berücksichtigung der Erfordernisse eines sicheren Schießbetriebs eine oder mehrere **verantwortliche Aufsichtspersonen für das Schießen** zu bestellen, soweit er nicht selbst die Aufsicht wahrnimmt oder eine schießsportliche oder jagdliche Vereinigung oder ein Veranstalter im Sinne des § 22 durch eigene verantwortliche Aufsichtspersonen die Aufsicht übernimmt. Der Erlaubnisinhaber kann selbst die Aufsicht wahrnehmen, wenn er die erforderliche Sachkunde nachgewiesen hat und, sofern es die Obhut über das Schießen durch Kinder und Jugendliche betrifft, die Eignung zur Kinder- und Jugendarbeit besitzt. **Aufsichtspersonen müssen das 18. Lebensjahr vollendet haben**. Der Schießbetrieb darf nicht aufgenommen oder fortgesetzt werden, solange keine ausreichende Anzahl von verantwortlichen Aufsichtspersonen die Aufsicht wahrnimmt. Die zuständige Behörde kann gegenüber dem Erlaubnisinhaber die Zahl der nach Satz 1 erforderlichen Aufsichtspersonen festlegen.

(2) Der Erlaubnisinhaber hat der zuständigen Behörde die **Personalien der verantwortlichen Aufsichtspersonen zwei Wochen vor der Übernahme der Aufsicht schriftlich anzuzeigen**; beauftragt eine schießsportliche oder jagdliche Vereinigung die verantwortliche Aufsichtsperson, so obliegt diese Anzeige der Aufsichtsperson selbst. Der Anzeige sind Nachweise beizufügen, aus denen hervorgeht, dass die **Aufsichtsperson die erforderliche Sachkunde** und, sofern es die Obhut über

das Schießen durch Kinder und Jugendliche betrifft, auch **die Eignung zur Kinder- und Jugendarbeit** besitzt. Der Erlaubnisinhaber hat das Ausscheiden der angezeigten Aufsichtsperson und die Bestellung einer neuen Aufsichtsperson der zuständigen Behörde unverzüglich anzuzeigen.

(3) Bei der Beauftragung der verantwortlichen Aufsichtsperson durch einen schießsportlichen Verein eines anerkannten Schießsportverbandes genügt an Stelle der Anzeige nach Abs. 2 Satz 1 eine Registrierung der Aufsichtsperson bei dem Verein. Dieser hat bei der Registrierung das Vorliegen der Voraussetzungen der erforderlichen Sachkunde und, sofern es die Obhut über das Schießen durch Kinder und Jugendliche betrifft, auch der Eignung zur Kinder- und Jugendarbeit zu überprüfen und zu vermerken. Der Aufsichtsperson ist durch den Verein hierüber ein Nachweisdokument auszustellen. Die Aufsichtsperson hat dieses Dokument während der Wahrnehmung der Aufsicht mitzuführen und zur Kontrolle Befugten auf Verlangen zur Prüfung auszuhändigen. Für eine Überprüfung nach Satz 4 hat der Verein auf Verlangen Einblick in die Registrierung der Aufsichtsperson zu gewähren. Die Sätze 1 bis 5 gelten entsprechend bei der von einer jagdlichen Vereinigung beauftragten verantwortlichen Aufsichtsperson mit der Maßgabe, dass während der Ausübung der Aufsicht ein gültiger Jagdschein nach § 15 Abs. 1 Satz 1 BJagdG mitzuführen ist.

(4) Ergeben sich Anhaltspunkte für die begründete Annahme, dass die verantwortliche Aufsichtsperson die **erforderliche Zuverlässigkeit, persönliche Eignung** oder **Sachkunde** oder, sofern es die Obhut über das Schießen durch Kinder und Jugendliche betrifft, die **Eignung zur Kinder- und Jugendarbeit** nicht besitzt, so hat die zuständige Behörde dem Erlaubnisinhaber gegenüber die Ausübung der Aufsicht durch die Aufsichtsperson zu untersagen.

(5) Die Obhut über das Schießen durch Kinder und Jugendliche ist durch eine hierfür qualifizierte und auf der Schießstätte anwesende Aufsichtsperson[34] auszuüben, die

1. für die Schießausbildung der Kinder oder Jugendlichen leitend verantwortlich ist und
2. berechtigt ist, jederzeit der Aufsicht beim Schützen Weisungen zu erteilen oder die Aufsicht beim Schützen selbst zu übernehmen.

(6) Die Qualifizierung zur Aufsichtsperson oder zur Eignung zur Kinder- und Jugendarbeit kann durch die Jagdverbände oder die anerkannten Schießsportverbände erfolgen; bei Schießsportverbänden sind die Qualifizierungsrichtlinien Bestandteil des Anerkennungsverfahrens nach § 15 WaffG.

(7) Die Absätze 1 bis 6 gelten nicht für ortsveränderliche Schießstätten im Sinne von § 27 Abs. 6 WaffG.

Aufsicht (§ 11 AWaffV)

(1) Die verantwortlichen Aufsichtspersonen haben das Schießen in der Schießstätte **ständig zu beaufsichtigen**, insbesondere dafür zu sorgen, dass die in der Schießstätte **Anwesenden durch ihr Verhalten keine vermeidbaren Gefahren verursachen**, und zu beachten, dass die Bestimmungen des § 27 Abs. 3 oder 6 WaffG eingehalten werden. Sie haben, wenn dies zur Verhütung oder Beseitigung von Gefahren erforderlich ist, **das Schießen oder den Aufenthalt in der Schießstätte zu untersagen**.

(2) **Die Benutzer der Schießstätten haben die Anordnungen der verantwortlichen Aufsichtspersonen nach Abs. 1 zu befolgen.**

(3) **Eine zur Aufsichtsführung befähigte Person darf schießen, ohne selbst beaufsichtigt zu werden, wenn sichergestellt ist, dass sie allein auf dem Schießstand ist.**

[34] Auch unter Obhut des zur Aufsichtsführung berechtigten Sorgeberechtigten (§ 27 Abs. 3 WaffG-neu)

Erwerb, Besitz und Führen von Schusswaffen und Munition durch Bewachungsunternehmer und ihr Bewachungspersonal (§ 28 WaffG)

(1) Ein **Bedürfnis zum Erwerb, Besitz und Führen von Schusswaffen** wird bei einem Bewachungsunternehmer (§ 34a der Gewerbeordnung) anerkannt, wenn er glaubhaft macht, dass Bewachungsaufträge wahrgenommen werden oder werden sollen, die aus Gründen der Sicherung einer gefährdeten Person im Sinne des § 19 oder eines gefährdeten Objektes Schusswaffen erfordern. Satz 1 gilt entsprechend für Wachdienste als Teil wirtschaftlicher Unternehmungen. Ein nach den Sätzen 1 und 2 glaubhaft gemachtes Bedürfnis umfasst auch den Erwerb und Besitz der für die dort genannten Schusswaffen bestimmten **Munition**.[35]

(2) **Die Schusswaffe darf nur bei der tatsächlichen Durchführung eines konkreten Auftrages** nach Absatz 1 geführt werden. Der Unternehmer hat dies auch bei seinem Bewachungspersonal in geeigneter Weise sicherzustellen.[36]

(3) **Wachpersonen**, die auf Grund eines Arbeitsverhältnisses Schusswaffen des Erlaubnisinhabers nach dessen Weisung besitzen oder führen sollen, sind **der zuständigen Behörde zur Prüfung zu benennen**; der Unternehmer soll die betreffende Wachperson in geeigneter Weise vorher über die Benennung unter Hinweis auf die Erforderlichkeit der Speicherung und Verarbeitung personenbezogener Daten bei der Behörde unterrichten. **Die Überlassung von Schusswaffen oder Munition darf erst erfolgen, wenn die zuständige Behörde zugestimmt hat.** Die Zustimmung ist zu versagen, wenn die Wachperson nicht die **Voraussetzungen des § 4 Abs. 1 Nr. 1 bis 3 erfüllt** oder die **Haftpflichtversicherung** des Bewachungsunternehmers das Risiko des Umgangs mit Schusswaffen durch die Wachpersonen nicht umfasst.[37]

(4) **In einen Waffenschein** nach § 10 Abs. 4 kann auch der Zusatz aufgenommen werden, dass die in Absatz 3 bezeichneten Personen die ihnen überlassenen Waffen nach Weisung des Erlaubnisinhabers führen dürfen.[38]

Hinweis auf Abschnitt 7 AWaffV: Ausbildung in der Verteidigung mit Schusswaffen
In Lehrgängen zur Ausbildung in der Verteidigung mit Schusswaffen oder bei Schießübungen dieser Art sind Schießübungen nicht zulässig, die der Übung über den Zweck der Verteidigung der eigenen Person oder Dritter hinaus einen polizeieinsatzmäßigen oder militärischen Charakter verleihen (aus § 22 Abs. 1 AWaffV). Wer Lehrgänge zur Ausbildung in der Verteidigung mit Schusswaffen o. ä. veranstalten will, hat die beabsichtigte Tätigkeit und den Ort, an dem die Veranstaltung stattfinden soll, 2 Wochen vorher der zuständigen Behörde schriftlich anzuzeigen (§ 22 Abs. 2 Satz 1 AWaffV).

---

[35] Diese Vorschrift regelt die Grundvoraussetzungen, die eine Person erfüllen muss, um Leben und Eigentum anderer Personen gewerbsmäßig mit Schusswaffen bewachen zu dürfen.

[36] Abs. 2 regelt, dass Angehörige privater Sicherheitsdienste Schusswaffen nur bei der tatsächlichen Durchführung eines konkreten Bewachungsauftrags führen dürfen und nur dann, wenn die Sicherung einer gefährdeten Person oder eines gefährdeten Objekts nur mit Schusswaffen wirksam erfolgen kann.

[37] Durch die Regelung wird sichergestellt, dass die Wachpersonen ebenfalls zuverlässig, persönlich geeignet und sachkundig sein müssen, um Schusswaffen besitzen oder führen zu dürfen. Die Absicherung über eine Haftpflichtversicherung obliegt dem Erlaubnisinhaber.

[38] Die Regelung macht eigene Waffenscheine für jede Wachperson entbehrlich. Damit bedarf der Wechsel der Bewachungspersonen keiner gesonderten Überwachung durch die zuständige Behörde. (Begründung zum Entwurf des WaffRNeuRegG, BT-Drucksache 596/01, S. 131f)

8.1.5 Verbringen und Mitnahme von Waffen oder Munition in den, durch den oder aus dem Geltungsbereich des Gesetzes[39]

Verbringen von Waffen oder Munition in den Geltungsbereich (§ 29 WaffG)

(1) **Die Erlaubnis zum Verbringen von Schusswaffen oder Munition** nach Anlage 1 Abschnitt 3[40] (*Kategorien A 1.2 bis D*) und sonstiger Waffen oder Munition, deren Erwerb und Besitz der Erlaubnis bedürfen, in den Geltungsbereich des Gesetzes kann erteilt werden, wenn
1. der Empfänger zum Erwerb oder Besitz dieser Waffen oder Munition berechtigt ist und
2. der sichere Transport durch einen zum Erwerb oder Besitz dieser Waffen oder Munition Berechtigten gewährleistet ist.

(2) Sollen Schusswaffen oder Munition nach Anlage 1 Abschnitt 3 (*Kategorien A 1.2 bis D*) aus einem anderen Mitgliedstaat der Europäischen Union in den Geltungsbereich des Gesetzes verbracht werden, wird die Erlaubnis nach Abs. 1 als Zustimmung zu der Erlaubnis des anderen Mitgliedstaates für das betreffende Verbringen erteilt.

---

[39] Die Neufassungen dieses Abschnitts (*Kursiv-Druck*) treten erst zum 1. Januar 2010 in Kraft. Zu den Begriffen „Verbringen" und „Mitnahme" siehe die Definitionen in Kap. 8.1.0.

[40] **Einteilung der Schusswaffen oder Munition in die Kategorien A bis D nach der Waffenrichtlinie**

1. Kategorie A

1.1 Kriegsschusswaffen der Nummern 29 und 30 der Kriegswaffenliste (Anlage zu § 1 Abs. 1 des Gesetzes über die Kontrolle von Kriegswaffen - KwKG -),

1.2 vollautomatische Schusswaffen,

1.3 als anderer Gegenstand getarnte Schusswaffen,

1.4 Pistolen- und Revolvermunition mit Expansivgeschossen sowie Geschosse für diese Munition mit Ausnahme solcher für Jagd- und Sportwaffen von Personen, die zur Benutzung dieser Waffen befugt sind,

1.5 panzerbrechende Munition, Munition mit Spreng- und Brandsätzen und Munition mit Leuchtspursätzen sowie Geschosse für diese Munition, soweit die Munition oder die Geschosse nicht von dem Gesetz über die Kontrolle von Kriegswaffen erfasst sind.

2. Kategorie B

2.1 halbautomatische Kurz-Schusswaffen und kurze Repetier-Schusswaffen,

2.2 kurze Einzellader-Schusswaffen für Munition mit Zentralfeuerzündung,

2.3 kurze Einzellader-Schusswaffen für Munition mit Randfeuerzündung mit einer Gesamtlänge von weniger als 28 cm,

2.4 halbautomatische Lang-Schusswaffen, deren Magazin und Patronenlager mehr als drei Patronen aufnehmen kann,

2.5 halbautomatische Lang-Schusswaffen, deren Magazin und Patronenlager nicht mehr als drei Patronen aufnehmen kann und deren Magazin auswechselbar ist oder bei denen nicht sichergestellt ist, dass sie mit allgemein gebräuchlichen Werkzeugen nicht zu Waffen, deren Magazin und Patronenlager mehr als drei Patronen aufnehmen kann, umgebaut werden können,

2.6 lange Repetier-Schusswaffen und halbautomatische Schusswaffen mit glattem Lauf, deren Lauf nicht länger als 60 cm ist,

2.7 zivile halbautomatische Schusswaffen, die wie vollautomatische Kriegswaffen aussehen.

3. Kategorie C

3.1 andere lange Repetier-Schusswaffen als die unter Nummer 2.6 genannten,

3.2 lange Einzellader-Schusswaffen mit gezogenem Lauf / gezogenen Läufen,

3.3 andere halbautomatische Lang-Schusswaffen als die unter den Nummern 2.4 bis 2.7 genannten,

3.4 kurze Einzellader-Schusswaffen für Munition mit Randfeuerzündung, ab einer Gesamtlänge von 28 cm.

4. Kategorie D

4.1 lange Einzellader-Schusswaffen mit glattem Lauf / glatten Läufen.

Auszüge:

Verbringen von Waffen oder Munition aus dem oder durch den Geltungsbereich in andere Mitgliedstaaten der EU (§ 30 WaffG)

Die Erlaubnis zum Verbringen von Schusswaffen oder Munition nach Anlage 1 Abschnitt 3 (A 1.2 bis D) kann erteilt werden, wenn die nach dem Recht des anderen Mitgliedstaates erforderliche vorherige Zustimmung vorliegt und der sichere Transport gewährleistet ist.

Verbringen von Waffen oder Munition aus dem und durch den Geltungsbereich und aus anderen und durch andere Mitgliedstaaten der EU in Drittstaaten (§ 31 WaffG)

Die Erlaubnis zum Verbringen von Schusswaffen oder Munition nach Anlage 1 Abschnitt 3 (A 1.2 bis D) kann erteilt werden, wenn eine vorherige Zustimmung des Empfängerstaates und des Durchfuhrstaates vorliegt und der sichere Transport gewährleistet ist.

Mitnahme von Waffen oder Munition in den, durch den oder aus dem Geltungsbereich in andere Mitgliedstaaten, Europäischer Feuerwaffenpass (§ 32 WaffG)

(1) Die Erlaubnis zur Mitnahme von Schusswaffen oder Munition nach § 29 Abs. 1 aus anderen Mitgliedstaaten in den oder durch den Geltungsbereich kann erteilt werden, wenn die Voraussetzungen des § 4 Abs. 1 Nr. 1 bis 4 WaffG vorliegen. Die Erlaubnis kann für die Dauer von bis zu einem Jahr für einen oder mehrere Mitnahmevorgänge erteilt werden und kann mehrfach um jeweils ein Jahr verlängert werden. § 29 Abs. 2 gilt entsprechend.

(2) Eine Erlaubnis nach Abs. 1 darf Personen, die ihren gewöhnlichen Aufenthalt in einem anderen Mitgliedstaat haben, nur erteilt werden, wenn sie Inhaber eines durch diesen Mitgliedstaat ausgestellten Europäischen Feuerwaffenpasses sind und die Waffen in diesen eingetragen sind.

(3) Einer Erlaubnis nach Abs. 1 bedarf es unter den Voraussetzungen des Abs. 2 nicht für

1. *Jäger, die bis zu drei Langwaffen nach Anlage 1 Abschnitt 3 der Kategorien C und D und die dafür bestimmte Munition im Sinne des § 13 Abs. 1 Nr. 2, Abs. 5 zum Zweck der Jagd,*
2. *Sportschützen, die bis zu sechs Schusswaffen nach Anlage 1 Abschnitt 3 der Kategorien B, C oder D und die dafür bestimmte Munition zum Zwecke des Schießsports,*
3. *Brauchtumsschützen, die bis zu drei Einzellader oder Repetier-Langwaffen nach Anlage 1 Abschnitt 3 Kategorien C und D und die dafür bestimmte Munition zur Teilnahme an einer Brauchtumsveranstaltung mitnehmen, sofern sie den Grund der Mitnahme nachweisen können.*

(4) Einer Erlaubnis zur Mitnahme von Waffen oder Munition in den oder durch den Geltungsbereich des Gesetzes bedarf es nicht

1. *für Waffen oder Munition, die durch Inhaber einer im Geltungsbereich des WaffG gültigen Erlaubnis zum Erwerb oder Besitz für diese Waffen oder Munition mitgenommen werden,*
2. *für Signalwaffen und die dafür bestimmte Munition ... an Bord von Schiffen,*
3. *für Waffen und Munition an Bord von Schiffen oder Luftfahrzeugen (Anmeldepflicht!).*

(5) Personen, die ihren gewöhnlichen Aufenthalt im Geltungsbereich des Gesetzes haben und Schusswaffen oder Munition nach Anlage 1 Abschnitt 3 (Kategorien A 1.2 bis D) aus dem Geltungsbereich in einen anderen Mitgliedstaat mitnehmen wollen, wird ein Europäischer Feuerwaffenpass ausgestellt., wenn sie zum Besitz berechtigt sind.

Mitnahme von Waffen oder Munition in den oder durch den Geltungsbereich aus Drittstaaten oder aus dem Geltungsbereich in Drittstaaten (§ 32a WaffG)

Analog § 32, aber ohne Europäischen Feuerwaffenpass.

Anmelde- und Nachweispflicht bei Verbringen oder Mitnahme (§ 33 WaffG)

Erlaubnisse für den Erwerb von Waffen und Munition in einem anderen Staat (§ 28 AWaffV)

Eine Erlaubnis nach § 11 Abs. 2 WaffG[41] wird als Zustimmung durch einen Erlaubnisschein der zuständigen Behörde erteilt. Für die Erteilung hat der Antragsteller Angaben über seine Person, die Waffe und über die Munition zu machen.

Erlaubnisse zum Verbringen von Waffen und Munition (§ 29 AWaffV)

Eine Erlaubnis oder Zustimmung nach den §§ 29 bis 31 WaffG wird durch einen Erlaubnisschein der zuständigen Behörde erteilt (Abs. 1).
Der Antragsteller hat Angaben über die Person des Überlassers und Erwerbers, über die Waffen, über die Munition und über die Lieferanschrift zu machen (Abs. 2).

Erlaubnisse zur Mitnahme von Waffen und Munition nach oder durch Deutschland (§ 30 AWaffV)

Erlaubnisse nach § 32 Abs. 1 Satz 1 und *§ 32a Abs. 1 Satz 1* WaffG werden durch einen Erlaubnisschein der zuständigen Behörde erteilt. Für die Erteilung der Erlaubnis hat der Antragsteller Angaben über seine Person, die Waffen, die Munition und den Grund der Mitnahme zu machen (Abs. 1).
Bei der Erteilung einer Erlaubnis kann die Sachkunde auch als nachgewiesen angesehen werden, wenn eine ausreichende Kenntnis der geforderten Inhalte durch einen Beleg des Staates, in dem die Person ihren gewöhnlichen Aufenthalt hat, glaubhaft gemacht wird (Abs. 2).

Anzeigen (§ 31 AWaffV)

Eine Anzeige an das Bundeskriminalamt ist mit dem hierfür vorgesehenen amtlichen Vordruck in zweifacher Ausfertigung zu erstatten und muss bestimmte Angaben enthalten.

Mitteilungen der Behörden (§ 32 AWaffV)

Europäischer Feuerwaffenpass (§ 33 AWaffV)

(1) Die Geltungsdauer des Europäischen Feuerwaffenpasses nach § 32 Abs. 6 WaffG beträgt fünf Jahre; soweit bei Jägern oder Sportschützen in ihm nur Einzellader-Langwaffen mit glattem Lauf oder mit glatten Läufen eingetragen sind, beträgt sie zehn Jahre. Die Geltungsdauer kann zweimal um jeweils fünf Jahre verlängert werden. § 9 Abs. 1 und 2 und § 37 Abs. 2 WaffG gelten entsprechend.

(2) Der Antragsteller hat die Angaben nach § 30 Abs. 1 Satz 2 Nr. 1 bis 3 AWaffV zu machen. Er hat ein Lichtbild aus neuerer Zeit in der Größe von mindestens 45 Millimeter x 35 Millimeter im Hochformat ohne Rand abzugeben. Das Lichtbild muss das Gesicht im Ausmaß von mindestens 20 Millimeter darstellen und den Antragsteller zweifelsfrei erkennen lassen. Der Hintergrund muss heller sein als die Gesichtspartie.

---

[41] Für eine Person mit gewöhnlichem Aufenthalt im Geltungsbereich des WaffG, die eine Schusswaffe nach Anl. 1 Abschnitt 3 Nr. 2 (Kategorie B) oder Munition für eine solche in einem anderen Mitgliedstaat mit einer Erlaubnis dieses Staates erwerben will, wird eine Erlaubnis erteilt, wenn die Voraussetzungen nach § 4 Abs. 1 Nr. 2 [Zuverlässigkeit, persönliche Eignung] vorliegen (§ 11 Abs. 2 WaffG).

8.1.6 Obhutspflichten, Anzeige-, Hinweis- und Nachweispflichten

Überlassen von Waffen und Munition, Prüfung der Erwerbsberechtigung, Anzeigepflicht (§ 34 WaffG)

Frage: Was gilt für das **Überlassen von Waffen oder Munition**?	**Antwort: Waffen oder Munition dürfen nur berechtigten Personen überlassen werden**. Die Berechtigung muss offensichtlich sein oder nachgewiesen werden. **Munition darf gewerbsmäßig nur in verschlossenen Packungen überlassen werden**; dies **gilt nicht im Fall des Überlassens auf Schießstätten** oder soweit einzelne Stücke an **Munitionssammler** überlassen werden. Wer Waffen oder Munition einem anderen lediglich zur gewerbsmäßigen Beförderung an einen Dritten übergibt, überlässt sie dem Dritten. (Abs. 1)
Frage: Was muss der **Waffenhändler beachten?**	**Antwort: Der Waffenhändler**, der einem anderen auf Grund einer Erlaubnis zum Erwerb und Besitz eine Schusswaffe überlässt, **hat in die WBK unverzüglich Herstellerzeichen oder Marke und ggf. die Herstellungsnummer der Waffe, den Tag des Überlassens und seinen Betrieb dauerhaft einzutragen** und das Überlassen **binnen 2 Wochen der zuständigen Behörde anzuzeigen** (Abs. 2).
Frage: Was muss beim **privaten Erwerb beachtet** werden?	**Antwort:** Überlässt sonst jemand einem anderen eine erlaubnispflichtige Schusswaffe, so hat er dies **binnen 2 Wochen der zuständigen Behörde schriftlich anzuzeigen** und ihr die WBK zur Berichtigung vorzulegen; der Erwerber ist anzugeben. Dies gilt nicht in den Fällen des § 12 Abs. 1 WaffG (Abs. 2).

Werbung, Hinweispflichten, Handelsverbote (§ 35 WaffG)

Frage: Was ist **bei Anzeigen zu beachten**?	**Antwort:** Wer Waffen oder Munition zum Kauf oder Tausch in Anzeigen oder Werbeschriften anbietet, **hat auf das Erfordernis der jeweiligen Erwerbsberechtigung hinzuweisen** sowie seinen Namen und Anschrift bekannt zu geben (Abs. 1).
Frage: Welche Hinweispflichten hat der Händler? Dem Händler wird die Gegenzeichnung des Erwerbers angeraten (WaffVwV).	**Antwort:** Dürfen Schusswaffen nur mit Erlaubnis geführt oder darf mit ihnen nur mit Erlaubnis geschossen werden, so hat der **Waffenhändler** bei ihrem Überlassen im Einzelhandel den Erwerber auf das **Erfordernis des Waffenscheins** oder der **Schießerlaubnis hinzuweisen**. Beim Überlassen von Schreckschuss-, Reizstoff- und Signalwaffen mit PTB-Zeichen hat der Händler überdies auf die Strafbarkeit des Führens ohne Erlaubnis (**Kleiner Waffenschein**) hinzuweisen und die Erfüllung der Pflichten zu protokollieren (Abs. 2).

Aufbewahrung von Waffen oder Munition (§ 36f WaffG, §§ 13f AWaffV)

Frage: Wie sind **Waffen oder Munition aufzubewahren**? Gilt für Waffen/Munition aller Art!	**Antwort:** Wer Waffen oder Munition besitzt, hat **die erforderlichen Vorkehrungen zu treffen, um zu verhindern, dass diese Gegenstände abhanden kommen oder Dritte sie unbefugt an sich nehmen. Schusswaffen** dürfen **nur getrennt von Munition** aufbewahrt werden, sofern nicht die Aufbewahrung in einem Sicherheitsbehältnis erfolgt, das mindestens den Widerstandsgrad 0 hat (§ 36 (1)).
Frage: Welches sind die **Mindestanforderungen für die Aufbewahrung?** Anforderungen im Einzelnen: Siehe nächste Seite!	**A.: Für bis zu 10 erlaubnispflichtige Langwaffen** gilt die sichere Aufbewahrung in einem Behältnis gewährleistet, das der Sicherheitsstufe A nach VDMA 24992 entspricht. **Andere erlaubnispflichtige Schusswaffen** und verbotene Waffen sind mindestens in einem der Norm DIN/EN 1143-1 Widerstandsgrad 0 entsprechenden oder gleichwertigen Behältnis aufzubewahren; als gleichwertig gilt Sicherheitsstufe B. **Vergleichbar gesicherte Räume** sind als gleichwertig anzusehen (§ 36 Abs. 2).
Frage: Muss man die **sichere Aufbewahrung** nachweisen?	**Antwort: Ja!** Die zur sicheren Aufbewahrung von **Schusswaffen, Munition oder verbotenen Waffen** getroffenen Maßnahmen sind der Behörde auf Verlangen nachzuweisen. Bei begründeten Zweifeln an der sicheren Aufbewahrung kann die Behörde Zutritt zum Aufbewahrungsort verlangen (Abs. 3).
Frage: Gibt es **Anzeigepflichten**?	**Antwort: Ja! Wer Waffen oder Munition, deren Erwerb der Erlaubnis bedarf,** 1. beim Tode eines Waffenbesitzers, als Finder o. ä., 2. als Insolvenzverwalter, Zwangsverwalter, Gerichtsvollzieher oder in ähnlicher Weise **in Besitz nimmt, hat dies der zuständigen Behörde unverzüglich anzuzeigen** (§ 37 Abs. 1 Satz 1 WaffG).
	Sind jemandem Waffen oder Munition, deren Erwerb der Erlaubnis bedarf, oder Erlaubnisurkunden abhanden gekommen, so hat er dies der zuständigen Behörde unverzüglich anzuzeigen. Die Behörde unterrichtet die örtliche Polizeidienststelle (§ 37 (2)).
	Wird eine erlaubnispflichtige Schusswaffe oder eine verbotene Schusswaffe unbrauchbar gemacht oder zerstört, so hat der Besitzer dies der zuständigen Behörde binnen 2 Wochen anzuzeigen (§ 37 (3)).
Frage: Was ist beim **Wegzug ins Ausland** zu beachten?	**Antwort: Inhaber waffenrechtlicher Erlaubnisse und Bescheinigungen müssen bei ihrem Wegzug ins Ausland ihre neue Anschrift der zuletzt für sie zuständigen Waffenbehörde mitteilen** (§ 37 Abs. 4).

Übersicht: Aufbewahrung von Waffen oder Munition

Grundsatz: Wer Waffen oder Munition besitzt, hat die erforderlichen Vorkehrungen zu treffen, um zu verhindern, dass diese Gegenstände abhanden kommen oder Dritte sie unbefugt an sich nehmen (§ 36 Abs. 1 WaffG).

Anforderungen an Behältnisse nach VDMA 24992, DIN/EN 1143-1 (§§ 13f AWaffV):

Sicherheitsstufe/ Widerstandsgrad	
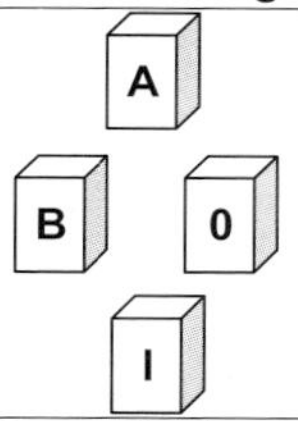	**Erlaubnispflichtige Waffen** Je Behältnis bis zu 10 **Langwaffen** (§ 36(2) WaffG, § 13(2) AWaffV) Unbegrenzte Anzahl von **Langwaffen** oder (§ 13(1) AWaffV) Je Behältnis unter 200 kg bis zu 5 **Kurzwaffen** / verbotene Waffen Je Behältnis ab 200 kg oder entspr. Verankerung bis 10 **Kurzwaffen** Unbegrenzte Anzahl von **Kurzwaffen** / verbotenen Waffen (→BKA)

Die zuständige Behörde kann eine andere gleichwertige Aufbewahrung der Waffen zulassen, insbesondere Waffenraum, der dem Stand der Technik entspricht (§ 13(5) AWaffV).

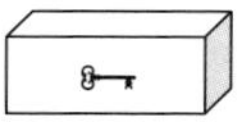	**Erlaubnispflichtige Munition** **Stahlblechbehältnis ohne Klassifizierung mit Schwenkriegelschloss oder einer gleichwertigen Verschlussvorrichtung oder gleichwertiges Behältnis; mindestens: festes verschlossenes Behältnis** (§ 13(3) AWaffV, WaffVwV).

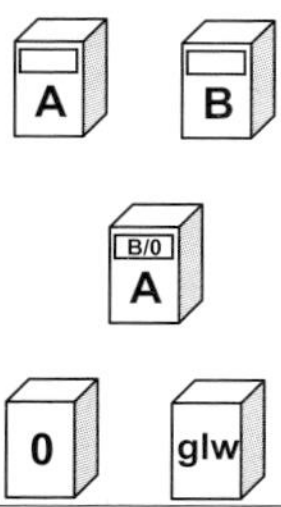	**Erlaubnispflichtige Waffen und Munition** A bzw. B/0 mit Innenfach aus Stahlblech mit Schloss (wie oben) In A: **Langwaffen**, in B/0 **Kurzwaffen** wie oben, **Munition** im Innenfach A mit Innenfach B/0: Bis zu **10 Langwaffen** im A-Behältnis und bis zu **5 Kurzwaffen und die Munition** im B/0-Innenfach (§ 13(4) AWaffV) Die sog. Überkreuzaufbewahrung von Waffen & Munition ist möglich. Behältnis Widerstandsgrad 0 oder Norm mit gleichem Schutzniveau: **Gemeinsame Aufbewahrung von Schusswaffen (wie o.) & Munition.**

Die **gemeinschaftliche Aufbewahrung** von Waffen oder Munition durch berechtigte Personen, die **in häuslicher Gemeinschaft** leben, ist zulässig (§ 13 Abs. 10 AWaffV).

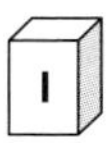	**In nicht dauernd bewohnten Gebäuden** In einem nicht dauernd bewohnten Gebäude dürfen nur bis zu **3 erlaubnispflichtige Langwaffen** aufbewahrt werden. Das Behältnis muss mindestens den Widerstandsgrad I haben. Die zuständige Behörde kann Abweichungen zulassen (§ 13(6) AWaffV).

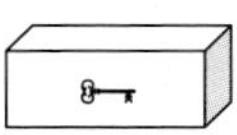	**Erlaubnisfreie Gegenstände** Erforderliche Vorkehrungen gegen Abhandenkommen/Wegnahme: Festes verschlossenes Behältnis oder vergleichbare Sicherung (WaffVwV).

In Schützenhäusern, auf Schießstätten, im Gewerbe, in Sammlungen

Die zuständige Behörde kann auf Antrag Abweichungen von den o.g. Anforderungen zulassen (§ 14 AWaffV), so auch bei Sammlungen (§ 13 Abs. 7 AWaffV).

Ausweis-, Auskunfts- und Vorzeigepflichten, Nachschau (§ 38f WaffG, Auszüge)

Wer eine Schusswaffe führt, muss
- **seinen Personalausweis oder Pass** und
- **die erforderliche waffenrechtliche Erlaubnis** mit sich führen, z.B.

Waffenbesitzkarte, Waffenschein, Erlaubnisschein, Schießerlaubnis, Jagdschein.
Wer eine Waffe führt, soll im Fall des Verbringens oder der Mitnahme einer Waffe oder von Munition in einen Drittstaat eine Übersetzung der WBK in einer Amtssprache des Drittstaates oder den Europäischen Feuerwaffenpass mit sich führen (§ 38 WaffG).

Eine waffenrechtliche Erlaubnis kann zurückgenommen oder widerrufen werden (§ 45)

8.1.7 Verbote (§§ 40 – 42a WaffG)

Frage: Welche **Waffen sind verboten**?	**Antwort**: **Verbotene Waffen, Munition, Gegenstände** sind in Anlage 2 Abschnitt 1 zum Waffengesetz aufgeführt (§ 40 WaffG, siehe rechte Seite).
Frage: Was hat der **Erbe oder Finder o. ä.** zu beachten?	**Antwort:** Wer eine in Anlage 2 Abschnitt 1 bezeichnete Waffe als Erbe, Finder oder in ähnlicher Weise in Besitz nimmt, **hat dies der zuständigen Behörde unverzüglich anzuzeigen** (§ 40(5)).
Frage: Gibt es **Waffenverbote für den Einzelfall**?	**Antwort: Ja!** Die zuständige Behörde kann jemandem den **Besitz von Waffen oder Munition**, deren Erwerb nicht der Erlaubnis bedarf, und den **Erwerb** solcher Waffen und Munition zur Verhütung von Gefahren für die Sicherheit oder Kontrolle des Umgangs **untersagen**, entsprechend den Besitz erlaubnispflichtiger Waffen (§ 41 WaffG).
Frage: Darf man bei **öffentlichen Veranstaltungen Waffen führen**?	**Antwort: Nein! Wer an öffentlichen Vergnügungen, Volksfesten, Sportveranstaltungen, Messen, Ausstellungen, Märkten oder ähnlichen öffentlichen Veranstaltungen teilnimmt, darf keine Waffen im Sinne des § 1 Abs. 2 führen** (§ 42 WaffG).
Verbot des Führens von Anscheinswaffen und bestimmten tragbaren Gegenständen: (§ 42a WaffG)	(1) Es ist verboten 1. **Anscheinswaffen** 2. **Hieb- und Stoßwaffen** nach Anlage1 Abschnitt 1 Unterabschnitt 2 Nr. 1.1 oder 3. **Messer mit einhändig feststellbarer Klinge** (Einhandmesser) oder **feststehende Messer mit einer Klingenlänge über 12 cm zu führen**. (2) Absatz 1 gilt nicht 1. für die Verwendung bei Foto-, Film- oder Fernsehaufnahmen oder Theateraufführungen, 2. für den **Transport in einem verschlossenen Behältnis**, 3. für das Führen der Gegenstände nach Abs. 1 Nr. 2 und 3, sofern ein **berechtigtes Interesse** vorliegt. Weitergehende Regelungen bleiben unberührt. (3) Ein berechtigtes Interesse nach Abs. 2 Nr. 3 liegt insbesondere vor, wenn das Führen der Gegenstände im Zusammenhang mit der Berufsausübung erfolgt, der Brauchtumspflege, dem Sport oder einem allgemein anerkannten Zweck dient.

Verbotene Waffen nach Anlage 2 Abschnitt 1 zum Waffengesetz (Kurzfassung)

- **Waffen nach dem Kriegswaffenkontrollgesetz** (KwKG)
- **Vollautomaten** nach der Definition in Anl. 1 A 1/1
- **Vorderschaftrepetierflinten**, bei denen anstelle des Hinterschaftes ein Kurzwaffengriff vorhanden ist oder die Waffengesamtlänge in der kürzest möglichen Verwendungsform weniger als 95 cm oder die Lauflänge weniger als 45 cm beträgt
- **Schusswaffen, die ihrer Form nach geeignet sind, einen anderen Gegenstand vorzutäuschen** oder die mit Gegenständen des täglichen Gebrauchs verkleidet sind (z.B. Koppelschlosspistolen, Schießkugelschreiber, Stockgewehre, Taschenlampenpistolen)
- **Schusswaffen, die über den für Jagd- und Sportzwecke üblichen Umfang hinaus zusammengeklappt**, zusammengeschoben, verkürzt oder schnell zerlegt werden können
- **Für Schusswaffen bestimmte Vorrichtungen, die das Ziel beleuchten** (z.B. Zielscheinwerfer) oder markieren (z.B. Laser oder Zielpunktprojektoren
- **Nachtsichtgeräte und Nachtzielgeräte mit Montagevorrichtung für Schusswaffen sowie Nachtsichtvorsätze und Nachtsichtaufsätze für Zielhilfsmittel** (z.B. Zielfernrohre), sofern die Gegenstände einen Bildwandler oder eine elektronische Verstärkung haben
- **Mehrschüssige Kurzwaffen**, deren Baujahr nach dem 1.1.1970 liegt, für Zentralfeuermunition **in Kalibern unter 6,3 mm**, wenn der Antrieb der Geschosse nicht ausschließlich durch den Zündsatz erfolgt
- **Hieb- oder Stoßwaffen, die ihrer Form nach geeignet sind, einen anderen Gegenstand vorzutäuschen**, oder die mit Gegenständen des täglichen Gebrauchs verkleidet sind
- **Stahlruten, Totschläger, Schlagringe, Wurfsterne**
- **Gegenstände, bei denen leicht entflammbare Stoffe so verteilt und entzündet werden, dass schlagartig ein Brand entstehen kann** oder in denen unter Verwendung explosionsgefährlicher Stoffe eine Explosion ausgelöst werden kann
- **Gegenstände mit Reiz- oder anderen Wirkstoffen**, es sei denn, dass die Stoffe als gesundheitlich unbedenklich amtlich zugelassen sind (Prüfzeichen!)
- **Gegenstände, die unter Ausnutzung einer anderen als mechanischen Energie Verletzungen beibringen** (z.B. Elektroimpulsgeräte), sofern sie nicht als gesundheitlich unbedenklich amtlich zugelassen sind (Prüfzeichen); sowie **Distanzelektroimpulsgeräte**
- **Präzisionsschleudern sowie Armstützen** und vergleichbare Vorrichtungen für diese
- **Gegenstände, die dazu bestimmt sind, durch Drosseln die Gesundheit zu schädigen**
- **Springmesser**, ausgenommen Klinge höchstens 8,5 cm lang und nicht zweiseitig geschliffen, und **Fallmesser**
- **Faustmesser**, ausgenommen für Jäger, Gerber und Kürschner (§ 40 Abs. 3 WaffG)
- **Butterflymesser** nach Anlage 1 Abschnitt 1 Unterabschnitt 2 Nr. 2.1.4 zum WaffG
- **Geschosse mit Betäubungsstoffen**, zu Angriffs- oder Verteidigungszwecken bestimmt
- **Geschosse oder Kartuschenmunition mit Reizstoffen**, die zu Angriffs- oder Verteidigungszwecken bestimmt sind ohne amtliches Prüfzeichen
- **Accelerator-Patronenmunition** für Schusswaffen mit gezogenen Läufen (Geschossdurchmesser kleiner als der Felddurchmesser der dazugehörigen Schusswaffen mit einer Treib- und Führungshülse, die sich nach der Mündung vom Geschoss trennt)
- **Patronenmunition mit Geschossen, die einen Leuchtspur-, Brand- oder Sprengsatz oder einen Hartkern enthalten**, ausgenommen bestimmte pyrotechnische Munition
- **Knallkartuschen, Reiz- und sonstige Wirkstoffmunition** nach Tabelle 5 der Maßtafeln, bei deren Verschießen in mehr als 1,5 m Entfernung Verletzungen entstehen können
- **Kleinschrotmunition, die in Lagern nach Tabelle 5 der Maßtafeln** (Knall- und Gas-Waffen und -Munition) mit einem Durchmesser bis 12,5 mm geladen werden kann
- **Munition, die zur ausschließlichen Verwendung in Kriegswaffen** oder durch oberste Bundes- und Landesbehörden, Bundesbank, Polizeien und Zoll bestimmt ist.

8.1.12 Beschussgesetz (BeschG, Artikel 2 des WaffRNeuRegG)

Beschusspflicht für Feuerwaffen und Böller

(1) Wer **Feuerwaffen, Böller** sowie **höchstbeanspruchte Teile**, die ohne Nacharbeit ausgetauscht werden können, herstellt oder in den Geltungsbereich des WaffG verbringt, hat sie, bevor er sie in den Verkehr bringt, durch **Beschuss amtlich prüfen** zu lassen.

(2) Wer an einer Feuerwaffe oder einem Böller, die nach Abs. 1 geprüft sind, ein **höchstbeanspruchtes Teil** austauscht, verändert oder instand setzt, hat den Gegenstand erneut durch Beschuss amtlich prüfen zu lassen (§ 3 BeschG).

Gegenseitige Anerkennung
z.B. Österreich (Abb. Ferlach), weitere Staaten: Anlagen 10.2

Eine Beschusspflicht nach § 3 besteht nicht für Feuerwaffen und höchstbeanspruchte Teile, die das **Beschusszeichen eines Staates** tragen, **mit dem die gegenseitige Anerkennung** der Beschusszeichen vereinbart ist (§ 4 (2) BeschG).

Beschussprüfung

Beim Beschuss ist zu prüfen (§ 5 BeschG):
1. die **Haltbarkeit**,
2. die **Funktionssicherheit**,
3. die **Maßhaltigkeit** und
4. die **vorgeschriebene Kennzeichnung.**

Auf Antrag ist der Beschuss von Schusswaffen mit glatten Läufen mit einem erhöhten Gasdruck (**verstärkter Beschuss**, linke Abb.) oder mit **Stahlschrotmunition** (re. Abb.) vorzunehmen.

Prüfzeichen
Deutschland, BA München

Feuerwaffen, Böller und deren höchstbeanspruchte Teile sind **mit dem amtlichen Beschusszeichen zu versehen**, wenn sie mindestens weißfertig sind und die Beschussprüfung keine Beanstandung ergeben hat (§ 6 BeschG).

Zulassung von Schreckschuss-, Reizstoff- und Signalwaffen (§ 8 BeschG)

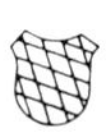

Schusswaffen mit einem Patronen- oder Kartuschenlager bis 12,5mm ∅ und tragbare Geräte, die zum Verschießen von Kartuschenmunition, Reizstoffen oder pyrotechnischer Munition bestimmt sind, müssen das Bauartzulassungszeichen tragen.

8.2 Notwehr

Frage: Was versteht man unter **Notwehr**?	Notwehr ist die Verteidigung, die erforderlich ist, um einen gegenwärtigen, rechtswidrigen Angriff von sich oder einem anderen abzuwenden. (§ 32 Abs. 2 StGB und § 227 BGB)
Weiterhin ist bestimmt:	Wer eine Tat begeht, die durch Notwehr geboten ist, handelt nicht rechtswidrig. (§ 32 Abs. 1 StGB)
Überschreitung der Notwehr?	Überschreitet der Täter die Grenzen der Notwehr aus Verwirrung, Furcht oder Schrecken, so wird er nicht bestraft. (§ 33 StGB)

Erläuterungen und Beispiele:

1.

Voraussetzung der Notwehr ist zunächst das Vorhandensein einer Notwehrlage, d.h. es muss objektiv ein "gegenwärtiger, rechtswidriger Angriff" gegeben sein.

Beispiel: Ein Fahrgast greift einen Taxifahrer mit einem Messer an, um dessen Tageseinnahmen zu rauben.

Keine Notwehrlage liegt vor,
wenn ein Tier angreift (ein Tier kann nicht rechtswidrig handeln) - hier liegt ggf. eine Notstandssituation vor -,
wenn der Angriff erst in Zukunft droht oder schon beendet ist (er ist dann nicht gegenwärtig),
wenn der Angriff nicht rechtswidrig, sondern rechtmäßig ist (z. B. bei Zwangsmaßnahmen der Polizei).

2.

Ist die Notwehrlage gegeben, so ist eine Verteidigungshandlung zulässig, die "erforderlich ist, um den Angriff von sich oder einem anderen abzuwenden".
Die Erforderlichkeit bestimmt sich nach der Stärke und Gefährlichkeit des Angriffs. Der Angegriffene muss dabei das leichteste Mittel anwenden; er kann jedoch ggf. bis zur Tötung gehen, wenn diese das letzte Mittel zur Abwendung ist. Man spricht von der gebotenen "Verhältnismäßigkeit der Mittel".

Beispiel: Im obigen Fall kann es erforderlich sein, dass der Taxifahrer seinerseits eine Waffe zieht und entweder sogleich schießt, wenn er anders dem Angriff des Fahrgastes nicht mehr entgehen kann, oder zunächst einen Warnschuss abgibt, wenn der Fahrgast noch keine Anstalten macht zuzustoßen.

Gegenüber Kindern, Geisteskranken oder Betrunkenen kann es geboten sein, auf Abwehr zu verzichten oder dem Angriff auszuweichen.
Grundsätzlich ist dem Angegriffenen eine Flucht aber nicht zuzumuten.

3.

Die Notwehr ist rechtsmissbräuchlich, wenn ein unerträgliches Missverhältnis zwischen dem angegriffenen Rechtsgut und der durch die Verteidigung herbeigeführten Verletzung besteht.

Beispiel: Eine lebensgefährliche Selbstschussanlage zur Abwehr von Obstdiebstählen.

4.

Die Notwehrhandlung umfasst die Verteidigung gegen rechtswidrige, gegenwärtige Angriffe auf Leib, Leben oder andere Rechtsgüter, z.B. Vermögen, Ehre.
Die rechtliche Folge der Notwehr liegt darin, dass die Verteidigungshandlung nicht rechtswidrig ist: Das Recht braucht dem Unrecht nicht zu weichen.

5.

Überschreitung der Notwehr (**Notwehrexzess**) (§ 33 StGB):
Liegen die Voraussetzungen der Notwehr objektiv vor, überschreitet aber der Angegriffene aus Verwirrung, Furcht oder Schrecken das erforderliche Maß der Abwehr, so handelt er zwar rechtswidrig, aber nicht schuldhaft (vorwerfbar), d.h. er ist nicht strafbar.

Beispiel: Ein allein wohnender Hausbesitzer hat einen Eindringling erschossen, anstatt ihn durch Drohungen zu vertreiben. Er hat aus Angst gar nicht bemerkt, dass der Eindringling erst 15 Jahre alt und völlig unbewaffnet war.

6.

Hiervon ist die **Putativnotwehr** zu unterscheiden, bei der irrtümlicherweise eine in Wahrheit nicht vorhandene Notwehrlage angenommen wird. In diesem Fall kommen die Regelungen über den Irrtum zur Anwendung.

7.

Notwehr zugunsten eines/einer Dritten bezeichnet man als **Nothilfe**.

8.3 Notstand

Man unterscheidet zwischen Rechtfertigendem Notstand (§ 34 StGB) und Entschuldigendem Notstand (§ 35 StGB).
(§ 228 BGB und § 904 BGB sind Unterfälle des § 34 StGB.)

Frage:
Was versteht man unter **Rechtfertigendem Notstand**?

Antwort: Wer in einer gegenwärtigen, nicht anders abwendbaren Gefahr für Leben, Leib, Freiheit, Ehre, Eigentum oder ein anderes Rechtsgut eine Tat begeht, um die Gefahr von sich oder einem anderen abzuwenden, handelt nicht rechtswidrig, wenn bei Abwägung der widerstreitenden Interessen, namentlich der betroffenen Rechtsgüter und des Grades der ihnen drohenden Gefahren, das geschützte Interesse das beeinträchtigte wesentlich überwiegt. Dies gilt jedoch nur, soweit die Tat ein angemessenes Mittel ist, die Gefahr abzuwenden (§ 34 StGB).

Erläuterungen und Beispiele:

Die Vorschrift stellt auf eine gegenwärtige, d.h. zeitlich unmittelbar bevorstehende oder zumindest absehbare Gefahr für bestimmte Rechtsgüter ab. Ein unmittelbar drohender, zur Notwehr berechtigender Angriff auf das Rechtsgut braucht noch nicht vorzuliegen.
Das gefährdete Rechtsgut muss in jedem Fall das durch die Notstandshandlung zu verletzende wesentlich überwiegen (Interessenabwägung).
Unabhängig davon muss die Notstandshandlung auch noch ein angemessenes Mittel zur Gefahrenabwehr darstellen.

1. Beispiel: Ein Arzt fährt zu einem lebensgefährlich Erkrankten und überschreitet dabei - unter Beachtung der allgemeinen Verkehrslage - die zugelassene Höchstgeschwindigkeit.

2. Beispiel: Ein Jäger/Schütze verunglückt unterwegs. Es ist keine Hilfe in Sicht. Er macht deshalb durch Abgabe von Schüssen (in die Böschung) auf sich aufmerksam (Notzeichen: 6 x pro Minute).

Frage:
Was versteht man unter **Entschuldigendem Notstand?**

Antwort:
Wer in einer gegenwärtigen, nicht anders abwendbaren Gefahr für Leben, Leib oder Freiheit eine rechtswidrige Tat begeht, um die Gefahr von sich, einem Angehörigen oder einer anderen ihm nahestehenden Person abzuwenden, handelt ohne Schuld.
(§ 35 Abs. 1 Satz 1 StGB)

Weiterhin ist bestimmt:

Dies gilt nicht, soweit dem Täter nach den Umständen, namentlich weil er die Gefahr selbst verursacht hat oder weil er in einem besonderen Rechtsverhältnis stand, zugemutet werden konnte, die Gefahr hinzunehmen; jedoch kann die Strafe nach § 49 Abs. 1 (StGB) gemildert werden, wenn der Täter nicht mit Rücksicht auf ein besonderes Rechtsverhältnis die Gefahr hinzunehmen hatte.
(§ 35 Abs. 1 Satz 2 StGB)

Nimmt der Täter bei Begehung der Tat irrig Umstände an, welche ihn nach Absatz 1 entschuldigen würden, so wird er nur dann bestraft, wenn er den Irrtum vermeiden konnte. Die Strafe ist nach § 49 Abs. 1 (StGB) zu mildern.
(§ 35 Abs. 2 StGB)

Erläuterung und Beispiel:

Auch der Entschuldigende Notstand stellt auf eine gegenwärtige, nicht anders abwendbare Gefahr ab. Geschütztes Rechtsgut sind hier allerdings nur Leben, Leib oder Freiheit (nicht etwa der drohende Verlust des Eigentums).
Begeht der Täter in einer solchen Gefahr eine rechtswidrige Tat, um die Gefahr von sich, einem Angehörigen oder einer anderen ihm nahestehenden Person abzuwenden, dann handelt er nicht schuldhaft (vorwerfbar), d.h. er ist nicht strafbar.

Beispiel:

Ein Mensch kann in einer Gefahr das eigene Leben nur durch Opferung eines anderen Lebens retten (z.B. Schiffbrüchige).

8.4 Notwehr und Notstand im Strafgesetzbuch (StGB)

8.4.1 Allgemeines zum Strafrecht

Um nach dem Strafgesetzbuch bestraft zu werden, muss man

a) einen Straftatbestand im Gesetz erfüllen
b) rechtswidrig handeln und
c) schuldhaft handeln.

Ein Täter handelt **nicht rechtswidrig**, wenn ein Rechtfertigungsgrund vorliegt; er handelt **nicht schuldhaft**, wenn ein Entschuldigungsgrund vorliegt.

Rechtfertigungsgründe sind z.B. § 32 StGB (Notwehr) und § 34 StGB (rechtfertigender Notstand), **Entschuldigungsgründe** sind z.B. § 33 StGB (Überschreitung der Notwehr) und § 35 StGB (Entschuldigender Notstand).

Erschießt beispielsweise ein Jäger einen Wilderer, so ist er dann nicht wegen Totschlags strafbar, wenn er sich auf einen der §§ 32 bis 35 StGB berufen kann und damit gerechtfertigt oder entschuldigt ist.

Die Unterscheidung zwischen Rechtfertigung und Entschuldigung ist aus verschiedenen rechtlichen Gründen notwendig. Im Folgenden kann sie aber vernachlässigt werden.

8.4.2 Die Notwehr (§ 32 StGB)

Man unterscheidet im Allg. zwischen **Notwehrlage** und **Notwehrhandlung**.

a) Notwehrlage ("gegenwärtiger rechtswidriger Angriff")

-- Gegenwärtigkeit:	Der Angriff steht unmittelbar bevor oder hat schon begonnen und ist noch nicht vollendet (keine Präventivnotwehr!).
-- Rechtswidrigkeit:	Der Angreifer verstößt gegen ein Gesetz und ist seinerseits nicht gerechtfertigt.
-- Angriff:	Jede von einem Menschen drohende Verletzung von Leib, Leben, Freiheit, Ehre, Eigentum oder einem anderen schutzwürdigen Gut wie z.B. dem Jagdrecht.

b) Notwehrhandlung ("erforderliche Verteidigung")

-- Erforderlichkeit:

Von mehreren wirksamen Mitteln ist das zu wählen, das den geringsten Schaden anrichtet; die Abwehrhandlung darf nicht in einem Missverhältnis zur Angriffshandlung stehen, d.h. dass man z.B. nicht durch einen gezielten Schuss in den Arm eine Ohrfeige verhindern darf.

Die gefährdeten Rechtsgüter dürfen nicht in einem krassen Missverhältnis zueinander stehen, d.h. dass man z.B. nicht den Diebstahl geringwertiger Sachen wie Äpfel durch Installation einer lebensgefährlichen Selbstschussanlage verhindern darf.

-- Verteidigung:

Abwehr, die objektiv geeignet sein muss, den Angriff abzuwenden oder abzumildern.
Die Handlung darf sich nur gegen den Angreifer richten; wird einem Dritten in irgendeiner Weise Schaden zugefügt, so ist dies nicht durch Notwehr gerechtfertigt.

c) Nothilfe

Die Abwendung eines Angriffs, der sich gegen einen Dritten richtet, bezeichnet man als Nothilfe.

Nothilfe darf nicht gegen den Willen des Angegriffenen angewendet werden.

8.4.3 Die Überschreitung der Notwehr (§ 33 StGB)

Voraussetzung für die Straflosigkeit nach § 33 StGB ist,
1. dass der Täter die Grenzen der Notwehr bei der Notwehrhandlung überschreitet, d.h. er verwendet ein nicht erforderliches Mittel ("er schießt mit Kanonen auf Spatzen") und
2. dass dies aus Verwirrung, Furcht oder Schrecken passiert, nicht z.B. aus Wut, Zorn oder Kampfeseifer.
(Nicht erfasst ist, dass sich der Täter über das Vorliegen einer Notwehrlage irrt, dass er also z.B. irrtümlich meint, angegriffen zu werden.)

8.4.4 Der rechtfertigende Notstand (§34 StGB)

Die Besonderheiten des § 34 StGB:

1. Es **muss kein rechtswidriger Angriff** vorliegen, sondern eine gegenwärtige Gefahr.
2. Es ist eine **Abwägung der widerstreitenden Interessen** erforderlich, d.h. dass das durch den Angriff gefährdete Rechtsgut höherwertiger sein muss als das durch die Notstandshandlung beeinträchtigte (bei § 32 StGB durfte hier lediglich kein krasses Missverhältnis vorliegen).
Beispiel: Um eine Lebensgefahr abzuwenden, darf nicht ein anderes Leben gefährdet werden, da es sich um gleichwertige Rechtsgüter handelt.
3. Die **Tat muss ein angemessenes Mittel sein**, um die Gefahr abzuwenden; die Abwehrhandlung muss also im Verhältnis zur Angriffshandlung stehen (wie bei § 32 StGB).

Beispiel: Auf einer einsamen Straße findet ein Jäger ein schwer verletztes Verkehrsopfer. Als nach einiger Zeit ein Autofahrer vorbeikommt, aber wieder weiterfahren will, zwingt er den widerspenstigen Fahrer mit vorgehaltener Waffe, den Verletzten ins nächste Krankenhaus zu fahren.

Der Jäger ist nach § 34 StGB gerechtfertigt. Er darf aber nur Zwang ausüben (Nötigung), nicht etwa abdrücken!

8.4.5 Der entschuldigende Notstand (§ 35 StGB)

Die Besonderheiten des § 35 StGB:

1. **Geschützte Rechtsgüter sind nur Leben, Leib oder Freiheit**, nicht etwa das Eigentum oder andere.
2. **Die Gefahr darf nur von sich, einem Angehörigen oder** einer anderen nahestehenden Person abgewendet werden.
3. **Es darf nicht zumutbar sein, die Gefahr hinzunehmen**; dabei sind alle Umstände zu berücksichtigen.
4. Eine ausdrückliche Abwägung wie bei den §§ 32 und 34 ist nicht erforderlich.

Beispiel: Die Schiffbrüchigen A und B wollen sich an einem treibenden Holzbrett retten. Da das Brett aber nur einen der beiden tragen kann, stößt A den B weg und gibt ihn so dem Untergang preis.

Ergebnis: A kann sich auf § 35 berufen (kein § 32, da B den A nicht angreift; kein § 33, da keine Notwehrlage vorliegt; kein § 34, da Leben gegen Leben steht).

3. Altersgrenzen (§ 27 Abs. 3 und 4 WaffG)
   a) Schießen durch Kinder unter 12 Jahren und ab 12 Jahren
   b) Schießen durch Jugendliche (14 bis 16 Jahre und ab 16 Jahren)
   c) Obhut durch zur Kinder- und Jugendarbeit geeignete Aufsichtsperson
   d) Pflichten nach § 27 Abs. 3 Satz 2 ff WaffG

4. Aufgaben der Aufsicht nach § 11 AWaffV
   a) Registrierung durch den Verein und Nachweis (§ 10 Abs. 3 AWaffV)
   b) Ständige Beaufsichtigung
   c) Ordnungsgemäßes Verhalten der Sportschützen bzw. der auf der Schießstätte anwesenden Personen
   d) Transport der Waffen
   e) Sicherer Umgang mit der Schusswaffe
   f) Verwendung von Munition durch Wiederlader (vgl. Sprengstoffgesetz)
   g) Untersagung der Teilnahme am Schießen
   h) Teilnahme der verantwortlichen Aufsichtsperson am Schießen

5. Aufbewahrung von Waffen oder Munition auf der Schießstätte (§ 36 WaffG i.V.m. §§ 13, 14 AWaffV)
   a) Transportbehälter
   b) Waffenraum
   c) Vorübergehende Aufbewahrung , „angemessene Aufsicht" (§ 13 Abs. 11 AWaffV)

6. Erwerb von Waffen und Munition auf der Schießstätte (§ 12 Abs. 1 Nr. 5 und Abs. 2 Nr. 2 WaffG)

7. Versicherungsfragen
   a) Haftpflicht- und Unfallversicherung des Betreibers (§ 4 Abs. 1 Nr. 5, § 27 Abs. 1 WaffG)
   b) Haftpflicht- und Unfallversicherung des Schützen bzw. für den Schützen

8. Verhalten bei Unfällen
   a) Besonnenes Handeln
   b) Unterbrechung bzw. Einstellung des Schießbetriebes, Räumen der Schießstätte
   c) Information der erforderlichen Stellen

D. Die Qualifizierung von „verantwortlichen Aufsichtspersonen" soll einen Zeitrahmen von 4 Unterrichtseinheiten (3/4 Stunde) umfassen. Sie kann mit einem mündlichen Prüfungsgespräch und/oder einer praktischen Übung abgeschlossen werden.
Fragen/Antworten zur Schießstandaufsicht findet man in Kap. 9.2, Nr. 9.2.18.
Über die bestandene Qualifikation ist dem Sportschützen eine Bescheinigung zu erteilen, die die Bestätigung zu enthalten hat, dass die Qualifikation nach den Richtlinien des Deutschen Schützenbundes durchgeführt worden ist.

9.2 Sachkundeprüfung[2]

9.2.1. Waffen- und munitionstechnische Begriffe

1.01 1.Was ist eine Schusswaffe im Sinne des Waffengesetzes? (Waffengesetz = WaffG) 1.02Wie werden Schusswaffen im Sinne des WaffG definiert?	Schusswaffen sind Gegenstände, **die zum Angriff oder zur Verteidigung, zur Signalgebung, zur Jagd, zur Distanzinjektion, zur Markierung, zum Sport oder zum Spiel** bestimmt sind und bei denen **Geschosse durch einen Lauf getrieben werden**.
1.01 2. Was sind den Schusswaffen gleichgestellte Gegenstände?	Tragbare Gegenstände, - die zum Abschießen von Munition zum Angriff oder zur Verteidigung, zur Signalgebung, zur Jagd, zur Distanzinjektion, zur Markierung, zum Sport oder zum Spiel bestimmt sind, - bei denen bestimmungsgemäß feste Körper gezielt verschossen werden, deren Antriebsenergie durch Muskelkraft eingebracht und durch eine Sperrvorrichtung gespeichert werden kann (z.B. Armbrüste).

[2] Fragenkatalog für die Sachkundeprüfung gem. § 7 WaffG, Stand: Januar 2006. Bundesverwaltungsamt (BVA). Homepage des BVA: http//www.bundesverwaltungsamt.de/waffenrecht. Aus dem Vorwort: „Künftig sollten für die Sachkundeprüfung ausschließlich Fragen aus diesem Katalog verwendet werden. Prüfungsausschüsse können im Einzelfall darüber hinausgehende Verständnisfragen stellen." Zu jedem Themenkomplex gibt es eine Vielzahl von Fragen, aus denen eine Auswahl zu treffen ist. **Bei Multiple-Choice-Antworten können mehrere Antworten richtig sein, eine ist immer richtig.** Hinweise des Verfassers: Stellen Sie Fragen nur für die beantragten Waffen- und Munitionsarten! **Bei Multiple-Choice-Antworten sind die richtigen Musterantworten gefettet.** Es sind alle Fragestellungen - gleichartige auch zusammengefasst - und alle richtigen, aber nicht alle falschen Antworten wiedergegeben; letztere kann man ggf. hinzuformulieren. Die Prüfung kann schriftlich und/oder mündlich durchgeführt werden; Handhabung und Schießen sind in jedem Fall praktisch durchzuführen. Über den wesentlichen Inhalt und das Ergebnis der Prüfung ist eine Niederschrift anzufertigen. Der Deutsche Schützenbund empfiehlt in seinen Richtlinien für den Nachweis der Sachkunde (Wiesbaden, 13.11.2004): „Die schriftliche Prüfung soll die Beantwortung von 80 Fragen und zusätzlich 10 Fragen im Themenbereich Notwehr umfassen." Zeit: 90 Minuten. „(Sie) ist in der Regel bestanden, wenn der Bewerber mindestens 80% aller Fragen richtig beantwortet hat." Mindestens 75%: Mündliche Prüfung!

1.01 3. Welche hier aufgeführten Gegenstände werden waffenrechtlich erfasst?	**a) Druckluftgewehr** **b) Armbrust** c) Bogen
1.03 Wann ist eine Schusswaffe dauerhaft unbrauchbar gemacht?	Wenn mit allgemein gebräuchlichen Werkzeugen die Schussfähigkeit der Waffe oder der wesentlichen Teile nicht wiederhergestellt werden kann.
1.04/1.05 Wann geht die Schusswaffeneigenschaft im Sinne des WaffG verloren?	**Wenn alle wesentlichen Teile dauerhaft unbrauchbar gemacht werden.**
1.06 Welche der hier genannten Gegenstände sind Schusswaffen im Sinne des WaffG?	a) Blasrohr **b) Luftgewehr mit Zulassungszeichen „F im Fünfeck“** **c) Doppelflinte**
1.07 Welche der hier genannten Gegenstände sind Feuerwaffen im Sinne des WaffG?	**a) Einläufige Einzelladerwaffen mit Zündhütchenzündung (Perkussionswaffen), deren Modell vor dem 01.01.1871 entwickelt wurde.** **b) Einläufige Waffen mit Zündnadelzündung, deren Modell vor dem 01.01.1871 entwickelt wurde.** **c) Einläufige Waffen mit Luntenzündung, deren Modell vor dem 01.01.1871 entwickelt wurde.**
1.08 Was ist keine Schusswaffe im Sinne des WaffG?	a) Druckluftpistole **b) Zündblättchenpistole** c) Signalpistole Kaliber 4
1.09 Welche der hier genannten Gegenstände sind keine Schusswaffen bzw. keine ihnen gleichgestellten Gegenstände im Sinne des WaffG?	a) Harpunen mit gespanntem Gummi als Antrieb b) Waffen mit einer Mündungsenergie von weniger als 7,5 Joule, bei denen die Geschosse durch Federdruck durch den Lauf getrieben werden. **c) Präzisionsschleudern**
1.10 Welche der hier genannten Gegenstände sind keine Schusswaffen i. S. des WaffG?	a) Einläufige Waffen **b) Bolzenschussgeräte für das Baugewerbe** **c) Böller**
1.11 Was versteht man unter halbautomatischen Schusswaffen?	Schusswaffen, die nach Abgabe eines Schusses selbsttätig erneut schussbereit werden und bei denen aus demselben Lauf durch erneute Betätigung des Abzuges jeweils ein weiterer Schuss abgegeben werden kann (ausgenommen DA-Revolver).
1.12/1.13 Welche der nachfolgenden Aussagen ist richtig?	**a) Mit halbautomatischen Waffen kann man mehrere Schüsse aus demselben Lauf abgeben, ohne Patronen per Hand nachladen zu müssen.** b) Mit halbautomatischen Waffen kann man durch einmaliges Betätigen des Abzugs mehrere Schüsse aus demselben Lauf abgeben.
1.14 Welche der aufgeführten Waffen ist eine halbautomatische Waffe im Sinne des WaffG?	a) Single-Action-Revolver **b) Selbstladepistole** c) Doppelflinte
1.15 Welche der hier genannten Waffen ist eine halbautomatische Waffe im Sinne des WaffG?	a) Büchse mit Geradezugverschluss **b) Selbstladeflinte** c) Double-Action-Revolver
1.16 Erläutern Sie den Begriff „Waffe“ im Sinne des WaffG!	- Schusswaffen oder ihnen gleichgestellte Gegenstände - Tragbare Gegenstände, die ihrem Wesen nach dazu bestimmt sind, die Angriffs- oder Abwehrfähigkeit von Menschen zu beseitigen oder herabzusetzen, insbesondere Hieb- und Stoßwaffen. - Tragbare Gegenstände, die, ohne dafür bestimmt zu sein,

	insbesondere wegen ihrer Beschaffenheit, Handhabung oder Wirkungsweise geeignet sind, die Angriffs- oder Abwehrfähigkeit von Menschen zu beseitigen oder herabzusetzen, und die im Waffengesetz genannt sind.
1.17 Was ist eine Waffe im Sinne des Waffengesetzes?	a) Blasrohr **b) Degen, c) Präzisionsschleuder**
1.18 Wie unterscheidet das Waffengesetz Langwaffen und Kurzwaffen?	Langwaffen sind Schusswaffen, deren Lauf und Verschluss in geschlossener Stellung insgesamt länger als 30 cm sind und deren kürzeste bestimmungsgemäß verwendbare Gesamtlänge 60 cm überschreitet. Kurzwaffen sind alle anderen Waffen.
1.19 Gibt es Schusswaffen oder sonstige Gegenstände, mit denen der Umgang verboten ist?	Es sind wenigstens 4 zu nennen. Vollständige Aufzählung s. Anlage 2 Abschnitt 1 zum Waffengesetz.
1.20 Welcher der nebenstehend aufgeführten Gegenstände ist eine verbotene Waffe?	a) Samuraischwert b) Feststehendes Messer mit Klinge mehr als 8,5cm **c) Vorderschaftrepetierflinte mit einem Pistolengriff statt eines Hinterschaftes**
1.21 Welches sind „verbotene Waffen" im Sinne des WaffG?	a) Blasrohr, Harpune, Armbrust b) Halbautomatische/s Gewehr/Pistole **c) Schlagring, Stockdegen, Würgeholz**
1.22 Was versteht man unter einer „verbotenen Waffe"?	Eine Waffe, mit der der Umgang verboten ist (wobei eine Ausnahmegenehmigung des BKA möglich ist)
1.23 Bei welchen der aufgeführten Beispiele handelt es sich um „verbotene Waffen"?	a) Schusswaffen mit Schalldämpfer **b) Schusswaffen, die Dauerfeuer schießen** **c) Schusswaffen mit einem Laserzielgerät**
1.24 Welche Schusswaffen zählen zu den „verbotenen Waffen"?	**a) Vorderschaftrepetierflinten, bei denen der Hinterschaft durch einen Pistolengriff ersetzt ist** b) Betäubungsgewehre **c) Schießkugelschreiber**
1.25 Welches sind verbotene Waffen?	a) Harpunen **b) Hieb- oder Stoßwaffen, die ihrer Form nach geeignet sind, Gegenstände des täglichen Gebrauchs vorzutäuschen** c) Vorderschaftrepetierer
1.26 Welcher der nebenstehend aufgeführten Gegenstände ist eine „verbotene Waffe"?	**a) Präzisionsschleuder** b) Fahrtenmesser (Klinge beidseitig geschliffen) c) Baseballschläger
1.27 Welcher der nebenstehend aufgeführten Gegenstände ist eine „verbotene Waffe"?	a) Sportdegen **b) Stockdegen** c) Halbautomatisches Gewehr
1.28 Welche der nachfolgend genannten Gegenstände sind gemäß WaffG verboten?	a) Schalldämpfer b) Bajonette für Langwaffen **c) für Schusswaffen bestimmte Zielscheinwerfer**
1.29 Welche der nachfolgend genannten Gegenstände sind gemäß WaffG verboten?	**a) Butterflymesser** **b) Schlagringe** c) Teleskopschlagstöcke
1.30 Welche der nachfolgend genannten Gegenstände sind gemäß WaffG verboten?	a) Kurzwaffenpatronen mit Hohlspitzgeschossen **b) Büchsenpatronen mit Treibspiegelgeschoß** **c) Kleinkaliberpatronen mit Leuchtspurgeschoß**
1.31 Was sind „wesentliche Teile" von Schusswaffen?	Lauf, Patronenlager (Trommel), Verschluss, Griffstück mit Auslösemechanismus bei Kurzwaffen

1.32 Aus welchen wesentlichen Teilen besteht eine Schusswaffe?	**a) Lauf, Patronenlager, Verschluss, Griffstück bei Kurzwaffen** b) Patrone, Visierung, Abzug c) Magazin, Schaft, Schlagbolzen
1.33 Was ist ein „wesentlicher Teil“ einer Schusswaffe?	**a) Verschluss** b) Abzug, c) Magazin
1.34 „Wesentlicher Teil“ einer Schusswaffe ist ...	a) der Schaft **b) der Verschluss,** c) die Visierung
1.35 „Wesentlicher Teil“ eines Revolvers ist ...	a) die Griffschale **b) die Trommel** c) die Visiereinrichtung
1.36 Welches sind wesentliche Teile von Schusswaffen?	**a) der Lauf** b) das Magazin **c) der Verschluss** **d) das Griffstück mit Auslösemechanismus bei Kurzwaffen** **e) die Trommel eines Revolvers**
1.37 Welche hier genannten Gegenstände sind <u>keine</u> wesentlichen Teile von Schusswaffen?	a) Wechseltrommel für Revolver **b) Klappschaft für Flinten** **c) Ersatzmagazin für Büchsen**
1.38 Welche der nachfolgenden Aussagen ist richtig?	**a) Repetierwaffen haben immer ein Magazin** **b) Revolver haben immer eine Trommel** c) Pistolen haben immer ein Magazin
1.39 Was versteht man bei Sportwaffen unter dem Begriff „Kleinkaliberwaffe“?	a) Eine Waffe in einem Kaliber unter 40 mm **b) Eine Waffe im Kaliber .22 l.r. (.22 lfB)** c) Eine Waffe mit einer Mündungsenergie unter 7,5J
1.40 Was ist ein „Kleinkalibergewehr“?	**Bezeichnung für eine Langwaffe in .22 l.r. (long rifle) (oder auch .22 lfB = lang für Büchse)**
1.41 Was ist ein Drilling?	a) Eine Repetierwaffe b) Eine halbautomatische Waffe **c) Eine Einzelladerwaffe**
1.44 Was sind Einzellader?	Schusswaffen ohne Magazin mit einem oder mehreren Läufen, die vor jedem Schuss aus demselben Lauf von Hand geladen werden (müssen).
1.42 Welche der hier genannten Waffen ist ein Einzellader im Sinne des WaffG?	a) Halbautomatische Pistole **b) Doppelflinte** c) Schreckschussrevolver
1.43 Welche der hier genannten Waffen ist ein Einzellader im Sinne des WaffG?	a) Halbautomatische Pistole **b) Perkussionspistole** c) Revolver
1.45 Welche der hier genannten Waffen ist ein Einzellader im Sinne des WaffG?	**a) Doppelbüchse** b) Single-Action-Revolver c) Halbautomatische Pistole
1.46 Welche der hier genannten Waffen sind Mehrlader im Sinne des WaffG?	**a) Double-Action-Revolver** **b) Repetierbüchse** c) Doppelflinte
1.47 Zu welcher Waffenart im Sinne des Waffengesetzes zählt eine Doppelflinte?	**a) Einzelladerwaffen** b) Repetierwaffen c) Halbautomatische Waffen
1.48 Zu welcher Waffenart im Sinne des Waffengesetzes zählt eine Unterhebel-Repetierbüchse?	a) Einzelladerwaffen **b) Repetierwaffen** c) Halbautomatische Waffen

1.49 Welcher Unterschied besteht zwischen Büchse und Flinte?	Büchse mit gezogenem Lauf für Kugelschuss, Flinte mit glattem Lauf für Schrotschuss
1.50 Zu welcher Waffenart im Sinne des Waffengesetzes zählt eine Vorderschaft-Repetierflinte?	a) Einzelladerwaffe **b) Repetierwaffe** c) Halbautomatische Waffe
1.51 Was sind Geschosse im Sinne des WaffG?	Sind als Waffen oder für Schusswaffen bestimmte - feste Körper (Einzelgeschosse oder Schrote) oder - gasförmige, flüssige oder feste Stoffe in Umhüllungen
1.52/1.53 Was zählt zu den Geschossen im Sinne des WaffG?	a) Platzpatronen **b) Schrote** c) Pfeile **d) Bleirundkugeln für Vorderlader**
1.54/1.55/1.56 Welche Arten von Munition unterscheidet das WaffG? Welche Munitionsarten sind vom WaffG erfasst?	**- Patronenmunition** **- Kartuschenmunition** **- Pyrotechnische Munition** **- Hülsenlose Munition**
1.57 Welche der nebenstehenden Gegenstände zählen zur Munition im Sinne des WaffG?	a) Stahlkugeln für Präzisionsschleudern **b) Wadcutter-Patronen** c) 4,5 mm (.177) Rundkugeln
1.58 Was ist <u>keine</u> Munition im Sinne des WaffG?	**a) Wurfpfeile** b) Randfeuerpatronen c) Platzpatronen
1.59 Welche der hier genannten Gegenstände sind Munition im Sinne des WaffG?	a) Hohlspitzgeschosse für Kurzwaffen b) Armbrustbolzen **c) Schrotpatronen**
1.60 Welche der hier genannten Gegenstände sind <u>keine</u> Munition im Sinne des WaffG?	**a) Geschosse für Druckluftgewehre (Diabolos)** b) Platzpatronen für Schreckschusswaffen **c) Zündhütchen für Vorderladerwaffen** (Perkussion)
1.61 Woraus besteht eine Kleinkaliberpatrone?	Hülse, Geschoss, Zündsatz, Treibladung
1.62 Aus welchen Teilen besteht eine Zentralfeuerpatrone?	**a) Zündhütchen, Treibladung, Hülse, Geschoss** b) Hülse, Treibladung, Zündsatz
1.63 Was sind Randfeuerpatronen?	Alle Patronen mit Zündsatz im Hülsenrand
1.64 Welche der nachfolgend genannten Gegenstände sind Kartuschenmunition im Sinne des WaffG?	**a) Platzpatronen** b) Munition mit Betäubungsmittel für die Distanzinjektion c) Zentralfeuerpatronen mit wiederladbaren Hülsen
1.65 Welche der folgenden Aussagen über Schalldämpfer ist richtig?	**a) Ein Schalldämpfer verringert Mündungsknall** **b) Ein Schalldämpfer kann die Mündungsgeschwindigkeit des Geschosses beeinflussen** **c) Er kann die Präzision der Waffe beeinflussen**
1.66 Was versteht man unter einem Kompensator?	Eine Vorrichtung am Waffenlauf, die z.B. das Hochschlagen beim Schuss verringern soll.
1.67 Was versteht man unter einem Einstecklauf?	Ein Lauf ohne eigenen Verschluss, der in die Läufe von Waffen größeren Kalibers eingesteckt wird.
1.68 Wie wirkt ein Schalldämpfer?	Er verringert den Mündungsknall beim Schuss.
1.69 Was sind Schalldämpfer im Sinne des WaffG?	Vorrichtungen, die der Dämpfung des Mündungsknalls dienen und für Schusswaffen bestimmt sind.
1.70 Was versteht man unter einem Nachtzielgerät?	Ein Gerät, das mit Montagevorrichtung für Schusswaffen versehen ist und durch Bildwandler oder mittels elektronischer Verstärkung ein Zielen bei Nacht ermöglicht.

9.2.2 Waffenrechtliche Begriffe

2.01/2.02 Was bedeutet „erwerben“ im Sinne des WaffG?	Das Erlangen der tatsächlichen Gewalt (über die Waffe)
2.03 Was müssen Sie unternehmen, wenn Sie eine erlaubnispflichtige Schusswaffe gefunden haben?	a) Als WBK-Inhaber muss ich nichts unternehmen. **b) Ich muss unverzüglich eine Anzeige bei der zuständigen Behörde machen.** c) Ich muss sie einem Waffenhändler überlassen.
2.04 Sie erwerben eine erlaubnispflichtige Schusswaffe. Welche Angaben hat der Waffenhändler in Ihre „grüne Waffenbesitzkarte“ einzutragen?	a) Meine Adresse und die Nr. meines BPA **b) Hersteller-/Warenzeichen oder Marke, Modellbezeichnung, Seriennummer, Tag des Überlassens und den Überlasser** c) Waffenmodell, Kaliber und Bauartzulassung
2.05 Ist der Dieb einer Schusswaffe Erwerber im Sinne des WaffG?	**a) Ja** b) Nein
2.06 Ist der Finder einer Schusswaffe Erwerber im Sinne des WaffG?	**a) Ja** b) Nein
2.07 Ist der Erbe einer Schusswaffe Erwerber im Sinne des WaffG?	**a) Ja** b) Nein
2.08 Was hat der Erbe einer Schusswaffe zu veranlassen?	Benachrichtigung der zuständigen Waffenbehörde binnen eines Monats. Die Frist beginnt mit der Annahme der Erbschaft.
2.09 Ein Schützenkamerad sagt: „Ich werde dir schon zu Lebzeiten mein KK-Gewehr vermachen.“ Wie ist dieser Vorgang waffenrechtlich zu beurteilen?	Es ist kein Erbfall, sondern eine beabsichtigte Schenkung. Der Erwerber muss zuvor erwerbsberechtigt sein.
2.10/2.13 Sie sind gesetzlicher Erbe einer (erlaubnispflichtigen) Schusswaffe. Was müssen Sie tun?	Innerhalb eines Monats die Ausstellung einer WBK beantragen, sofern die Waffe nicht einem Berechtigten überlassen oder unbrauchbar gemacht wird. Dies ist der zuständigen Behörde anzuzeigen.
2.11 Sie wollen ihren Revolver mit dem Ihres Schützenkameraden dauerhaft tauschen. Was müssen Sie dabei beachten?	Ein erlaubnisfreier Tausch ist waffenrechtlich nicht vorgesehen. Es handelt sich dabei um ein gegenseitiges Überlassen und Erwerben. Beide haben demzufolge eine Erlaubnis zum Erwerb der jeweiligen Waffe zu beantragen. Es werden dabei von der Behörde die Erteilungsvoraussetzungen voll geprüft.
2.12. Wann wird eine Schusswaffe im Sinne des WaffG erworben?	**a) Bei unrechtmäßiger Aneignung (Diebstahl)** b) Erst bei dem behördlichen Eintrag in die WBK
2.14 Wer erwirbt eine Waffe im Sinne des WaffG?	**a) Wer die tatsächliche Gewalt darüber erlangt.** **b) Wer sich die Waffe bis zu 4 Wochen ausleiht.**
2.15 Wer erwirbt eine Waffe im Sinne des WaffG?	**a) Der Dieb, der die Waffe stiehlt.** **b) Der Finder, wenn er die Waffe an sich nimmt.**
2.16 Wann erwirbt der Käufer eine Waffe im Sinne des WaffG?	a) Beim Abschluss eines Kaufvertrags b) Bei der Vorlage der WBK bei der Behörde **c) Bei Übergabe der Waffe durch den Verkäufer**
2.17 Sie wollen eine Waffe mit einem Berechtigten dauerhaft tauschen. Was ist zu tun?	Ein Waffentausch ist gesetzlich nicht vorgesehen. Jeder muss für die angestrebte Waffe erwerbsberechtigt sein und den Erwerb der Behörde melden.
2.18 Was bedeutet „überlassen“ im Sinne des WaffG	Einem Anderen die tatsächliche Gewalt über eine Waffe oder Munition einräumen

2.19 Dürfen Sie während Ihres Urlaubs erlaubnispflichtige Schusswaffen einem anderen zur Aufbewahrung überlassen?	a) Ja, jeder zuverlässigen volljährigen Person b) Nein **c) Ja, dem Inhaber einer Waffenbesitzkarte**
2.20 Wem dürfen erlaubnispflichtige Schusswaffen überlassen werden?	a) Jedermann b) Nur Sachkundigen nach bestandener Prüfung **c) Auf Schießstätten Gastschützen zum Schießen**
2.21 Schusswaffen können vorübergehend überlassen werden:	**a) dem Inhaber einer WBK** b) einer Person des persönlichen Vertrauens c) Verwandten, die Mitglied im Schützenverein sind
2.22 Was bedeutet „Überlassen" einer Schusswaffe?	a) Vererben einer Schusswaffe (nach dem Tod) **b) Die tatsächliche Gewalt Anderen einräumen**
2.23 Wann überlassen Sie eine Waffe im Sinne des WaffG?	Wenn Sie den Schießstand vorübergehend verlassen und die Aufsicht bitten, auf die Waffe zu achten.
2.24 Wem darf auf einer Schießstätte eine Kleinkaliber-Pistole überlassen werden, wenn eine für die Jugendarbeit geeignete Aufsichtsperson zur Verfügung steht?	a) Einem 12-jährigen, wenn eine schriftliche Einverständniserklärung des Sorgeberechtigten vorliegt. **b) Einem 14-jährigen, wenn eine schriftl. Einverständniserklärung d. Sorgeberechtigten vorliegt.** c) Einem 14-jährigen, aber nur wenn er Mitglied der Schützenjugend ist.
2.25 Wem dürfen Sie während Ihres 3-wöchigen Urlaubs Ihre erlaubnispflichtige Schusswaffe zur Aufbewahrung überlassen?	a) Befreundeten Polizeibeamten **b) Inhabern einer Waffenbesitzkarte** c) Besonders vertrauenswürdigen Personen (z.B. Notar, Pfarrer)
2.26 Wer benötigt <u>keinen</u> Waffenschein?	a) Wer eine erlaubnispflichtige Kurzwaffe aufgrund eines Arbeitsverhältnisses im Rahmen seiner Tätigkeit als Werttransporteur führt. **b) Wer als Inhaber eines Jahresjagdscheins eine erlaubnispflichtige Kurzwaffe während der befugten Jagdausübung führt.**
2.27 Wer benötigt <u>keinen</u> Waffenschein?	a) Berufssoldaten, die im Manöver ihre private Schusswaffe als Ergänzung mitführen. **b) Verantwortliche Führer von Wasserfahrzeugen, wenn sie an Bord der Fahrzeuge eine erlaubnispflichtige Signalwaffe führen.**
2.28 Was darf der Inhaber eines Kleinen Waffenscheins?	**a) Schreckschuss-, Reizstoff- und Signalwaffen mit dem Zulassungszeichen „PTB im Kreis" in der Öffentlichkeit führen** b) Druckluft- und CO_2-Waffen mit dem Zulassungszeichen ‚F im Fünfeck" in der Öffentlichkeit führen c) Erlaubnispflichtige Schusswaffen vorübergehend, höchstens aber für einen Monat, von einem Berechtigten zur sicheren Lagerung übernehmen
2.29 Wer ist sachkundig im Sinne des WaffG?	a) Wer mehr als 10 Leistungsnadeln geschossen hat. **b) Wer die Sachkundeprüfung bestanden hat.** c) Wer länger als 12 Monate Mitglied im Schießsportverein ist.
2.30 Wer ist sachkundig im Sinne des WaffG?	**a) Wer vor einem Prüfungsausschuss die Sachkundeprüfung erfolgreich abgelegt hat.** b) Soldaten, die mehrere Jahre mit Wartung, Pflege und Lagerung von Handfeuerwaffen betraut waren. **c) Wer erfolgreich seine Gesellenprüfung im Büchsenmacherhandwerk abgelegt hat.**
2.31 Was bedeutet „Führen" im Sinne des WaffG?	Das Ausüben der tatsächlichen Gewalt [über eine Waffe] außerhalb der eigenen Wohnung, Geschäftsräume oder des eigenen befriedeten Besitztums.

2.32 „Führen“ im Sinne des WaffG bedeutet Ausübung der tatsächlichen Gewalt ...	a) ... in der eigenen Wohnung **b) ... außerhalb des eigenen befriedeten Besitzes** c) ... durch den Waffenhändler im Geschäftsraum
2.33 „Führen“ im Sinne des Waffengesetzes liegt vor, wenn die Waffe ...	a) in der eigenen Wohnung im Holster getragen wird **b) im Treppenhaus eines fremden Mehrfamilienhauses im Holster getragen wird** **c) im eigenen PKW in der offenen Seitenablage transportiert wird**
2.34 Durch wen und wie wird die Zuverlässigkeit einer Person festgestellt?	Die Zuverlässigkeit wird von der zuständigen Behörde an Hand von Auskünften aus dem Bundeszentralregister, dem zentralen staatsanwaltschaftlichen Verfahrensregister und einer Stellungnahme der örtlichen Polizeidienststelle geprüft.
2.35 Wer ist im Sinne des WaffG in der Regel nicht mehr zuverlässig?	**a) Wer wegen einer vorsätzlich begangenen Straftat zu einer Geldstrafe von mindestens 60 Tagessätzen verurteilt wurde.** **b) Wer wegen der Begehung von zwei verschiedenen vorsätzlichen Straftaten zu Geldstrafen in Höhe von je 20 Tagessätzen verurteilt wurde.** c) Wer wegen Geschwindigkeitsüberschreitung seinen Führerschein mehr als 60 Tage abgeben muss.
2.36 Wer ist im Sinne des Waffengesetzes nicht zuverlässig bzw. nicht geeignet?	**a) Wer wegen einer vorsätzlichen Straftat vor 8 Jahren zu einer Haftstrafe von 2 Jahren verurteilt wurde.** b) Wer aus einem anerkannten Schießsportverband ausgeschlossen wurde. **c) Jeder, bei dem Tatsachen die Annahme rechtfertigen, dass er mit Waffen oder Munition unsachgemäß umgehen wird, ohne dass bisher mit den Waffen oder der Munition etwas passiert ist.**
2.37 Durch wen und wie wird die persönliche Eignung einer Person festgestellt?	Die persönliche Eignung wird von der zuständigen Behörde geprüft; ggf. ist ein amts- oder fachärztliches oder fachpsychologisches Zeugnis vorzulegen
2.38 Wer verfügt im Sinne des Waffengesetzes nicht über die erforderliche persönliche Eignung zum Waffenbesitz?	a) Alle Personen unter 25 Jahren, wenn sie kein Zeugnis über ihre Eignung vorlegen können. **b) Personen, bei denen Tatsachen die Annahme rechtfertigen, dass sie psychisch krank sind.** **c) Personen, bei denen Tatsachen die Annahme rechtfertigen, dass sie alkoholabhängig sind.**
2.39 Die Doppelflinte ist im Sinne der waffenrechtlichen Vorschriften eine ...	**a) ... Einzelladerwaffe.** b) ... Repetierwaffe. c) ... halbautomatische Waffe.
2.40 Was ist waffenrechtlich gesehen ein Schalldämpfer?	a) Er ist ein verbotener Gegenstand b) Er ist immer ein erlaubnisfreies Zubehör **c) Er steht der Schusswaffe gleich, für die er bestimmt ist.**
2.41 Was sind Repetierwaffen im Sinne des WaffG?	Schusswaffen, bei denen nach Abgabe eines Schusses über einen von Hand zu betätigenden Mechanismus Munition aus einem Magazin in das Patronenlager nachgeladen wird.
2.42 Was versteht man unter „Besitz“ im Sinne des WaffG?	Jemand besitzt eine Waffe oder Munition, wenn er die tatsächliche Gewalt darüber ausübt.
2.43 Was versteht man unter „Ausübung der tatsächlichen Gewalt“?	Die tatsächliche Gewalt über eine Waffe übt aus, wer die Möglichkeit hat, über die Waffe nach eigenem Willen zu verfügen. Es kommt dabei nicht auf die Eigentumsverhältnisse an.

2.44 Kann man eine im Ausland erworbene erlaubnispflichtige Schusswaffe in die Bundesrepublik Deutschland einführen?	a) Ja, ohne Einschränkung b) Ja, mit Waffenbesitzkarte **c) Ja, mit einer vorherigen Verbringungserlaubnis der zuständigen Behörde**
2.45 Was versteht man unter „verbringen“ im Sinne des WaffG?	Es verbringt eine Waffe oder Munition, wer diese über die Grenze zum dortigen Verbleib oder mit dem Ziel des Besitzwechsels in den, durch den oder aus dem Geltungsbereich des Gesetzes zu einer anderen Person oder zu sich selbst transportieren lässt oder selbst transportiert (Erlaubnis erforderlich)
2.46 Was bedeutet der Rechtsbegriff „Mitnahme einer Schusswaffe“?	a) Von zu Hause auf den Schießstand mitnehmen b) Von zu Hause zu einem Freund mitnehmen **c) Zu einem Wettkampf ins Ausland mitnehmen**
2.47 Was muss ein Waffenbesitzer veranlassen, wenn er seine erlaubnispflichtige Schusswaffe in einem anderen Mitgliedsstaat der Europäischen Union verkaufen möchte?	a) Er lässt sich die Erwerbserlaubnis des Käufers vorlegen, überlässt diesem dann die Waffe. Der Käufer meldet die Waffe in seinem Heimatland an. Anschließend schickt er dem Verkäufer eine Kopie der Anmeldung, damit dieser sie abmelden kann. **b) Er bittet den Käufer um Übersendung einer Erlaubnis des Empfängerlandes zur Einfuhr der Waffe. Dann beantragt der Verkäufer bei seiner zuständigen Behörde eine Erlaubnis zum dauerhaften Verbringen der Waffe ins Ausland. Erst nach Erlaubniserteilung darf die Waffe verbracht werden. Dies ist dem BKA zu melden.**
2.48 Was versteht man unter dem Begriff „Europäischer Feuerwaffenpass“?	Ein von der EU standardisiertes Waffenbesitzdokument, das aber erst mit einer Erlaubnis des Einreiselandes zur Waffenmitnahme berechtigt.
2.49 Darf man als Inhaber einer Waffenbesitzkarte (WBK) eine im Ausland erworbene Schusswaffe in die Bundesrepublik Deutschland einführen?	a) Ja, aber nur wenn sich in der WBK ein entsprechender Voreintrag der Erlaubnisbehörde befindet. b) Ja, die Waffe ist innerhalb 14 Tagen anzumelden. **c) Nein, man benötigt vor der Einfuhr eine Verbringungserlaubnis der zuständigen Behörde.**
2.50 Wer benötigt keine Waffenbesitzkarte?	**a) Wer eine Druckluftwaffe mit dem Zulassungszeichen „F im Fünfeck“ erwirbt.** **b) Wer eine Schreckschuss-, Reizstoff- oder Signalwaffe mit dem Zulassungszeichen „PTB im Kreis“ erwirbt.** c) Wer einen Perkussionsrevolver, Modell vor 1871, erwirbt.
2.51 Wer benötigt keine eigene Waffenbesitzkarte (ausgenommen Jäger und Büchsenmacher)?	**a) Wer eine Schusswaffe nur vorübergehend auf einem Schießstand zum Schießen dort erwirbt.** **b) Wer eine Schusswaffe nur vorübergehend von einem Berechtigten zur gewerbsmäßigen Beförderung oder Lagerung übernimmt.**
2.52 Welche Angaben zu einer Waffe werden in eine Waffenbesitzkarte eingetragen?	**Waffenart, Bezeichnung der Munition/des Kalibers, Hersteller oder Warenzeichen (Modellbezeichnung), Herstellungsnummer, Tag des Überlassens, Name und Anschrift des Überlassers**
2.53 Eine Schusswaffe ist „zugriffsbereit“ i.S.d. WaffG ...	**a) wenn sie mit wenigen schnellen Handgriffen in Anschlag gebracht werden kann.** b) wenn sie im abgeschlossenen Koffer im Kfz untergebracht ist. **c) wenn sie im unverschlossenen Handschuhfach liegt.**

2.54 Wer hat Umgang mit einer Waffe oder Munition?	Umgang damit hat, wer erwirbt, besitzt, überlässt, führt, verbringt, mitnimmt, damit schießt, herstellt, bearbeitet, instand setzt oder damit Handel treibt.
2.55 Was regelt das Waffengesetz?	Das Waffengesetz regelt den Umgang mit Waffen oder Munition unter Berücksichtigung der Belange der öffentlichen Sicherheit und Ordnung.
2.56 Waffenrechtlich gesehen ist der Schaft eines Gewehres ...	a) ... ein wesentlicher Teil einer Schusswaffe **b) ... kein wesentlicher Teil einer Schusswaffe** c) ... ein erlaubnispflichtiges Zubehörteil einer Waffe
2.57 Wann ist eine Waffe „zugriffsbereit" (im Sinne des WaffG)?	Wenn sie mit **wenigen schnellen Griffen in Anschlag** gebracht werden kann.
2.58 Wer schießt im Sinne des WaffG?	a) Wer in der Öffentlichkeit seine Waffe lädt **b) Wer mit der Waffe eine Platzpatrone abfeuert** c) Wer mit einem Schaftböller in der Öffentlichkeit schießt
2.59 Was bedeutet „schießen" im Sinne des Waffengesetzes?	Wer mit einer Schusswaffe Geschosse durch einen Lauf verschießt, Kartuschenmunition abschießt, mit Patronen- oder Kartuschenmunition Reiz- oder andere Wirkstoffe oder pyrotechnische Munition verschießt.
2.60 Darf man zu Silvester mit einem Revolver .38 Spezial Platzpatronen (Kartuschenmunition) verschießen?	**a) Nein** b) Ja. Dies ist aber nur innerhalb der behördlich genehmigten „Knallzeit" zulässig, wenn man sich zudem auf einem befriedeten Grundstück befindet.
2.61 Was bedeutet für einen Sportschützen der Rechtsbegriff „Zu einem vom Bedürfnis umfassten Zweck oder im Zusammenhang damit"?	a) Der Schütze darf die Waffe in der fremden Wohnung mit Einwilligung des Hausrechtsinhabers führen. **b) Der Schütze transportiert seine defekte Schusswaffe zur Reparatur zum Büchsenmacher**
2.62 Welche Voraussetzungen müssen gegeben sein, damit der Rechtsbegriff „sportliches Schießen" erfüllt wird?	**Sportliches Schießen** liegt dann vor, wenn nach **festen Regeln** einer **genehmigten Sportordnung** geschossen wird.
2.63 Wann ist eine Schusswaffe im Sinne des Waffengesetzes „schussbereit"?	a) Wenn sie griffbereit im Holster getragen wird. b) Die entladene Waffe ist gespannt und entsichert **c) Wenn sich Geschosse bzw. Patronen in der Waffe befinden (d.h. wenn sie geladen ist)**
2.64 Wann ist eine Waffe „schussbereit" im Sinne des Waffengesetzes?	**a) Wenn sie geladen und gespannt ist** **b) Wenn sie geladen, entspannt & gesichert ist** **c) Wenn ein volles Magazin eingeführt ist**
2.65 Wann ist eine Waffe „schussbereit" im Sinne des WaffG?	**a) Waffe geladen, gesichert im abgeschlossenen Koffer** b) Waffe ungeladen ohne Magazin in der Tasche c) Waffe ungeladen in der Hand
2.66 Wann ist eine Waffe „schussbereit" im Sinne des Waffengesetzes?	a) Wenn sie mit wenigen Griffen im Anschlag ist **b) Wenn sie geladen ist** c) Wenn sie im Holster mitgeführt wird
2.67 Wann ist eine Waffe „schussbereit" im Sinne des Waffengesetzes?	a) Wenn sie ungeladen im Holster getragen wird. **b) Wenn sie in einem verschlossenen Koffer ist und sich eine Patrone im Patronenlager befindet** **c) Wenn das Magazin in der Waffe mit Patronen gefüllt ist und die Waffe im unverschlossenen Handschuhfach eines PKW liegt.**
2.68 Werden die Inhaber waffenrechtlicher Erlaubnisse erneut auf Zuverlässigkeit und persönliche Eignung überprüft?	Ja, mindestens alle drei Jahre.

2.69 Welche Voraussetzungen muss ein Antragsteller für die Erteilung einer WBK erfüllen?	Das 18. Lebensjahr vollendet haben, die erforderliche Zuverlässigkeit & persönliche Eignung besitzen, erforderliche Sachkunde und Bedürfnis nachweisen
2.70 Wird das Fortbestehen des Bedürfnisses erneut geprüft?	Ja. Von der Behörde drei Jahre nach erstmaliger Erteilung einer waffenrechtlichen Erlaubnis
2.71 Eine Erlaubnis zum Führen einer Schusswaffe im Sinne des WaffG ist erforderlich, wenn ...	**a) ... sie entladen in der unverschlossenen Aktentasche mitgeführt wird.** **b) ... sie geladen in einer verschlossenen Aktentasche mitgeführt wird.** **c) ... sie sich entladen im unverschlossenen Handschuhfach Ihres PKW befindet.**
2.72 Welcher Sportschütze muss für die erstmalige Erteilung einer WBK ein amts- oder fachärztliches oder fachpsychologisches Zeugnis über seine geistige Eignung vorlegen?	a) Ein 18-jähriger, der ein Kleinkalibergewehr erwerben möchte. b) Ein 19-jähriger, der eine Doppelflinte im Kaliber 12/70 erwerben möchte. **c) Ein 22-jähriger, der einen großkalibrigen Revolver erwerben möchte.**
2.73 Welcher Sportschütze benötigt ein amts- oder fachärztliches oder fachpsychologisches Gutachten?	Sportschützen, die das 25. Lebensjahr noch nicht vollendet haben und erstmalig eine erlaubnis- und bedürfnispflichtige Waffe erwerben wollen – außer Schusswaffen bis .22 l.r. / lfb (mit Randzündung) sowie Flinten bis Kaliber 12.
2.74 Welcher Sportschütze muss eine amts- oder fachärztliche oder fachpsychologische Untersuchung nachweisen?	a) 18-jähriger Sportschütze für eine KK-Pistole b) 21-jähriger Sportschütze für ein KK-Gewehr **c) 24-jähriger Sportschütze für eine Selbstladepistole .45 ACP als erste Großkaliberwaffe**
2.75 Für den Erwerb welcher Schusswaffe bedarf es einer Waffenbesitzkarte?	**a) Mehrschüssiger Vorderladerrevolver** b) CO_2-Pistole mit Zeichen F im Fünfeck c) Gaspistole mit Zulassungszeichen PTB im Kreis
2.76 Für den Erwerb welcher der nachfolgend genannten Waffen bedarf es einer Waffenbesitzkarte?	**a) Druckluftgewehr ohne Zeichen „F im Fünfeck"** **b) Perkussionsrevolver, Modell vor 01.01.1871** **c) Waffe im Kaliber 4 mm M20 mit den Zeichen „F im Fünfeck" und „PTB im Viereck"**
2.77 Für den Erwerb welcher Waffen bedarf es <u>keiner</u> Waffenbesitzkarte?	**a) Druckluftgewehre mit Zeichen „F im Fünfeck"** **b) Doppelläufige Waffen mit Funkenzündung, deren Modell vor 1871 entwickelt wurde** c) Einzelladerlangwaffen im Kaliber .22 l.r. (.22 lfB)

9.2.3 Kennzeichnung von Schusswaffen und Munition

3.01 Welche Kennzeichen müssen u.a. auf einem GK-Revolver angebracht sein?	**a) Bezeichnung der Munition** **b) Herstellerzeichen** c) Warnhinweis „Gefährlich..."
3.02 Welche Kennzeichnung trägt üblicherweise eine Feuerwaffe?	a) Name des Besitzers **b) Beschusszeichen** c) Lauflänge
3.03 Welche der nebenstehenden Kennzeichen sind <u>nicht</u> auf einer WBK-pflichtigen Waffe?	**a) PTB-Zeichen im Kreis** b) Bundesadler mit N **c) BKA-Zeichen in der Raute**

3.04 Welche Kennzeichnung trägt üblicherweise eine Schusswaffe?	1. Name, Firma oder Marke eines Waffenherstellers oder –händlers mit gewerblicher Niederlassung in D, 2. Bezeichnung der Munition oder, wenn keine Munition verwendet wird, Bezeichnung der Geschosse, 3. eine fortlaufende Nummer. Hinzu kommt das Beschusszeichen.
3.05 Wie sind erlaubnisfreie Schreckschuss-, Reizstoff- und Signalwaffen gekennzeichnet?	Durch das Zulassungszeichen „PTB im Kreis" (PTB = Physikalisch-Technische Bundesanstalt)
3.06 Welche Kennzeichnung muss eine erlaubnispflichtige Feuerwaffe mindestens aufweisen?	a) Hersteller- oder Händlerzeichen, Seriennummer, Modell, Bezeichnung der Munition **b) Hersteller- oder Händlerzeichen, Nummer, Bezeichnung der Munition; Beschusszeichen**
3.07 Welche Kennzeichen müssen auf der kleinsten Verpackungseinheit von Patronen angebracht sein?	**a) Hersteller, Fertigungsserie/-zeichen, Bezeichnung der Munition, Zulassungszeichen (C.I.P.)** b) Herstellungsdatum, Patronenkaliber c) Keine
3.08 Welche Kennzeichnung muss die Randfeuerpatrone aufweisen?	a) Kaliberangabe auf der Hülse **b) Herstellerzeichen auf der Hülse** c) Kaliber und Herstellerzeichen auf der Hülse
3.09 Welche Kennzeichnung muss die Zentralfeuerpatrone aufweisen?	a) Kaliberangabe und Geschossart auf der Hülse b) Herstellerzeichen auf dem Hülsenhals **c) Herstellerzeichen und Kaliber auf der Hülse**
3.10 Woran erkennt man die für eine Waffe zugelassene Munition?	**a) Die Angaben auf der kleinsten Verpackungseinheit stimmen mit denen auf der Waffe überein** b) Man hat die Munition vom Sportwaffenhändler. c) Man kann sie ins Patronenlager einführen.
3.11 Was bedeutet der Zusatz „R" in der Munitionsbezeichnung?	**a) Patrone mit Rand** b) Randfeuerpatrone c) Patrone für Revolver (R = Revolver)
3.12 Welche zusätzlichen Angaben müssen Schrotpatronen im Kaliber 12/70 aufweisen?	a) Keine zusätzlichen Angaben erforderlich **b) Auf der Hülse die Längenangabe 70** c) Angabe der Anzahl der Schrote
3.13 Welche Kennzeichen müssen auf der Zentralfeuermunition angebracht sein?	Auf der Patronenhülse müssen das Herstellerzeichen und die Bezeichnung der Munition angebracht sein.
3.14/3.15 Welche Kennzeichen müssen auf der kleinsten Verpackungseinheit der Munition angebracht sein?	**- das Herstellerzeichen** **- die Fertigungsserie (das Fertigungszeichen)** **- die Bezeichnung der Munition** **- das Zulassungszeichen** **- die Anzahl der Patronen**
3.16 Welche Kennzeichnung muss auf einer Zentralfeuerpatrone angebracht sein?	a) Bezeichnung der Munition und Geschossart **b) Bezeichnung der Munition, Herstellerzeichen** c) Bezeichnung der Munition und Losnummer
3.17 Welche Kennzeichnung muss auf einer Randfeuerpatrone angebracht sein?	a) Bezeichnung der Munition b) Randfeuer **c) Herstellerzeichen**
3.18 Woran erkennt man die für eine Waffe zugelassene Munition?	**a) Die Angaben auf der kleinsten Verpackungseinheit stimmen mit denen auf der Waffe überein** b) Die Angaben auf der kleinsten Verpackungseinheit stimmen mit denen in der WBK überein

3.19 Welche Angaben befinden sich auf Patronen mit Flintenlaufgeschossen im Kaliber 12/67,5?	a) Auf dem Hülsenboden die Kaliberangabe 12 und der Verwendungszweck, auf der Hülse die Länge **b) Auf dem Hülsenboden die Kaliberangabe 12, auf der Hülse die Hülsenlänge und der Hersteller**
3.20 Welche Kennzeichnung muss auf einer Randfeuerpatrone angebracht sein?	**a) Herstellerzeichen auf der Hülse** b) Kaliberangabe auf dem Hülsenboden c) Beschusszeichen, Nummer des Fertigungsloses
3.21 Welche Bedeutung hat ein Beschusszeichen? 3.27 Was bedeutet das Beschusszeichen?	a) Sicherheitsüberprüfung der Waffe beim TÜV b) PTB hat die Waffe auf Funktionsfähigkeit geprüft **c) Waffe ist auf Haltbarkeit, Funktionssicherheit, Maßhaltigkeit, vorgeschriebene Kennzeichnung durch ein anerkanntes Beschussamt geprüft.**
3.22 Welche Bedeutung hat ein Beschusszeichen auf einer Feuerwaffe?	**a) Haltbarkeit, Funktionssicherheit, Maßhaltigkeit und vorgeschriebene Kennzeichnung der Waffe wurden durch ein Beschussamt geprüft.** b) Es handelt sich um eine gebrauchte Waffe. c) Es handelt sich um eine Sportwaffe.
3.23/38 Welches Beschusszeichen trägt ein in Deutschland beschossener Revolver .357?	a) Bundesadler, darunter Buchstabe V **b) Bundesadler, darunter Buchstabe N** c) Bundesadler, darunter Buchstaben PN
3.24 Auf welchem Waffenteil muss das Beschusszeichen auch angebracht sein?	**a) Auf dem Lauf** b) Auf dem Schaft c) Auf dem Visier
3.25 Was bedeutet das Beschusszeichen „Bundesadler mit Buchstabe N"?	**a) Die Waffe ist behördlich geprüft und zum Schießen zugelassen.** b) Die Gebühren sind bezahlt. c) Die Waffe ist gebraucht.
3.26 Woran erkennt man, ob eine Schusswaffe zum Schießen zugelassen ist?	Die Waffe muss ein gültiges Prüf- und/oder Beschusszeichen tragen.
3.28 Wann ist eine Schusswaffe erneut zu beschießen?	Wenn ein wesentliches Teil ausgetauscht, verändert oder instandgesetzt worden ist.
3.29 Darf man eine Waffe ohne Beschusszeichen einem anderen zum Schießen überlassen?	Nein. (Ausgenommen sind Schusswaffen, die vor 1891 hergestellt wurden oder für die von einem Beschussamt eine Bescheinigung ausgestellt wurde, dass der Beschuss nicht durchgeführt werden kann)
3.30 Handfeuerwaffen müssen Beschusszeichen tragen. Was wird geprüft?	Haltbarkeit, Funktionssicherheit, Maßhaltigkeit und vorgeschriebene Kennzeichnung.
3.31 Dürfen Sie mit nachgebauten Vorderladerschusswaffen ohne Beschusszeichen auf Schießstätten schießen?	a) Ja, weil es sich um Nachbauten von historischen Schusswaffen (Original vor 1891) handelt. **b) Nein. Alle nach dem 1.1.1891 hergestellten Feuerwaffen müssen Beschusszeichen tragen.** c) Ja, aber nur mit einläufigen Vorderladerwaffen
3.32 Welche Schusswaffe muss ein amtliches Beschusszeichen tragen?	**a) Ein Nachbau einer Steinschlosspistole** b) Ein Druckluftgewehr mit Geschossenergie 10 J **c) Ein Ordonnanzgewehr aus dem 2. Weltkrieg** d) PTB-Schreckschussrevolver im Kaliber bis 6 mm
3.33 Darf ein Sportschütze mit einer beschusspflichtigen Schusswaffe, die keine Beschusszeichen hat, auf dem Schießstand „Probeschießen"?	a) Ja. Probeschießen ist gestattet. **b) Nein, das ist niemals gestattet.** c) Solche Schüsse sind nur durch die verantwortliche Aufsicht zulässig.

3.34 Welche Bedeutung hat das Beschusszeichen?	a) Der TÜV hat eine umfangreiche Sicherheitsprüfung vorgenommen, die Waffe ist zugelassen. **b) Ein Beschussamt hat die Waffe auf Haltbarkeit, Funktionssicherheit, Maßhaltigkeit und vorgeschriebene Kennzeichnung geprüft.**
3.35 Welche Beschussstempel trägt üblicherweise eine in der Bundesrepublik Deutschland beschossene Schusswaffe?	Beschusszeichen in Form eines Bundesadlers mit darunter liegendem Kennbuchstaben für die Art des Beschusses, Ortszeichen des Beschussamts, Beschussdatum als Zahl oder Buchstabencodierung
3.36 Welche Bedeutung hat ein Beschusszeichen, bei dem ein Bundesadler mit den darunter liegenden Buchstaben „PN" abgebildet ist?	a) Die Waffe ist für das Schießen mit allen Munitionsarten zugelassen. (PN = Prüfung Normal) **b) Die Waffe ist für das Schießen mit allen Munitionssorten mit Schwarzpulver im entsprechenden Kaliber zugelassen. (PN = Poudre Noire)**
3.37 Wann ist eine Waffe erneut zu beschießen?	a) Wenn eine Waffe von einem gewerblichen Waffenhändler an einen Kunden verkauft wird. **b) Immer dann, wenn höchstbeanspruchte Teile der Waffe verändert oder instandgesetzt wurden.**
3.39 Ist die zuständige Erlaubnisbehörde zu unterrichten, wenn durch einen Büchsenmacher der Lauf ersetzt und die Waffe anschließend neu beschossen wurde?	a) Die Erlaubnisbehörde ist immer zu unterrichten. **b) Die Erlaubnisbehörde ist nur zu unterrichten, wenn sich die dort registrierten „Waffendaten" (z.B. das Kaliber) verändert haben.** c) Die Erlaubnisbehörde ist in keinem Fall zu unterrichten.
3.40 Was wird bei einem amtlichen Beschuss geprüft?	**a) Haltbarkeit, Funktionssicherheit, Maßhaltigkeit und vorgeschriebene Kennzeichnung** b) Lebensdauer, Konstruktionsschlüssigkeit und Funktionstauglichkeit c) Präzision, Fertigungstoleranzen, Materialhärte
3.41 Was bedeutet die Überstempelung eines Beschusszeichens mit dem Andreaskreuz, einem „X"?	a) Waffe wurde in England beschossen. **b) Waffe wurde bei einer erneuten Beschussprüfung als nicht mehr beschusstauglich befunden. Der vorhandene Beschussstempel ist ungültig.** c) Waffe wurde für den Export nach GB beschossen
3.42 Wann ist eine Waffe erneut zum Beschuss vorzulegen?	**a) Ein neuer Lauf wurde eingebaut** b) Sportgriffschalen wurden montiert **c) Der Verschluss wurde erneuert** **d) Die Schussfolge wurde geändert** **e) Lauf mit Kompensatoröffnungen versehen**
3.43 Auf welchen Waffenteilen muss das Beschusszeichen (auch) angebracht sein?	**a) Lauf, Verschluss** b) Schaft, Visier c) Sicherung, Magazin
3.44 Welche der folgenden Waffenteile unterliegen der Beschusspflicht?	**a) Einsteckläufe für Zentralfeuerpatronen** **b) Wechseltrommeln** **c) Wechselsysteme**
3.45 Darf mit einer amerikanischen Schusswaffe mit französischem Beschusszeichen in Deutschland geschossen werden	a) Nein. Die Waffe braucht ein deutsches Beschusszeichen **b) Ja. Das französische Beschusszeichen ist anerkannt.** c) Nein. Die Waffe braucht ein amerikanisches Beschusszeichen

3.46 Eine Feuerwaffe wird eingeführt. Bei welchem Land muss sie einem Beschussamt der C.I.P. vorgelegt werden?	**a) USA** b) Ungarn c) Chile
3.47 Werden in Deutschland auch Beschusszeichen anderer Staaten anerkannt?	a) Ja, aller Staaten mit Sicherheitsprüfung **b) Ja. Staaten, die dem Übereinkommen über die gegenseitige Anerkennung beigetreten sind.**
3.48 Welcher der nebenstehenden Staaten gehört dem Übereinkommen über die gegenseitige Anerkennung von Beschusszeichen <u>nicht</u> an?	**a) Schweiz** b) Chile c) Ungarn
3.49 Welche der nebenstehenden Staaten gehören dem Übereinkommen über die gegenseitige Anerkennung von Beschusszeichen an?	**a) Österreich** b) USA **c) Ungarn**
3.50 Bei welchen der folgenden Staaten ist der dortige amtliche Beschuss auch in Deutschland gültig?	**a) Ungarn, Russland** b) USA, Kanada **c) Belgien, Italien**
3.51 Bei welchen der folgenden ehemaligen Staaten ist der dortige amtliche Beschuss in Deutschland weiterhin gültig?	**a) CSSR** **b) DDR** **c) Deutsches Reich**
3.52 Braucht ein Volljähriger für den Erwerb von Druckluft-, Federdruck- oder CO_2-Waffen eine Erwerbsberechtigung?	a) Ja, in jedem Fall. b) Ja, wenn die Waffe mit „F" gekennzeichnet ist **c) Nein, wenn die Waffe mit „F im Fünfeck" gekennzeichnet ist.**
3.53/54 Welche Bedeutung hat das Zeichen „F im Fünfeck"?	a) F wie „Feuerwaffe" **b) Die Geschossenergie E_0 ist höchstens 7,5 J** c) Die Geschossgeschwindigkeit v_0 ist unter 7,5 m/s
3,55 Wo dürfen Sie mit Druckluftwaffen, die das Zeichen „F im Fünfeck" tragen, schießen?	**a) In Ihrem eingezäunten Garten, wenn die Geschosse den Garten nicht verlassen können.** b) In einem verlassenen Steinbruch c) <u>Nur</u> auf zugelassenen Schießständen **d) Im eigenen Keller, wenn niemand gefährdet ist**
3.56 Welche Schusswaffe muss neben dem Kennzeichen „F im Fünfeck" noch das Zulassungszeichen „PTB im Quadrat" tragen?	a) Druckluftwaffen mit Bewegungsenergie bis 7,5 J b) Schusswaffen mit kleinerem Kaliber als .22 l.r. und einer Bewegungsenergie bis 10 Joule (J) **c) Feuerwaffen, deren Geschossen eine Bewegungsenergie von nicht mehr als 7,5J erteilt wird**
3.57 Benötigen Sie zum Führen einer Luftpistole mit Kennzeichen „F im Fünfeck" im Gürtelholster einen Waffenschein?	**a) Ja** b) Nein c) Nur, wenn ich noch nicht volljährig bin
3.58 Welche der folgendermaßen gekennzeichneten Schusswaffen dürfen Sie als volljährige Person erlaubnisfrei erwerben?	a) Auf allen wesentlichen Teilen der Waffe ist der Aufdruck „Frei ab 18 Jahren" eingeprägt. **b) Auf der Waffe befindet sich das Zulassungszeichen „PTB im Kreis" oder das Kennzeichen „F im Fünfeck".** c) Auf der Waffe befinden sich das Zulassungszeichen „PTB im Viereck" und das Kennzeichen „F im Fünfeck".
3.59 Welche Bedeutung hat das Zeichen „F im Fünfeck"?	a) Es kennzeichnet Waffen, die von volljährigen Personen erlaubnisfrei erworben werden dürfen. **b) Es kennzeichnet Waffen, deren Geschossen eine Energie von nicht mehr als 7,5 J erteilt wird.** c) Es kennzeichnet Waffen, deren Mündungsgeschwindigkeit der Geschosse unter 7,5 m/s liegt.

3.60a Wann sind Schreckschuss-, Reizstoff- und Signalwaffen „frei", d.h. ohne Waffenbesitzkarte zu erwerben?	Schreckschuss-, Reizstoff- und Signalwaffen mit Bauartzulassungszeichen „PTB im Kreis". (PTB = Physikalisch-Technische Bundesanstalt)
3.60b Wann sind Druckluft-, Federdruck- und CO_2-Waffen „frei", d.h. ohne Waffenbesitzkarte zu erwerben?	Druckluft-, Federdruck- und CO_2-Waffen mit dem Kennzeichen „F im Fünfeck" (wenn diese nach dem 01.01.1970 in der Bundesrepublik Deutschland hergestellt wurden).
3.61 Dürfen Sie aus einer Waffe für die Munition 8x57J auch Patronen mit der Munitionsbezeichnung 8x57JS verschießen?	a) Ja, aus dieser Waffe dürfen auch die schwächeren „S-Patronen" 8x57JS verschossen werden. (S = Subsonic = Unterschall) b) Ja, aus dieser Waffe dürfen auch die stärkeren "S-Patronen" 8x57JS verschossen werden, wenn sie einen verstärkten (Magnum) Beschuss hat. **c) Nein, aus dieser Waffe dürfen keinesfalls Patronen 8x57JS verschossen werden, da diese einen höheren Gasdruck und einen größeren Geschossdurchmesser haben.**
3.62 Welche Druckluftwaffen dürfen erlaubnisfrei erworben werden?	a) Alle Druckluftwaffen, deren Geschossen eine Bewegungsenergie von weniger als 7,5 Joule (J) erteilt wird. **b) Alle Druckluftwaffen, die vor dem 01.01.1970 hergestellt und in den Handel gebracht wurden.** **c) Alle Druckluftwaffen mit dem Kennzeichen „F im Fünfeck".**
3.63 Welche Druckluftwaffen dürfen erlaubnisfrei erworben werden?	**a) Alle Druckluftwaffen, die vor dem 02.04.1991 (Inkrafttreten des Einigungsvertrags) in der DDR hergestellt und in den Handel gebracht wurden.** b) Alle Druckluftwaffen, deren Geschosse ausschließlich durch Federkraft angetrieben werden. c) Alle Druckluftwaffen, bei denen der Lauf die Beschriftung „Frei ab 18 Jahren" trägt.

9.2.4 Umgang mit Waffen und Munition

4.01 Darf man eine Schusswaffe, auch wenn sie ungeladen ist, auf Menschen richten?	a) Niemals b) Ja **c) Nein, außer bei Notwehr**
4.02 Wie soll eine Schusswaffe an eine andere Person übergeben werden?	a) Geladen, gesichert b) Geladen, ungesichert **c) Ungeladen**
4.03 Mit welchen Waffen darf man auf seinem befriedeten Grundstück schießen, wenn die Geschosse das Grundstück nicht verlassen können und niemand durch Lärm behindert oder belästigt wird?	**a) Mit Schreckschuss-, Reizstoff- und Signalwaffen, sofern diese das Zulassungszeichen „PTB im Kreis" tragen und Kartuschenmunition verschossen wird.** b) Mit Waffen für Randfeuermunition bis .22 l.r. (lfB) **c) Mit Waffen, die das Zeichen „F im Fünfeck" u. das Zulassungszeichen „PTB im Viereck" tragen**
4.04 Um Ihre Vorderschaftrepetierflinte leichter transportieren zu können, ersetzen Sie den normalen Hinterschaft durch einen Pistolengriff	**a) Das ist verboten.** b) Das macht Sinn und ist zulässig. c) Das ist nur Jägern erlaubt.

4.05 Welche Gegenstände zählen zu den verbotenen Waffen?	**a) Feuerwaffen mit Dauerfeuereinrichtung** b) Spielzeugwaffen c) Schusswaffen mit Schalldämpfer
4.06 Erlaubnispflichtig, jedoch keine verbotene Waffe ist ...	a) ... ein Fallmesser. b) ... eine vollautomatische Pistole. **c) ... eine halbautomatische Schusswaffe, die wie eine vollautomatische Kriegswaffe aussieht.**
4.07 Was ist keine verbotene Waffe?	**a) Halbautomatische Flinte** b) Nun-Chaku c) Präzisionsschleuder
4.08 Mir welchen Waffen ist der Umgang verboten?	**a) Stockdegen** b) Richtschwert (auch Henkerschwert genannt) c) Morgenstern
4.09 Mir welchen Waffen ist der Umgang verboten?	**a) Butterflymesser, Präzisionsschleuder** (Stütze) **b) Wurfsterne, Schlagringe, Stahlruten** **c) Beidseitig geschliffene Springmesser**
4.10 Mit welchen Gegenständen ist der Umgang verboten?	**a) Zielscheinwerfer** b) Leuchtpunktvisiere für Kurzwaffen **c) Nachtzielgeräte**
4.11 Gehören Schalldämpfer zu den verbotenen Waffen?	Nein
4.12 Dürfen Schalldämpfer erworben werden?	a) Ja, für alle in der WBK eingetragenen Waffen b) Nein **c) Ja, jedoch unterliegen Schalldämpfer für erlaubnispflichtige Schusswaffen ebenfalls der Erlaubnispflicht. Voreintrag in WBK erforderlich.**
4.13 Wie kann man eigene Munition entsorgen?	a) In den Hausmüll werfen. **b) Beim Waffenhändler abgeben.** c) In den Sondermüll geben.
4.14 Was versteht man unter „Kaliber"?	a) Den Außendurchmesser des Laufes **b) Den Innendurchmesser des Laufes** **c) Den Durchmesser des Einzelgeschosses**
4.15 Welche Munition darf man aus einer Waffe verschießen?	a) Alles, was ins Patronenlager passt. **b) Munition, für die die Waffe zugelassen ist.** c) Nur Zentralfeuermunition
4.16 Was bezeichnet die Zahl „12" bei dem entsprechenden Flintenkaliber?	a) Den Innendurchmesser des Laufes in Millimetern b) Den Innendurchmesser des Laufes in Zoll (inch) **c) Sie bezeichnet die Anzahl der Bleikugeln vom Innendurchmesser des Laufes, die zusammen ein englisches Pfund (453,6 g) wiegen.**
4.17 Wie darf unbrauchbar gewordene Munition entsorgt werden?	a) Geschoss abziehen, Pulver in Wasser auflösen b) Als Sondermüll bei einer Annahmestelle abgeben **c) An Verkäufer oder Delaborierbetrieb geben**
4.18 Darf man einem Kind eine leere (abgeschossene) Patronenhülse schenken?	**a) Ja** b) Nein, nur Personen über 18 Jahren c) Nur Inhabern von WBK, Munitionserwerbschein
4.19 Woran können Sie erkennen, welche Munition man aus einer Waffe verschießen darf?	**Die für die Waffe zulässige Munition ergibt sich aus der Munitionsbezeichnung auf der Waffe.**
4.20 Was versteht man unter dem Begriff „Kaliber"?	**a) Den Durchmesser des Geschosses** b) Die Länge oder das Gewicht des Geschosses c) Das Gewicht des Geschosses

4.21 Warum ist z.B. die Munitionsbezeichnung „9 mm“ nicht ausreichend?	**a) Weil es verschiedene 9 mm-Patronen gibt.** b) Weil die Kaliberangabe in der Regel nie ganz exakt ist, sondern auf gerundeten Werten beruht. c) Weil die Kaliberangabe die Treibladung nicht nennt.
4.22 Wie viel Munition darf mit einer WBK bei entsprechender Munitionserwerbsberechtigung erworben werden?	a) Bis zu 1000 Patronen je Kauf/Lieferung b) Bis zu 5 kg Nettoexplosivmasse je Kauf/Lieferung **c) Unbegrenzt**
4.23 Mit welcher Munition der Bezeichnung „9 mm Luger“ ist der Umgang verboten?	a) Hohlspitzpatronen b) Kleinschrotpatronen **c) Leuchtspurpatronen**
4.24 Mit welcher Munition ist der Umgang verboten?	**a) Kleinschrotmunition für Kartuschenlager bis 12,5 mm (sog. Grenaille-Patronen)** b) Patronenmunition mit sog. Dum-Dum-Geschossen **c) Patronenmunition mit Treibspiegelgeschossen für Waffen mit gezogenen Läufen**
4.25 Ist eine Patrone mit Wadcutter-Geschoss verboten?	a) Ja, denn es ist ein Dum-Dum-Geschoss **b) Nein, es ist Scheibenmunition**
4.26 Welche Munition ist <u>nicht</u> verboten?	**a) Wadcutter-Munition** b) Leuchtspurmunition c) Büchsenpatrone mit Treibspiegelgeschoss
4.27 Dürfen Leuchtspurpatronen ohne Erlaubnisschein erworben werden?	**Nein, es handelt sich um verbotene Munition**
4.28 Was versteht man unter Double-Action-Only Pistolen?	**Pistolen, bei denen jeder Schuss mittels Spannabzug abgefeuert wird.**
4.29 Welche der nebenstehenden Schusswaffen können auch halbautomatisch sein?	**a) Büchsen** b) Doppelflinten **c) Pistolen**
4.30 Was versteht man unter dem Begriff „Double-Action-Pistole“?	**Eine Waffe mit Spannabzug (auch im entspannten Zustand kann durch Betätigen des Abzugs ein Schuss abgegeben werden)**
4.31 Nennen Sie mindestens 5 Grundregeln zum Umgang mit einer Schusswaffe, die man unbedingt beachten muss!	Z.B.: Eine Schusswaffe ist immer als geladen zu betrachten; der Lauf ist stets in eine sichere Richtung zu halten, nicht spielerisch auf Personen richten; eine geladene Waffe nicht aus der Hand geben; zu sorgen, dass die Waffe nicht abhanden kommt, usw
4.32 Was muss die Bescheinigung des anerkannten Schießsportverbandes für die Anerkennung eines Bedürfnisses zum Erwerb und Besitz von Schusswaffen bei Sportschützen ausweisen?	**a) Dass der Antragsteller seit mindestens 12 Monaten den Schießsport in einem Verein regelmäßig als Sportschütze betreibt.** b) Dass er seine Sammlung vervollständigen will. **c) Dass die Waffe für eine Disziplin nach der Sportordnung des Schießsportverbandes zugelassen und erforderlich ist.**
4.33 Wie soll eine halbautomatische Pistole auf der Schießstätte an eine andere Person übergeben werden?	a) Die geladene Waffe ist zu sichern. b) Aus der geladenen Waffe ist das Magazin zu entnehmen, der Ladezustand ist mitzuteilen. **c) Ungeladen, mit geöffnetem Verschluss**
4.34 Was sollte <u>als erstes</u> geschehen, wenn man eine Schusswaffe übergeben bekommt?	**a) Die Waffe ist sofort auf ihren Ladezustand zu überprüfen.** b) Es genügt, die Sicherung der Waffe zu prüfen. c) Waffe ist zu zerlegen und auf Schäden zu prüfen.

4.35 Was haben Sie zu tun, bevor Sie mit einer Schusswaffe schießen?	**a) Waffe auf sichtbare Beschädigungen prüfen** **b) Überprüfen, ob das Patronenlager und der Lauf frei von Öl und Fremdkörpern sind.** **c) Prüfen, ob die bereitgestellte Munition aus dieser Waffe verschossen werden darf.**
4.36 Wo darf ein Sportschütze seine Waffe laden?	**a) Nur auf dem Schützenstand** b) Auf dem gesamten Schießstand
4.37 Darf ausnahmsweise eine geladene Waffe einem anderen übergeben werden?	**a) Ja, bei Waffenstörung der verantwortlichen Aufsichtsperson.** b) Nein, auf keinen Fall
4.38 Dürfen Sie mit einem Druckluftgewehr ($E_0 \leq 7{,}5$ J) in Ihrem Keller schießen?	**a) Ja, das ist waffenrechtlich erlaubt.** b) Nein, das ist verboten c) Nein, nur mit Spielzeugwaffen ($E_0 \leq 0{,}5$ J)
4.39 Darf man mit allen Waffen auf Schießstätten schießen?	a) Ja, wenn die Waffen funktionssicher sind. **b) Nein**
4.40 Welche Erlaubnis berechtigt zum Schießen mit Schreckschuss-, Reizstoff- und Signalwaffen (PTB-Zeichen) außerhalb des eigenen Besitzes?	a) Kleiner Waffenschein **b) Behördliche Schießerlaubnis** c) Waffenbesitzkarte
4.41 Sie erhalten durch Voreintrag die Erlaubnis zum Erwerb einer Kurzwaffe. Wie lange gilt die Erwerbsberechtigung?	**1 Jahr**
4.42 Sie haben in Ihrer WBK einen Voreintrag für einen Revolver .38 Spezial. Ihr Waffenhändler bietet Ihnen zu einem sehr günstigen Preis ein Sondermodell .357 Mag. an. Dürfen Sie dieses erwerben?	a) Ja. Der Durchmesser ist ja gleich. **b) Nein, weil Sie keinen entsprechenden Voreintrag haben.**
4.43 Welches Erlaubnispapier berechtigt auch zum Erwerb von Einzellader-Langwaffen?	a) Waffenschein **b) Jagdschein** c) Europäischer Feuerwaffenpass
4.44 Welche Erlaubnispapiere berechtigen auch zum Erwerb von Einzellader-Langwaffen?	**a) Sportschützen-WBK (ohne Voreintrag)** b) Allgemeine grüne WBK (ohne Voreintrag) **c) Waffenhandelserlaubnis (uneingeschränkt)**
4.45 Wie heißt eine Erwerbsberechtigung für eine einschüssige Kleinkaliberpistole?	a) Waffenschein **b) Waffenbesitzkarte für Sportschützen** c) Waffenerwerbsschein
4.47 Welche Erlaubnis ist zum Erwerb einer SL-Pistole nötig?	a) Waffenbesitzkarte für Sportschützen **b) Waffenbesitzkarte mit Voreintrag**
4.46 Wann wird in der Regel eine waffenrechtliche Erlaubnis von der Behörde widerrufen?	**a) Wenn der Inhaber nicht mehr zuverlässig ist.** **b) Wenn der Inhaber kein Bedürfnis mehr hat** c) Wenn der Inhaber seinen Wohnort verlegt
4.48 Beim Erwerb einer erlaubnispflichtigen Schusswaffe von einer Privatperson durch den Erwerbsberechtigten ...	a). ...zeigt er den Erwerb der Waffe innerhalb 4 Wochen der Behörde an und legt die WBK vor. **b) ...zeigt er den Erwerb der Waffe innerhalb 2 Wochen der Behörde an und legt die WBK vor.**
4.49 Was muss ein Sportschütze nach dem Erwerb einer Waffe von einem anderen Sportschützen veranlassen?	a) Nichts **b) Seine WBK innerhalb von 2 Wochen der Behörde vorlegen und den Erwerb anzeigen.** c) Beide WBK sofort der Behörde vorlegen.
4.50 Was muss der Erwerbsberechtigte nach dem Kauf einer Schusswaffe von einer Privatperson veranlassen?	**Er muss innerhalb von 2 Wochen bei der zuständigen Behörde den Erwerb schriftlich anzeigen und seine Waffenbesitzkarte (WBK) zur Eintragung vorlegen.**

4.51 Was müssen Sie tun, wenn Sie eine erlaubnispflichtige Schusswaffe von einem Händler erworben haben?	Ich bin verpflichtet, den Erwerb binnen 2 Wochen der Erlaubnisbehörde schriftlich anzuzeigen und meine Waffenbesitzkarte vorzulegen.
4.52 Was haben Sie zu veranlassen, wenn Sie eine erlaubnispflichtige Waffe auf Grund einer waffenrechtlichen Erlaubnis erworben haben?	**a) Ich melde den Erwerb unter Vorlage meiner WBK binnen zwei Wochen meiner zuständigen Erlaubnisbehörde.** b) Ich melde den Erwerb schriftlich meinem örtlichen Polizeirevier.
4.53 Innerhalb welcher Zeit haben Sie den Erwerb bzw. den Verkauf einer erlaubnispflichtigen Waffe zu melden?	a) Binnen einer Woche **b) Binnen zwei Wochen** c) Binnen eines Monats
4.54 Sie wollen ein Kleinkaliber-Repetiergewehr verkaufen. Es interessieren sich 1. ein Jäger, 2. ein Sportschütze. In welcher Form ist der Nachweis der Erwerbsberechtigung in den genannten Fällen zu erbringen?	**Zu 1: Gültiger Jagdschein** **Zu 2: WBK für Sportschützen oder grüne WBK mit Voreintrag**
4.55 An wen dürfen erlaubnispflichtige Pistolen verkauft werden?	a) An Reservisten der Bundeswehr b) An Polizeibeamte **c) An Personen mit Erwerbsberechtigung**
4.56 Welches Dokument berechtigt auch zum Erwerb von Munition?	a) Europäischer Feuerwaffenpass **b) Jagdschein (nur für Langwaffenmunition)** c) Polizeidienstausweis
4.57 Welche Erlaubnisse berechtigen z.B. zum Erwerb von Munition?	**a) Gültiger Jagdschein (Langwaffenmunition)** **b) WBK mit Munitionserwerbsberechtigung (Eintrag)** **c) Munitionserwerbschein**
4.58 Wo kann erlaubnispflichtige Munition frei erworben werden?	Auf dem Schießstand zum sofortigen Verbrauch auf dieser Schießstätte.
4.59 Darf man Schrotmunition in unbeschränkter Menge erwerben?	**a) Ja, auf dem Schießstand zum sofortigen Verbrauch lediglich auf dieser Schießstätte.** **b) Ja, mit Erwerbsberechtigung** c) Nein
4.60 Unter welchen Umständen darf man anderen Personen Waffen oder Munition überlassen?	a) Nur, wenn Waffen und Munition getrennt übergeben werden b) Vorübergehend; der Andere besitzt aber keine eigene WBK **c) Auf dem Schießstand; Munition z. sofortigen Verbrauch** **d) Vorübergehend zum Zweck der sicheren Verwahrung oder Beförderung, wenn der Andere eine WBK besitzt.**
4.61 Was ist zu veranlassen, wenn eine Privatperson einer anderen berechtigten Privatperson eine erlaubnispflichtige Schusswaffe dauerhaft überlässt?	Bei dieser Art des Überlassens sind der Erwerber und der Überlasser verpflichtet, ihre Waffenbesitzkarten innerhalb von zwei Wochen der Behörde zur Eintragung des Besitzwechsels und der sonstigen vorgeschriebenen Angaben vorzulegen und den Besitzwechsel schriftlich anzuzeigen.
4.62 Sie überlassen ihre WBK-pflichtigen Schusswaffen Ihrem Vereinskollegen für die Dauer von 2 Monaten. Er will die Waffen ausprobieren und Ihnen ggf. abkaufen.	a) Das ist waffenrechtlich erlaubt. **b) Das ist waffenrechtlich nicht erlaubt.** c) WBK-Inhaber dürfen ihre Schusswaffen grundsätzlich immer tauschen.
4.63 Sie überlassen einem Berechtigten auf Dauer Ihr Großkaliber-Sportgewehr. Innerhalb welcher Frist müssen Sie dies Ihrer Behörde anzeigen?	**a) 2 Wochen** b) 4 Wochen c) 1 Woche

4.64 Dürfen Sie während Ihres Urlaubs einem Vereinskameraden Ihre WBK-pflichtige Schusswaffe zur sicheren Aufbewahrung überlassen?	**a) Ja, wenn er selbst auch eine WBK besitzt und über ein entsprechendes Behältnis verfügt.** b) Nein, das ist nicht gestattet. c) Dies ist unter Vereinsmitgliedern gestattet. d) Er muss nur ein entsprechendes Behältnis haben
4.65 Wem dürfen Sie während Ihres Urlaubs eine erlaubnispflichtige Waffe vorübergehend zur sicheren Aufbewahrung überlassen?	**a) Einem Waffenhändler** b) Einer volljährigen Person meines Vertrauens c) Einer über 25-jährigen Person meines Vertrauens
4.66 Wem dürfen Sie während Ihres Urlaubs eine erlaubnispflichtige Waffe vorübergehend zur sicheren Aufbewahrung überlassen?	a) Einem befreundeten Polizeibeamten b) Dem Kundenbetreuer meiner Bank, sofern er die Waffe im Tresorraum lagert **c) Einem Inhaber einer Waffenbesitzkarte**
4.67 Wo darf eine erlaubnispflichtige Kurzwaffe gelagert werden?	a) In einem Waffenschrank der Sicherheitsstufe A **b) In einem Waffenschrank, Sicherheitsstufe B, sofern keine passende Munition im Schrank ist** **c) In einem Waffenschrank, Widerstandsgrad 0**
4.68 Welchem Sicherheitsstandard muss ein Waffenschrank mindestens entsprechen, damit Waffen und dazu passende Munition zusammen darin aufbewahrt werden dürfen?	a) Sicherheitsstufe B, Schrankgewicht über 200 kg **b) Widerstandsgrad 0** c) Widerstandsgrad I
4.69 In welchem Behältnis darf erlaubnispflichtige Munition gelagert werden?	a) Wohnzimmerschrank mit Sicherheitsschloss **b) Blechschrank mit Vorhängeschloss** **c) Metallkasten mit Schwenkriegelschloss**
4.70 Darf die Erlaubnisbehörde Zutritt zur Wohnung verlangen, um die ordnungsgemäße Waffenaufbewahrung zu überprüfen?	a) Ja, der Inhaber einer WBK hat dies grundsätzlich zu gestatten. **b) Ja, sofern eine dringende Gefahr für die öffentliche Sicherheit besteht.**
4.71 Unter welchen Voraussetzungen dürfen Sie eine in Deutschland erlaubnispflichtige Schusswaffe nach dem Erwerb im Ausland in das Bundesgebiet einführen? (Muster!)	a) Nur wenn ich im Besitz einer in Deutschland gültigen WBK mit Voreintrag bin. b) Nur wenn ich im Besitz eines Europäischen Feuerwaffenpasses bin. **c) Nur wenn ich im Besitz einer Verbringungserlaubnis bin.**
4.72 Wozu berechtigt mich der Europäische Feuerwaffenpass (EFP)?	a) Zur Waffenmitnahme in EU-Mitgliedstaaten; ich muss die Waffe aber am Zielort der dortigen Erlaubnisbehörde anmelden. **b) Zur Mitnahme in EU-Mitgliedstaaten; ich benötige aber vor Grenzübertritt eine Erlaubnis des betr. Reiselandes.** c) Zur Waffenmitnahme bei Reisen in EU-Mitgliedstaaten
4.73 Berechtigt der Europäische Feuerwaffenpass (EFP) zur Einfuhr von erlaubnispflichtiger Munition aus einem EU-Mitgliedstaat, sofern die Munition dort von Ihnen berechtigterweise erworben wurde?	a) Ja **b) Nein** c) Ja, aber nur, wenn eine Waffe entsprechenden Kalibers in den EFP eingetragen ist.
4.74 Berechtigt die grüne WBK zum Munitionserwerb?	a)Ja, wenn ich Sportschütze bin. **b) Nur, soweit für die eingetragenen Waffen die Erlaubnis zum Munitionserwerb in der WBK vermerkt ist.** c) Nein, es ist immer zusätzlich ein Munitionserwerbschein nötig.
4.75 Welche Erlaubnis reicht zum Erwerb einer erlaubnispflichtigen Einzelladerwaffe aus?	**a) Waffenbesitzkarte für Sportschützen** b) Waffenschein c) Sachkundenachweis

4.76 Welche Waffe kann nur mit einer grünen WBK mit Voreintrag erworben werden?	a) Druckluftwaffe mit dem Zeichen „F im Fünfeck“ b) Armbrust **c) Kurzwaffe .357 SIG (auch entspr. rote WBK)**
4.77 Welcher Nachweis ist als Erwerbsberechtigung von erlaubnispflichtigen Schusswaffen erforderlich?	**a) Entsprechende Waffenbesitzkarte** b) Fotokopie der Waffenbesitzkarte c) Sportschützenausweis
4.78 Berechtigt die „grüne“ WBK zum Munitionserwerb?	**a) Nur bei entsprechendem behördlichem Vermerk** b) Grundsätzlich ja c) Nur bei sogenanntem „Altbesitz“
4.79 Welche Eintragungen sieht die grüne WBK zum Erwerb einer Schusswaffe vor?	**Laufende Nummer, Art, Bezeichnung der Munition oder des Kalibers, Dauer der Erwerbsberechtigung und Dienstsiegel. (Persönliche Daten)**
4.80 Wie erfolgt die Eintragung zum Erwerb von Munition in der grünen WBK?	**Durch Dienstsiegel an entsprechender Stelle.**
4.81 An wen darf eine erlaubnispflichtige Kurzwaffe verkauft werden?	**a) An Inhaber einer grünen WBK mit entsprechendem Voreintrag** b) An jeden Polizeibeamten
4.82 Welche behördliche Erlaubnis ist im Allgemeinen zum Erwerb und Besitz einer erlaubnispflichtigen Schusswaffe erforderlich?	**Waffenbesitzkarte (WBK)**
4.83 Welche Teile erlaubnispflichtiger Schusswaffen dürfen einzeln nur mit einer WBK erworben werden?	**Lauf, Verschluss, Patronen- oder Kartuschenlager, Griffstück (mit Auslösemechanismus) bei Kurzwaffen**
4.84 Wie lange gilt eine Waffenbesitzkarte?	**Für den Besitz unbefristet**
4.85 Welches sind die Voraussetzungen zur Erlangung einer Waffenbesitzkarte?	**Volljährigkeit, Zuverlässigkeit, Persönliche Eignung, Sachkunde, Bedürfnis**
4.86 Kann eine WBK auch nachträglich mit Auflagen versehen werden?	**Ja**
4.87 Kann eine WBK auch einem Schützenverein erteilt werden?	**a) Ja, wenn es ein eingetragener Schießsportverein ist.** b) Nein c) Ja, jedem Verein
4.88 Welche Erlaubnispapiere berechtigen <u>nur</u> mit einem entsprechenden Eintrag zum Erwerb von Munition für die eingetragenen Waffen?	a) Polizeidienstausweis **b) Allgemeine WBK – grün –** c) Sammler-WBK
4.89 Für Erwerb und Besitz welcher Waffen bedarf es <u>keiner</u> WBK?	**a) Harpunen mit Gummizug** **b) Einläufige Einzelladerwaffen mit Zündhütchenzündung (Perkussionswaffen), Modell vor dem 1.1.1871 entwickelt** c) Perkussionsrevolver, Modell vor dem 1.1.1871 entwickelt
4.91 Wie lange gilt ein Voreintrag zum Erwerb einer Schusswaffe in einer grünen WBK?	a) 6 Monate **b) 1 Jahr** c) Unbefristet
4.90 Für Erwerb und Besitz welcher Waffen bedarf es <u>keiner</u> WBK?	**a) Druckluftwaffen, die das „F im Fünfeck“ tragen** **b) Schreckschuss-, Reizstoff- und Signalwaffen, die das Zulassungszeichen „PTB im Kreis“ tragen**
4.92 Wer benötigt <u>keine</u> eigene WBK?	**a) Der Finder einer Waffe, sofern er den Fund unverzüglich bei der zuständigen Behörde oder nächsten Polizeidienststelle anzeigt.** b) Der Ehepartner eines Erlaubnisinhabers, wenn er dessen Waffen weisungsgemäß zum Schießstand oder Büchsenmacher transportiert. **c) Ein Kurierfahrer, der die Waffe im Auftrag des Erlaubnisinhabers gewerbsmäßig transportiert.**
4.93 Darf man einem anderen WBK-Inhaber eine Waffe leihen?	**a) Ja, für einen von seinem Bedürfnis umfassten Zweck, aber nur vorübergehend, höchstens für einen Monat.** b) Nein, es ist eine behördliche Genehmigung erforderlich.

4.94 Wie lange gilt der Kleine Waffenschein?	a) 1 Jahr b) 3 Jahre **c) Unbefristet**
4.95 Wie lange gilt ein Waffenschein maximal?	a) 1 Jahr **b) 3 Jahre** c) 5 Jahre
4.96 Wozu berechtigt der Kleine Waffenschein?	a) Zum Erwerb von Schreckschuss-, Reizstoff- und Signalwaffen, sofern diese das Zulassungszeichen „PTB im Kreis" tragen. b) Zum Besitz von Schreckschuss-, Reizstoff- und Signalwaffen, sofern diese das Zulassungszeichen „PTB im Kreis" tragen. **c) Zum Führen von Schreckschuss-, Reizstoff- und Signalwaffen, sofern diese das Zulassungszeichen „PTB im Kreis" tragen.**
4.97 Welche Erlaubnisse berechtigen zum zugriffsbereiten Führen einer Druckluftwaffe (mit Kennzeichen „F im Fünfeck")?	a) Kleiner Waffenschein in Verbindung mit einem gültigen Ausweis b) Waffenbesitzkarte in Verbindung mit Sportschützenausweis **c) Waffenschein oder behördliche Ausnahmegenehmigung**

9.2.5 Transport und Mitführen von Schusswaffen und Munition

5.01 Wer benötigt einen Waffenschein?	a) Wer eine erlaubnispflichtige Schusswaffe besitzt b) Wer als Berechtigter mehr als 3 Waffen zum Schießstand transportieren will. **c) Wer eine Schusswaffe außerhalb der eigenen Wohnung, Geschäftsräume oder des eigenen befriedeten Besitztums führen will.**
5.02 Für welche Gegenstände benötigt man zum Führen keinen Waffenschein?	a) Waffen mit dem Zeichen „PTB im Kreis" **b) Reizstoff-Sprühdosen mit dem Zeichen „BKA in der Raute"** c) Waffen mit dem Zeichen „F im Fünfeck"
5.03 Für welche Art des Umgangs mit Schusswaffen benötigt man einen Waffenschein?	a) Transport einer erlaubnispflichtigen Waffe zum Schießstand b) Selbstschutz zu Hause **c) Führen einer erlaubnispflichtigen Waffe auf der Straße**
5.04 Als Erlaubnis zum zugriffsbereiten Führen einer Waffe braucht man den Kleinen Waffenschein für ...	a) ... Druckluft-, Federdruck- und CO_2-Waffen **b) ... Schreckschuss-, Reizstoff- und Signalwaffen mit dem Zeichen „PTB im Kreis"** c) ... Feuerwaffen, die nicht zugriffsbereit und nicht schussbereit transportiert werden
5.05 Wie ist eine Schusswaffe von der Wohnung zur Schießstätte zu transportieren, wenn kein Waffenschein erteilt wurde?	Beim Transport darf die Waffe **nicht zugriffsbereit** und **nicht schussbereit** sein.
5.06 Wer benötigt in der Regel einen Kleinen Waffenschein?	Wer **außerhalb** seiner Wohnung, Geschäftsräume oder seines befriedeten Besitztums eine Schusswaffe mit dem Bauartzulassungszeichen „PTB im Kreis" führen möchte. (PTB=Physik.-Techn. Bundesanstalt)
5.07 Benötigen Jäger zur befugten Jagdausübung einen Waffenschein?	Nein

5.08 Wozu berechtigt der Kleine Waffenschein?	Zum Führen von Schreckschuss-, Reizstoff- und Signalwaffen, deren Erwerb und Besitz erlaubnisfrei sind.
5.09 Wer benötigt in der Regel einen Waffenschein?	Wer eine Schusswaffe führt.
5.10 Wer benötigt einen Waffenschein?	a) Wer eine „scharfe“ Waffe zu Haus führt **b) Wer eine Druckluftpistole unverpackt auf dem Rücksitz im PKW mitnimmt.** c) Wer mit der Armbrust auf einem Feld schießt
5.11 Bei welcher der nebenstehend aufgeführten Schusswaffen benötigt man einen Waffenschein, wenn man sie außerhalb der Wohnung etc. (zugriffsbereit) „bei sich“ hat?	a) Doppelläufiges Steinschlossgewehr (Modell vor 1871) **b) Druckluftpistole mit einer Mündungsenergie bis zu 7,5 Joule (Modell vor 1871)** c) Steinschloss-Duellpistole, Modell vor 1871
5.12 Einer Erlaubnis zum Führen einer erlaubnispflichtigen Schusswaffe bedarf nicht, ...	**a) ... wer diese beim Schießen auf Schießstätten zu einem vom Bedürfnis umfassten Zweck oder im Zusammenhang damit führt.** b) ... wer die Waffe als Sportschütze unverpackt auf dem PKW-Rücksitz zum Büchsenmacher bringt.
5.13 Welche Voraussetzungen müssen zur Erteilung einer waffenrechtlichen Erlaubnis für einen Revolver .44 Magnum bei Sportschützen gegeben sein?	1. Vollendung des 21. Lebensjahres 2. Nachweis der Sachkunde 3. Zuverlässigkeit 4. Persönliche Eignung; bei Personen vor Vollendung des 25. Lebensjahres auch ein amts- oder fachärztliches oder fachpsychologisches Zeugnis 5. Nachweis eines Bedürfnisses
5.14 a) Welche Signalwaffen können frei erworben werden? b) Dürfen diese zugriffsbereit geführt werden?	a) Signalwaffen mit dem Bauartzulassungszeichen „PTB im Kreis“ (PTB = Physikalisch-Technische Bundesanstalt) b) Das Führen ist nur mit dem Kleinen Waffenschein erlaubt.
5.15 Unter welchen Voraussetzungen darf Ihnen ein Waffenhändler eine erlaubnispflichtige Schusswaffe zum Ausprobieren ohne vorherige Erlaubnis der zuständigen Behörde überlassen?	a) Überhaupt nicht. Ohne vorherige Erlaubnis ist das immer verboten. b) Bis zu 6 Wochen erlaubt. **b) Das ist nur erlaubt, wenn ich bereits eine WBK besitze und der Erwerb vorübergehend ist (höchstens einen Monat).**
5.16 Welche Legitimationspapiere sind beim Transport einer erlaubnispflichtigen Schusswaffe durch einen Sportschützen mitzuführen?	a) Personal- und Schützenausweis **b) Personalausweis (BPA) oder Pass und Waffenbesitzkarte**
5.17Was muss ein Sportschütze mitführen, der a) seine eigene erlaubnispflichtige Waffe b) die erlaubnispflichtige Waffe eines anderen zum Schießstand transportiert?	a) BPA oder Pass und WBK b) BPA oder Pass, die eigene WBK und eine Bescheinigung des Überlassens mit Datum der Überlassung.
5.18 Welche Dokumente benötigen Sie zum Führen einer bauartzugelassenen Schreckschusswaffe?	a) Keine, da der Erwerb ja auch genehmigungsfrei ist. **b) Kleiner Waffenschein und Personalausweis oder Pass**
5.19 Der Transport einer Kleinkaliber-Sportpistole ist erlaubt, wenn sie ...	**... im verschlossenen Waffenkoffer und ungeladen befördert wird.**

5.20 Darf ein Anderer als der WBK-Inhaber dessen Kurzwaffe zur Instandsetzung zum Waffengeschäft bringen?	**a) Ja, wenn er Inhaber einer WBK ist oder die Waffe gewerblich transportiert.** b) Nein, das ist nicht erlaubt. c) Das muss immer erst bei der Behörde beantragt werden.
5.21 Sie wollen den defekten Lauf ihrer Pistole zum Waffenhändler bringen. Wie nehmen Sie ihn waffenrechtlich einwandfrei mit?	Bei einem Lauf handelt es sich um einen wesentlichen Teil einer Waffe. Diese stehen den Schusswaffen gleich. Der Lauf ist deshalb **nicht zugriffsbereit** zu transportieren.
5.22 Was ist beim Transport einer Schusswaffe von zu Hause zur Schießstätte zu beachten?	Beim Transport muss die Waffe **nicht schussbereit** und **nicht zugriffsbereit** sein und er darf nur zum **vom Bedürfnis umfassten Zweck** erfolgen.
5.23 Erlaubnisfreies Führen im Sinne des Waffengesetzes liegt vor, wenn man die Waffe ...	a) ... bei der Hochzeit zum Spalierstehen verwendet. **b) ... im verschlossenen Kofferraum des PKW ungeladen und verpackt zum Schießstand transportiert.** **c) ... im verschlossenen Waffenkoffer getrennt von der Munition zum Büchsenmacher transportiert.**
5.24 Wo darf ein Sportschütze seine ungeladene Kurzwaffe am Körper tragen?	**a) Auf dem Schießstand, wenn es die Sport-/Schießstandordnung zulässt.** b) Auf dem Weg von der Wohnung zum Schießstand **c) In seiner Wohnung**
5.25 Eine Schusswaffe führt erlaubnispflichtig, ...	**a) ... wer beim Festumzug ein Druckluftgewehr geschultert hat.** b) ... der Paketbote bei der Zustellung einer bestellten Ware.
5.26 Unter welchen Voraussetzungen darf man in einem fremden Besitztum eine Schusswaffe ohne Waffenschein bei sich haben?	Unter der Voraussetzung, dass die Mitnahme der Waffe **vom Bedürfnis umfasst** ist und der über das Besitztum Verfügende **zugestimmt hat.**
5.27 Bedarf es zum Führen 1. einer nicht schussbereiten Waffe im unverschlossenen Handschuhfach, 2. einer schussbereiten Waffe im verschlossenen Handschuhfach eines Waffenscheins?	1.: Ja 2.: Ja
5.28 Dürfen Teilnehmer an öffentlichen Veranstaltungen, insbesondere an Volksfesten und öffentlichen Vergnügungen, Waffen mit sich führen?	Nein, hierfür bedarf es besonderer Erlaubnisse
5.29 Brauchen Sie zum Führen von Druckluft-, Federdruck- und CO_2-Waffen in der Öffentlichkeit einen Waffenschein?	Ja
5.30 Ist das Führen einer erlaubnispflichtigen Schusswaffe von der Wohnung zum Schießstand erlaubt?	a) Nur mit Waffenschein b) Ja, wenn sie ungeladen und gesichert im Holster getragen wird. **c) Ja, wenn sie nicht schussbereit und nicht zugriffsbereit transportiert wird.**
5.31 Ist das Führen einer Signalpistole in der Öffentlichkeit erlaubnispflichtig?	Ja
5.32 Wer ist zum zugriffsbereiten Führen von Schreckschuss-, Reizstoff- und Signalwaffen, deren Erwerb und Besitz erlaubnisfrei ist, in der Öffentlichkeit berechtigt?	Inhaber des Kleinen Waffenscheins
5.33 Welche Schusswaffen dürfen Sie bei öffentlichen Veranstaltungen „bei sich“ haben?	a) Steinschlosspistole, weil ich die nach dem WaffG ohnehin führen darf. **b) Keine Waffen im Sinne des Waffengesetzes**

5.34 Was ist beim Verbringen von Schusswaffen über Staatsgrenzen immer zu beachten?	**a) Beim Verbringen von Waffen nach Deutschland müssen vor Grenzübertritt die erforderlichen Erlaubnisse (z.B. Verbringungserlaubnis) vorliegen.** **b) Beim Verbringen von Waffen aus Deutschland müssen vor Grenzübertritt die erforderlichen Erlaubnisse des Ziellandes und ggf. aller Transitländer vorliegen.** c) Es genügt immer eine deutsche WBK.
5.35 Wozu berechtigt der Europäische Feuerwaffenpass?	Zur Mitnahme der dort eingetragenen Schusswaffen und der für diese bestimmten Munition in einen anderen EU-Mitgliedstaat, wenn dieser zugestimmt hat
5.36 Wann ist eine Waffe „schussbereit“?	Wenn sie geladen ist, d.h. Munition oder Geschosse in der Trommel, im eingeführten Magazin oder im Patronenlager sind.
5.37 Wann ist eine Waffe „zugriffsbereit“?	Wenn sie mit wenigen Handgriffen in Anschlag gebracht werden kann.
5.38 Was ist Voraussetzung für den Erwerb von Schreckschuss-, Reizstoff- und Signalwaffen, deren Erwerb und Besitz erlaubnisfrei ist?	Vollendung des 18. Lebensjahres
5.39 Wann ist der Erwerb eines Wechselsystems .22 l.r. zur eingetragenen Waffe .32 S&W long WC waffenrechtlich zulässig?	a) Ab 18 Jahren frei zu erwerben b) Ohne Altersbeschränkung frei zu erwerben **c) Nur mit Nachweis der Original-WBK frei zu erwerben**
5.40 Wie lange müssen Sie mindestens als Mitglied eines schießsportlichen Vereins geschossen haben, um als Sportschütze der Behörde ein Bedürfnis zum Erwerb einer Schusswaffe nachweisen zu können?	a) Mindestens 6 Monate **b) Mindestens 12 Monate** c) Mindestens 18 Monate
5.41 Wie alt müssen Sie als Sportschütze mindestens sein, um eine Büchse (.308 Win.) ohne amts- oder fachärztliches oder fachpsychologisches Zeugnis dauerhaft erwerben zu können?	a) 21 Jahre **b) 25 Jahre** c) 27 Jahre
5.42 Welches Lebensjahr müssen Sie vollendet haben, um Einzellader-Langwaffen mit glatten Läufen im Kaliber 12 oder kleiner als Sportschütze dauerhaft erwerben zu dürfen?	**a) 18 Jahre** b) 21 Jahre c) 25 Jahre
5.43 Welche der nebenstehend aufgeführten Schusswaffen kann mit der Waffenbesitzkarte für Sportschützen erworben werden?	a) Halbautomatische Langwaffe **b) Einläufige Einzellader-Kurzwaffe** c) Halbautomatische Kurzwaffe
5.44 Wie viele Schusswaffen dürfen Sie als Sportschütze in der Regel innerhalb von 6 Monaten bei entsprechendem Bedürfnis erwerben?	**a) Zwei** b) Eine c) Drei
5.45 Wie können Sie als 19-jähriger Sportschütze Ihre persönliche Eignung für den dauerhaften Erwerb einer halbautomatischen Pistole .45 ACP gegenüber der Behörde nachweisen?	a) Durch ein fachärztliches Gutachten b) Durch eine Bescheinigung eines anerkannten Schießsportverbandes **b) Es besteht keine Möglichkeit des Erwerbs in diesem Alter.**
5.46 Welche Schusswaffe dürfen Sie als 20-jähriger Sportschütze ohne vorheriges Gutachten über ihre persönliche Eignung dauerhaft erwerben?	a) Halbautomatische Pistole 9 mm Luger b) Double-Action-Revolver .357 Magnum **c) Bockflinte im Kaliber 12/70**

9.2.6 Schießen und Schießstätten

6.01 Benötigen Sie zum Schießen mit einer Waffe 6 mm Flobert eine behördliche Erlaubnis?	a) Nein **b) Ja, außerhalb von Schießstätten** **c) Nicht auf dafür zugelassenen Schießstätten**
6.02 Wo darf man ohne Erlaubnis mit einem Gewehr im Kaliber .22 l.r. schießen?	a) Im Wald b) Außerhalb des befriedeten Besitztums **c) Auf dafür zugelassenen Schießstätten**
6.03 Dürfen erlaubnispflichtige Schusswaffen und Munition auf einer Schießstätte zum Schießen Personen ohne Erwerbsberechtigung überlassen werden?	Ja. Waffen nur zum **vorübergehenden Gebrauch** und Munition zum **sofortigen Verbrauch** auf **dieser Schießstätte**.
6.04 Bedarf es zum Schießen außerhalb von Schießstätten einer behördlichen Erlaubnis?	Zum Schießen außerhalb von Schießstätten bedarf es in der Regel einer Erlaubnis.
6.05 Darf der Berechtigte für Vereinswaffen im Schützenverein einem Sportschützen die Vereinswaffe ohne vorherige Erlaubnis der Behörde z.B. für einen Wettkampf auf einem anderen Schießstand (ohne berechtigte Begleitperson) überlassen?	a) Nein, nicht erlaubt **b) Der Schütze darf nach Weisung des Berechtigten im Verein die Schusswaffe für den vorgesehenen Zweck transportieren und am Wettkampf teilnehmen. Der Berechtigte darf dem Weisungsabhängigen nur die Befugnisse einräumen, die zur Erfüllung dieser konkreten Aufgaben erforderlich sind.**
6.06 Darf ein 14-jähriger mit dem Einverständnis des/der Sorgeberechtigten auf dem Schießstand mit einer Waffe .38 S&W Spezial schießen?	a) Wenn der Schießstandbetreiber zustimmt **b) Wenn der Aufsicht das Einverständnis des/der Sorgeberechtigten vorliegt.** c) Wenn die behördliche Ausnahmegenehmigung vorliegt.
6.07 Ab wann darf ein Jugendlicher auf dem Schießstand ohne Einverständniserklärung des/der Sorgeberechtigten mit einem Kleinkaliber-Matchgewehr schießen?	a) Ab 12 Jahren b) Ab 14 Jahren **c) Ab 16 Jahren**
6.08 Mit welchen Waffen darf 1. ein 13-jähriger, 2. ein 15-jähriger auf einer zugelassenen Schießstätte schießen?	1. Ein 13-jähriger darf mit Druckluft-, Federdruck- und CO_2-Waffen schießen, wenn der/die Sorgeberechtigte/n schriftlich sein/ihr Einverständnis erklärt hat/haben und eine geeignete Aufsichtsperson ständig anwesend ist. 2. Ein 15-jähriger darf auch mit sonstigen Waffen schießen, wenn der Sorgeberechtigte schriftlich sein Einverständnis erklärt hat und eine geeignete Aufsichtsperson ständig anwesend ist.
6.09 Unter welchen Voraussetzungen darf ein 15-jähriger auf dem Schießstand eines Vereins schießen?	**a) Ohne Einschränkung mit Druckluftwaffen bis zu 7,5 J Bewegungsenergie und unter Aufsicht** **b) Erlaubt mit Einverständnis seiner Eltern und unter Aufsicht einer hierfür geeigneten Person beim Schießen mit dem Kleinkalibergewehr**
6.10 Unter welchen Voraussetzungen darf ein 12-jähriger mit einer Luftpistole auf dem Vereins-Schießstand schießen?	Das Kind darf mit schriftlichem Einverständnis seiner Eltern und unter Aufsicht einer hierfür geeigneten Person schießen.
6.11 Unter welchen Voraussetzungen darf ein 17-jähriger auf einer dafür zugelassenen Schießstätte mit einer halbautomatischen Pistole im Kaliber .40 S&W schießen?	**a) Wenn eine verantwortliche Aufsichtsperson anwesend ist.** b) Mit schriftlichem Einverständnis seiner Eltern und Vorliegen einer ärztlichen Bescheinigung.

6.12 Ist den Anordnungen der verantwortlichen Aufsichtsperson auf dem Schießstand Folge zu leisten?	a) Nur im Wettkampf b) Nur bei Gefahr im Verzug **c) Immer**
6.13 Darf eine verantwortliche Aufsichtsperson am Schützenstand dem Schützen im Rahmen der Ausbildung eine geladene Waffe übergeben?	**a) Nein, geladene Waffen dürfen nicht übergeben werden.** b) Ja, immer bei Anfängern
6.14 Wie ist eine Kipplaufwaffe auf einer Schießstätte zu tragen?	a) Gesichert, mit einem Tragriemen über der Schulter **b) Ungeladen, mit geöffnetem Verschluss** c) Geschlossen und gesichert
6.15 Wie sind Kleinkalibergewehre auf dem Schießstand abzulegen?	**a) Entladen, mit geöffnetem Verschluss, Magazin entnommen** b) Unterladen, mit der Mündung nach oben c) Gesichert, mit geschlossenem Verschluss
6.16 Darf ich eine fremde Schusswaffe auf dem Schießstand in die Hand nehmen?	**a) Nur mit Erlaubnis des Besitzers** b) Nur mit Erlaubnis des Schießleiters
6.17 Dürfen Sie zur Scheibenbeobachtung eine geladene Schusswaffe ablegen?	a) Nur mit Erlaubnis des Schießleiters **b) Nein, nur die entladene und geöffnete Waffe darf abgelegt werden.**
6.18 Wann darf mit dem Schießen begonnen werden?	**a) Wenn die verantwortliche Aufsichtsperson das Schießen freigegeben hat.** b) Wenn alle Schützenstände belegt sind.
6.19 Darf ohne waffenrechtliche Erlaubnis Munition auf einer Schießstätte zum Schießen überlassen werden?	a) Ja, aber nur einem Mitglied des Vereins **b) Ja, aber nur zum sofortigen Verbrauch** c) Nein
6.20 Ist es zulässig, im Aufenthaltsraum Anschlagübungen mit Schusswaffen zu machen?	a) Ja, wenn niemand gefährdet wird **b) Nein, nur im Schützenstand**
6.21 Darf einem Gastschützen, der nicht im Besitz einer waffenrechtlichen Erlaubnis ist, eine erlaubnispflichtige Schusswaffe überlassen werden?	**a) Ja, nur zum Schießen auf einer Schießstätte** b) Nein, unter keinen Umständen
6.22 Wie sind Schusswaffen auf dem Schießstand abzulegen?	**Verschluss offen, Lauf Richtung Geschossfang, Patronenlager und Magazin leer, getrennt**
6.23 Darf eine kombinierte Langwaffe (z.B. Drilling) zum sportlichen Schießen benutzt werden?	**a) Ja, wenn es Sportordnung und Schießstandzulassung erlauben** b) Nein, sie ist vom Sportschießen ausgenommen c) Ohne jede Einschränkung
6.24 Was ist beim Schießen mit einer halbautomatischen Pistole hinsichtlich der Schussbereitschaft zu beachten?	**a) Die Waffe ist nach jedem Schuss wieder schussbereit, solange sich Patronen im Magazin befinden.** b) Nichts, wenn die Waffe eine Sicherung hat
6.25 Ist ein Drilling für das Schießen auf Wurfscheiben zulässig?	a) Nein **b) Ja, wenn nur die Schrotläufe benutzt werden**
6.26 Sind auch Platzpatronen gefährlich?	Ja, auch Platzpatronen können schwere, unter Umständen auch tödliche Verletzungen verursachen.
6.27 Was ist bei der Übergabe einer Schusswaffe zu beachten? Was ist bei der Übernahme einer Schusswaffe zu beachten?	Waffen sind immer ungeladen zu übergeben und der Übergebende muss den Zustand der Waffe ansagen. Der Übernehmende hat sich zu überzeugen, in welchem Ladezustand sich die Waffe befindet.
6.28 Darf mit einem Gewehr im Kaliber .22 l.r. im befriedeten Besitztum geschossen werden?	**a) Nein** b) Ja, wenn die Geschosse das Grundstück nicht verlassen können.

6.29 Welche Dokumente benötigt ein Salutschütze beim Schießen in der Öffentlichkeit?	**Schießerlaubnis, evtl. Waffenbesitzkarte und Personalausweis, bei Vorderladern: Erlaubnis nach dem Sprengstoffgesetz**
6.30 Ist für das Schießen mit einem Gewehr .22 l.r. im Keller eines Wohnhauses eine Erlaubnis erforderlich?	a) Nein, wenn die Sicherheit gewährleistet ist **b) Ja, eine Erlaubnis zum Betrieb einer Schießstätte oder eine Schießerlaubnis**
6.31 Wann darf im befriedeten Besitztum außerhalb von Schießstätten ohne Schießerlaubnis geschossen werden?	Ist nur zulässig durch den Inhaber des Hausrechts oder mit dessen Zustimmung im befriedeten Besitztum - mit Schusswaffen, deren Geschossen eine Bewegungsenergie von nicht mehr als 7,5 J erteilt wird oder deren Bauart nach § 7 BeschG zugelassen ist, sofern die Geschosse das Besitztum nicht verlassen können, - mit Schusswaffen, aus denen nur Kartuschenmunition verschossen werden kann.
6.32 Unter welchen Voraussetzungen dürfen Sie in einem befriedeten Besitztum mit einer Druckluftwaffe mit Kennzeichen „F im Fünfeck" schießen?	- Nur mit Zustimmung des Inhabers des Hausrechts **und** - wenn gleichzeitig gewährleistet ist, dass die Geschosse das befriedete Besitztum nicht verlassen können und Gefährdungen ausgeschlossen sind.
6.33 Sie wollen an Silvester mit Ihrem Karabiner K 98 auf der öffentlichen Straße vor Ihrem Haus einige Platzpatronen verschießen. Was ist dabei zu beachten?	Ich benötige eine Schießerlaubnis und einen Waffenschein.
6.34 Mit welchen Schusswaffen darf im befriedeten Besitztum außerhalb von Schießstätten ohne Schießerlaubnis geschossen werden?	a) Mit allen, sofern die Geschosse das Besitztum nicht verlassen können. **b) Mit Schusswaffen, deren Geschossen eine Energie von max. 7,5 Joule erteilt wird, sofern die Geschosse das Besitztum nicht verlassen können.** c) Mit Waffen mit glatten Läufen, die zum Verschießen von Randfeuer-Schrotpatronen geeignet sind, sofern die Geschosse das Besitztum nicht verlassen können.
6.35 Was ist beim sportlichen Schießen auf Schießstätten zu beachten?	**a) Es darf nur unter Aufsicht geschossen werden (ausgenommen der zur Aufsichtsführung Befähigte schießt allein)** **b) Es darf nur mit für den Stand zugelassenen Waffen und zugelassener Munition geschossen werden.** **c) Sportliches Schießen liegt dann vor, wenn nach festen Regeln einer genehmigten Sportordnung geschossen wird.**
6.36 Welche Voraussetzungen müssen erfüllt sein, bevor der Schießbetrieb aufgenommen werden darf?	**a) Eine verantwortliche Aufsichtsperson muss anwesend sein.** b) Die Waffen müssen geladen werden. **c) Waffen und Munition müssen der Standzulassung entsprechen.**
6.37 Dürfen Sie auf einer Schießstätte Ihre Sportwaffe einem Vereinskameraden, der keine waffenrechtliche Erlaubnis besitzt, in Ihrem Beisein zur Ansicht übergeben?	**a) Ja** b) Ist nur zum Probeschießen erlaubt. c) Nur wenn der Stand für dieses Kaliber zugelassen ist.
6.38 Darf unter Alkoholeinfluss geschossen werden?	**a) Nein** b) Ja, weil Alkohol beim Zielen hilft.
6.39 Wenn ein Mitglied, das als Sportschütze Inhaber einer WBK ist, aus dem Schießsportverein austritt, muss der Verein	**a) den Austritt unverzüglich der zuständigen Behörde melden.** b) die Waffen des Mitgliedes in Verwahrung nehmen c) nichts tun.

9.2.7 Nichtgewerbliches Herstellen und Bearbeiten von Schusswaffen und Munition

7.01 Ist das nichtgewerbliche Wiederladen von Patronenhülsen erlaubt?	a) Ja, für Inhaber einer Munitionserwerbserlaubnis **b) Ja, nur mit einer Erlaubnis nach dem Sprengstoffgesetz (SprengG)** c) Nein
7.02 Ist das nichtgewerbliche Wiederladen von Patronenmunition erlaubt?	a) Für jeden erlaubt, der eine Waffensachkundeprüfung bestanden hat. b) Für jeden erlaubt, der gefahrlos mit Schwarzpulver umgehen kann. **c) Für jeden erlaubt, der die Fachkundeprüfung nach dem Sprengstoffgesetz bestanden hat und dem durch die Behörde eine entsprechende Erlaubnis erteilt wurde.**
7.03 Berechtigt die abgelegte Sachkundeprüfung zum nichtgewerblichen Wiederladen von Hülsen?	Nein, es ist eine Erlaubnis nach dem SprengG erforderlich.
7.04 Welche Änderung an einer Schusswaffe dürfen Sie selbst nicht ausführen?	a) Schaftmodifizierung b) Änderung am Visier **c) Anbringen von Bohrungen an der Systemhülse zur Zielfernrohrmontage**
7.05 Welche Änderung an einer Schusswaffe dürfen Sie selbst nicht ausführen?	**a) Änderung des Verschlusses von Rand- auf Zentralfeuer** b) Aufsetzen eines Wechselsystems c) Anbringen von Sportgriffschalen
7.06 Welche Änderungen an Schusswaffen dürfen nur von hierzu berechtigten Personen durchgeführt werden?	**a) Der Lauf wird verkürzt.** **b) Die Schussfolge der Schusswaffe wird geändert.** **c) Die Schusswaffe wird so geändert, dass Munition oder Geschosse anderen Kalibers aus ihr verschossen werden können.** **d) Wesentliche Teile, zu deren Einpassung eine Nacharbeit erforderlich ist, werden ausgewechselt.**
7.07 Wozu brauchen Sie eine behördliche Erlaubnis?	a) Zum Austausch eines Trainingsabzuges b) Zur Verwendung eines Magazins mit größerer Kapazität **b) Zur Änderung des Patronenlagers/Laufinneren auf ein größeres Kaliber**
7.08 Dürfen Sie Schusswaffen für bessere Ergebnisse ohne Erlaubnis bearbeiten?	a) Nur wenn ich in der Metallbearbeitung erfahren bin **b) Abzug, Visierung und Schaft dürfen von mir bearbeitet werden.** c) Auch wesentliche Teile dürfen von mir geändert werden.
7.09 Eine Langwaffe wird unzulässigerweise bearbeitet, wenn Sie ohne Erlaubnis ...	**a) ... den Gewehrlauf kürzen.** b) ... eine Schaftkappe montieren. c) ... die Griffschalen austauschen.
7.10 Eine Kurzwaffe wird von Ihnen unzulässigerweise bearbeitet, wenn ...	**a) ... der Lauf mit Kompensatorbohrungen versehen wird.** b) ... ein Balkenkorn eingesetzt wird. c) ... die Magazinkapazität erhöht wird.
7.11 Wer darf eine erlaubnispflichtige Waffe instand setzen?	Nur Personen, die im Besitz einer entsprechenden Erlaubnis sind.
7.12 Dürfen wesentliche Teile von Schusswaffen verändert werden?	Ja, aber nur von Personen, die dazu eine entsprechende Erlaubnis besitzen.

7.13 Ein Handwerker schweißt durch Anbau verschiedener Teile einen Gewehrlauf mit Patronenlager zu einem Kerzenständer um. Was ist der „Kerzenständer" waffenrechtlich?	a) Das Waffenrecht ist nun nicht mehr anwendbar. Von diesem Teil geht keine Gefahr aus. b) Diese Gerät darf man trotzdem erst ab 18 Jahren im Handel frei erwerben. **c) Der „Kerzenständer" ist waffenrechtlich als wesentliches Teil immer noch einer Schusswaffe gleichzusetzen.**
7.14 Wann wird eine Schusswaffe im Sinne des WaffG „bearbeitet"?	a) Der Holzschaft eines Gewehres wird verkürzt b) Die gebrochene Schließfeder einer Pistole wird ausgetauscht. **c) Der Lauf eines Revolvers wird von einem befreundeten Schlosser auf 4 Zoll verkürzt.**
7.15 Darf zugelassene pyrotechnische Munition im Aufbau verändert werden?	Nein

9.2.8 Aufbewahren von Schusswaffen und Munition

8.01 Wie müssen Schusswaffen und Munition aufbewahrt werden?	**Gesichert gegen Abhandenkommen oder Inbesitznahme durch Unbefugte**
8.02 Wie sind Schusswaffen im Urlaub aufzubewahren?	a) Versteckt, an einem anderen Ort als üblich b) Nur bei der Erlaubnisbehörde **c) In einem Behältnis der erforderlichen Sicherheitsstufe**
8.03 Wo müssen erlaubnispflichtige Schusswaffen und Munition aufbewahrt werden, damit sie nicht abhanden kommen?	a) Im Kleiderschrank b) In einer verschlossenen Familienwohnung **c) In einem Behältnis der erforderlichen Sicherheitsstufe**
8.04 Wie sind Schusswaffen und Munition während des Aufenthalts auf Schießstätten aufzubewahren?	1. So, dass sie **nicht in den Besitz Unberechtigter** gelangen können, 2. **ungeladen** und **getrennt von der Munition**
8.05 Gegen unbefugten Zugriff ist eine erlaubnispflichtige Pistole zuhause gesichert, wenn sie	a) versteckt im Bücherregal liegt b) im abgeschlossenen Waffenkoffer im Schrank, **c) in einem Behältnis der Sicherheitsstufe B aufbewahrt wird.**
8.06 Gegen unbefugten Zugriff ist eine erlaubnispflichtige Langwaffe gesichert, wenn sie	**a) sich in einem abgeschlossenen Waffenschrank der Sicherheitsstufe A befindet.** b) an der Wand hängt, mit einem Schloss gesichert.
8.07 Wie sind erlaubnispflichtige Schusswaffen gegen unbefugte Wegnahme zu sichern?	a) Einschließen im Keller, in einem stabilen, abgeschlossenen Holzschrank **b) In einem Behältnis der erforderlichen Sicherheitsstufe**
8.08 Was ist bei der dauerhaften Aufbewahrung von Waffen bzw. Munition zu beachten?	Siehe Kapitel Aufbewahrung
8.09 Was ist zu tun, wenn eine zuverlässige Sicherung bei Abwesenheit oder aus sonstigen Gründen nicht möglich ist?	Diese Gegenstände können **ohne besondere Erlaubnis** vorübergehend einem **berechtigten Dritten** (WBK-Inhaber, gewerblich) zur sicheren Verwahrung übergeben werden.
8.10 Sind Sie in Bezug auf die sichere Verwahrung Ihrer Waffen oder Munition zur Auskunft gegenüber der Behörde verpflichtet?	Ja. Wer Waffen oder Munition besitzt, hat der zuständigen Behörde auf Verlangen die zur sicheren Verwahrung getroffenen Maßnahmen nachzuweisen.

8.11 Wozu kann die nicht ordnungsgemäße Aufbewahrung von Waffen oder Munition u.a. führen?	Zum Verlust der waffenrechtlichen **Zuverlässigkeit**
8.12 Ist die gemeinschaftliche Aufbewahrung von Waffen oder Munition durch berechtigte Personen, die in einer häuslichen Gemeinschaft leben, zulässig?	**a) Ja** b) Nein
8.13 Wie sind Waffen und Munition außerhalb der Wohnung, z.B. bei Hotelübernachtung anlässlich eines Wettkampfes, aufzubewahren?	Unter angemessener **Aufsicht** oder durch sonstige erforderliche **Vorkehrungen gegen Abhandenkommen** gesichert.
8.14 Wie sind erlaubnispflichtige Kurzwaffen aufzubewahren?	In einem Sicherheitsbehältnis der Sicherheitsstufe B oder des Widerstandsgrades 0 (bis zu 5/10 KW)
8.15 Welche Mindestanforderungen gelten für die Aufbewahrung von Waffen und Munition?	Siehe Kapitel Aufbewahrung
8.16 Wie dürfen 8 erlaubnispflichtige Kurzwaffen aufbewahrt werden?	**a) In einem Tresor der Sicherheitsstufe B mit mehr als 200 kg Gewicht** **b) In einem Tresor mit Widerstandsgrad 0**
8.17 Welche und wie viele erlaubnispflichtige Schusswaffen dürfen Sie in einem Schrank der Sicherheitsstufe A aufbewahren?	a) 5 Kurzwaffen **b) 10 Langwaffen**

9.2.9 Not- und Seenotsignalmittel

9.01 Was versteht man unter pyrotechnischen Seenotsignalen?	Notsignale, die mit Hilfe explosionsgefährlicher Stoffe ausgelöst werden.
9.02 Was versteht man unter pyrotechnischer Munition?	Munition, die explosionsgefährliche Stoffe oder Stoffgemische enthält und einen Licht-, Schall-, Rauch- oder ähnlichen Effekt erzeugt und keine zweckbestimmte Durchschlagskraft im Ziel entfaltet.
9.03 Was sind explosionsgefährliche Stoffe?	Feste oder flüssige Stoffe und Zubereitungen, die durch eine nicht außergewöhnliche Beanspruchung (thermisch, mechanisch oder andere) zur Explosion gebracht werden können.
9.04 Wann dürfen pyrotechnische Notsignale verwendet werden?	Nur im Notfall, d.h. unter anderem, wenn angezeigt werden soll, dass Gefahr für Leib und Leben besteht und Hilfe erforderlich ist.
9.05 Was darf zur pyrotechn. Notsignalgebung verwendet werden?	Die Signalpistole Kaliber 4 (26,5 mm) und die von der PTB zugelassenen Signalwaffen einschließlich Munition bzw. die von der BAM zugelassenen sonstigen Notsignale.
9.06 Erläutern Sie die Handhabung der Signalpistole im Notfall!	Bei abwärts gerichteter Mündung Waffe öffnen, Patrone einführen, Waffe schließen, Waffe mit nach oben gerichtetem Lauf über Augenhöhe heben, Hahn spannen – schießen.
9.07 Welche Arten von Zündern werden bei Nothandfackeln gewöhnlich verwendet und wie funktionieren sie?	1. Reibkopf-Zündung – funktioniert wie ein Streichholz -, zündet mit einer Verzögerung direkt den Leuchtsatz (nicht mehr im deutschen Handel). 2. Reißzünder – ein Draht im Inneren wird durch einen reibempfindlichen pyrotechnischen Anzündsatz gezogen, der dann den eigentlichen Signalsatz zündet.
9.08 Was ist sicherheitstechnisch bei der Verwendung einer Seenot-Handfackel zu beachten?	1. Gebrauchsanweisung beachten. 2. In jedem Fall die brennende Fackel nach Lee waagerecht so halten, dass versprühter Abbrand keine Verletzungen verursacht oder die Yacht beschädigt.

9.09 Was ist bei der Verwendung von Seenot-Rauchsignalen zu beachten?	Rauchsignale nur am Tage und bei geringen Windstärken verwenden. Die Anzündung erfolgt durch eine Reißschnur, die unter einer abschraubbaren Schutzkappe liegt. Nach der Zündung ist das Rauchsignal zur Leeseite außenbords zu werfen.
9.10 Welche pyrotechnischen Seenot-Signalmittel werden an Bord verwendet?	Signalraketen, Fallschirmraketen, Handfackeln und Rauchsignale
9.11 Wann werden Notsignale verwendet?	Im Notfall, wenn Hilfe erforderlich ist.
9.12 Wann sind Rauchsignale zu verwenden?	Nur am Tag und erst, wenn Hilfe gesichtet wurde.
9.13 Zu welchem Zweck, außer der Signalgebung, kann die „Signalwaffe" im Kaliber 4 (26,5 mm) noch verwendet werden?	Als Abschussgerät für einen Trägerkörper zur Herstellung einer ersten Leinenverbindung
9.14 Welche Farbe ist bei Signalraketen international als Notsignal zu verwenden?	**a) rot** b) weiß c) grün
9.15 Wann dürfen Notsignale verwendet werden?	**a) In Notfällen, wenn unter anderem Leib und Leben von Personen in Gefahr sind und dringend fremde Hilfe benötigt wird.** **b) In Notfällen, wenn bedeutende Sachwerte in Gefahr sind und dringend fremde Hilfe benötigt wird.** c) Nur wenn alle anderen Kommunikationsmittel ausgefallen sind.
9.16 Wie lang ist die Verbrauchsdauer pyrotechnischer Notsignale? Lagerung!	Soweit auf dem einzelnen Gegenstand nichts anderes vermerkt ist, max. 3 Jahre
9.17 Was verkürzt die durch den Hersteller vorgegebene Verbrauchsdauer pyrotechnischer Notsignale oder beeinträchtigt ihre sichere Verwendung?	1. Feuchtigkeit 2. Korrosion 3. Hohe Lagertemperaturen 4. Mechanische Beschädigung
9.18 Was machen Sie mit überlagerten pyrotechnischen Notsignalen?	Über den Munitionshandel zurückgeben oder Delaborierbetrieben übergeben.
9.19 Wie lange dürfen Sie Signalmunition verwenden?	a) Fünf Jahre ab Herstellung im Werk **b) Das Verfallsdatum ist auf der Munition und/oder der Verpackung angebracht.**
9.20 Wie ist Signalmunition zu entsorgen?	**Durch Rückgabe an den Fachhandel**
9.21 Wie sind pyrotechnische Seenotsignale während der Fahrt aufzubewahren?	1. Kühl und trocken 2. Leicht zugänglich in unverschlossenen Behältern
9.22 Wie ist eine Signalpistole an Bord eines Wassersportfahrzeuges im Hafen aufzubewahren?	Es sind geeignete Vorkehrungen zu treffen, die verhindern, dass die Signalpistole abhanden kommt oder Dritte sie unbefugt an sich nehmen.
9.23 Wie ist pyrotechnische Munition während der Liegezeit im Hafen zu lagern?	Möglichst originalverpackt, kühl und trocken in einem Metallbehältnis mit Schwenkriegelschloss.
9.24 Wem kann zum Zweck der sicheren Aufbewahrung an Land die Signalpistole im Kaliber 4 (26,5 mm) übergeben werden?	Nur einem Berechtigten, z.B. mit Waffenbesitzkarte
9.25 Wie ist an Bord eines seegehenden Schiffes im Hafen eine Signalpistole im Kaliber 4 (26,5 mm) aufzubewahren?	In einem mit dem Schiffskörper verankerten sicheren Behältnis aus Stahlblech. Die Tür muss mindestens 4 mm dick und elektronisch oder mechanisch verriegelt sein.
9.26 Wie ist an Land eine Signalpistole im Kaliber 4 (26,5 mm) aufzubewahren?	Mindestens in einem Behältnis, das der Sicherheitsstufe B oder dem Widerstandgrad 0 entspricht.

9.27 Wie ist eine Signalpistole im Kaliber 4 (26,5 mm) aufzubewahren, wenn sich die Yacht im Winterlager befindet?	Eine Aufbewahrung an Bord ist nur mit einer **speziellen behördlichen Erlaubnis** möglich; ein Behältnis, das der Sicherheitsstufe B oder dem Widerstandsgrad 0 entspricht, reicht nicht aus. Für die Aufbewahrung in der eigenen Wohnung ist ein Behältnis erforderlich, das der **Sicherheitsstufe B** oder dem **Widerstandgrad 0** entspricht.
9.28 Wie ist an Land erlaubnispflichtige Munition aufzubewahren?	Mindestens in einem Stahlblechbehältnis (klassifizierungsfrei), das mit einem Schwenkriegelschloss oder einem gleichwertigen Verschluss gesichert ist, oder in einem gleichwertigen Behältnis.
9.29 Warum sollte pyrotechnische Munition möglichst original verpackt gelagert werden?	Diese Verpackungen sind in der Regel wasserdicht und schwimmfähig.
9.30 Wie ist die Signalmunition während der Liegezeit im Hafen an Bord zu lagern?	**a) In einem Metallbehältnis mit Schwenkriegelschloss** b) In einem Holzschrank mit Druckentlastungsöffnungen c) In einer klimadichten, antistatischen Munitionsbox
9.31 Wie ist die Signalmunition während der Fahrt zu lagern?	a) Wie bei einem längeren Aufenthalt im Hafen **b) Zugriffsbereit in der Nähe der Signalwaffe**
9.32 Wozu berechtigt eine Waffenbesitzkarte?	Mit entsprechendem Voreintrag zum Erwerb sowie zum Besitz einer Signalpistole und zum Erwerb der dazugehörigen Munition bei entsprechendem Eintrag
9.33 Worin liegt der wesentliche Unterschied zwischen Waffenschein und Waffenbesitzkarte?	Ein Waffenschein berechtigt nicht zum Erwerb, sondern zum zugriffsbereiten Führen der Schusswaffe in der Öffentlichkeit.
9.34 Wo ist eine Waffenbesitzkarte zu beantragen?	Bei der zuständigen Behörde des Wohnortes (nicht des Liegeplatzes)
9.35 Welche Signalwaffen darf der Inhaber eines Kleinen Waffenscheins führen?	a) Alle b) Nur amtlich beschossene Signalwaffen im Kal. 12 **b) Nur Signalwaffen mit dem Zulassungszeichen „PTB im Kreis"**
9.36 Worüber sollten Sie sich sofort nach dem Erwerb pyrotechnischer Seenotsignale informieren?	Gebrauchsanweisung sorgfältig bis zum Ende lesen – nicht erst im Notfall.
9.37 Was haben Sie nach dem Erwerb einer erlaubnispflichtigen Signalwaffe zu tun?	Innerhalb von 2 Wochen nach dem Erwerb der zuständigen Behörde den Erwerb schriftlich anzeigen und die WBK zur Eintragung des Erwerbs vorlegen.
9.38 Welche Signalwaffen können frei erworben und an Bord mitgeführt werden?	Signalwaffen mit dem Zulassungszeichen „PTB im Kreis" (SRS-Waffen)
9.39 Welche Voraussetzungen müssen gegeben sein, um eine Waffenbesitzkarte für eine Signalpistole Kaliber 4 (26,5 mm) erwerben zu können?	Der Bewerber muss 1. das 18. Lebensjahr vollendet haben **und** 2. zuverlässig, persönlich geeignet und sachkundig sein, und ein amts- oder fachärztliches oder fachpsychologisches Zeugnis vorlegen, sofern er das 25. Lebensjahr noch nicht vollendet hat, **und** 3. es muss ein Bedürfnis vorliegen.
9.40 Wie kann ein Wassersportler nachweisen, dass ein Bedürfnis für den Erwerb einer Signalpistole vorliegt?	Durch Angabe des Verwendungszwecks und Vorlage von Unterlagen, aus denen der Besitz eines seegängigen Wasserfahrzeugs (Kaufvertrag, Chartervertrag, Versicherungspolice, Standerschein, Internationaler Bootsschein usw.) oder die Notwendigkeit für Lehr- und Prüfungszwecke hervorgeht.

9.41 Welche amtlichen Dokumente berechtigen zum Erwerb von erlaubnispflichtiger pyrotechnischer Munition?	Die Waffenbesitzkarte mit entsprechender Munitionserwerbsberechtigung oder ein entsprechender Munitionserwerbsschein
9.42 Welche pyrotechnischen Seenotsignale können erlaubnisfrei erworben, aufbewahrt und verwendet werden?	Die der Unterklasse T_1, d.h. „Handfackeln rot" und bestimmte Rauchsignale, Abschussgeräte ohne Schusswaffeneigenschaft von jedem, der das 18. Lebensjahr vollendet hat.
9.43 Welche erlaubnispflichtigen pyrotechnischen Seenotsignale dürfen Wassersportler mit einem im Führerschein eingedruckten Befreiungsvermerk bzw. Sachkundenachweis erwerben?	Die der Unterklasse T_2, d.h. „Signalraketen rot", „Fallschirmsignalraketen rot" und bestimmte Rauchsignale
9.44 Bis zu welchem Alter ist vom Antragsteller auf erstmalige Erteilung einer waffenrechtlichen Genehmigung zum Erwerb einer Signalpistole Kaliber 4 (26,5 mm) stets ein amts- oder fachärztliches oder fachpsychologisches Zeugnis beizubringen?	Bis zur Vollendung des 25. Lebensjahres
9.45 Darf eine Signalpistole im Kaliber 4 (26,5 mm) in einem anderen Land (Staat) erworben werden?	Ja, unter Berücksichtigung des jeweiligen nationalen Waffenrechts. Vor Erreichen des deutschen Hoheitsgebietes muss eine Verbringungserlaubnis erteilt worden sein.
9.46 Wie können pyrotechnische Seenotsignale erworben werden?	Durch Kauf oder Überlassung unter Vorlage der jeweiligen Erwerbsberechtigung
9.47 Welche Signalmitteln sind für jedermann frei erhältlich?	**a) Knicklichter / Leuchtstäbe** **b) Signalpfeifen** **c) Pressluftfanfaren**
9.48 Darf mit einem Bootsführerschein mit eingetragenem Befreiungsvermerk nach dem Waffen- und Sprengstoffgesetz Seenotsignalmunition im Kaliber 4 erworben werden?	**a) Nein, hierfür ist eine WBK mit eingetragener Munitionserwerbsberechtigung erforderlich.** b) Nein, hierfür ist eine WBK mit einer eingetragenen Signalwaffe im Kaliber 4 erforderlich. c) Ja, die WBK wird nur für den Waffenerwerb benötigt und dient als Legitimation für den Waffenbesitz.
9.49 Nennen Sie sechs pyrotechnische Notsignale!	1. Signalraketen, rot, 2. Fallschirmsignalraketen, rot, 3. Handfackeln, rot, 4. Rauchsignale, orange, 5. Lichtrauchsignale, 6. Blitz-Knall-Patronen
9.50 Welche Farben haben pyrotechnische Notsignale?	Leuchtsignale rot Rauchsignale orange
9.51 Was ist bei allen steigenden Seenotsignalen unbedingt zu beachten?	1. Auf freies Schussfeld achten (z.B. Mast und Segel), 2. Signalgerät senkrecht (ggf. in den Wind geneigt) nach oben halten, 3. beim Handhaben und Abfeuern nicht auf Personen richten und selbst nicht mit Körperteilen oder Kleidung vor die Mündung kommen, 4. nicht an Versagern hantieren, sondern diese über Bord werfen.
9.52 Was ist bei steigenden Notsignalen zu beachten?	**a) Freies Schussfeld** **b) Windrichtung und Abschusswinkel** **c) Keine entflammbaren Gegenstände im Gefahrenbereich**
9.53 Worin liegt die besondere Gefährlichkeit pyrotechnischer Signalsätze?	Es besteht Explosions-, Feuer- und Verletzungsgefahr. Sie brennen auch im Wasser weiter.
9.54 Welche Vorteile haben Signalraketen bzw. Signalpatronen, die mit Fallschirmen ausgerüstet sind, gegenüber Signalsternen?	Auf Grund geringerer Sinkgeschwindigkeit (5 m/s) ist eine längere Brenndauer möglich; dadurch haben sie einen höheren Aufmerksamkeitswert.

9.55 Woraufhin sind pyrotechnische Seenotsignale ständig zu überwachen, damit die Funktionsfähigkeit gewährleistet ist?	1. Verbrauchsdauer/Verfallsdatum beachten, 2. auf Korrosion oder Beschädigung achten.
9.56 Mit welchen Zeichen ist Notsignalmunition im Kaliber 4 gekennzeichnet?	1. Bezeichnung der Munition und der Verbrauchsdauer 2. Bei „Notsignalen rot“ durchgehende Rändelung des Patronenbodenrandes und roter Lackverschlussdeckel
9.57 Welche Steighöhe und Leuchtdauer haben Fallschirmsignalpatronen?	Steighöhe mindestens 300 m, Leuchtdauer mindestens 30 Sekunden
9.58 Woran erkennen Sie an einem pyrotechnischen Notsignal, um welche Unterklasse es sich handelt?	Am Zulassungszeichen: BAM-PT$_1$ oder BAM-PT$_2$
9.59 Wer darf pyrotechnische Notsignale der Klasse T verwenden?	Jeder, der damit anzeigen will, dass ein Seenotfall vorliegt, d.h. unter anderem, dass Gefahr für Leib oder Leben der Besatzung und daher die Notwendigkeit zur Hilfe besteht.
9.60 Wie lang ist die Brenndauer einer Seenot-Handfackel?	Ihre Brenndauer beträgt 30 bis 60 Sekunden
9.61 Beschreiben Sie den allgemeinen Aufbau eines Seenot-Rauchsignals!	In einem Behälter befindet sich ein Anzünder (meist Reißzünder) mit Verzögerung, der einen pyrotechnischen Satz anzündet, der dann bis zu 4 Minuten lang orangefarbenen Rauch abgibt.
9.62/9.70 Was wissen Sie über Steighöhe und Brenndauer von Signalraketen?	Steighöhe bis 300 m, Brenndauer bis zu 30 Sekunden
9.63 Fallschirmsignalraketen und Handfackeln sind bei klarem Wetter unterschiedlich weit zu sehen. Welche Signale verwenden Sie den Umständen entsprechend?	Fallschirmsignalraketen, um weit entfernte Helfer auf eine Notlage aufmerksam zu machen und grob in die Richtung einzuweisen. Handfackeln, um die genaue Position bei Annäherung kenntlich zu machen.
9.64 Wie sind 1. weiße und 2. grüne Signalpatronen im Kaliber 4 (26,5 mm) gekennzeichnet?	1. Weißer Lackverschluss und halbgerändelter Patronenbodenrand 2. Grüner Lackverschluss und glatter Patronenbodenrand
9.65 Wie ist eine Blitz-Knallpatrone (akustisches Signal) im Kaliber 4 (26,5 mm) gekennzeichnet?	Glatter Patronenbodenrand und brauner Lackverschluss
9.66 Welche Angaben finden sich auf allen pyrotechnischen Signalpatronen im Kaliber 4 (26,5 mm)?	1. Hersteller bzw. Herstellerzeichen 2. Bezeichnung der Munition 3. Herstellungsjahr und Verbrauchsdauer 4. Art des pyrotechnischen Satzes
9.67 Welche Hinweise finden sich auf den pyrotechnischen Seenotsignalen?	Anweisungen über die Handhabung
9.68 Was bedeutet die Zahl „4“ bei der Kaliberangabe der Signalpistole?	**Die Zahl „4“ bezeichnet die Anzahl der Bleikugeln vom Laufdurchmesser, die zusammen ein englisches Pfund (453,6 Gramm) wiegen. Das entspricht einem Laufinnendurchmesser von ca. 26,5 mm.**
9.69 Wann muss eine Signalpistole durch ein Beschussamt erneut geprüft werden?	a) alle 3 Jahre b) alle 10 Jahre **c) wenn wesentliche Teile ausgetauscht oder instand gesetzt wurden**
9.71 Dürfen Sie den Lauf einer Signalpistole mittels eines Stahlrohrs zur Leistungssteigerung verlängern?	**a) Nein** b) Ja
9.72 Brennen pyrotechnische Geschosse weiter, wenn sie ins Wasser fallen?	a) Nein **b) Ja**

9.73/9.74 Darf man pyrotechnische Gegenstände selbst herstellen/bearbeiten?	Nein, nur Inhaber einer entsprechenden Erlaubnis nach dem Sprengstoffgesetz
9.75 Welche Gegenstände unterliegen dem Waffengesetz?	Die Signalpistole und die hierfür bestimmte Munition. Abschussgeräte und Munition ab 18 Jahren.
9.76 Welche pyrotechnischen Seenotsignale unterliegen dem Sprengstoffgesetz (SprengG)?	Alle pyrotechnischen Seenotsignale, die nicht aus einer Signalpistole abgefeuert werden, wie Signalraketen, Handsignalraketen mit Fallschirm, Handfackeln und Rauchsignale.
9.77 Welche pyrotechnische Munition unterliegt dem Waffengesetz?	Alle pyrotechnische Munition der Zulassungsklassen BAM PM I und BAM PM II
9.78 Was regelt das SprengG?	Den Umgang mit explosionsgefährlichen Stoffen
9.79 Welche Bestimmung regelt den Einsatz von Notsignalen auf See?	Kollisionsverhütungsregeln (KVR; Regel 37)
9.80 Welche Vorschrift regelt die Pflicht zur Hilfeleistung in Seenotfällen?	Verordnung über die Sicherheit der Seefahrt
9.81 Welche nautische Broschüre beschreibt die seemännische Sorgfaltspflicht für Wassersportler, auch für den Seenotfall? Wer gibt sie heraus?	Die Broschüre „Sicherheit im See- und Küstenbereich, herausgegeben vom Bundesamt für Seeschifffahrt und Hydrographie (BSH)
9.82 Welches Handbuch für die Sport- und Kleinschifffahrt enthält Anleitungen zur Bewältigung von Notlagen auf See? Wer gibt sie heraus?	Das Handbuch „Suche und Rettung“, herausgegeben vom Bundesamt für Seeschifffahrt und Hydrographie (BSH)
9.83 Welche pyrotechnischen Signalmittel unterliegen dem Waffengesetz?	a) Alle Leuchtraketen mit eigenem Treibsatz **b) Alle Signalpistolen und Abschussvorrichtungen sowie die für diese bestimmte Munition**
9.84 Welche pyrotechnischen Signalmittel unterliegen dem Sprengstoffgesetz?	**a) Handfackeln und Rauchkörper** **b) Handsignalraketen mit Fallschirm**
9.85/9.86 Wie verhalten Sie sich bei einem Munitionsversager in der Signalpistole (wenn die Patrone nach Abzugsbetätigung nicht gezündet hat)?	Waffe in Schussrichtung belassen, über Kopf erneut spannen und nochmals abdrücken; bei erneutem Versagen die Waffe mit nach oben gerichtetem Lauf frühestens nach 1 Minute nach außenbords öffnen und den Versager herausgleiten lassen.
9.87 Was macht man mit Munition, die beim versuchten Verschießen aus der Signalwaffe nicht gezündet hat (Versager)?	a) Wieder in die Originalverpackung legen b) An einer freien Stelle über Deck lagern **c) Über Bord werfen**
9.88 Dürfen Sie Seenotsignalmittel in öffentlichen Verkehrsmitteln befördern?	Nein
9.89 Wie müssen Sie Ihre Signalpistole von der Wohnung zur Yacht transportieren, wenn Sie keinen Waffenschein besitzen?	Nicht schuss- und nicht zugriffsbereit
9.90 Wie ist eine Signalpistole an Land zu transportieren?	a) entladen, entspannt, gesichert b) entladen, entspannt, von der Munition getrennt **c) entladen, verpackt, von der Munition getrennt**
9.91 Wem dürfen Seenotsignale dauerhaft überlassen werden?	Nur berechtigten Personen im Sinne des Waffen- oder Sprengstoffrechts
9.92 Wem dürfen Sie ohne Erlaubnis die Signalpistole im Kaliber 4 (26.5 mm) nebst Munition vorübergehend überlassen?	a) Volljährigen Personen b) Polizeibeamten **c) Charterern von seegehenden Wasserfahrzeugen, sofern der Besitz über die Waffe nach meinen Weisungen erfolgt**
9.93 Welche Dokumente sind beim Führen einer Signalpistole mitzuführen?	Personalausweis oder Pass, Waffenbesitzkarte und, falls erforderlich, Waffenschein

9.94 Welche Dokumente sind bei Besitz einer Signalpistole im Kaliber 4 (26,5 mm) in deutschen und europäischen Gewässern sowie in den Gewässern anderer Länder an Bord mitzuführen?	1. Personalausweis oder Pass 2. Waffenbesitzkarte 3. im europäischen Ausland: Europäischer Feuerwaffenpass, ggf. Einfuhrgenehmigung 4. andere Länder: ggf. Einfuhrgenehmigung
9.95 Darf an Silvester mit Signalmunition Kaliber 4 (26,5 mm) geschossen werden?	a) Ja, wer einen Kleinen Waffenschein besitzt **c) Nein, dieses Schießen bedarf einer besonderen waffenrechtlichen Erlaubnis.**
9.96 Wer darf während des Törns die Signalwaffe am Körper tragen (führen)?	a) Jedes Besatzungsmitglied b) Alle Inhaber einer Waffensachkundeprüfung **c) Der verantwortliche Führer des Wasserfahrzeugs**
9.97 Wer darf in Seenotfällen mit einer Signalwaffe schießen?	**a) Jeder** b) Nur Inhaber einer Waffensachkundeprüfung c) Nur der verantwortliche Führer des Wasserfahrzeugs
9.98 Was müssen Sie tun, wenn Ihnen Signalmittel oder Waffen abhanden kommen?	Den Verlust der zuständigen Behörde unverzüglich anzeigen.
9.99 Für welche Signalwaffe benötigen Sie eine Erlaubnis der zuständigen Behörde?	**- Für Signalpistolen im Kaliber 4 (26,5 mm)** **- Für Signalwaffen (SRS-Waffen), die kein Bauartzulassungszeichen „PTB im Kreis“ tragen**
9.100 Wie weist ein Wassersportler die Sachkunde nach dem Waffen- u. Sprengstoffgesetz nach?	Durch einen Sachkundenachweis einer dafür bestimmten Stelle
9.101 Wodurch verliert ein Yachteigner das Bedürfnis zum Besitz einer Signalpistole im Kaliber 4?	Wenn das Eigentum an einer seegehenden Yacht nicht mehr nachgewiesen werden kann.
9.102 Welche Ausnahme von den waffenrechtlichen Erlaubnispflichten betrifft den Charterer einer seegehenden Yacht?	Der Charterer darf ohne waffenrechtliche Erlaubnis die tatsächliche Gewalt über eine an Bord befindliche Signalpistole im Kaliber 4 (26,5 mm) und die dazugehörige Munition ausüben.
9.103 Welche pyrotechnischen Handsignale für den Seenotfall sind erlaubnispflichtig?	Handsignale der Unterklasse T_2 („Signalraketen rot“, „Fallschirmsignalraketen rot“ und „Rauchsignale orange“)
9.104 Welche Behörde prüft pyrotechnische Seenotsignale und lässt sie zu?	Die Bundesanstalt für Materialforschung und -prüfung (BAM)

9.2.10 Sonstige Pflichten des Waffen- und Munitionsbesitzers

10.01 Wer ist bei Abhandenkommen der WBK zu benachrichtigen?	**a) Erlaubnisbehörde** b) Bundeszentralregister
10.02/05 Was ist zu tun, wenn erlaubnispflichtige Waffen oder Munition abhanden kommen?	**a) Unverzüglich den Verlust der zuständigen Behörde melden** b) Innerhalb eines Monats melden
10.03 Bei Abhandenkommen einer Schusswaffe aus Privatbesitz muss benachrichtigt werden ...	a) ... der Schützenmeister **b) ... die zuständige Behörde.**
10.04 Was ist zu tun, wenn Erlaubnisurkunden abhanden kommen?	Das Abhandenkommen ist unverzüglich der zuständigen Behörde anzuzeigen.
10.06 Was ist nach Verlust einer erlaubnispflichtigen Schusswaffe oder WBK zu veranlassen?	Der Verlust ist unverzüglich der zuständigen Behörde mitzuteilen.
10.07/8/9 Sind Sie in Bezug auf Ihre Waffen zur Auskunft gegenüber der zuständigen Behörde verpflichtet?	**a) Ja** b) Nein, nur dem Gericht

10.10 Welche Anmeldefrist ist nach dem Erwerb einer erlaubnispflichtigen Schusswaffe zu beachten?	**a) Zwei Wochen** b) Vier Wochen
10.11 Sie erwerben eine Schusswaffe mit vorheriger Erlaubnis der zuständigen Behörde beim Waffenhändler. Was ist nun zu beachten?	Waffenerwerb innerhalb von 2 Wochen schriftlich unter Vorlage der WBK bei der Behörde anzeigen.
10.12 Kann die zuständige Behörde die Vorlage von erlaubnispflichtigen Schusswaffen, Munition und Erlaubnisscheinen zur Prüfung verlangen?	a) Nein, solange WBK und Munitionserwerbschein gültig sind. **b) Ja, aus begründetem Anlass**
10.13/14 Kann die zuständige Behörde die Vorlage von erlaubnispflichtigen Schusswaffen, Munition oder Erlaubnisurkunden verlangen?	a) Nein, nur Waffen/Munition b) Nein, nur Erlaubnisurkunden **c) Ja, aus begründetem Anlass**

9.2.11 Notwehr und Notstand

11.01/02/03 Was ist Notwehr?	Siehe Kapitel Notwehr und Notstand: Definition
11.04 Gegen wen findet im Falle der Notwehr die Verteidigungshandlung statt?	**a) Angreifer** b) Angegriffener
11.05 In Notwehr darf man handeln bei einem Angriff ...	a) ... nur auf Leib und Leben. **b) ... auf jedes Individual-Rechtsgut.**
11.06 Welches sind Voraussetzungen der Notwehr?	**a) Verteidigungslage** **b) Verteidigungswille** **c) Erforderlichkeit**
11.07 Ist eine Notwehrhandlung strafbar?	**Nein**
11.08 Notwehr mit einer Schusswaffe ist <u>nicht</u> gerechtfertigt ...	**a) ... bei Beleidigung.** b) ... bei lebensgefährlichem tätlichem Angriff auf den Ehepartner.
11.09 Schusswaffengebrauch in Notwehr kann als letztes Mittel zulässig sein,	a) wenn dem Angriff ausgewichen werden kann. **b) wenn der Angriff mit einem Messer erfolgt.** c) wenn der Angreifer mit der Faust droht.
11.10 Ist ein Schusswaffengebrauch in Notwehr zulässig, wenn der Angegriffene dem Angriff ausweichen kann?	a) Nein, niemals **b) Ist ein Ausweichen ohne Preisgabe wesentlicher Interessen möglich, ist der Schusswaffengebrauch nicht zulässig.**
11.11 Soll im Notwehrfall vor dem Gebrauch der Schusswaffe gewarnt werden?	a) Ja, das ist Voraussetzung für einen rechtmäßigen Schusswaffengebrauch. **b) Ja, soweit es die Umstände erlauben.**
11.12 Muss der Schusswaffengebrauch in den Notwehrfällen unterbleiben, in denen der Angegriffene den Angriff mit milderen Mitteln abwehren kann?	**Ja**
11.13 Ist der Schusswaffengebrauch in Notwehr zulässig, wenn der Angegriffene dem Angriff ausweichen kann?	Ist ein Ausweichen ohne Preisgabe wesentlicher eigener Interessen möglich, ist der Schusswaffengebrauch unzulässig.
11.14 Darf in Notwehr stets von der Schusswaffe Gebrauch gemacht werden?	**Nein**
11.15 Sollte im Notwehrfall der Angreifer vor dem Gebrauch der Schusswaffe gewarnt werden?	a) Nein **b) Wenn möglich durch Zuruf und/oder Warnschuss** c) Das Zeigen der Waffe reicht aus.
11.16 Soll im Notwehrfall der Angreifer vor dem Gebrauch der Schusswaffe gewarnt werden?	**Ja, soweit es die Umstände erlauben.** (Vor dem Schusswaffengebrauch sollte durch Zuruf, Warnschuss oder auf andere Weise gewarnt werden.)

11.17 Kann in Notwehrfällen, in denen von der Schusswaffe Gebrauch gemacht werden darf, die Abgabe eines möglicherweise tödlich wirkenden Schusses zulässig sein?	Die Tötung eines Angreifers kann in bestimmten Fällen gerechtfertigt sein. Sie muss aber, wann immer möglich, vermieden werden.
11.18 Dürfen Sie in jeder Notwehrsituation von der Schusswaffe Gebrauch machen?	a) Ja, immer **b) Nein, allenfalls bei einem Angriff auf Leben, Leib oder erhebliche Rechtsgüter des Einzelnen.**
11.19/20 Wie lange besteht die Notwehrsituation fort?	Solange der Angriff andauert.
11.21/22 Wie lange besteht eine Notwehrsituation fort?	a) Bis der Gegner bewusstlos, kampfunfähig bzw. geflüchtet ist. **b) Solange der Angriff andauert.** **c) Bis ich gefahrlos dem Angriff ausweichen kann, wenn ich dadurch keine wesentlichen Rechtsgüter aufgeben muss.**
11.23/24 Was versteht man unter „Putativnotwehr"?	a) Überschreitung der Notwehr **b) Irrtümliche Annahme einer Notwehrsituation**
11.25 Worauf müssen Sie bei Notwehr vorrangig achten?	a) Dass ich mich mit allen Mitteln verteidige. **b) Dass ich mich angemessen verteidige.**
11.26 Was bedeutet Notwehrüberschreitung?	Notwehrüberschreitung oder Notwehrexzess liegt vor, wenn der Verteidiger bei der Abwehr das erforderliche Maß überschreitet.
11.27 Erklären Sie den Begriff „Notwehrexzess" und seine strafrechtliche Bedeutung!	Beim Notwehrexzess wird das zulässige Maß der Abwehr überschritten. Das Handeln wird nur dann entschuldigt, wenn in Verwirrung, Furcht oder Schrecken über die Grenzen der Notwehr hinausgegangen worden ist.
11.28 Was ist Notstand?	Bei einem Notstand besteht eine **gegenwärtige Gefahr für ein Rechtsgut**, die nur durch **Verletzung eines anderen Rechtsgutes** abgewendet werden kann, wobei eine **Abwägung der widerstreitenden Interessen** stattfinden muss, in deren Ergebnis das als **minderwertiger erkannte Rechtsgut geopfert** wird.
11.29 Was bedeutet rechtfertigender Notstand?	In rechtfertigendem Notstand handelt, wer in einer **gegenwärtigen**, nicht anders abwendbaren Gefahr für **Leben, Leib, Freiheit, Ehre, Eigentum** oder ein **anderes Rechtsgut** eine Tat begeht, um die Gefahr von **sich** oder **einem Anderen** abzuwenden, wenn bei **Abwägung** der widerstreitenden Interessen das geschützte Interesse das beeinträchtigte **wesentlich überwiegt**.
11.30 Was bedeutet entschuldigender Notstand?	Wer in einer **gegenwärtigen**, nicht anders abwendbaren Gefahr für **Leben, Leib** oder **Freiheit** eine **rechtswidrige** Tat begeht, um die Gefahr von **sich, einem Angehörigen** oder einer anderen **ihm nahestehenden** Person **abzuwenden**.
11.31 Welche Situation beurteilen Sie als Notstand?	a) Sie finden eine geladene Jagdwaffe im Wald. **b) Sie werden durch ein herrenloses Tier angegriffen.** c) Sie werden durch eine Person angegriffen.
11.32 Nennen Sie vier wesentliche Voraussetzungen für den rechtfertigenden Notstand!	1. Gegenwärtige Gefahr liegt vor. 2. Rechtsgüter sind bedroht (Leben, Leib, Freiheit, Ehre, Eigentum). 3. Das zu schützende Rechtsgut ist wesentlich höherwertiger als das beeinträchtigte. 4. Die Abwehrhandlung muss angemessen sein.
11.33 Welches sind die Voraussetzungen des rechtfertigenden Notstandes?	**a) Gegenwärtige, nicht mit geringerem Eingriff abwehrbare Gefahr für ein Rechtsgut; wesentliches Überwiegen des geschützten Interesses** b) Gegenwärtiger, rechtswidriger Angriff

11.34 Was versteht man unter Nothilfe?	Die **Abwehr eines Angriffes gegen einen Anderen**; sie ist ein Unterfall der Notwehr; die Voraussetzungen sind gleich.
11.35 Nothilfe ist diejenige Verteidigung, die erforderlich ist, um einen gegenwärtigen, rechtswidrigen Angriff ...	a) ... von sich selbst abzuwenden. **b) ... von einem anderen abzuwenden.** **c) ... von Verwandten abzuwenden.**
11.36 In welchem Fall handelt es sich um Nothilfe?	a) Ich leiste bei einem Schwerverletzten Erste Hilfe. **b) Ich wehre den Angriff eines Mannes ab, der eine Frau erkennbar unsittlich belästigt.** c) Ich verteidige mich angemessen.
11.37 Nothilfe liegt vor ...	a) ... bei Hilfeleistung am Unfallort. **b) ... wenn ein rechtswidriger Angriff auf einen anderen abgewehrt wird.** c) ... bei finanzieller Hilfe für Verwandte in Geldnot
11.38/39 Was ist ein gegenwärtiger Angriff?	Jede **unmittelbar bevorstehende**, **gerade stattfindende** oder **fortdauernde** Verletzung eines Rechtsgutes.
11.40 Welche Verteidigungshandlung ist erforderlich, um einen Angriff abzuwenden?	Die **Erforderlichkeit** bestimmt sich nach **Stärke** und **Gefährlichkeit** des Angriffs; grundsätzlich ist das **leichteste/mildeste Mittel** zur **Abwehr** zu wählen, das **erfolgversprechend ist**.
11.41/42 Wann ist ein Angriff gegenwärtig?	**Wenn er unmittelbar bevorsteht, solange er andauert und noch nicht beendet ist.**
11.43 Ein „gegenwärtiger, rechtswidriger Angriff" ist ...	**... jede begonnene oder unmittelbar bevorstehende Verletzung eines Individual-Rechtsgutes**
11.44 Wann ist die Gefahr gegenwärtig?	**a) Es kann jeden Augenblick ein Schaden eintreten.** b) Es wird vielleicht ein Schaden eintreten.
11.45 Was bedeutet „gegenwärtig" und was „rechtswidrig"?	Gegenwärtig: Der Angriff muss unmittelbar bevorstehen, gerade stattfinden oder andauern. Rechtswidrig: Ein Angriff ist rechtswidrig, wenn er gegen eine Rechtsnorm verstößt und ein Rechtfertigungsgrund nicht gegeben ist.
11.46 Unter welchen Voraussetzungen ist ein Angriff rechtswidrig?	Wenn der Angreifer zu seinem Handeln n cht befugt ist.
11.47 Wer kann rechtswidriger Angreifer sein?	Nur ein Mensch. (Ein Tier kann nicht rechtswidrig handeln, auch wenn es als Werkzeug eingesetzt wird.)
11.48 Was ist Ihre Pflicht nach einem abgewehrten Angriff?	a) Ich habe keinerlei Pflichten. b) Ich bin zum Schadenersatz verpflichtet. **c) Wenn die Notwendigkeit erkennbar und die Situation zumutbar ist, habe ich Hilfe zu leisten.**
11.49 Regelungen über Notwehr und Notstand findet man .	a) im Grundgesetz **b) im Strafgesetzbuch, Bürgerlichen Gesetzbuch**
11.50 Was sind u.a. Rechtfertigungsgründe nach dem Strfagesetzbuch?	**a) Notwehr** **b) Nothilfe** **c) Notstand**
11.51 Welches ist das höchste Rechtsgut?	a) Freiheit b) Eigentum **c) Leib / Leben**
11.52 In welcher Situation darf von der Schusswaffe Gebrauch gemacht werden?	**a) Bei brutaler Entführung einer Person** b) Wenn ein Gehbehinderter mit se nem Stock droht. **c) Bei Angriff eines Kampfhundes**
11.53 Bei der Abwehr eines nicht auf Kommando angreifenden Kampfhundes handeln Sie ...	a) ... in Notwehr b) ... in Nothilfe **c) ... in Notstand**

11.54 Dürfen Sie auch bei der Gefahr des Verlustes geringwertiger Gegenstände von der Schusswaffe Gebrauch machen?	**Nein**
11.55 Nennen Sie drei Bespiele für Rechtsgüter!	1. Leben, 2. Leib, 3. Freiheit, 4. Eigentum, 5. Ehre
11.56 Zwei Personen schlagen auf einen Unterlegenen ein, um ihn auszurauben. Sie greifen zugunsten des Angegriffenen ein. Welchen Rechtfertigungsgrund haben Sie?	a) Notwehrexzess b) Nötigung **c) Notwehr bzw. Nothilfe** d) Putativnotwehr
11.57 Sie beobachten, wie jemand mit einer Schusswaffe bedroht wird und greifen mit Ihrer Schusswaffe ein; dabei wird der Angreifer verletzt. Hinterher stellt sich heraus, dass kein rechtswidriger Angriff vorlag, weil es Filmaufnahmen waren. Sie handelten in ...	**a) Putativnotwehr** b) Notstand c) Notwehrexzess
11.59 Eine Person bricht Ihren PKW auf. Sie sehen das vom Fenster Ihres Hauses aus und schießen. Die Person wird dabei verletzt. Wie ist die Situation zu beurteilen?	a) Der Einsatz der Schusswaffe war berechtigt **b) Die Notwehr wurde überschritten.** **c) Das war Notwehrexzess.**

9.2.12 Waffenkundliche Begriffe

12.01 Bei einem Teilmantelgeschoss ...	**a) liegt in der Regel an der Spitze der Bleikern frei.** b) ist das Geschoss immer verkupfert
12.02 Welche Läufe weisen Züge und Felder auf?	a) Glatte Läufe **b) Gezogene Läufe**
12.03 Das Feldkaliber ist im Vergleich zum Zugkaliber ...	a) größer **b) kleiner**
12.04 Was versteht man unter Kaliber?	Das Kaliber weist auf den Durchmesser des Geschosses bzw. Innendurchmesser des Laufes hin. In Waffen mit gezogenen Läufen unterscheidet man: Feldkaliber = Laufdurchmesser gegenüberliegender Felder Zugkaliber = Laufdurchmesser gegenüberliegender Züge Geschosskaliber = Geschossdurchmesser
12.05 Was versteht man unter Kaliber?	a) Durchmesser der Hülse **b) Innendurchmesser des Laufes**
12.06 Was besagt der Begriff Gefahrenbereich?	Es handelt sich hierbei um die Höchstreichweite von aus Schusswaffen abgefeuerten Geschossen.
12.07 Was versteht man unter Gefahrenbereich?	**a) Die Höchstreichweite von aus Schusswaffen abgefeuerten Geschossen** **b) Der Bereich, in dem Menschen oder Sachen gefährdet werden können.**
12.08 Darf mit einem Gewehr (.308 WIN) mit Einstecklauf (.22 l.r.) auf einem 50 m KK-Stand geschossen werden?	a) Nein **b) Ja, wenn der Einstecklauf bauartzugelassen ist.**
12.09 Welches Teil einer erlaubnispflichtigen Schusswaffe darf jeder erwerben?	a) einen Austauschlauf b) ein Wechselsystem **c) ein Abzugssystem**
12.10 Für welchen Teil einer erlaubnispflichtigen Schusswaffe bedarf es <u>keiner</u> Erwerbsberechtigung?	a) Lauf b) Verschluss **c) Abzugseinrichtung**

12.11 Welchen Zweck haben die Sicherungen an den Schusswaffen?	Sicherungen sollen dazu dienen, eine unbeabsichtigte Schussauslösung zu verhindern.
12.12 Müssen Pistolen manuelle Sicherungen haben?	a) Auf jeden Fall **b) Nein**
12.13 Wirken die Sicherungen an den Schusswaffen absolut sicher?	**Nein**
12.14 Wozu dient der Verschluss?	a) Er soll die Waffe gegen Wegnahme sichern. **b) Er soll das Patronenlager nach hinten abschließen.**
12.15 Welchen Zweck hat der Verschluss einer Waffe?	Er soll das Patronenlager nach hinten abschließen und der Patronenhülse als Gegenlager dienen.
12.16 Was ist ein Einstecklauf? Welchen Zweck hat er?	Ein Einstecklauf ist ein Lauf ohne eigenen Verschluss, der in einen Waffenlauf größeren Kalibers eingesteckt werden kann, um Munition mit einem kleineren Kaliber zu verschießen.
12.17 Was sind Einsätze und welchen Zweck haben sie?	Einsätze sind Teile, die den Innenmaßen des Patronenlagers der Schusswaffe angepasst und zum Verschießen von Munition kleinerer Abmessungen bestimmt sind.

9.2.13 Handhabung der Schusswaffen

13.01 Eine halbautomatische Pistole entlade ich, indem ich...	a) ... den Verschluss öffne und das Magazin leere **b) ... das Magazin entnehme, den Verschluss öffne und das Patronenlager entleere.**
13.02/03 Wie ist eine halbautomatische Pistole/Waffe zu entladen?	**Erst das Magazin entnehmen, Verschluss öffnen, dann das Patronenlager überprüfen; wenn leer, die Waffe soweit möglich mit offenem Verschluss ablegen.**
13.04 Was ist beim Entladen eines Revolvers zu beachten?	**Alle** Patronenlager der Trommel müssen entleert werden. Hahn – sofern möglich – in der Laderast.
13.05 Wie ist ein Revolver .357 Mag. zu entladen?	**1. Trommel ausschwenken bzw. Ladeklappe öffnen** **2. Alle Kammern entleeren**
13.06/07 Was ist hinsichtlich der Schussbereitschaft mehrläufiger Waffen zu beachten?	**a) Eine weitere Schussbereitschaft nach Abgabe eines Schusses ist möglich.** b) Ein erneutes Entsichern ist erforderlich.
13.08 Was ist hinsichtlich der Schussbereitschaft beim Schießen mit halbautomatischen Waffen besonders zu beachten?	Nach dem Auswerfen der Hülse wird eine neue Patrone in das Patronenlager eingeführt und die Schusswaffe ist somit wieder geladen (schussbereit) und noch entsichert.
13.09 Was ist hinsichtlich der Schussbereitschaft beim Schießen mit Revolvern besonders zu beachten?	Beim Spannen des Hahnes von Hand (Single-Action) oder beim Durchziehen des Abzuges (Double-Action) wird jeweils ein Patronenlager mit einer neuen Patrone in Schussposition gebracht.
13.10 Dürfen aus Schusswaffen mit Beschusszeichen „SP" oder „PN" auch Nitrocellulose-Treibladungen verschossen werden?	**a) Nein** b) Ja
13.11 Wie ist in der Regel die Schussfolge bei Bockflinten beim nicht umschaltbaren Einabzug?	a) oben/unten **b) unten/oben**
13.12 Bei einer halbautomatischen Waffe können mehrere Schüsse abgefeuert werden ...	**a) ... durch jeweiliges Betätigen des Abzuges.** b) ... durch einmaliges Betätigen des Abzuges. c) ... nach erneutem manuellen Spannen.
13.13 Woran erkennt man, welche Munition aus der Schusswaffe verschossen werden kann?	Die Bezeichnung der zugelassenen Munition ergibt sich aus der Angabe auf der Schusswaffe.

13.14 Wie dürfen halbautomatische Pistolen mit Sicherung auf dem Schützenstand abgelegt werden?	a) Gesichert und gespannt **b) Entladen und mit geöffnetem Verschluss** c) Mit sichtbarer Sicherung
13.15 Welche Arten von Sicherungen an Schusswaffen unterscheiden Sie a) nach der Art der Betätigung, b) nach der Wirkung? (Jeweils mind. 3)	a) Die Betätigung erfolgt z.B. durch: Schieber, Druckknopf, Hebel, Flügel. b) Die Sicherung wirkt auf: Abzug, Stange, Schlagstück, Schlagbolzen.
13.16 Woran erkennt man, ob eine Schusswaffe gesichert oder entsichert ist?	In der Regel ist im entsicherten Zustand ein roter Punkt oder ein „F“ (= Feuer, fire, feu) und im gesicherten Zustand ein „S“ (= sicher, safe, sûr) sichtbar.
13.17/18 Wie verhalten Sie sich beim Versagen einer Patrone Ihres KK-Gewehres/Ihrer Waffe?	Die Waffe mit der Mündung mindestens 10 Sekunden in Richtung Geschossfang halten, dann die Waffe entladen. Bei pyrotechnischer bzw. mit Schwarzpulver geladener Munition beträgt die Wartezeit mindestens 60 Sekunden.
13.19 Wie wird eine Repetierbüchse beim Öffnen des Verschlusses auf dem Schützenstand gehalten?	**a) Die Mündung der Waffe ist in Richtung Scheibe/Geschossfang zu richten.** b) Die Waffe senkrecht nach unten halten.
13.20 Wie ist die Schusswaffe beim Laden zu halten?	**a) Mit der Mündung zum Geschossfang** b) Wie es die Schießaufsicht möchte
13.21 Welche Sicherheitsregeln hat jeder Schütze immer zu beachten?	1. Keine Sicherung ist als absolut sicher zu betrachten. 2. Waffen sind stets entladen zu transportieren und aufzubewahren. 3. Schusswaffen sind immer als geladen zu betrachten, solange man sich nicht persönlich vom Gegenteil überzeugt hat. 4. Der Lauf von Schusswaffen darf nie auf Menschen gerichtet werden.

9.2.14 Ballistik

14.01 Wie groß ist die Mündungsgeschwindigkeit der Geschosse mittlerer Büchsenkaliber für Zentralfeuerpatronen?	a) 200 m/s – 300 m/s **b) 700 m/s – 1000 m/s** c) 1500 m/s – 1700 m/s
14.02 Was bezeichnet in der Ballistik das Kürzel „v“?	a) Geschossenergie b) Höchstreichweite des Geschosses **c) Geschossgeschwindigkeit**
14.03 Was bedeutet „v_o“?	Die Geschossgeschwindigkeit an der Mündung
14.04 Was bedeutet „v_{50}“?	Die Geschossgeschwindigkeit 50 m von der Mündung
14.05 Die Faustregel für die Reichweite von Schroten beträgt ...	a) 1000 x Schrotgröße in m **b) 100 x Schrotgröße in m** c) 10 x Schrotgröße in m
14.06/07 Was versteht man unter der Höchstreichweite eines Geschosses?	a) Die Strecke vom Schützen bis zum Geschossfang b) Das Produkt aus Treibladung und Geschossgewicht **c) Die Entfernung zwischen Laufmündung und maximal entferntem Auftreffpunkt des Geschosses (d.i. bei günstigstem Abgangswinkel).**
14.08 Die Höchstreichweite eines Geschosses .22 l.r. beträgt ca. ...	a) 1000 m **b) 1500 m**
14.09 Die Höchstreichweite von ca. 1500 m kann erreicht werden von einem Geschoss der Patrone ...	**a) .22 l.r.** b) .32 S&W Long N.P. (Wadcutter) c) 9 mm Luger

14.10 Was versteht man unter Gefährdungsbereich (Gefahrenbereich) eines Geschosses?	**a) Die Höchstreichweite** b) Den Streukreis c) Die günstigste Schussentfernung
14.11 Nennen Sie die Gefahrenbereiche der Geschosse folgender Munitionssorten:	

1.) 4 mm M 20	ca. 300 m	2.) .22 l.r.	ca. 1500 m
3.) .223 Rem.	ca. 4300 m	4.) 9 mm Luger	ca. 2000 m
5.) .32 S&W Long N.P.	ca. 1200 m	6.) .38 Special	ca. 1500 m
7.) .44 Rem. Magnum	ca. 2000 m	8.) .308 Win.	ca. 5000 m
9.) 12/70 Flintenlaufgeschoss	ca. 1200 m	10.) Schrote 3 mm	ca. 300 m

14.12 Wie unterteilt sich die Ballistik?	Innenballistik, Mündungsballistik, Außenballistik, Zielballistik (Wundballistik)
14.13 Welcher Begriff gehört <u>nicht</u> zur Ballistik?	a) Gasdruck b) Geschossflugbahn **c) Abzugsgewicht**
14.14 Womit befasst sich u.a. die Außenballistik?	**a) Mit Wettereinflüssen** **b) Mit der Geschossflugbahn** **c) Mit der Geschossform**
14.15 Womit befasst sich u.a. die Innenballistik?	**a) Mit dem rotationslosen Geschossweg** b) Mit der Strecke vom Patronenlager zum Auftreffpunkt **c) Mit dem Gasdruckverlauf**
14.16 Was versteht man unter der Streuung der Geschosse?	**Die Abweichung einer Reihe von Treffern zueinander bei gleichem Haltepunkt**
14.17 Welche Flugbahnbeschreibung ist richtig?	**a) Das Geschoss beschreibt auf seiner Flugbahn eine ungleichförmige Kurve, die mit zunehmender Entfernung von der Mündung immer steiler abfällt.** b) Das Geschoss steigt auf seiner Flugbahn bis zur Mitte auf und fällt zum Ziel ebenso ab.
14.18/19 Was versteht man unter der „Steighöhe eines Geschosses“?	**Die Entfernung zwischen Laufmündung und Scheitelpunkt der Geschossflugbahn bei senkrecht nach oben abgegebenem Schuss.**
14.20 Was bedeutet der ballistische Begriff „E_0“?	**Die Bewegungsenergie des Geschosses beim Verlassen des Laufes**
14.21 Wovon hängt die Eindringtiefe eines Geschosses ab?	Je größer die Querschnittsbelastung, je härter das Geschoss und je günstiger die Geschossform, desto tiefer das Eindringen bei gleicher Auftreffenergie und gleichem Zielmedium
14.22 Was bewirkt der Drall?	**a) Das Flugverhalten des Geschosses wird stabilisiert.** b) Die Reichweite des Geschosses verkürzt sich. c) Die Bewegungsenergie des Geschosses erhöht sich.
14.23 Was ist der „Drall“?	Die Rotation des Geschosses um die Längsachse
14.24 Welchen Zweck hat der Drall?	Der Drall ist für die Flugstabilität des Geschosses erforderlich.
14.25 Was versteht man unter der Länge des Dralls (Dralllänge)?	Die Strecke, auf der sich das Geschoss (im Lauf) einmal um seine eigene Achse dreht.
14.26 Was bedeutet der ballistische Begriff „Geschossrotation“?	a) Die Fluggeschwindigkeit rotierender Schrote b) Die Energie des rotierenden Geschosses **c) Die Drehung des Geschosses um seine Längsachse**
14.27 Wodurch wird der Geschossknall erzeugt?	Durch die Expansion der vor dem Geschoss komprimierten Luft bei überschallschnellen Geschossen
14.28 Wodurch entsteht der Mündungsknall?	Durch die mit Überschallgeschwindigkeit hinter dem Geschoss austretenden Gase

9.2.15 Langwaffen

15.01 Warum weisen Langwaffenläufe im Bereich des Patronenlagers stärkere Wandungen auf als im vorderen Laufteil?	a) Damit eine bessere Montage des Visiers erfolgen kann **b) Weil in diesem Bereich der höchste Gasdruck auftritt**
15.02 Was benötigen Sie zum Erwerb einer doppelläufigen Vorderladerflinte mit Perkussionszündung?	a) Altersnachweis 18 Jahre genügt b) Bedürfnisbescheinigung des Vereins **c) Behördliche Erlaubnis (WBK)**
15.03 Was verstehen Sie unter dem Begriff „Basküle“?	a) Visier, b) Vorderschaft einer „Pump Action“ **c) Verschlusskasten einer Kipplaufwaffe**
15.04 Züge und Felder sind typische Merkmale von ...	**a) ... gezogenen Läufen** b) ... glatten Läufen
15.05 Welcher Unterschied besteht zwischen Büchse und Flinte?	Büchse für Kugelschuss, Flinte für Schrotschuss/Flintenlaufgeschosse
15.06 Welches ist ein besonderes Merkmal der Flinte?	**a) Der glatte Lauf** b) Der gezogene Lauf
15.07 Was ist bei der Flinte der „Choke“?	a) Die Laufverengung beim Patronenlager **b) Die Laufverengung im Bereich der Mündung**
15.08 Woraus ergibt sich die Kaliberbezeichnung bei Flinten?	Die Kaliberangabe ergibt sich aus der Anzahl der Bleikugeln vom Laufinnendurchmesser, die zusammen die Masse von einem englischen Pfund (453,6 g) ergeben.
15.09 Sie wollen eine Bockflinte im Kaliber 16 für das sportliche Wurfscheibenschießen erwerben. Wie alt müssen Sie mindestens sein?	**a) 18 Jahre** b) 21 Jahre c) 25 Jahre
15.10 Eine doppelläufige Flinte wird waffenrechtlich eingeordnet als ...	a) ... Repetierwaffe **b) ... Einzelladerwaffe**
15.11 Was sind die typischen Merkmale einer halbautomatischen Büchse?	Nach Abgabe eines Schusses wird die Büchse selbsttätig erneut schussbereit und es kann aus demselben Lauf durch erneute Betätigung des Abzuges jeweils ein weiterer Schuss abgegeben werden.
15.12 Wie ist eine Doppelbüchse waffenrechtlich einzuordnen?	**a) Einzellader-Langwaffe** b) Mehrladewaffe (2 Patronen geladen)

9.2.16 Kurzwaffen

16.01 Was ist eine Kurzwaffe?	Eine Schusswaffe mit der Gesamtlänge unter 60 cm
16.02 Darf Munition im Kaliber .22 l.r. auch aus Kurzwaffen verschossen werden?	**a) Ja** b) Nein
16.03 Wo darf der Sportschütze Patronen mit Hohlspitzgeschossen aus Kurzwaffen verschießen?	a) Auf dem eigenen Grundstück **b) Auf dafür zugelassenen Schießständen** c) Nirgends; das ist gesetzlich verboten.
16.04 Was ist der Unterschied zwischen Pistole und Revolver?	**a) Die Pistole hat ein Patronenlager im Lauf, der Revolver hat mehrere Patronenlager in der Trommel, getrennt vom Lauf.** b) Der Revolver hat einen Hahn, die Pistole nicht.
16.05 Welches sind die wesentlichen Teile eines Revolvers im waffenrechtlichen Sinne?	1. Lauf 2. Griffstück (Rahmen) 3. Trommel

16.06 Welches ist das typische Merkmal eines Revolvers?	Die Trommel ist zugleich Patronenlager und Magazin.
16.07 Welches sind die typischen Merkmale eines Revolvers?	- Der Revolver ist eine mehrschüssige Waffe mit drehbarer Trommel als Magazin. - Patronenlager und Lauf sind getrennt.
16.08 Was ist ein typisches Merkmal eines Revolvers?	**a) Trommel zur Aufnahme von Patronen** b) Stangenmagazin zur Aufnahme von Patronen
16.09 Ein Double-Action-Revolver ist im Sinne des Waffenrechts ...	**a) ... keine halbautomatische Waffe** b) ... eine halbautomatische Waffe
16.10 Wodurch unterscheiden sich „Single-Action"- und „Double-Action"- Revolver in ihrer Funktion?	**Single-Action bedeutet:** Der Hahn (Hammer) muss von Hand gespannt werden und wird durch Betätigen des Abzugs ausgelöst. **Double-Action bedeutet:** Bei Betätigung des Abzugs wird die Trommel weiter gedreht, so dass das nächste Lager mit einer neuen Patrone vor den Lauf und den Schlagbolzen zu liegen kommt, gleichzeitig wird die Feder gespannt. Durch weiteres Durchziehen des Abzuges schnellt der Hahn nach vorn und löst den Schuss aus.
16.11 Sind Revolver halbautomatische Waffen im Sinne des Waffengesetzes?	**Nein**
16.12 Wie ist ein Revolver im „Kleinstkaliber" 4 mm M 20 waffenrechtlich einzuordnen?	**a) WBK-pflichtige Schusswaffe** b) Halbautomatische Schusswaffe
16.13 Welches sind die typischen Merkmale einer halbautomatischen Pistole?	Durch Rückstoß oder Gasdruck wird der Selbstlademechanismus ausgelöst, der die leere Hülse auswirft und eine neue Patrone aus dem Magazin in das Patronenlager einführt. Die Waffe ist wieder schussbereit.
16.14 Welches sind die wesentlichen Teile einer halbautomatischen Pistole im waffenrechtlichen Sinn?	**1. Lauf (Patronenlager)** **2. Verschluss** **3. Griffstück**
16.15 Welches ist ein typisches Merkmal einer halbautomatischen Pistole?	a) Trommel zur Aufnahme von Patronen **b) Magazin zur Aufnahme von Patronen**
16.16. Was ist die Schließfeder der Großkaliberpistole waffenrechtlich gesehen?	**Ein Zubehörteil der Schusswaffe ohne waffenrechtliche Bedeutung**

9.2.17 Munition

17.01 Was sind Geschosse im Sinne des Waffengesetzes?	**Als Waffen oder für Schusswaffen bestimmte** **a) feste Körper,** **b) gasförmige, flüssige oder feste Stoffe in Umhüllungen.**
17.02 Wo werden Wadcutter-Geschosse verwendet?	**Beim Sportschießen**
17.03 Welches Geschoss hat die größte Durchschlagskraft?	a) Bleigeschoss **b) Vollmantelgeschoss** c) Teilmantelgeschoss
17.04 Welche Zündarten gibt es? 17.05 Welche Zündungsarten für Patronenmunition sind heute üblich?	**1. Zentralfeuerzündung** Das Zündhütchen ist hierbei in der Mitte des Patronenbodens angebracht. **2. Randfeuerzündung** Der Zündsatz ist im Rand der Patrone untergebracht; zumeist bei Kleinkaliberpatronen.
17.06 Welche Gegenstände können nicht erlaubnisfrei erworben werden?	a) Diabolos **b) Randfeuerpatronen** c) Pfeile

17.07 Wo darf Munition frei erworben werden?	a) Auf dem Schießstand (Jahresbedarf) **b) Auf dem Schießstand zum sofortigen Verbrauch**
17.08 Welche Munitionsmenge dürfen Sie auf dem Schießstand genehmigungsfrei erwerben?	a) Auf dem Schießstand gibt es diesbezüglich keine Mengenbegrenzung. **b) Die Munitionsmenge, die zum sofortigen Verbrauch vorgesehen ist.**
17.09 Ist der Erwerb von (Pulver-) Presslingen erlaubnispflichtig?	**a) Ja. (Munitionserwerbsberechtigung)** b) Nein
17.10/11 Berechtigt die grüne WBK zum Erwerb von Munition?	a) Ja, immer **b) Ja, mit entsprechendem Eintrag in der WBK**
17.12 Mit welcher Erlaubnis kann Munition erworben werden?	**a) Sportschützen-WBK** b) Sprengstofferlaubnis
17.13 Wo kann KK-Munition ohne Munitionserwerbsberechtigung erworben werden?	a) Zur Mitnahme auf dem Schießstand **b) Auf dem Schießstand zum sofortigen Verbrauch**
17.14 Eine Munitionserwerbsberechtigung für Patronen .38 Special berechtigt zum Erwerb von Munition ...	**a) nur .38 Special** b) auch .357 Magnum c) auch 9 mm Luger
17.15 Ihre WBK lässt den Erwerb von Munition .357 Magnum zu. Dürfen Sie damit auch Munition 9 mm Luger erwerben?	a) Ja, weil der Durchmesser nur einen minimalen Unterschied aufweist. **b) Nein**
17.16 Ihre WBK lässt den Erwerb von Munition 9 mm Luger zu. Dürfen Sie auch Munition 9 mm kurz erwerben?	a) Ja, der Kaliberdurchmesser ist identisch b) Nur, wenn der Händler sie mir überlässt **c) Nein, nur Patronen 9 mm Luger**
17.17 Worauf müssen Sie achten, wenn Sie außerhalb von Schießstätten erlaubnispflichtige Munition erwerben wollen?	Die WBK mit entsprechender Munitionserwerbsberechtigung oder der entsprechende Munitionserwerbsschein sind vorzulegen; ggf. Jagdschein oder Ersatzbescheinigung.
17.18 Für welche Patronenmunition erhält der Sportschütze eine Erlaubnis?	**a) Für Munition mit Hohlspitzgeschossen** b) Für Leuchtspurmunition c) Für Betäubungsmunition zu Angriffszwecken
17.19 Der Gefährdungsbereich von Geschossen der Patrone .300 Win. Mag. beträgt ...	a) 3000 m **b) 5000 m**
17.20 Welche Höchstreichweite haben Geschosse der Patrone .44 Rem. Mag.? 17.21 Höchstreichweite der 9 mm Luger?	a) 1500 m **b) 2000 m**
17.22 Wie groß ist der Gefährdungsbereich der Schrote bei einer Korngröße von 2 mm Durchmesser?	a) 150 m **b) 200 m**
17.23 Was bedeutet „R“ bei der Patronenbezeichnung „7x57R“?	**a) „R“ steht für Rand.** b) „R“ steht für Randfeuerzündung.
17.24 Welche sichtbaren Merkmale kennzeichnen eine Randfeuerpatrone?	**a) Patrone ohne Zündhütchen** b) Hülse aus Nickel
17.25 Was ist eine Pufferpatrone?	a) Eine Platzpatrone **b) Eine Patrone ohne Zündhütchen und ohne Ladung.**
17.26/27 Was bedeutet die Bezeichnung „Magnum“?	**a) Eine in ihrer Kaliberklasse bes. starke Patrone** b) Eine Patrone mit übergroßem Durchmesser
17.28 Was bedeuten die **hervorgehobenen** Angaben: 1.) 7,63 **Mauser** 2.) .30-**06** Springfield 3.) 7x57 **R**	1.) Angabe über den Hersteller/Entwickler 2.) Angabe über das Einführungsjahr (1906) 3.) Bei Büchsenpatronen bedeutet der Zusatz „R“, dass die Hülse der Patrone einen Rand hat.

17.29 Woran erkennen Sie, welche Munition aus einer Waffe verschossen werden darf?	a) An den Angaben in der Gebrauchsanweisung b) An der mitgelieferten Schussbildscheibe **c) An der Bezeichnung der Munition auf der Waffe**
17.30 Woran erkennen Sie, dass die Munition zu Ihrer Schusswaffe passt?	Kennzeichnung auf Schusswaffe und Munitionspackung/Patronenhülse stimmen überein.
17.31 Was bedeutet die Zahl 12 bei Schrotpatronen?	**Die Zahl 12 ist die Anzahl der Bleikugeln vom Laufinnendurchmesser, die zusammen die Masse eines englischen Pfundes (453,6 g) ergeben.**
17.32 Schrotmunition im Kaliber 16 ist ...	a) ... größer als Kaliber 12. **b) ... kleiner als Kaliber 12.**
17.33 Dürfen Sie mit Munition .22 l.r. auf dem eigenen befriedeten Besitztum schießen?	**a) Nein** b) Ja, falls Personen nicht gefährdet
17.34 Darf jeder nach dem Schießen vom Schießstand ein angebrochenes Päckchen KK-Munition mit nach Hause nehmen?	**a) Nein** b) Ja

9.2.18 Schießstandaufsicht

18.01 Wer darf auf einer Schießstätte Aufsicht führen?	a) Alle Vereinsmitglieder **b) Alle vom Betreiber bestellten Personen**
18.02 Wer darf die Schießaufsicht ausüben?	Der Aufsichtsführende muss volljährig, zuverlässig, persönlich geeignet und sachkundig sein.
18.03 Wer darf alleine auf einem Schießstand schießen?	Nur eine zur Aufsicht befähigte Person, wenn sicher ist, dass sie sich allein auf dem Schießstand befindet.
18.04 Darf eine Aufsicht selbst am Schießen teilnehmen?	Nein
18.05 Welche Anforderungen werden an die verantwortliche Aufsichtsperson gestellt?	**a) Volljährigkeit, persönliche Eignung** **b) Zuverlässigkeit, Sachkunde** **c) ggf. Eignung für Kinder- und Jugendarbeit**
18.06 Nennen Sie mindestens vier Pflichten der verantwortlichen Aufsichtsperson beim Schießen!	Siehe Kapitel 8, Schießstätten ..., in diesem Buch
18.07 Was zählt zu den Aufgaben der verantwortlichen Aufsichtsperson?	**Dafür Sorge tragen, dass von Schützen und ihren Waffen keine Gefahr ausgeht.**
18.08 Welche weiteren Voraussetzungen müssen erfüllt sein, damit Jugendliche unter 16 Jahren mit WBK-pflichtigen Waffen schießen dürfen?	Schriftliches Einverständnis des Sorgeberechtigten oder dessen Anwesenheit und Anwesenheit einer Aufsichtsperson, die zur Kinder- und Jugendarbeit befähigt ist.
18.09 Wer darf den freien Raum unmittelbar hinter dem Schützen betreten?	**a) Aufsicht** **b) Schießleiter**
18.10 Was hat ein schießsportlicher Verein eines anerkannten Schießsportverbandes im Hinblick auf die Aufsicht zu beachten?	**a) Aufsichtspersonen im Verein registrieren** **b) Voraussetzungen der Sachkunde prüfen** **c) Ein Nachweisdokument ausstellen**
18.11 Ab welchem Alter dürfen Kinder mit Druckluft-, Federdruck- oder CO_2-Waffen schießen?	Ab 12 Jahren, sofern die Personensorgeberechtigten ihr Einverständnis erklärt haben und eine geeignete Aufsichtsperson anwesend ist.
18.12 Darf ein Schütze eine geladene Waffe aus der Hand geben?	a) Nein, niemals **b) An die Aufsicht bei einer Waffenstörung**
18.13 Wann dürfen Schützen mit dem Schießen beginnen?	**Wenn die verantwortliche Aufsichtsperson das Schießen freigegeben hat.**

9.3 Fachkundeprüfung[3]

Die folgenden Fragestellungen können als Anhaltspunkte für die Fachkundeprüfung dienen. Sie sind aber nicht bindend und erheben keinen Anspruch auf Vollständigkeit. Die Antworten finden sich in diesem Buch.
Die Fragen/Antworten ersetzen nicht die Vorbereitung auf den praktischen Teil der Prüfung, die Handhabung der gebräuchlichen Schusswaffen und Munition.

A. Waffenrechtliche Fragen

I. Allgemeine Bestimmungen
Was regelt das Waffengesetz (WaffG)?
Was sind Waffen im Sinne des Waffengesetzes?
Was versteht man unter Schusswaffen?
Welche Gegenstände stehen den Schusswaffen gleich?
Welches sind die wesentlichen Teile einer Schusswaffe?
Was sind tragbare Gegenstände (Waffen) im Sinne des Waffengesetzes?
Was versteht man unter Umgang mit Waffen oder Munition?
Erläutern Sie die Begriffe, die zum Umgang gehören!

II. Umgang mit Waffen oder Munition
1. Allgemeine Voraussetzungen für Waffen- und Munitionserlaubnisse
Welche Waffen unterliegen nicht dem WaffG und sind frei verkäuflich?
Welche Waffen können frei an Personen ab 18 Jahren verkauft werden?
Welche Munition kann frei an Personen ab 18 Jahren verkauft werden?
Welches sind die Voraussetzungen für eine waffenrechtliche Erlaubnis?
Sind die Erwerbserlaubnisse auch gleichzeitig Besitzerlaubnisse?

2. Erlaubnisse für einzelne Arten des Umgangs mit Waffen oder Munition
Welche Erlaubnisse für erlaubnispflichtige Waffen gibt es?
Welche Erlaubnisse für erlaubnispflichtige Munition gibt es?
Welches sind die Erlaubnisse zum Führen und zum Schießen?

3. Besondere Erlaubnistatbestände für bestimmte Personengruppen
Für welche Waffen/Munition ist der Jagdschein Erwerbsberechtigung?
Für welche Waffen/Munition sind die Waffenbesitzkarten Erwerbsberechtigung? Welche Munitionserwerbsberechtigungen gibt es?

4. Waffenherstellung, Waffenhandel, Schießstätten, Bewachungsunternehmer
Besteht für Waffen/Munition eine Buchführungspflicht? In welcher Form?
Kennzeichnung der Waffen/Munition? Pflichten des Händlers?

---

[3] Zu den Rechtsgrundlagen: Siehe Kapitel 4 dieses Buches. Der Antragsteller kann eine umfassende Fachkunde nachweisen oder diese auf bestimmte Waffen- und Munitionsarten beschränken.
Weitere Literatur zur Vorbereitung auf die Fachkundeprüfung:
Martini, Karl H.: Waffenrecht in der Praxis, DWJ Verlags-GmbH, 74572 Blaufelden, 7. Auflage 2004, ISBN 3-936632-16-2; 18,50 €
Fachkunde für den Waffenhandel, Fragen und Antworten für die Prüfung, IHK-DIHT Bonn, [8]1995 (alt!)
Waffenhandel, Rechtsgrundlagen für die Fachkundeprüfung, DIHK, 11052 Berlin, 2003

5. Verbringen und Mitnahme von Waffen oder Munition
Begriffsbestimmungen? Pflichten bei Verbringen und Mitnahme?

6. Obhutspflichten, Anzeige-, Hinweis- und Nachweispflichten
Nennen sie Obhuts-, Anzeige-, Hinweis- und Nachweispflichten des Händlers!
Wie lautet der Grundsatz für die Aufbewahrung von Waffen oder Munition?
Wie sind erlaubnispflichtige Waffen/Munition aufzubewahren?
Welche und wie viele Waffen dürfen in einem nicht dauernd bewohnten Gebäude aufbewahrt werden?
Was gilt für die Aufbewahrung von Waffen oder Munition im gewerblichen Bereich, in Schützenhäusern oder auf Schießstätten?

7. Verbote
Nennen Sie Waffen/Munition, mit denen der Umgang verboten ist!

III. Sonstige waffenrechtliche Vorschriften
Hat der Händler die Aufnahme/Einstellung des Betriebes zu melden? Fristen?
Können waffenrechtliche Erlaubnisse zurückgenommen/widerrufen werden?

IV. Straf- und Bußgeldvorschriften

V. Ausnahmen von der Anwendung des Gesetzes

VI. Übergangsvorschriften, Verwaltungsvorschriften

B. Waffen- und munitionstechnische Fragen

I. Allgemeines
Erläutern Sie die Begriffe
Einzellader, Mehrlader, Repetierer, automatische Waffe, wesentliche Teile einer Schusswaffe, weitere Teile, glatter, gezogener Lauf, Polygonlauf, Kaliber, Drall, Dralllänge, Austausch-, Wechsel-, Einstecklauf!
Welche Funktionen haben
Der Verschluss einer Waffe? Das Schloss? Die Sicherung (Arten)? Der Stecher?
Erläutern Sie Funktion und Daten eines Zielfernrohrs! Gebräuchliche Absehen? Zielfernrohrmontagen?

II. Langwaffen
Definition, Arten, Gliederung, gebräuchliche Langwaffen und Munition

III. Kurzwaffen
Definition, Arten, Gliederung, gebräuchliche Kurzwaffen und Munition

C. Handhabung

Siehe Kapitel 7 dieses Buches

9.4 Jägerprüfung[4]

1.1 Waffenrecht

1.1.1 Waffen-/Munitionserwerb und -besitz

1. Brauchen Inhaber eines Jahresjagdscheins zum Erwerb ihrer ersten Langwaffe – einer Bockbüchsflinte – eine vorher ausgestellte Waffenbesitzkarte (WBK)?
2. Nach Erteilung Ihres Jahresjagdscheins wollen Sie als Erstausrüstung einen Drilling, eine Bockbüchsflinte und eine Doppelflinte erwerben. Welches Dokument müssen Sie beim Kauf vorlegen?
3. Innerhalb welcher Frist haben Jagdscheininhaber das Abhandenkommen ihrer Jagdwaffe der zuständigen Behörde anzuzeigen?
4. Sie besitzen einen Drilling, der in Ihrer Waffenbesitzkarte eingetragen ist. Benötigen Sie zum Erwerb oder Besitz eines Einstecklaufes im Kaliber .22 Winchester Magnum für diesen Drilling eine waffenrechtliche Erlaubnis (Ausstellung einer oder Eintragung in eine Waffenbesitzkarte)?
5. Genügt zum Erwerb der Pistolenmunition, die nicht mit einer Langwaffe verschossen werden kann, die Vorlage des Jahresjagdscheins?
6. Innerhalb welcher Frist müssen Inhaber eines gültigen Jahresjagdscheins die Ausstellung einer Waffenbesitzkarte oder die Eintragung der Waffe in eine bereits erteilte WBK beantragen, wenn sie einen Drilling auf Dauer erwerben (kaufen)?
7. Ein Jagdscheininhaber veräußert auf Dauer (verkauft) seine Doppelflinte an eine Person mit einem gültigen Jahresjagdschein. Was muss der Veräußerer daraufhin veranlassen?
8. Ein Inhaber eines gültigen Jahresjagdscheins, der nur Langwaffen besitzt, will einen Revolver im Kal. .38 spezial erwerben. Muss vorher von der Kreisverwaltungsbehörde die Erlaubnis zum Erwerb in die Waffenbesitzkarte eingetragen werden oder genügt es, wenn innerhalb von 2 Wochen nach dem Erwerb die Waffenbesitzkarte zwecks Eintragung der Waffe vorgelegt wird?
9. Wie lange gilt eine in die Waffenbesitzkarte eingetragene Erlaubnis zum Erwerb eines Revolvers?
10. Wie viele Kurzwaffen darf eine Person mit gültigem Jahresjagdschein, die noch keine Kurzwaffe besitzt, erwerben, ohne dafür ein besonderes Bedürfnis bei der zuständigen Behörde nachweisen zu müssen?
11. Eine Person mit gültigem Jahresjagdschein besitzt bereits 2 Kurzwaffen. Wie viele Schusswaffen mit einer Länge von mehr als 60 cm (Jagdlangwaffen) darf die Person erwerben, ohne dafür ein besonderes Bedürfnis nachweisen zu müssen?

---

1. (b) Nein
2. (b) Jagdschein
3. (a) Unverzüglich
4. (b) Nein,
5. (b) Nein
6. (b) Innerhalb von 2 Wochen
7. (b) Veräußerungsanzeige innerhalb 2 Wochen bei der zuständigen Behörde
8. (a) Die Waffenbesitzkarte muss bereits vorher der Kreisverwaltungsbehörde zwecks Eintragung zum Erwerb vorgelegt werden
9. (b) 1 Jahr
10. (b) 2 Kurzwaffen
11. (c) Jagdlangwaffen in unbegrenzter Zahl

[4] Nach: Bayer. Staatsministerium für Landwirtschaft und Forsten (Hrsg.): Jägerprüfung in Bayern, Fragenkatalog zum schriftlichen Teil, Sachgebiet 1, PF 22 00 12, 80535 München, Februar 2004. Fragenkatalog im Multiple-Choice-System. **Hier sind nur die richtigen Antworten wiedergegeben.**

12. Wie lange gilt (vorbehaltlich Widerruf oder Rücknahme) in der Regel die in die Waffenbesitzkarte eingetragene Erlaubnis zum Besitz einer Waffe?
13. – 19. Welche der nachgenannten Aussagen zu waffenrechtlichen Vorschriften sind richtig?

1.1.2 Führen von Waffen

20. Ist eine Person mit gültigem Jahresjagdschein und einer Waffenbesitzkarte, in die ein Revolver eingetragen ist, berechtigt, den Revolver bei Spaziergängen in einem fremden Jagdrevier zu führen?
21. Welche Dokumente müssen Revierinhaber bei sich tragen, wenn sie zur Jagdausübung in ihrem Revier eine Schusswaffe führen?
22. Welche Dokumente müssen Revierinhaber bei sich tragen, wenn sie sich zur Jagdausübung in ihrem Jagdrevier einen Drilling ausgeliehen haben?
23. Welche der nachgenannten Aussagen zu waffenrechtlichen Vorschriften sind richtig?

---

12. (c) Zeitlich unbegrenzt
13. (a) In einem Sicherheitsbehältnis der Sicherheitsstufe A nach VDMA 24992 dürfen bis zu 10 erlaubnispflichtige Langwaffen aufbewahrt werden.
 (c) In einem Innenfach der Sicherheitsstufe B nach VDMA 24992 eines Sicherheitsbehältnisses der Sicherheitsstufe A nach VDMA 24992 dürfen bis zu 5 Kurzwaffen mit zugehöriger Munition aufbewahrt werden.
14. (c) In einem Sicherheitsbehältnis der Sicherheitsstufe A nach VDMA 24992 dürfen bis zu 10 erlaubnispflichtige Langwaffen aufbewahrt werden. Nicht zu den dort aufbewahrten Waffen gehörige Munition darf zusammen mit diesen aufbewahrt werden.
15. (a) Die gemeinschaftliche Aufbewahrung von Waffen oder Munition durch berechtigte Personen, die in einer häuslichen Gemeinschaft leben, ist zulässig.
16. (a) In einem nicht dauernd bewohnten Gebäude dürfen in der Regel nur bis zu 3 erlaubnispflichtige Langwaffen in einem Sicherheitsbehältnis nach DIN/EN 1143-1 Widerstandsgrad I aufbewahrt werden.
17. (a) Die gemeinschaftliche Aufbewahrung von Waffen oder Munition durch berechtigte Personen, die in einer häuslichen Gemeinschaft leben, ist zulässig.
 (b) Wenn Sie 11 erlaubnispflichtige Langwaffen aufbewahren müssen, sind diese i.d.R. auf 2 Sicherheitsbehältnisse der Sicherheitsstufe A nach VDMA 24992 zu verteilen.
18. (a) Für die zulässige Aufbewahrung ihres Drillings, ihres Revolvers und der dazugehörigen Munition benötigen Sie mindestens ein Sicherheitsbehältnis der Sicherheitsstufe A nach VDMA 24992 mit einem Innenfach der Sicherheitsstufe B nach VDMA 24992 für die Kurzwaffe und die vorhandene Munition. [Oder Aufbewahrung Waffen/Munition „über Kreuz"]
19. (a) Inhaber gültiger Jahresjagdscheine bedürfen zum Erwerb von Jagdlangwaffen keiner weiteren Erlaubnis wie z.B. einer Waffenbesitzkarte mit Voreintrag.
 (b) Unter dem Führen einer Waffe wird die Ausübung der tatsächlichen Gewalt über die Waffe außerhalb der eigenen Wohnung, Geschäftsräume oder des eigenen befriedeten Besitztums verstanden.
20. (b) Nein
21. (a) Jagdschein, (c) Personalausweis oder Pass, (d) Waffenbesitzkarte
22. (a) Jagdschein, (c) Personalausweis oder Pass, (d) Beleg, aus dem der Name des Überlassers, des Besitzberechtigten und das Datum der Überlassung hervorgeht
23. (a) Einer Erlaubnis zum Führen einer Waffe bedarf nicht, wer diese nicht schussbereit und nicht zugriffsbereit von einem Ort zu einem anderen Ort befördert, sofern der Transport der Waffe zu einem von seinem Bedürfnis umfassten Zweck oder im Zusammenhang erfolgt.
 (c) Ein Inhaber eines gültigen Jagdscheins darf ohne Erlaubnis Jagdwaffen schussbereit zur befugten Jagdausübung einschließlich des Ein- und Anschießens im Revier führen und mit ihnen schießen.
 (d) Ein Inhaber eines gültigen Jagdscheins darf ohne Erlaubnis Jagdwaffen schussbereit zur Ausbildung von Jagdhunden im Revier führen und mit ihnen schießen.

24. Welche der nachgenannten Aussagen zu waffenrechtlichen Vorschriften sind richtig?

1.1.3 Schießen

25. Benötigen Sie zum Ein- oder Anschießen ihrer Jagdwaffe im Jagdrevier eine besondere waffenrechtliche Erlaubnis?
26. Dürfen Inhaber eines Jahresjagdscheins Schonzeitbüchsen im Kaliber .22 lfB innerhalb ihres Wohngrundstücks, das mit einer 2 m hohen Mauer umgeben ist, anschießen?
27. In einem Damwildgehege mit einer Größe von 2 ha wird Damwild als landwirtschaftliches Nutztier gehalten. Ist es waffenrechtlich zulässig, wenn ein Jagdscheininhaber einige Stücke Damwild im Gehege auf Bitte des Gehegeinhabers mit seinem Repetierer (Kaliber 7x64) tötet?
28. Mit welchem Gefährdungsbereich muss bei einer Büchse im Kaliber .22 lfB bei der Schussabgabe im günstigsten Abgangswinkel (ca. 30°) gerechnet werden?

1.1.4 Beschuss der Waffen

29. Was wird beim amtlichen Beschuss einer Langwaffe geprüft?

1.1.5 Notwehr und Notstand

30. Welche der nachgenannten Aussagen zu Notwehr und Notstand sind richtig?
31. In einer Notwehrsituation ist diejenige Verteidigungshandlung erforderlich, welche die sofortige Beendigung des Angriffs erwarten lässt. Welche der nachfolgenden Aussagen ist richtig?
32. Auf dem Weg in ihr Jagdrevier gehen Sie durch ein fremdes Jagdrevier und werden von einem tollwütigen Fuchs angegriffen. Sie erschießen den Fuchs. Haben Sie sich strafbar gemacht?
33. Bei einem Reviergang beobachten Sie, wie eine um Hilfe rufende Frau versucht, sich gegen den Angriff eines Mannes zu wehren. Welche der nachgenannten Aussagen sind richtig?

---

24. (b) Ein Inhaber eines gültigen Jagdscheins darf ohne Erlaubnis Jagdwaffen schussbereit zum Jagdschutz oder zum Forstschutz führen und mit ihnen schießen.
(c) Ein Inhaber eines gültigen Jagdscheins darf ohne Erlaubnis die Jagdwaffe auf den direkten Hin- und Rückwegen zur u. von der Jagd zugriffsbereit aber nicht schussbereit führen.
25. (a) Es ist keine besondere waffenrechtliche Erlaubnis notwendig
26. (b) Nein
27. (c) Ja, wenn ihm die Kreisverwaltungsbehörde dazu eine waffenrechtliche Erlaubnis erteilt hat.
28. (b) Ca. 1500 m
29. (b) Materialfestigkeit, (e) Maßhaltigkeit, [dazu: Kennzeichnung, Handhabungssicherheit]
30. (a) Ein Schusswaffeneinsatz kann dann rechtmäßig sein, wenn er das letzte geeignete Mittel ist, um einen gegenwärtigen, rechtswidrigen Angriff abzuwenden.
(c) Unter Notwehr wird die Verteidigungshandlung verstanden, die zur Abwendung eines gegenwärtigen und rechtswidrigen Angriffs von sich erforderlich ist.
(e) Unter Nothilfe wird die Verteidigungshandlung verstanden, die zur Abwendung eines gegenwärtigen und rechtswidrigen Angriffs von einem anderen erforderlich ist.
31. (a) Der Angegriffene muss das am wenigsten schädliche oder gefährliche Mittel zur Erreichung des Abwehrerfolges anwenden.
32. (a) Es lag eine rechtfertigende Notstandssituation vor. Somit haben Sie sich nicht strafbar gemacht.
33. (b) Es handelt sich um eine Notwehrsituation. Sie handeln straffrei, wenn Sie der Frau helfen, den Angriff abzuwehren. Hierbei setzen Sie das am wenigsten schädliche oder gefährliche geeignete Mittel ein. (Fortsetzung nächste Seite)

1.2 Vorschriften über den Umgang mit Waffen und Munition

1.2.1 Waffenbezogene jagdrechtliche Vorschriften

1.2.1.1 Für Büchsen

34 Welche der nachgenannten Jagdhandlungen sind verboten?

35. Welche der nachgenannten Mindestanforderungen muss eine Büchsenpatrone erfüllen, um auf Rotwild verwendet werden zu können?

36. Auf welche der nachgenannten Wildarten ist es in Bayern erlaubt, eine Patrone mit folgenden ballistischen Daten zu verwenden?
Kaliber .243 Winch. (6,2x51); Geschossgewicht 6,5 g; E_{100} = 2340 Joule

37. Welche der nachgenannten Büchsenpatronen dürfen zur Jagd auf Schwarzwild verwendet werden?

38. Welche der nachgenannten Büchsenpatronen dürfen zur Jagd auf Rehwild verwendet werden?

39. Welche der nachgenannten Büchsenpatronen sind für die Jagd auf Gamswild zugelassen?

40. Dürfen Sie ein Muffellamm mit einer Büchsenpatrone im Kaliber 5,6x57 R erlegen?

41. Dürfen Sie ein Hirschkalb mit einer Büchsenpatrone im Kaliber 6,5x57 (E_{100} mind. 2000 J) erlegen?

42. Dürfen Sie einen Fuchs auf 50 m Entfernung mit einer Büchse im Kaliber .22 Winchester Magnum erlegen?

43. Dürfen Sie einen Frischling mit der Büchsenpatrone 5,6x57, KS-Geschoss, Geschossgewicht 4,8 g, E_{100} = 2031 Joule erlegen?

44. Welche der nachgenannten Waffen darf bei der Jagdausübung nicht verwendet werden?

45. Welche der nachgenannten Wildtiere dürfen Sie mit einer Büchse im Kaliber .243 Win. (6,2x51) erlegen?

46. Welche der nachgenannten Büchsenpatronen dürfen auf Rotwild verwendet werden?

47. Welche der nachgenannten Büchsenpatronen sind für die Jagd auf Rehwild zulässig?

(b) Als der Angreifer Sie bemerkt, lässt er von der Frau ab und zieht eine Pistole und droht, Sie zu erschießen. Da es sich vermutlich um eine Notwehrsituation handelt und Sie keine andere Möglichkeit haben, den Angriff abzuwenden, handeln Sie straffrei, wenn Sie ihre Jagdwaffen gegen den Angreifer einsetzen.

34. (b) Schuss mit Kaliber 5,6x57 auf einen Frischling
35. (b) Kaliber 6,5 mm und darüber, (d) E_{100} = 2000 Joule
36. (a) Rehwild
37. (b) Kaliber 7x57; Geschossgewicht 9,00 g; E_{100} = 2020 Joule
38. (b) Kaliber .222 Remington; Geschossgewicht 3,24 g; E_{100} = 1001 Joule
(c) Kaliber 5,6x50 Magnum; Geschossgewicht 3,24 g; E_{100} = 1354 Joule
(d) Kaliber .243 Winchester; Geschossgewicht 6,50 g; E_{100} = 1927 Joule
39. (b) Kaliber 6,5x57; Geschossgewicht 6,00 g; E_{100} = 2325 Joule
(d) Kaliber 6,5x57R; Geschossgewicht 6,00 g; E_{100} = 2217 Joule
40. (b) Nein
41. (a) Ja
42. (a) Ja
43. (b) Nein
44. (c) Halbautomatische Büchse mit einer Magazinkapazität von mehr als 2 Patronen
45. (a) Schmalreh, (d) Fuchs
46. (a) Kaliber 6,5x57; Geschossgewicht 7,00 g; E_{100} = 2470 Joule
(c) Kaliber 8x57IR; Geschossgewicht 12,70 g; E_{100} = 2364 Joule
47. (b) .243 Winchester, (d) 5,6x50R Magnum

1.2.1.2 Für Flinten

48. Sind bei einer Treibjagd auf Hasen und Fasanen fünfschüssige Selbstladeflinten zulässig?
49. Darf ein Keiler mit einem Flintenlaufgeschoss erlegt werden?
50. Welche der nachgenannten Patronen dürfen Sie verwenden, um mit einer Flinte Schalenwild zu erlegen?
51. Dürfen Sie für die Jagd auf Wildenten eine Selbstladeflinte verwenden, aus welcher, ohne nachzuladen, 5 Schüsse abgegeben werden können?
52. Auf welche der nachgenannten Wildarten darf mit Posten (grobe Schrote) nicht geschossen werden?
53. Darf man für die Suchjagd auf Feldhasen und Fasanen eine Selbstladeflinte verwenden, aus welcher, ohne nachzuladen, 3 Schüsse abgegeben werden können?

1.2.1.3 Für Kurzwaffen

54. Unter welcher der nachgenannten Voraussetzungen ist es gestattet, zur Abgabe eines Fangschusses auf Schalenwild Kurzwaffen zu verwenden?
55. Zu welchen der nachgenannten Zwecke dürfen Inhaber eines gültigen Jagdscheins ihre Kurzwaffe gebrauchen, wenn die Mündungsenergie der verwendeten Geschosse mindestens 200 Joule beträgt?

56 Wie hoch muss mindestens die Mündungsenergie eines Geschosses sein, um mit einer Kurzwaffe einen Fangschuss auf krankes Schalenwild abgeben zu dürfen?

1.2.2 Vorschriften für Sicherheit und Gesundheitsschutz (VSG)

57. Wann müssen nach der Unfallverhütungsvorschrift Jagd (VSG 4.4) bei einem Kesseltreiben im Feld die Flinten entladen werden?
58. Bei welchen der nachgenannten Gefahrenlagen ist nach der Unfallverhütungsvorschrift Jagd (VSG 4.4) die Schusswaffe zu entladen?
59. Welche Vorschrift enthält die Unfallverhütungsvorschrift Jagd über das Schießen mit Büchsen- oder Flintenlaufgeschossen bei Drückjagden in das Treiben hinein?

1.3 Waffentechnik und Führen von Jagd- und Kurzwaffen

1.3.1 Jagdwaffen

60. Bei welchen der nachgenannten Waffen ist ein „Doppeln“ möglich?
61. Warum sollen Schusswaffen mit Schlagbolzenfeder in ungespanntem Zustand aufbewahrt werden?

---

48. (b) Nein
49. (a) Ja
50. (a) Patronen mit Flintenlaufgeschossen (Brenneke)
51. (b) Nein
52. (b) Schwarzwild, (d) Rehwild
53. (a) Ja
54. (b) Die Mündungsenergie des Geschosses (E_0) muss mindestens 200 Joule betragen
55. (b) Schuss auf den gegrabenen Fuchs oder Dachs
    (c) Fangschuss auf krankes Schalenwild, das sich nicht mehr fortbewegen kann
56. (b) 200 Joule
57. (a) Beim Überwinden von Hindernissen
    (c) Nach dem Signal zur Beendigung des Treibens
58. (a) Besteigen eines Hochsitzes, (b) Überwindung von Hindernissen
59. (b) Die Schützen dürfen nur in das Treiben hineinschießen, wenn der Jagdleiter dies genehmigt hat und eine Gefährdung ausgeschlossen ist
60. (b) Doppelflinte, (c) Drilling
61. (b) Weil dadurch die Schlag(bolzen)feder entlastet wird

62. Bei welchen der nachgenannten Waffen sind Flintenabzüge gebräuchlich?

1.3.1.1 Konstruktionsteile aller Waffenarten

63. Was versteht man unter Schränkung?
64. Welche der aufgeführten Waffenarten haben ein Magazin, von dem aus eine Patrone direkt ins Patronenlager befördert wird?
65. Wozu dienen Laufhaken?
66. Welche der nachgenannten Waffen müssen zum Laden bzw. Entladen abgekippt (gebrochen) werden?
67. Welche der nachgenannten Sicherungen ist die zuverlässigste?
68. Welche der nachgenannten Sicherungen ist bei Kipplaufwaffen gebräuchlich?
69. Welches der nachgenannten Sicherungssysteme an Kipplaufgewehren bietet gegen eine unbeabsichtigte Schussauslösung die größere Sicherheit?

1.3.1.2 Büchsen

70. Welche der nachgenannten Aufgaben haben die Züge und Felder im Lauf?
71. Wodurch erhält das Geschoss den Drall im Büchsenlauf?
72. Wo befindet sich das Patronenlager einer Repetierbüchse?
73. Welcher Durchmesser im Lauf einer Büchse ist der größere?
74. Bei welcher der nachgenannten Waffen befindet sich das Patronenlager nicht im Lauf?
75. Welches der nachgenannten Büchsenmodelle hat einen Blockverschluss?
76. Welches der nachgenannten Büchsenmodelle hat einen Kipplaufverschluss?
77. Um welche Art von Abzugsvorrichtung handelt es sich bei einem Rückstecher?

1.3.1.3 Flinten

78. Wo befindet sich die Choke-Bohrung (Würgebohrung) bei Flinten?
79. Welcher Lauf einer Doppelflinte hat in der Regel die engere Choke-Bohrung?
80. Welcher Lauf einer gebräuchlichen Bockdoppelflinte hat in der Regel die engere Choke-Bohrung (Würgebohrung)?
81. Bei welchem Flintenkaliber ist der Durchmesser des Laufes größer?

---

62. (c) Bei Büchsen und Flinten
63. (b) Seitliche Abweichung des Schaftes von der Längsachse des Gewehrs
64. (b) Selbstlade-Pistolen, (d) Repetierbüchsen
65. (c) Zum Verschließen von Kipplaufwaffen
66. (a) Bergstutzen, (c) Bockdrilling
67. (c) Schlagstücksicherung
68. (b) Schiebesicherung
69. (a) Kipplaufgewehr mit Spannschieber
70. (a) Drehung des Geschosses zur Stabilisierung der Flugbahn
    (c) Verhinderung des Überschlagens des Geschosses nach Verlassen des Laufes
71. (a) Durch die Züge und Felder
72. (c) Im Lauf
73. (b) Der Durchmesser von Zug zu Zug
74. (b) Revolver
75. (c) Heerenbüchse
76. (b) Bergstutzen
77. (b) Um eine Abzugsvorrichtung mit nur einem Abzug, der nach vorne gedrückt werden muss, um die Waffe einzustechen
78. (a) Am Endstück des Laufes
79. (a) Der linke Lauf
80. (a) Der obere Lauf
81. (b) Bei Kaliber 12

82. Wo befinden sich an einer Flinte die Angaben über Kaliber und Bohrung des Patronenlagers für 65 bzw. 70 mm?
83. Welcher der genannten Teile ist für ein gutes Trefferergebnis mit einer Flinte ausschlaggebend?
84. Was bezweckt die Choke-Bohrung (Würgebohrung)?
85. Wodurch wird die jagdlich nutzbare Streuung der Schrotgarbe beeinflusst?
86. Was versteht man unter einer Selbstspannerflinte?
87. Was versteht man unter einer Selbstladeflinte?
88. Wozu dient ein Ejektor?
89. Durch was erfolgt das Auswerfen der Hülse beim Ejektor?
90. Welches der nachgenannten Verschlusssysteme findet bei Doppelflinten Verwendung?
91. Was wird unter „doppeln" verstanden?

1.3.1.4 Kombinierte Jagdwaffen

92. Welche der nachgenannten Waffen gehört zu den kombinierten Waffen?
93. Welche Laufzusammenstellung und -anordnung hat eine Büchsflinte?
94. Welches der nachgenannten Verschlusssysteme findet vornehmlich bei Bockbüchsflinten Verwendung?
95. Welche Stecherart hat in der Regel ein Drilling?
96. Sie besitzen eine Selbstspanner-Bockbüchsflinte mit zwei Abzügen und Stechervorrichtung. Bei welchem Abzug ist die Stechervorrichtung eingebaut?

1.3.2 Jagdwaffenmunition

1.3.2.1 Munition für Büchsen

97. Was bedeutet die Patronenbezeichnung 6,5x68 R?
98. Welche der nachgenannten Büchsenpatronen hat den stärkeren Kaliberdurchmesser? (99. Nicht wiedergegeben)
100. Lassen sich in einem Repetierer mit Kaliber 7x57 auch Patronen des Kalibers 8x57 verschießen?
101. Dürfen aus einer Repetierbüchse des Kalibers 8x68 S auch Patronen des Kalibers 8x57 IS verschossen werden?

---

82. (a) An den Läufen (Unterseite)
83. (c) Schaft
84. (b) Beeinflussung der Schrotgarbenstreuung
85. (a) Durch die Choke-Bohrung (Würgebohrung)
86. (a) Eine Flinte, welche durch das Abkippen der Läufe gespannt wird
87. (c) Eine Flinte, die nach dem Schuss die leere Patronenhülse automatisch auswirft und die neue Patrone sofort wieder lädt
88. (c) Zum Auswerfen der leeren Patronenhülsen
89. (b) Durch Federdruck
90. (b) Greener-Verschluss
91. (c) Das gleichzeitige Lösen von zwei Schüssen, wenn bei einer mehrläufigen Waffe nur ein Abzug betätigt wird
92. (c) Büchsflinte
93. (b) 1 Kugel- und 1 Schrotlauf liegen nebeneinander
94. (a) Kersten-Verschluss
95. (b) Rückstecher
96. (a) Im vorderen Abzug
97. (a) Kaliber 6,5 mm, Hülsenlänge 68 mm, Patrone mit Rand
98. (b) 8x57 IRS (99. Nicht wiedergegeben)
100. (b) Nein
101. (b) Nein

102. Kann aus einem Büchsenlauf des Kalibers 6,5x57 R auch die Patrone 6,5x68 R verschossen werden?
103. Für das Büchsenkaliber 7x64 gibt es mehrere Laborierungen. Sind die Hülsen der einzelnen Laborierungen nach Durchmesser und Länge immer gleich?
104. Anhand welcher Merkmale unterscheiden sich die Patronen 7x57 R und 7x57?
105. Welche der nachgenannten Patronen ist für die Verwendung in Repetiergewehren bestimmt?
106. Für Kipplaufgewehre sind u.a. folgende Patronen des Kalibers 7x57R im Handel
1. Geschossart: Teilmantel-Rundkopf; Geschossgewicht: 9,00 g; E_{100} = 2020 Joule
2. Geschossart: Kegelspitz; Geschossgewicht: 10,50 g; E_{100} = 2570 Joule
Können die beiden Patronen gefahrlos aus einem amtlich beschossenen Drilling mit dem Kugelkaliber 7x57 R verschossen werden?
107. Welche der nachgenannten Patronen sind für die Verwendung in einem Repetiergewehr mit dem Kaliber 7x57 geeignet?
108. Hat jede Patrone mit Rand auch Randfeuerzündung?
109. Welche der angegebenen Patronenarten hat Randfeuerzündung?
110. Welche der nachgenannten Patronen zählt zu den Randfeuerpatronen?
111. Was sind Randfeuerpatronen?
112. Welches Kaliber in Millimeter hat die Patrone .222 Remington?
113. Welchen Durchmesser hat das Geschoss der Patrone .243 Winchester?
114. Welchen Durchmesser hat das Geschoss der Patrone .270 Winchester?
115. Für die Verwendung von Büchsenpatronen auf zum Hochwild zählendes Schalenwild wird neben der Anforderung an die Auftreffwucht auch ein Mindestkaliber von 6,5 mm verlangt. Liegt die Patrone .270 Winchester über diesem Mindestkaliber?
116. Sind – ähnlich wie bei einer Schrotpatrone – auch in einer Büchsenpatrone Pulver und Geschoss durch einen Pfropfen getrennt?
117. Welche der nachgenannten Büchsenpatronen sind auf Rehwild zugelassen?
118. Welche der aufgeführten Patronen hat die größere Rasanz?
119. Welche der nachgenannten Patronen hat die gestreckteste Flugbahn?
120. Worauf bezieht sich der Begriff „Rasanz“?

---

102. (b) Nein
103. (a) Ja
104. (a) Die Patrone 7x57 R hat am Hülsenboden einen Rand
(c) Die Patrone 7x57 hat eine Auszieherrille
105. (a) 8x57 IS
106. (a) Ja
107. (a) Kaliber 7x57; Geschossart Kegelspitz; Geschossgewicht 8,00 g
108. (b) Nein
109. (b) .22 Magnum
110. (b) .22 lfB (lang für Büchsen)
111. (b) Patronen ohne Zündhütchen, die Zündmasse befindet sich im Rand des Patronenbodens
112. (a) 5,6 mm
113. (a) 6,2 mm
114. (b) 6,9 mm
115. (a) Ja
116. (b) Nein
117. (d) 5,6x57 R; (e) 6,5x57
118. (a) 6,5x68 Teilmantelspitz, Geschossgewicht 6 g
119. (a) 6,5x57 R Teilmantel-Spitz, Geschossgewicht 6 g
120. (c) Auf die Krümmung der Geschossflugbahn

1.3.2.2 Munition für Flinten

121. Was bezeichnet die auf einer Schrotpatronenschachtel aufgedruckte Zahlenangabe „12/70“?
(122. Nicht wiedergegeben)
123. Können Streupatronen aus Doppelflinten mit verschiedenen Laufbohrungen ohne Sicherheitsbedenken verschossen werden?
124. Von welchem der nachgenannten Kaliber bei gleicher Schrotgröße enthält eine Schrotpatrone die meisten Schrotkörner?
125. Auf welche Entfernung ist die Treffsicherheit eines Flintenlaufgeschosses begrenzt?
126. Worauf bezieht sich die Angabe über die Hülsenlänge (65 mm, 67,5 mm oder 70 mm) einer Schrotpatrone?
127. Welche Pulverart wird in Schrotpatronen verwendet?
128. Welche der nachgenannten Patronen dürfen in einer Flinte mit einem Patronenlager von 65 mm Länge verwendet werden?
129. Welche Schrotstärke verwendet man zweckmäßigerweise für die Jagd auf Rebhühner?
130. Welche der nachgenannten Aussagen zum Stahlschrot (Weicheisenschrot) ist richtig?

1.3.3 Kurzwaffen

131. Bei welcher der nachgenannten Waffen befindet sich das Patronenlager nicht im Lauf?
132. Durch welchen Konstruktionsteil einer Selbstladepistole wird die Patrone in den Lauf geschoben?
133. Ist es möglich, mit einer geladenen und entsicherten Pistole Walther PP notfalls sofort zu schießen oder muss zuerst der Hahn aufgezogen werden?
134. Bei einer Selbstladepistole Walther PPK ragt der Signalstift heraus. Welche der nachgenannten Aussagen ist richtig?
135. Wo befindet sich bei einer Pistole das Patronenlager?
136. Für welche Art von Kurzwaffen sind Patronen mit einer Rille am Hülsenende i.d.R. bestimmt?

1.3.4 Blanke Waffen

137. Was sind blanke Waffen?

---

121. (a) Kaliber 12, Hülsenlänge 70 mm
(122. Nicht wiedergegeben)
123. (a) Ja
124. (a) Schrotpatrone 12/67,5
125. (c) Ca. 40 m
126. (b) Auf die Gesamthülsenlänge nach dem Schuss
127. (b) Schnell verbrennendes Pulver [Offensives Pulver]
128. (a) Patronen mit Hülsenlänge von 65 mm; (b) Patronen mit Hülsenlänge von 67,5 mm
129. (a) 2 ½ mm
130. (a) Stahlschrot (Weicheisenschrot) wird zur Entenjagd an Gewässern verwendet
131. (c) Revolver
132. (b) Verschluss
133. (a) Es ist möglich, sofort zu schießen
134. (b) Es befindet sich eine Patrone im Lauf
135. (b) Im Lauf
136. (a) Selbstlade-Pistole
137. (c) Stich- und Schneidewaffen, die zum Abfangen von Schalenwild benutzt werden.

1.4 Ballistik

1.4.1 Ballistik allgemein

138. Was bedeutet die Bezeichnung „Joule“ (J) bei ballistischen Angaben über Büchsenpatronen?
139. Was bedeutet die Abkürzung „E_{100}“ in Schusstabellen?
140. Was bedeutet in Schusstabellen die Bezeichnung „Günstigste Einschussentfernung[5]“ (= GEE)?
141. Wie kann sich die Treffpunktlage bei einem Drilling mit verlöteten Läufen (unten liegender Kugellauf) verändern, wenn rasch hintereinander mehrere Kugelschüsse abgegeben werden?
142. Ist eine Veränderung der Treffpunktlage einer Büchse zu befürchten, wenn aus dem nicht entölten Lauf ein Schuss abgegeben wird?

1.4.2 Innenballistik

143. Was ist die Seelenachse?
144. An welcher Stelle des Gewehrs entsteht der höchste Gasdruck?
145. Wie groß ist die Mündungsgeschwindigkeit (v_0) einer Schrotgarbe aus einer Jagdflinte?
146. Was versteht man unter Innenballistik des Büchsenschusses?
147. Wo ist die Geschossgeschwindigkeit am höchsten?

1.4.3 Außenballistik

148. Schneidet die Flugbahn eines Büchsengeschosses die Seelenachse?
149. Wie weit kann ein Büchsengeschoss im Kaliber 7x57 das Hintergelände höchstens gefährden?
150. Bei welchem der nachgenannten Punkte der Flugbahn eines Büchsengeschosses liegt die „Günstigste Einschussentfernung“[5] (=GEE)?
151. Warum soll ein Geschoss im Jagdgebrauch einen Ausschuss liefern?
152. Wie weit kann ein Schrotschuss das Hintergelände gefährden?
153. Mit welchem maximalen Gefahrenbereich ist beim Schießen mit Flintenlaufgeschossen aus Sicherheitsgründen zu rechnen?
154. Bis zu welcher Entfernung reicht die Schusspräzision von Flintenlaufgeschossen aus, um eine Schussabgabe auf Schwarzwild verantworten zu können?

---

138. (a) Maßeinheit für die Geschossenergie
139. (b) Geschossenergie in 100 m Entfernung von der Laufmündung
140. (c) Entfernung, bei der das fallende Geschoss die Visierlinie kreuzt[5]
141. (b) Es kann sich Hochschuss ergeben
142. (a) Ja
143. (a) Eine gedachte Linie in Längsrichtung durch die Mitte des Laufes (Mittellinie der Laufbohrung)
144. (c) Im Bereich des Patronenlagers
145. (b) etwa 300 – 400 m/Sekunde
146. (a) Die Vorgänge im Lauf von der Zündung bis zum Austritt des Geschosses
147. (c) Beim Verlassen des Laufes
148. (b) Nein
149. (b) Etwa 5000 m
150. (a) Beim Kreuzen des fallenden Geschosses mit der Visierlinie[5]
151. (b) Damit die Schussverletzung des Wildes eine deutliche Schweißfährte liefert
152. (b) Schrotstärke (mm) x 100 m
153. (b) 1500 m
154. (b) Bis zu 45 m

---

[5] Gemeint ist wohl: Ein<u>schieß</u>entfernung. Bei der Antwort fehlt: Flugbahn max. 4 cm über Visierlinie.

1.4.4 Zielballistik

1.4.4.1 Für Büchsengeschosse

155. Welche der nachgenannten Geschossarten hat die größte Durchschlagskraft?
156. Welches der nachgenannten Geschosse soll auf gesundes Schalenwild nicht verwendet werden?
157. Welche der nachgenannten Geschosse zerlegen sich im Wildkörper in der Regel nicht?
158. Welche der nachgenannten Geschossarten hat die größte Durchschlagskraft?

1.4.4.2 Für den Schrotschuss

159. Bis zu welcher Entfernung ist der Schrotschuss mit 3,5 mm Schrot auf einen Hasen zuverlässig wirksam?
160. Bis zu welcher Entfernung ist der Schrotschuss mit 3 mm Schrot auf eine breit vorbeistreichende Stockente zuverlässig wirksam?
161. Bis zu welcher Entfernung ist der Schrotschuss mit 4 mm Schrot auf einen breit vorbeiflüchtenden Fuchs zuverlässig wirksam?

1.5 Waffenhandhabung

1.5.1 Handhabung

1.5.1.1 Allgemein

162. Wann wird eine Schusswaffe mit Stecher eingestochen?

1.5.1.2 Für Büchsen

163. Wozu führt ein „hartes“ Auflegen der Büchse in der Nähe der Laufmündung beim Schuss?
164. Zu welchem Schussergebnis führt das Abkommen bei offener Visierung mit Feinkorn?
165. Wo sitzt der Schuss, wenn bei offener Visierung das Korn links geklemmt wird?
166. Wo sitzt der Schuss bei linksverkantetem Gewehr?
167. Beim Anschießen einer Büchse mit Zielfernrohr sitzt der Schuss zu hoch. In welche Richtung muss der Zielstachel zur Korrektur verstellt werden?
168. Beim Anschießen einer Büchse mit Zielfernrohr sitzt der Schuss zu tief. Müssen Sie zur Korrektur den Zielstachel nach oben oder nach unten verstellen?
169. Beim Kugelschuss durch das Zielfernrohr sitzt der Schuss zu weit rechts. In welche Richtung muss der Zielstachel zur Korrektur verstellt werden?
170. Was versteht man bei der Abgabe eines Büchsenschusses unter Abkommen?

---

155. (c) Vollmantelgeschoss
156. (a) Vollmantelgeschoss
157. (a) Brenneke-Flintenlaufgeschoss, (d) Vollmantel-Geschoss
158. (c) .308 Winchester Vollmantel
159. (c) 35 m
160. (c) 35 m
161. (c) 35 m
162. (c) Unmittelbar vor Schussabgabe
163. (c) Es führt zu einem Hochschuss
164. (c) Tiefschuss
165. (a) Links
166. (c) Links tief
167. (a) Nach oben
168. (b) Nach unten
169. (a) Nach rechts
170. (b) Den anvisierten Zielpunkt bei der Schussabgabe

171. Welchen Lauf einer handelsüblichen Doppelbüchse löst der vordere Abzug aus?
172. Welche der nachgenannten Patronen ist für den Schuss auf Rehwild (auch unter Berücksichtigung der Wildbretverwertung) die geeignetste?
173. Welche der nachgenannten Büchsenpatronen ist für die Gamsjagd am geeignetsten?
174. Sie besitzen die nachgenannten Jagdgewehre. Welches dieser Gewehre verwenden Sie zweckmäßigerweise, wenn Sie zur Erlegung eines Gamsbockes in einem hochalpinen Bergrevier eingeladen werden?
175. Welche der nachgenannten Waffen ist bei einer Drückjagd auf Schwarzwild, Rehwild und Füchse am geeignetsten?

1.5.1.3 Für Flinten

176. Aus welchem Lauf löst sich bei den meisten der gebräuchlichen Bockdoppelflinten der Schuss, wenn der vordere Abzug betätigt wird?
177. Wie werden Doppelflinten mit Einabzug entspannt?
178. Darf aus einer alten Doppelflinte, welche den Beschussstempel „N" nicht trägt, mit den heute für die Jagd allgemein gebräuchlichen Schrotpatronen geschossen werden?

1.5.1.4 Für kombinierte Jagdwaffen

179. Aus welchem Lauf lässt sich aus einem Drilling ein Schrotschuss abgeben, wenn der Drilling auf Kugel gestellt ist und vorher nicht umgeschaltet wird?
180. Wie wird eine Bockbüchsflinte eingestochen?
181. Aus welchem Lauf löst sich der Schuss, wenn bei einem auf Kugel gestellten Drilling der hintere Abzug betätigt wird?
182. Kann an den Signalstiften eines Drillings erkannt werden, ob er geladen ist?
183. Was wird bei einem mit Signalstiften versehenen Drilling angezeigt, wenn die Stifte herausstehen?
184. An einem geschlossenen Drilling sind die Signalstifte nicht sichtbar. Kann die Waffe trotzdem geladen sein?
185. In welchen Lauf muss bei einem mit Zielfernrohr versehenen Drilling der Einstecklauf für .22 Winchester Magnum eingebracht werden, wenn beim Schießen mit dieser Patrone der Stecher benützt werden soll?

---

171. (a) Den rechten Lauf
172. (a) Kaliber 7x57R Teilmantel-Rundkopf; Geschossgewicht 9,0 g; v_{100} 670m/s; E_{100} 2800J
173. (a) Kaliber 6,5x57; Geschossart TMS; Geschossgewicht 6,0 g; v_{100} 880 m/s; E_{100} 2325 J
174. (c) Repetierbüchse 6,5x68
175. (a) Drilling mit Kugelkaliber 8x57 IRS und Schrotkaliber 16/70, Zielfernrohr 1,5 – 6x42
176. (b) Aus dem unteren Lauf
177. (b) Durch Laden mit Pufferpatronen und Abschlagen der Schlosse
178. (b) Nein
179. (a) Aus dem linken Schrotlauf
180. (a) Durch Vordrücken des vorderen Abzugs (Rückstecher)
181. (a) Aus dem linken Schrotlauf
182. (b) Nein
183. (a) Die Schlosse sind gespannt
184. (a) Ja
185. (b) Rechter Schrotlauf

1.6 Jagdoptik

1.6.1 Ferngläser

186. Welches der nachgenannten Ferngläser erbringt die größte Dämmerungsleistung?
187. Was bedeuten die Zahlen beim Fernglas 8x56?
188. Auf welche Entfernung bezieht sich die Angabe für ein Fernglas „Sehfeld 145m"?
189. Welches der nachgenannten Ferngläser ist für die Tagespirsch bei der Hochgebirgsjagd auf Gamswild bezüglich der optischen Leistung am besten geeignet?
190. Welches der nachgenannten Ferngläser ist für die Jagd bei Mondschein am besten geeignet?

1.6.2 Zielfernrohre

191. Auf welche Entfernung bezieht sich die Sehfeldangabe bei Zielfernrohren?
192. Welche der nachgenannten Angaben sind von maßgeblicher Bedeutung für die Leistung eines Zielfernrohrs bei schwachem Licht?
193. Welches der nachgenannten Zielfernrohre hat das größte Sehfeld?
194. Bei welcher Vergrößerung eines variablen Zielfernrohrs ist das Sehfeld größer?
195. Was wird durch die Vergütung der Optik eines Zielfernrohrs vorrangig erreicht?
196. Wie weit ist ein breitstehender Rehbock etwa entfernt, wenn er beim Anvisieren durch ein Zielfernrohr mit 4facher Vergrößerung mit Absehen 1 den Zwischenraum zwischen den Querbalken gerade ausfüllt?
197. Welches unbeleuchtete Zielfernrohrabsehen ist bei schlechten Lichtverhältnissen (z.B. tiefe Dämmerung) für einen sicheren Schuss am wenigsten geeignet?
198. Wie ändert sich das Sehfeld, wenn bei einem variablen Zielfernrohr die Vergrößerung von 1½fach auf 6fach verstellt wird?
199. Welche Einstellung bei einem variablen Zielfernrohr gilt für den Schuss auf flüchtiges Schalenwild als optimal?
200. Was bedeutet der Begriff „Absehen"? Das Absehen ist
201. Welche Merkmale sollte eine Zielfernrohr aufweisen, wenn es vor allem bei Drückjagden verwendet werden soll?
202. Welche der nachgenannten Aussagen zum Leuchtabsehen in Zielfernrohren ist richtig?

---

186. (a) 8x56
187. (a) 8fache Vergrößerung; b) 56 mm Durchmesser des Objektives
188. (c) 1000 m
189. (c) 10x40
190. (c) 8x56
191. (b) 100 m
192. (a) Vergrößerung
    (c) Durchmesser des Objektivs (dem Objekt zugewandte Linse)
193. (a) 2½ x20
194. (a) 1½fach
195. (c) Eine Reflexminderung an den Glasoberflächen
196. (b) Etwa 100 m
197. (c) Absehen 6 (Fadenkreuzabsehen)
198. (a) Es wird kleiner
199. (a) 1½fache Vergrößerung
200. (c) die Zieleinrichtung im Zielfernrohr, wie z.B. das Fadenkreuz
201. (a) Geringe Vergrößerung (z.B. 1,5 bis 2,5fach); d) Großes Sehfeld
202. (b) Beleuchtete Absehen ermöglichen ein genaues Sehen des Absehens bei schlechten Lichtverhältnissen

10.1 Deutsche Beschusszeichen (Anlage II zur 3. WaffV)

Abb. 1

Bundesadler (§ 7 Abs. 1 Nr. 1)

Kennbuchstaben: Siehe Kap. 8 (F: Freiwilliger Beschuss)

Abb. 2

(Ortszeichen der zuständigen Behörde)
(§ 7 Abs. 1 Nr. 3)

Ulm

Hannover

Kiel

Mellrichstadt

München

Köln

Suhl

Abb. 3

Zulassungszeichen für Handfeuerwaffen und Einsteckläufe nach § 21 des Gesetzes

Abb. 4

Zulassungszeichen für Schreckschuß-, Reizstoff- und Signalwaffen nach § 22 des Gesetzes

Abb. 5

Zulassungszeichen für Raketenmunition und Geschosse mit pyrotechnischer Wirkung nach § 23 des Gesetzes

Abb. 6

Prüfzeichen nach § 16 Abs. 2

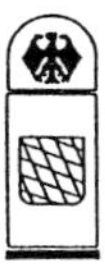

Abbildung 8

Prüfzeichen für Munition ("CIP-Zeichen")
(§ 20 Abs. 1 Nr. 2 der 3. WaffV)
hier: Beschußamt Mellrichstadt

Prüfzeichen für Stahlschrot-Beschuß

10.2 Weitere, anerkannte Beschusszeichen

RUSSISCHE FÖDERATION

Beschußzeichen

Beschuß der Waffen und der Munition sowie Jahr des Beschusses — ГИС 96

Belgische Beschußzeichen

Flinten

freiwilliger Beschuß

verstärkter Beschuß

Endbeschuß der Vorderladerwaffen

gewöhnliche Ladung

verstärkte Ladung

Beschuß der Hinterladerflinten

Vorbeschuß der montierten Läufe

gewöhnlicher Beschuß

zweifacher Beschuß

dreifacher Beschuß

Endbeschuß mit Schwarzpulver

Endbeschuß mit rauchlosem Pulver

Gewehre mit gezogenem Lauf

Endbeschuß mit Schwarzpulver

zusätzliches Zeichen für den Nitrobeschuß

Revolver und Selbstladepistolen

Endbeschuß mit Schwarzpulver

zusätzliches Zeichen für den rauchlosen Endbeschuß

Alle Waffen müssen mit Kalibermarken und dem Zeichen des Kontrolleurs versehen sein; Beispiele:

Kalibermarken

Zeichen der Kontrolleure

ausländische Waffen, die in Belgien beschossen werden

in Belgien gefertigte Waffen, die erst im Ausland beschossen werden

Britische Beschußzeichen

	London	Birmingham
Vorbeschuß	GP	BP
Zusatzstempel auf den Läufen	NOT NITRO	BLACK POWDER
verstärkter Beschuß	SP	SP
Endbeschuß mit Schwarzpulver	GP	BP
Endbeschuß mit rauchlosem Pulver	NP	BNP
Wiederholungsbeschuß	R	R

Französische Beschußzeichen

St. Etienne		Paris
	Vorbeschuß der Läufe	
	Endbeschuß der Läufe	
St ETIENNE	mit einfacher Ladung	
St ETIENNE	mit zweifacher Ladung	
St ETIENNE	mit dreifacher Ladung	

Durch das Zeichen **NA** wird zum Ausdruck gebracht, daß die Läufe noch nicht montiert sind.

St. Etienne		Paris
	Endbeschuß mit Schwarzpulver	
F	gewöhnliche Ladung	
S	verstärkte Ladung	
	Endbeschuß mit rauchlosem Pulver	
PT	gewöhnliche Ladung	PT
PT	verstärkte Ladung	PT
	Zeichen dafür, daß die Waffe beim Beschuß im lieferfähigen (fertigen) Zustand war	
ARME ETRANGERE	Zeichen für ausländische Waffen	AR. ETR
AR St ETIENNE	Zeichen für Langwaffen mit gezogenen Läufen	AR
St ETIENNE	Zeichen für Kurzwaffen	

Italienische Beschußzeichen

PN	PSF	FINITO
Endbeschuß mit Schwarzpulver	Endbeschuß mit rauchlosem Pulver	Zusatzzeichen für den Beschuß der fertigen Waffen

Zeichen der Beschußstellen

Brescia	Gardone

Österreichische Beschußzeichen

Beschußamt Wien  Vorbeschuß  **Beschußamt Ferlach**

 Endbeschuß allgemein 

 zusätzliches Zeichen für den Beschuß mit verstärkter Ladung

 Zeichen für den Nitrobeschuß 

Spanische Beschußzeichen

 Zulassungszeichen

 Vorderladerwaffen mit glattem Lauf (Schwarzpulver)

Flinten

Schwarzpulver

rauchloses Pulver

offensives Pulver

 Gewehre mit gezogenem Lauf

 Zimmerstutzen und Zimmerpistolen

 gewöhnliche Pistolen

Revolver

automatische Pistolen

Waffen, für die Maße festgelegt sind

ausländische Waffen

Beschußzeichen der Tschechoslowakei

Flinten, Flobertwaffen, Zimmerstutzen und -pistolen, Pistolen mit glatten Läufen

Büchsen, Pistolen mit gezogenen Läufen, Revolver

Rohe Flintenläufe

Gaswaffen

Beschußzeichen von Chile

Beschußzeichen von Ungarn

 Freiwilliger Vorbeschuß

 Endbeschuß

 Wiederholungs- oder Instandsetzungsbeschuß

WaffVwV

Anlage 10
(Vorderseite)

überlassen		
am	an	Behörde (Dienstsiegel)
10	11	12

Waffenbesitzkarte

Nr. ....

Herrn/Frau ....

geboren am ....

in ....

wird hiermit die Erlaubnis erteilt, die von der Behörde in den Spalten 1 bis 3 der Rückseite bezeichneten Schußwaffen zu erwerben und die tatsächliche Gewalt darüber auszuüben. Die Erlaubnis gilt auch für die auf Seite 6 genannten Personen.
Die Erlaubnis zum Erwerb ist gültig bis

....

.... (Ort) .... (Datum)

....
(Behörde)

Dienstsiegel

....
(Unterschrift)

(Rückseite)

lfd. Nr.	Art	Bezeichnung der Munition oder des Kalibers	Erlaubnisbehörde (Dienstsiegel)	Hersteller oder Warenzeichen (Modellbezeichnung)	Her-stellungs-nummer	erworben oder angemeldet		
						am	Überlasser (Name, Sitz)	Behörde (Dienst-siegel)
1	2	3	4	5	6	7	8	9

Berechtigt zum Munitionserwerb für unter lfd. Nr. .... eingetragene Schußwaffen.

Amtliche Eintragungen

Dienstsiegel

....
(Unterschrift)

WaffVwV

Anlage 11
(Vorderseite)

Waffenbesitzkarte für Sportschützen

Nr. ....

überlassen		
am	an	Behörde (Dienstsiegel)
9	10	11

Herrn/Frau ....

geboren am ....

in ....

wird hiermit die Erlaubnis erteilt, Einzelladerwaffen mit einer Länge von mehr als 60 cm zu erwerben und die tatsächliche Gewalt darüber auszuüben, sowie die dafür bestimmte Munition zu erwerben.

Die Erlaubnis gilt auch für die auf Seite 6 genannten Personen.

....
(Ort) (Datum)

....
(Behörde)

Dienstsiegel

....
(Unterschrift)

(Rückseite)

lfd. Nr.	Art	Bezeichnung der Munition oder des Kalibers	Hersteller oder Warenzeichen (Modellbezeichnung)	Herstellungsnummer	erworben		
					am	Überlasser (Name, Sitz)	Behörde (Dienstsiegel)
1	2	3	4	5	6	7	8

WaffVwV

Anlage 12
(Vorderseite)

Amtliche Eintragungen:

Waffenbesitzkarte

für Waffensammler und Waffensachverständige

Nr. ....

Herr/Frau ....

geboren am ....

in ....

ist berechtigt, folgende Waffenarten

....

....

....

....

zu erwerben und die tatsächliche Gewalt darüber auszuüben.
Die Schußwaffen, die der Inhaber dieser Erlaubnis erworben hat und über die er die tatsächliche Gewalt ausüben darf, sind in der nachfolgenden Aufstellung aufgeführt.

....
(Ort) (Datum)

Dienstsiegel

....
(Behörde)

....
(Unterschrift)

Diese Waffenbesitzkarte wird in Buchform ausgegeben

(Rückseite)

Lfd. Nr.	Art	Kaliber- o. Munitionsbezeichnung	Hersteller oder Warenzeichen (Modellbezeichnung)	Herstellungs-Nr.	am
1	2	3	4	5	6

erworben oder angemeldet		überlassen		
Überlasser (Name, Sitz)	Behörde (Dienstsiegel)	am	an	Behörde (Dienstsiegel)
7	8	9	10	11

WaffVwV
Anlage 13

Munitionserwerbschein

Nr. ....

Herr/Frau ....

geboren am ....

in ....

ist berechtigt, Munition folgender Art zu erwerben:

....

....

Gültig bis ....

....
(Ort) (Datum)

Dienstsiegel

....
(Behörde)

....
(Unterschrift)

Anlage 15
(Vorderseite)

Auflagen und Beschränkungen:

Die Geltungsdauer des Waffenscheins wird bis zum

.... verlängert.

....
(Ort) (Datum)

Dienstsiegel

....
(Behörde)

....
(Unterschrift)

Die Geltungsdauer des Waffenscheins wird bis zum

.... verlängert.

....
(Ort) (Datum)

Dienstsiegel

....
(Behörde)

....
(Unterschrift)

1. Waffe Art ....

Kaliber ....

Hersteller ....

Herstellungs-Nr. ....

2. Waffe Art ....

Kaliber ....

Hersteller ....

Herstellungs-Nr. ....

3. Waffe Art ....

Kaliber ....

Hersteller ....

Herstellungs-Nr. ....

Waffenschein

Nr. ....

Herr/Frau ....

geboren am ....

in ....

wohnhaft in ....

ist berechtigt, die auf der Rückseite bezeichneten Waffen zu führen.

Gültig bis ....

Dieser Waffenschein berechtigt nicht dazu, Waffen in öffentlichen Versammlungen, Aufzügen oder öffentlichen Veranstaltungen zu führen!

....
(Ort) (Datum)

Dienstsiegel

....
(Behörde)

....
(Unterschrift)

(Rückseite)

Dieser Waffenschein gilt auch für:

Bayerischer Sportschützenbund e.V.
Olympia-Schießanlage

Bestätigung des anerkannten Dachverbandes / angegliederten Teilverbandes
über das Bedürfnis zum Erwerb einer Waffe
(§ 14 WaffG)
(Diese Bestätigung ist bestimmt zur Vorlage bei der zuständigen Behörde.)

Angaben zum Antragsteller (vom Antragsteller auszufüllen)

1 Name: ______________________________

Straße: ______________________ Rückrufnummer bei Unklarheiten: ____________

Plz: __________ Ort: ______________________

geb. am __________ in ______________________

☐ Ich beantrage eine Erlaubnis für den Erwerb und Besitz folgender Waffe:

Art ______________________ Cal. __________

für die folgende Disziplin (Sportordnungsnummer und Bezeichnung)

Nr. ______ Bezeichnung ______________________

Anlagen:

Die Kopien aller meiner waffenrechtlichen Erlaubnisse sind als Anlage beigefügt.

__________ Nr , ausgestellt von der Behörde ______________________

__________ Nr , ausgestellt von der Behörde ______________________

__________ Nr , ausgestellt von der Behörde ______________________

__________ Nr , ausgestellt von der Behörde ______________________

☐ Ich beantrage eine Waffenbesitzkarte für Sportschützen (§14 Abs.4 WaffG)

Hinweis auf Datenschutzfreigabe nach dem Bundesdatenschutzgesetz:
Der Antragsteller stimmt zu, dass seine personenbezogenen Daten zum Zwecke der Bearbeitung dieses Antrages erhoben, verarbeitet und genutzt werden. Er ist mit der Speicherung auf unbestimmte Zeit ausdrücklich einverstanden.

Die vorstehenden Angaben wurden wahrheitsgemäß gemacht. Die Hinweise für den Datenschutz habe ich gelesen.

Ort/Datum ______________________ ☐☐.☐☐.☐☐

....
(Unterschrift des Antragstellers)

____

* Unzutreffendes streichen

2 a **Angaben zum Verein** (vom Verein auszufüllen)

Name: ______________________________

vertreten durch ______________________________

Straße: ______________________________

Plz: __________ Ort: ______________________________

Unser Verein ist Mitglied im Bayerischen Sportschützenbund

Wir bestätigen hiermit dem Antragsteller, dass er Mitglied im o.g. Verein ist und regelmäßig seit mindestens 12 Monaten den Schießsport in unserem Verein als Sportschütze betreibt. Ferner bescheinigen wir, dass wir die notwendigen Standanlagen für die beantragte Disziplin*/für erlaubnispflichtige Waffen** in eigenem Besitz haben / ein Mietverhältnis*** nachweisen können.

☐ Ein Auszug aus dem Schießbuch liegt bei.

☐ Sonstige Unterlagen über den Nachweis der Sportschützeneigenschaft des Antragstellers liegen bei.

(Diese Unterlagen verbleiben beim Verband.)

Ort/Datum ______________________________ ☐☐.☐☐.☐☐

....
(Unterschrift des Vorstandes lt. Vereinsregister)

Stempel des Vereins

2 b **Bestätigung des Verbandes über die Sportschützeneigenschaft nach § 14 Abs. 2 Nr. 1 WaffG und die Schießstätten**

Die Angaben des Vereins über die Schießstätten sowie die Sportschützeneigenschaft des Antragstellers werden auf Grund der vorgelegten Unterlagen bestätigt.

....
(Unterschrift des Bezirkssachbearbeiters)

Stempel des Bezirkes

3.1 **Bedürfnisbescheinigung des Verbandes zur Ausstellung einer Waffenbesitzkarte für Sportschützen nach §14 Abs. 4** (v.Bezirkssachbearbeiter auszufüllen)

Der Bayerische Sportschützenbund e.V. Ingolstädter Landstr. 110, (85748) Garching Hochbrück, vertreten durch seinen Beauftragten, hält die Ausstellung einer Waffenbesitzkarte für Sportschützen zur Ausübung des Schießsportes durch den Antragsteller für erforderlich. Für die, mit der Waffenbesitzkarte für Sportschützen zu erwerbenden Waffen sind die Disziplinen in der Sportordnung des Deutschen Schützenbundes / Regelwerk des Bayerischen Sportschützenbundes maßgebend.

....
(Unterschrift des Bezirkssachbearbeiters)

Stempel des Bezirkes

* Bei Antrag auf eine bestimmte Waffe
** Bei Antrag auf eine WBK für Sportschützen
*** Unzutreffendes streichen

3.2 **Bedürfnisbescheinigung des Verbandes nach §14 Abs. 2 Nr. 2 WaffG** (v.Bezirkssachbearbeiter auszufüllen)

Die beantragte Waffe:

Art __________________________________ Cal. ____________

ist nach der Sportordnung des Deutschen Schützenbundes oder nach dem Regelwerk des Bayerischen Sportschützenbundes zugelassen für den/die folgenden Wettbewerb/e.

Nr. _______ Bezeichnung __________________________________

Der Antragsteller besitzt keine für diesen Wettbewerb zugelassene Waffe. Im Besitz des Antragstellers befinden sich nach den vorgelegten Unterlagen weniger als zwei mehrschüssige Kurzwaffen für Patronenmunition/ weniger als drei halbautomatische Langwaffen.*

Der Erwerb der beantragten Waffe ist für die Ausübung der o.g. Disziplin durch den Antragsteller erforderlich.

....

(Unterschrift des Bezirkssachbearbeiters) Stempel des Bezirkes

---

3.3 **Bedürfnisbescheinigung nach §14 Abs. 3 WaffG** (vom Landessachbearbeiter auszufüllen)

Der Antragsteller benötigt über die bereits in seinem Besitz befindlichen _____ (Anzahl) mehrschüssigen Kurzwaffen für Patronenmunition* /die in seinem Besitz befindlichen _____ (Anzahl) halbautomatischen Langwaffen* eine weitere mehrschüssige Kurzwaffe für Patronenmunition*/ halbautomatische Langwaffe.

☐ für die Ausübung der folgenden weiteren Sportdisziplin

Nr. _______ Bezeichnung __________________________________

Die beantragte Waffe:

Art __________________________________ Cal. ____________

ist nach der Sportordnung des Deutschen Schützenbundes oder nach dem Regelwerk des Bayerischen Sportschützenbundes zugelassen für den o.g. Wettbewerb. Der Antragsteller besitzt keine für diesen Wettbewerb zugelassene Waffe.

☐ zur Ausübung des Wettkampfsportes eine weitere mehrschüssige Kurzwaffe für Patronenmunition*/ eine weitere halbautomatische Langwaffe*

Art __________________________________ Cal. ____________

Begründung:

Der Bayerische Sportschützenbund e.V. Ingolstädter Landstr. 110, (85748) Garching Hochbrück, vertreten durch seinen Beauftragten, hält den Erwerb der beantragten Waffe für die Ausübung des Wettkampfsportes durch den Antragsteller für erforderlich. Die angegebene Disziplin ist in der Sportordnung des Deutschen Schützenbundes bzw. im Regelwerk des Bayerischen Sportschützenbund geregelt.

....

(Unterschrift des Landessachbearbeiters) Stempel des Landesverbandes

* Unzutreffendes streichen

Bescheinigung für Sportschützen als Nachweis der Sachkunde

gem. § 7 Abs. 2 WaffG i.V.m. § 3 Abs. 1 Nr. 2 Buchst. c AWaffV

Herrn / Frau ______________________________

(Name, sämtliche Vornamen)

geboren am ______________ in ______________________________

wohnhaft in ______________________________

(Straße, Hausnummer, PLZ Wohnort, Gemeinde)

wird hiermit bescheinigt, dass er/sie

a) seit ______________ Mitglied der/des ______________________________

(Vereinsname, Sitz)

im ______________________________ ist,

(Name des gem. § 15 Abs. 3 WaffG anerkannten Schießsportverbandes)

b) vom ______________ bis ______________ in ______________________________

einen anerkannten Lehrgang zur Vermittlung der Sachkunde im Umgang mit Waffen und Munition gem. § 3 Abs.3 AWaffV besucht und die Sachkundeprüfung gem. § 3 Abs. 4 AWaffV vor dem Prüfungsausschuss gem. § 3 Abs. 5 AWaffV in Theorie und Praxis bestanden hat.

Im o.g. Lehrgang wurden die gem. § 1 Abs. 1 AWaffV geforderten Kenntnisse und Fertigkeiten für folgende Waffen- und Munitionsarten vermittelt und vom Prüfling nachgewiesen:

Waffenarten: ______________________________

Munitionsarten: ______________________________

____

(Ort, Datum)

Für den Prüfungsausschuss:

(Stempel)

____

(Vorsitzender)

Antrag auf Erteilung einer Ausnahmegenehmigung
vom Alterserfordernis zum sportlichen Schießen in genehmigten Schießständen

Empfänger:
(Kreisverwaltungsbehörde/Landratsamt)

Wir, die Erziehungsberechtigten, beantragen für **unser Kind**

Name | Vorname | Geburtsdatum

Geburtsort | Staatsangehörigkeit

PLZ, Wohnort | Straße/Haus-Nr.

eine Ausnahmegenehmigung nach § 27 Abs. 4 für das Schießen auf genehmigten Schießstätten mit Luftdruck-, Pressluft- und CO_2-Waffen, bei denen zum Antrieb der Geschosse kalte Treibgase verwendet werden.
Die ärztliche Bescheinigung über die geistige und körperliche Eignung fügen wir bei.
Bestätigung des Schützenvereins siehe Blatt 2.

Erziehungsberechtigte *)

Mutter:

Name/Ehename | Vorname | Geburtsdatum

Geburtsort | Staatsangehörigkeit

PLZ, Wohnort | Straße/Haus-Nr.

Vater:

Name/Ehename | Vorname | Geburtsdatum

Geburtsort | Staatsangehörigkeit

PLZ, Wohnort | Straße/Haus-Nr.

Ort, Datum | Ort, Datum

Unterschrift der Mutter bzw. Alleinerziehungsberechtigte *) | Unterschrift des Vaters bzw. Alleinerziehungsberechtigten *)

*) Alleinerziehungsberechtigte haben den Nachweis des alleinigen Sorgerechts vorzulegen.

Zum Antrag auf Erteilung einer Ausnahmegenehmigung
vom Alterserfordernis zum sportlichen Schießen in genehmigten Schießstätten

Bestätigung des Vereinsvorstandes:

Als Vorstand des Vereins

Name und Sitz des Vereins

bestätige ich, dass

1. der Schießbetrieb unter Obhut verantwortlicher und zur Kinder- und Jugendarbeit für das Schießen geeigneter Aufsichtspersonen erfolgt. Befähigungsnachweise des/der Betreuer(s)

   Name, Vorname

   Name, Vorname

   liegt/liegen dem Landratsamt vor.

2. das Kind

   Name, Vorname

   sich den unter Nr. 1 genannten Betreuer(n) vorgestellt hat. Nach dieser Vorstellung halten wir das Kind schießsportlich begabt.

Ort, Datum

Stempel des Vereins

Unterschrift des Vorstandes

Hinweise:

Antrag auf Erteilung einer Ausnahmegenehmigung vom Alterserfordernis zum Transport erlaubnisfreier Schusswaffen

Empfänger:
(Kreisverwaltungsbehörde/Landratsamt)

Wir, die Erziehungsberechtigten, beantragen für **unser Kind**

Name | Vorname | Geburtsdatum

Geburtsort | Staatsangehörigkeit

PLZ, Wohnort | Straße/Haus-Nr.

eine Ausnahmegenehmigung nach § 3 Abs. 3 des WaffG für den Transport erlaubnisfreier Schusswaffen von der Wohnung zur Schießstätte

Erziehungsberechtigte *)

Mutter:

Name/Ehename | Vorname | Geburtsdatum

Geburtsort | Staatsangehörigkeit

PLZ, Wohnort | Straße/Haus-Nr.

Vater:

Name/Ehename | Vorname | Geburtsdatum

Geburtsort | Staatsangehörigkeit

PLZ, Wohnort | Straße/Haus-Nr.

Begründung:

Ort, Datum | Ort, Datum

Unterschrift der Mutter bzw. Alleinerziehungsberechtigte *) | Unterschrift des Vaters bzw. Alleinerziehungsberechtigten *)

*) Alleinerziehungsberechtigte haben den Nachweis des alleinigen Sorgerechts vorzulegen.

Befürwortung des Vereinsvorstandes:

Als Vorstand des Vereins

Name und Sitz des Vereins

bitte ich den Antrag der Erziehungsberechtigten aus folgenden Gründen zu befürworten:

Ort, Datum

Stempel des Vereins

Unterschrift des Vorstandes

Hinweise:

Transport von erlaubnispflichtigen Schusswaffen im Rahmen der schießsportlichen Jugendarbeit

Das Bayerische Staatsministerium des Innern (BayStMI) hat mit Schreiben vom 10.07.2003 an den Bayerischen Sportschützenbund e.V. darauf hingewiesen, dass der **Transport erlaubnispflichtiger Schusswaffen** im Rahmen der schießsportlichen Jugendarbeit **ohne waffenrechtliche Erlaubnis des erwachsenen Transporteurs** (z.B. Eltern oder Betreuer) nach Auffassung des Staatsministeriums im Rahmen des § 12 Abs. 1 Nr. 3b i.V.m. § 12 Abs. 3 Nr. 2 WaffG zulässig ist.
Das Staatsministerium geht dabei davon aus, dass Betreuer von Jugendlichen Bescheinigungen mitführen werden, aus denen sich der Überlasser der Schusswaffen, die Personalien des Transporteurs, der einzelfallbezogene Grund für den Transport und der Umgang der erteilten Weisung entnehmen lässt.
Das Bedürfnis nach § 12 Abs. 3 Nr. 2 WaffG ergibt sich aus der mitgeführten Bescheinigung.

Schadvogelabwehr in landwirtschaftlichen Betrieben

Das Bundesministerium des Innern hat auf Anfrage mit Schreiben vom 16.07.2003 dem Deutschen Weinbau-Verband e.V., Bonn, u.a. Folgendes mitgeteilt:
"Nicht nur der Inhaber des Hausrechts bedarf ... keines Kleinen Waffenscheins. Auch derjenige ist von der Erlaubnispflicht ausgenommen, der die Waffe mit Zustimmung des Hausrechtsinhabers zu einem von seinem Bedürfnis umfassten Zweck, hier also zwecks eventueller Vertreibung von Vögeln, führt (§ 12 Abs. 3 Nr. 1 des Waffengesetzes). Darunter sind z.B. Landwirtschafts- bzw. Erntehelfer zu subsumieren.
Der Transport der Schreckschusswaffe in nicht schuss- und zugriffsbereitem Zustand von zuhause in das befriedete Besitztum des Weinbergs oder Obstgartens ist nach § 12 Abs. 3 Nr. 2 des Waffengesetzes erlaubnisfrei.
Das Schießen im befriedeten Besitztum mit Schreckschusswaffen ist nach § 12 Abs. 4 Nr. 3 Buchstabe b (zum Vertreiben von Vögeln in landwirtschaftlichen Betrieben) von der Schießerlaubnis freigestellt."

Anmerkung des Verfassers: Die oben wiedergegebenen Bestätigungen und Anträge und das o.g. Schreiben wurden, soweit entsprechend gekennzeichnet, vom Bayer. Sportschützenbund ins Internet gestellt und sind unter www.bssb.de oder www.bssj.de abrufbar, wo man ggf. auch die aktuelle Fassung findet. Darüber hinaus wird darauf hingewiesen, dass die Vordrucke vorbehaltlich einer anderen Regelung, z.B. durch eine neue WaffVwV, nicht zwingend endgültig und in den Ländern verschieden sind.

10.9.1 Büchsenpatronen/Langwaffen mit gezogenen Läufen

Aus: Maßtafeln für Handfeuerwaffen und Munition vom 10.1.2000 (Bundesanzeiger Nummer 38a vom 24.2.2000) und weitere Daten o. Gewähr

Bezeichnung (Kaliber)	.22 Hornet	8,15x46 R	.222 Rem.	6 mm BR Nor.	8x57JS	.308 Win.	.30-06 Spr.
1. Waffe							
Feld-∅ (mm) mindestens	5,51	8,00	5,56	6,02	7,89	7,62	7,62
Zug-∅ (mm) mindestens	5,64	8,30	5,69	6,17	8,20	7,82	7,8
2. Patrone							
Hülsenlänge (mm) höchst.	35,64	46,50	43,18	39,62	57,00	51,18	63,35
Gasdruck(bar) höchstens	3200	1650	3700	4050	3900	4150	4050
3. Geschoss							
Art des Geschosses	TMS	TMF	MJ	MS	SG	MS	KS
Masse (g) des Geschosses	3,0	9,8	3,6	6,93	12,1	10,9	10,7
Geschoss-∅ (mm) höchst.	5,70	8,38	5,70	6,18	8,22	7,85	7,85
4. Ballistik							
v_0 (m/s) Lauflänge	740 600 mm	550 700 mm	975 600 mm	860	800 600 mm	800 650 mm	870 600 mm
E_0 (Joule) Lauflänge	821 600 mm	1480 700 mm	1711 600 mm	2563	3870 600 mm	3488 650 mm	4049 600 mm
Höchstschuss-weite (m)	2000	2500	3000	4000	4000	5000	5000

Abk.:

TMS	Teilmantelspitzkopf	MJ	Match-Jagd
TMF	Teilmantelflachkopf	MS	Match-Spitz
KS	Kegelspitz	SG	Scheibengeschoss

10.9.2 Zentralfeuerpatronenmunition für Pistolen / Pistolen

Aus: Maßtafeln für Handfeuerwaffen und Munition vom 10.1.2000
(Bundesanzeiger Nummer 38a vom 24.2.2000) und weitere Daten o. Gewähr

Bezeichnung (Kaliber)	6,35mm Brown.	7,65mm Brown.	9 mm Brown.k	9 mm Makar.	9 mm Luger	.40 S&W	.45 Auto
1. Waffe							
Feld-∅ (mm) mindestens	6,17	7,63	8,84	9,00	8,82	9,91	11,23
Zug-∅ (mm) mindestens	6,35	7,83	9,04	9,27	9,02	10,17	11,43
2. Patrone							
Hülsenlänge (mm) höchst.	15,55	17,20	17,33	18,10	19,15	21,59	22,81
Gasdruck(bar) höchstens	1200	1600	1350	1600	2350	2250	1300
3. Geschoss							
Art des Geschosses	VM	VM	VM	VM	VM	VM	VM
Masse (g) des Geschosses	3,2	4,7	6,1	6,2	8,0	11,66	14,9
Geschoss-∅ (mm) höchst.	6,38	7,85	9,04	9,27	9,03	10,17	11,48
4. Ballistik							
v_0 (m/s)	255	305	305	310	350	302	259
Lauflänge	6 cm	10 cm	11,2 cm	ca10cm	12,5 cm	10 cm	12,5 cm
E_0 (Joule)	104	219	284	296	490	532	500
Lauflänge	6 cm	10 cm	11,2 cm	ca10cm	12,5 cm	10 cm	12,5 cm
Höchstschuss-weite (m)	1000	1400	1400	1500	2000	2000	2000

Abk.: VM Vollmantel

10.9.3 Zentralfeuerpatronenmunition für Revolver / Revolver

Aus: Maßtafeln für Handfeuerwaffen und Munition vom 10.1.2000
(Bundesanzeiger Nummer 38a vom 24.2.2000) und weitere Daten o. Gewähr

Bezeichnung (Kaliber)	32S&W longWC	.38Spec WC	.38 Special	.357 Mag.	.44 Special	.44 Mag.	.45 Colt
1. Waffe							
Feld-∅ (mm) mindestens	7,70	8,79	8,79	8,79	10,59	10,59	11,23
Zug-∅ (mm) mindestens	7.92	9,02	9,02	9,02	10,90	10,90	11,43
2. Patrone							
Hülsenlänge (mm) höchst.	23,27	29,34	29,34	32,77	29,46	32,64	32,64
Gasdruck(bar) höchstens	1550	1200	1500	3000	1000	2800	1100
3. Geschoss							
Art des Geschosses	WC	WC	BR	TMF	BR	TMF	BR
Masse (g) des Geschosses	6,5	9,6	10,2	10,2	15,9	15,6	16,5
Geschoss-∅ (mm) höchst.	8,00	9,14	9,12	9,12	10,98	10,97	11.58
4. Ballistik							
v_0 (m/s) Lauflänge	225 15cm	225 15cm	266 15cm	445 21cm	230 15cm	366 16,5 cm	262 15cm
E_0 (Joule) Lauflänge	170 15cm	243 15cm	360 15cm	1010 21cm	420 15cm	1040 16,5 cm	566 15cm
Höchstschuss-weite (m)	1200	1400	1500	2000	1500	2000	1600

Abk.: WC Wadcutter-Geschoss
BR Blei-Rundkopf
TMF Teilmantel-Flachkopf

10.9.4 Randfeuerpatronen / Waffen für Randfeuerpatronen

Aus: Maßtafeln für Handfeuerwaffen und Munition vom 10.1.2000
(Bundesanzeiger Nummer 38a vom 24.2.2000) und weitere Daten o. Gewähr

Bezeichnung (Kaliber)	.22 short	.22 long	.22 long rifle	.22 WMR	4 mm Rz. lang	6 mm Flobert	9 mm Flobert
1. Waffe							
Feld-∅ (mm) mindestens	5,38	5,38	5,38	5,56	4,05	5,50	8,38
Zug-∅ (mm) mindestens	5,58	5,58	5,58	5,69	4,30	5,50	8,38
2. Patrone							
Hülsenlänge (mm) höchst.	10,69	15,57	15,57	26,80	8,50	7,90	10,50
Gasdruck(bar) höchstens	1450	1000	2050	1900			
3. Geschoss							
Art des Geschosses	BR	BR	BR	TM	RK	RK	RK
Masse (g) des Geschosses	1,9	1,8	2,6	2,6	um 0,5	1,3	4,3
Geschoss-∅ (mm) höchst.	5,72	5,72	5,72	5,70	4,40	5,87	8,80
4. Ballistik							
v_0 (m/s) Lauflänge	230 11cm	220 650 mm	325 650 mm	615 600 mm	um 300	250	225
E_0 (Joule) Lauflänge	48 11cm	43 650 mm	137 650 mm	492 600 mm	max. 30	40 max. 70	max. 100
Höchstschuss-weite (m)	800	800	1300	1800	ca. 300	bis 400	ca. 700

Abk.: BR Bleirundkopf
TM Teilmantel
RK Rundkugel

11. Literaturhinweise

Bock, G. / Weigel, W.: Handbuch der Faustfeuerwaffen, Verlag Neumann-Neudamm, Melsungen-Berlin-Basel-Wien, 6. Auflage Melsungen 1974

Churchill, R.: Das Flintenschießen, Verlag Paul Parey, Hamburg und Berlin 4. Auflage 1970

Deutscher Schützenbund e.V.: Sportordnung des Deutschen Schützenbundes e.V., Wiesbaden, 2005

Dynamit Nobel GmbH (Hrsg.): Wiederladen, Ein praktisches Handbuch für Jäger und Schützen, Dynamit Nobel GmbH, Troisdorf, 8. Auflage 1998

Gey, K. / Teichmann, H.: Einführung in die Lehre vom Schuss, Verlag B.G. Teubner, Leipzig und Berlin, 4. Auflage 1941

Haglund, B. / Claesson, E.: Die Jagdwaffe und der Schuss, Verlag Paul Parey, Hamburg und Berlin, 3. Auflage 1967

Hennig, Rolf: Pistole und Revolver, BLV-Verlag München, Basel, Wien, 2. Auflage 1968

Hübner, Siegfried F.: Der erste Treffer zählt, Journal-Verlag Schwend GmbH, Schwäbisch Hall, 1968

Hübner, Siegfried F.: Verteidigungs-Schießtechnik, Journal-Verlag Schwend GmbH, Schwäbisch Hall, 1972

Lampel, W.: Jagdballistik, Verlag J. Neumann-Neudamm, Melsungen, 2. Auflage 1971

Lampel, W. / Mahrhold, R.: Waffen-Lexikon, BLV Verlagsgesellschaft mbH, München, Wien, Zürich, 10. Auflage 1994

Lanz, Karl H.: Sportliches Gewehrschießen, Deutscher Schützenbund e.V. (Hrsg.), Wiesbaden 1957

Martini, Karl H.: Waffenrecht in der Praxis, dwj Verlags-GmbH, 74572 Blaufelden, 7. Auflage 2004

Nichols, Bob: Skeet-Schießen, Verlag Paul Parey, Hamburg und Berlin, 2. Auflage 1969

RUAG Ammotec (Hrsg.): Erfolgreich Jagen und Kleines Handbuch für den Jäger, Kronacherstr. 63, 90765 Fürth

Sellier, Karl: Schußwaffen und Schußwirkungen, Verlag Schmidt-Römhild, Lübeck, 1969

Standl, Hans: Sportliches Pistolenschießen, BLV-Verlagsgesellschaft München, Bern, Wien, 1973

Weinstein, Lew: Sportliches Schießen mit Faustfeuerwaffen, Deutscher Schützenbund (Hrsg.), Wiesbaden

Wißmann, Herbert v.: Der Schrotschuss, Verlag Paul Parey, Hamburg und Berlin 2. Auflage 1967

Zhuk, Alexander B.: Revolver und Pistolen, DWJ Verlags-GmbH, Postfach 40 01 33, 74510 Schwäbisch Hall, 1996

Zylla, Christian A.:Selbstverteidigung mit Gas- und Schreckschusswaffen, DWJ Verlags-GmbH, Schwäbisch Hall, 1999

Bundesgesetzblatt, Teil I, Bundesanzeiger Verlagsges.mbH., Postfach 13 20, 53003 Bonn

Deutsches Waffen-Journal, dwj Verlags-GmbH, 74572 Blaufelden

12. Stichwortverzeichnis